"十三五"国家重点出版物出版规划项目
现代机械工程系列精品教材

机械原理

郭卫东　编

机 械 工 业 出 版 社

本书是国家精品在线开放课程“机械原理”的配套教材，内容与“机械原理”课程紧密结合，充分发挥网络课程与纸质教材的优势，力争使读者取得最佳的学习效果。

本书的特点是在夯实机构学基础理论知识的同时，在一定程度上拓展到新的研究成果和理论，进一步加强了理论与工程实际问题的联系。本书在内容组织上，首先通过每章的知识结构图展示知识点的相互关系和本章的总体知识架构，然后再以知识点为单元进行讲解，力求简短、精炼且通俗易懂。同时采用二维码技术，通过扫描二维码获取知识点微课和机构的动态图，以加深对知识的理解。

全书共12章，内容包括：绪论、机构的组成分析、平面机构的运动分析、平面连杆机构、凸轮机构、齿轮机构、轮系、其他常用机构、机械中的摩擦与机械效率、机械系统动力学基础、机械的平衡和机构系统的运动方案设计。本书可作为高等院校机械类各专业的教学用书，也可供机械工程领域的工程技术人员参考。

图书在版编目（CIP）数据

机械原理/郭卫东编. —北京：机械工业出版社，2021.10（2023.7重印）
“十三五”国家重点出版物出版规划项目　现代机械工程系列精品教材
ISBN 978-7-111-69499-1

Ⅰ.①机…　Ⅱ.①郭…　Ⅲ.①机构学-高等学校-教材　Ⅳ.①TH111

中国版本图书馆CIP数据核字（2021）第220448号

机械工业出版社（北京市百万庄大街22号　邮政编码100037）
策划编辑：丁昕祯　　责任编辑：丁昕祯　章承林
责任校对：张　征　李　婷　封面设计：张　静
责任印制：郜　敏
中煤（北京）印务有限公司印刷
2023年7月第1版第3次印刷
184mm×260mm · 19.25印张 · 499千字
标准书号：ISBN 978-7-111-69499-1
定价：59.80元

电话服务　　网络服务
客服电话：010-88361066　　机　工　官　网：www.cmpbook.com
010-88379833　　机　工　官　博：weibo.com/cmp1952
010-68326294　　金　书　网：www.golden-book.com
封底无防伪标均为盗版　　机工教育服务网：www.cmpedu.com

前　言

本书的内容依据教育部机械基础课程教学指导分委员会制定的《机械原理课程教学基本要求》编写而成，为北京航空航天大学开设的国家级线上一流本科课程“机械原理”的配套教材，与之配套的慕课也在“爱课程（中国大学MOOC）”上线且获评国家精品在线开放课程。本书的编写力争做到充分发挥网络课程与纸质教材的各自优势，使读者取得最佳的学习效果。

本书特别注重在阐释机构学基础理论知识的同时，拓展介绍一些新的理论成果和研究方法，从而进一步加强理论与工程实际问题的联系。

本书在内容组织上，首先通过每章的知识结构图展示知识点的相互关系和本章的总体知识架构，然后再以知识点为单元进行讲解，力求简短、精炼且通俗易懂；同时采用二维码技术，读者通过扫描二维码可以获取机构的动态图，以加深对知识的理解。

本书内容力图体现以“设计为主线”的指导思想，在加强基础理论、基本方法和基本技能培养的基础上，以机构和机械系统设计为主线，注重机构和机械系统创新设计能力的培养。本书兼顾了线下课程知识结构的系统性与线上课程以知识点为讲授单元的特点。考虑到读者主要通过MOOC来学习的特殊性，本书在难度上做了一些调整，有关内容的多少和难易程度以满足机构设计的要求为准则。

本书的内容按照64学时编写，每章后面都配有精选的思考题与习题。

本书是在机械工业出版社的策划和组织下编写完成的，在此深表谢意，同时对本书做出贡献的其他教师和人员一并表示感谢。本书在编写过程中参考了一些同类教材和著作，在此也对这些教材和著作的作者们表示诚挚的谢意。

由于编者水平有限，书中欠妥之处在所难免，诚望读者批评指正。

编　者

目 录

第 0 章　绪　论

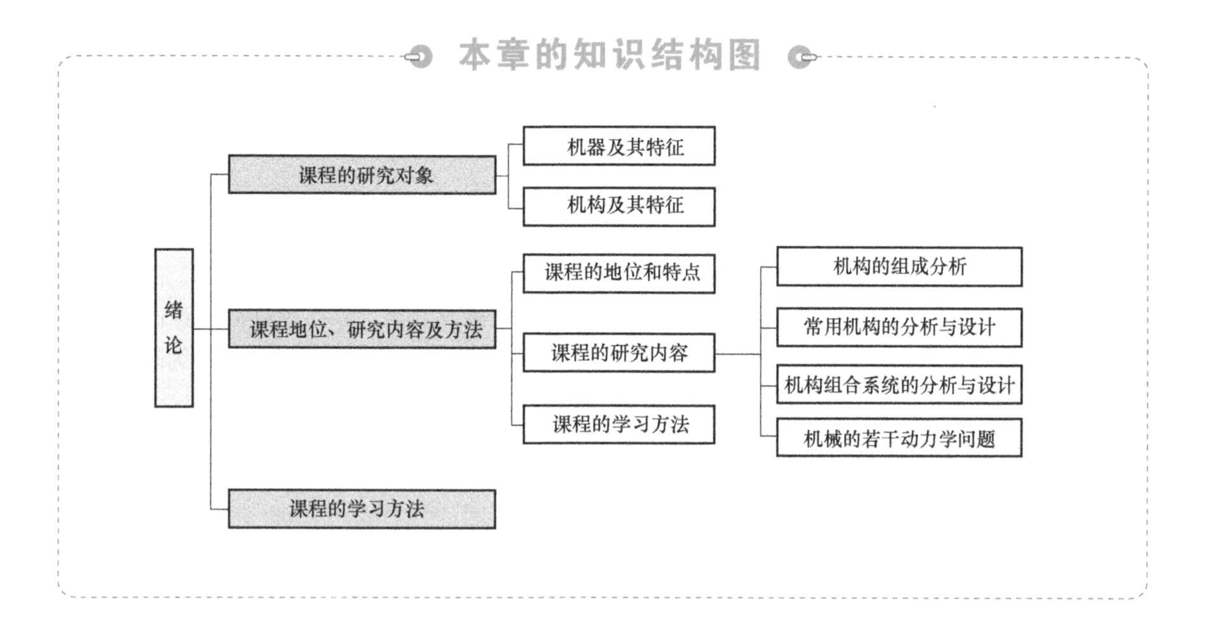

本章的知识结构图
绪论
课程的研究对象
机器及其特征
机构及其特征
课程地位、研究内容及方法
课程的地位和特点
课程的研究内容
课程的学习方法
机构的组成分析
常用机构的分析与设计
机构组合系统的分析与设计
机械的若干动力学问题
课程的学习方法

0.0 引言

本章主要介绍机械原理课程的研究对象、研究内容和研究方法，并介绍机械原理课程的地位、作用及学习方法，以便读者对课程的性质、主要内容等方面有一个初步的了解，为进一步学习本课程打好基础。本章学习的主要任务如下：

- 课程的研究对象
- 课程的地位、特点及研究内容
- 课程的学习方法

0.1 机械原理课程的研究对象

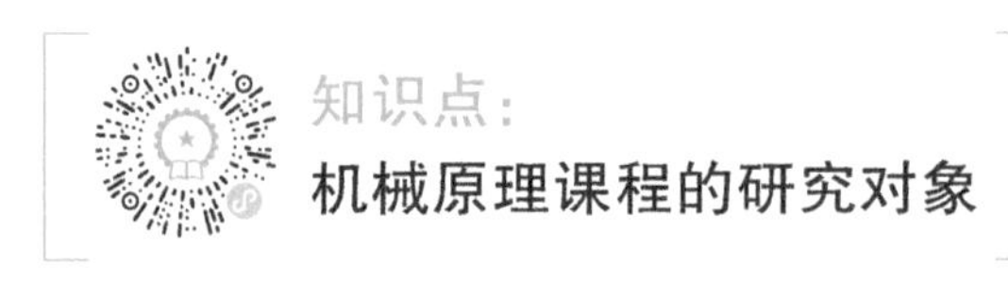

机械原理是机器与机构原理的简称，是以机器和机构为研究对象的一门学科。

0.1.1 机器及其特征

在日常生活和工作中，我们接触和见过很多机器，从家庭用的洗衣机、电风扇到工厂使用的各种机床，从汽车、起重机到机器人、宇宙飞船等。机器的种类繁多，构造、用途和性能也各不相同。虽然我们对机器已经有了一定的感性认识，但一部机器究竟是怎样组成的，它有哪些特征？

为了说明这些问题，首先来分析以下两个实例。

图 0-1 所示为一台内燃机，主体部分是由缸体 1、活塞 2、连杆 3 和曲轴 4 等组成的。当燃气在缸体内燃烧膨胀而推动活塞移动时，通过连杆带动曲轴绕其轴线转动。

为使曲轴 4 得到连续的转动，必须定时地送进燃气和排出废气，这是由缸体两侧的凸轮 5′通过顶杆 6 控制进气阀门 7 和排气阀 8，使其定时关闭和打开来实现的。

曲轴 4 的转动通过齿轮 4′和齿轮 5 传递给凸轮 5′，再通过顶杆 6，使进气阀门 7 和排气阀 8 的运动与活塞 2 的移动位置保持某种配合关系。

以上各个机件协同工作的结果是，将燃气燃烧的热能转变为曲轴转动的机械能，从而使这台机器输出旋转运动和驱动力矩，成为能做有用功的机器。

图 0-2 所示为汽车自动生产线上的焊接机器人，其功能是对所需要焊接的各部位进行自动点焊。

该机器人的主体部分是由基座 1、腰部 2、大臂 3、小臂 4 和手腕 8 组成的。电动机 M_1 通过蜗杆蜗轮减速和换向，驱动腰部 2，实现腰部的水平回转运动 φ_1；电动机 M_2 驱动大臂 3，实现大臂的倾斜运动 φ_2；电动机 M_3 驱动螺杆 6 转动，带动螺母 7 移动，通过连杆 5 的运动，实现小臂 4 的俯仰运动 φ_3；电动机 M_4 和 M_5（图中不可见）驱动手腕 8，实现手腕的弯曲运动 φ_4 和旋转运动 φ_5。各电动机按预先设计好的运动规律转动时，通过腰部、大臂、小臂及手腕的运动，带动焊枪，按设定的运动顺序、动作方式、位置坐标、步进时间等运动，完成焊接工作。

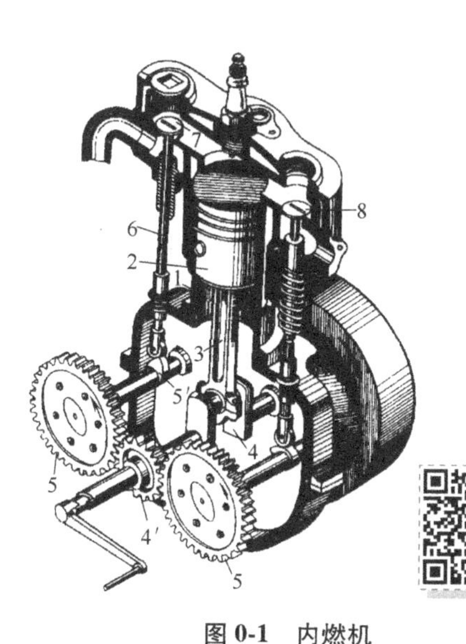

图 0-1　内燃机

1—缸体　2—活塞　3—连杆　4—曲轴　4′、5—齿轮
5′—凸轮　6—顶杆　7—进气阀门　8—排气阀

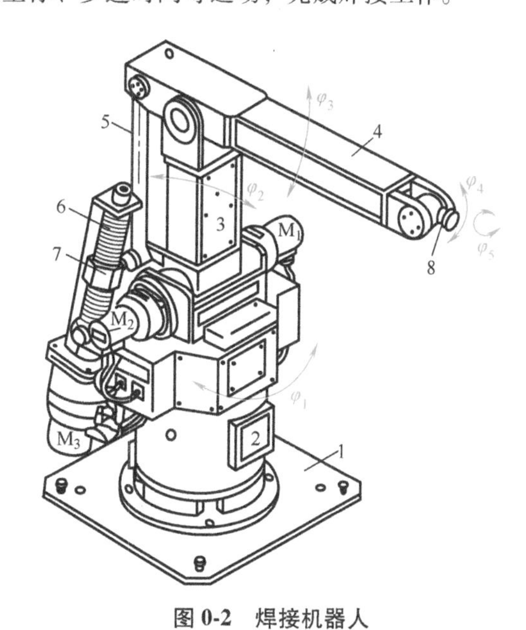

图 0-2　焊接机器人

1—基座　2—腰部　3—大臂　4—小臂　5—连杆
6—螺杆　7—螺母　8—手腕

从以上两个机器的实例可以看出，这些机器的构造、性能和用途虽然各不相同，但从组成、运动和功能来看，它们都具有以下共同的特征：

1）是一种由多个机件装配而成的组合体。

2）各个机件之间都具有确定的相对运动。

3）能实现能量的转换，并做有用的机械功，在生产过程中能代替或减轻人的劳动。

凡同时具备上述三个特征的实物组合体就称为机器。机器是执行机械运动的装置，用来完成有用的机械功或转换其他能量为机械能。利用机械能来完成有用功的机器称为工作机，如各种机床、轧钢机、纺织机、印刷机、包装机等。将化学能、电能、水力、风力等能量转换为机械能的机器称为原动机，如内燃机、电动机、涡轮机等。

0.1.2 机构及其特征

对上述两个机器的实例进一步分析可知，每部机器又可分为一个或多个由若干机件（如齿轮、凸轮、连杆、曲轴等）组成的特定组合体，用来实现某种运动的传递或运动形式的变换。例如，在图 0-1 所示的内燃机中，其主体部分是由缸体 1、活塞 2、连杆 3 和曲轴 4 组成的组合体，活塞 2 相对缸体 1 的移动，通过连杆 3 转变为曲轴 4 的定轴转动，它实现了将移动变换为转动的功能。而齿轮机件之间的传动则是将一个轴的转动传递到另一个轴上。

这些各具特点、能够传递或变换运动的特定机件组合体称为机构。图 0-1 所示的内燃机经分解可知，是由齿轮机构、凸轮机构和连杆机构组成的。

由此可见，机构是机器的重要组成部分，其主要功能是实现运动和动力的传递和变换。因此，机构也具有机器的前两个特性：

1）是一种由多个机件装配而成的组合体。

2）各个机件之间都具有确定的相对运动。

机器是由一个或多个不同机构组成的。它可以完成能量的转换或做有用的机械功，而机构则仅仅起着运动和动力的传递和变换的作用。或者说，机构是实现预期的机械运动的机件组合体，而机器则是由各种机构组成的、能实现预期机械运动并完成有用机械功或转换机械能的机构系统。

由于机构与机器都具有两个共同的特性，因此从结构和运动的角度去看，两者并无差别。再由于本课程只研究机器和机构的组成和运动方面的问题，而不涉及机器的能量转换和做功问题，因此，在本课程中，将机器和机构统称为“机械”。

0.2 机械原理课程的地位、特点、研究的主要内容和方法

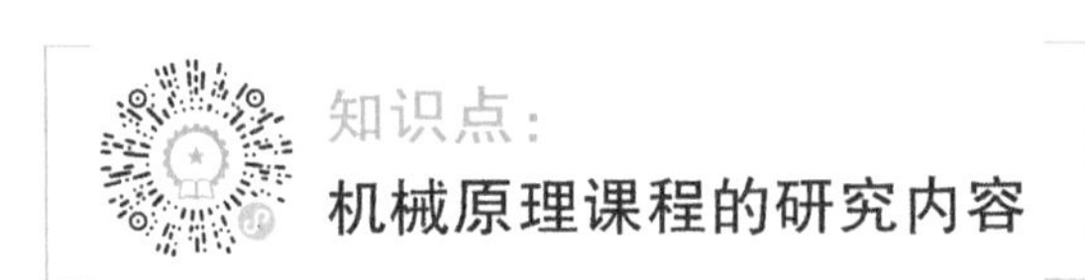

0.2.1 机械原理课程的地位和特点

机械原理是在前修课程画法几何、机械制图、物理和理论力学等的基础上，应用前修课程的运动几何学、刚体力学等基本理论研究机械共性问题的一门主干技术基础课。它不同于数、理、化等理论课，而更接近工程实际；它也不同于有关机械类专业（如汽车制造专业、机械设计制

造及其自动化专业等）的专业课，而更具有机械类专业课的基础性，有更广泛的适应性。因此，本课程在教学计划中处于“承上启下”的地位。

由于机械原理研究的是机构与机器有关运动学和动力学方面的共性问题，以及常用机构及机构系统的运动设计问题，因此它的任务是使学习者掌握有关机构与机器运动学和动力学的基本理论、基本方法和基本技能，初步具有拟定机构系统运动方案、分析和设计机构的能力，从而起到增强学习者对机械技术工作的适应性和开拓创造能力的作用。

0.2.2 机械原理课程研究的主要内容

机械原理作为一门学科，并不研究某种特定的机器或机构，而是研究机构与机器在运动学与动力学方面的共性问题，并着重研究常用机构的运动设计问题。机械原理课程研究的内容可归纳为“分析”和“综合”两大类。

分析：对已有机器或机构在组成、运动学和动力学等方面做分析，以了解和掌握机器或机构的运动学和动力学特性。

综合：就是按照给定的运动和传力等方面的要求和条件，选择机构的类型（包括创造新机构），并设计出与运动有关的机件的几何形状（如凸轮轮廓）和尺寸（如连杆长度）。由于不涉及各机件的强度、材料选择和具体的结构形状等问题，故机构的综合实质上是机构运动简图设计，简称机构设计。

机构的分析与综合虽然出发点和目的不同，但是在解决机器的构型和运动问题时，两者往往是紧密相关的，并由此构成机械原理课程研究的主要内容：

1. 机构的组成分析

研究机构的组成要素和组成原理，判断机构运动的可能性和确定性，为合理组成各种机构和创造新机构探索基本规律。

2. 常用机构的分析与设计

以设计为主线，介绍各种常用机构的类型、功用和特点，分析各种机构的传动特性，研究机构在满足给定运动和传力等要求时的尺寸或几何形状的设计方法。

3. 机构组合系统的分析与设计

研究由若干基本机构组成机构系统的连接方式，典型组合机构的分析与设计，以及机构系统运动方案设计准则。

4. 机械的若干动力学问题

着重研究机械中的摩擦与机械效率对机构运动的影响，探讨机械在已知质量和外力的作用下的真实运动规律，解决机械在运转中周期性速度波动和机械中惯性力不平衡等问题。

0.2.3 机械原理课程研究的方法

研究机械原理问题的方法有图解法和解析法两大类。图解法主要是通过作图求解机构运动和设计问题，特点是几何概念清晰，直观易懂，便于判断结果正确与否，在解决问题的过程中，侧重于形象思维。解析法是在建立了数学模型的基础上，通过计算求解获得有关分析和设计结果，特点是应用计算机会使计算变得快捷而精确，在解决问题的过程中，侧重于逻辑思维。

0.3 机械原理课程的学习方法

知识点：
机械原理课程的学习方法

从上述机械原理课程研究的主要内容可看出，机械原理课程有两个显著的特点，即具有较强的实践性和可动性。这是因为本课程研究所涉及的问题来源于实际的具体机构和机器，课程研究的对象是具有确定运动的机构，而非静止不动的结构。因此，在学习方法上也要与之相适应。在学习本课程的过程中，尤其应注意以下几个方面的“结合”：

（1）理论与实践相结合　随时联系生产和生活实践，主动应用所学理论与方法去解决有关机构与机器在运动学和动力学方面的实际问题。

（2）机构简图与实物相结合　为便于研究，本课程中的机构均用简单的几何线条表示，与实际的机件所组成的机构的外形相差甚远。在进行机构运动设计时，应考虑到由实际机件组成的机构可能会出现的问题。

（3）机构的静态与动态相结合　在研究机构运动时，往往要画出机构在某个位置的简图（几何图形），在计算机屏幕或纸面上只是表示出该位置的静止状态。而要真正了解机构在一个运动周期的运动特性，就必须让机构位置的几何图形动起来，即将其看成是一个可变的几何图形。

（4）形象思维与逻辑思维相结合　在对机构的研究中，某些概念，或某些结论，或某些参数关系式并非完全由逻辑推理而得，常常直接由几何图形或物理概念获得。

思考题与习题

0-1　机械原理课程的研究对象是什么？

0-2　什么是机器？什么是机构？它们各有什么特性？

0-3　机械原理课程是属于什么性质的课程？它研究的主要内容是什么？

0-4　学习机械原理课程应注意的学习方法有哪些？

第 1 章 机构的组成分析

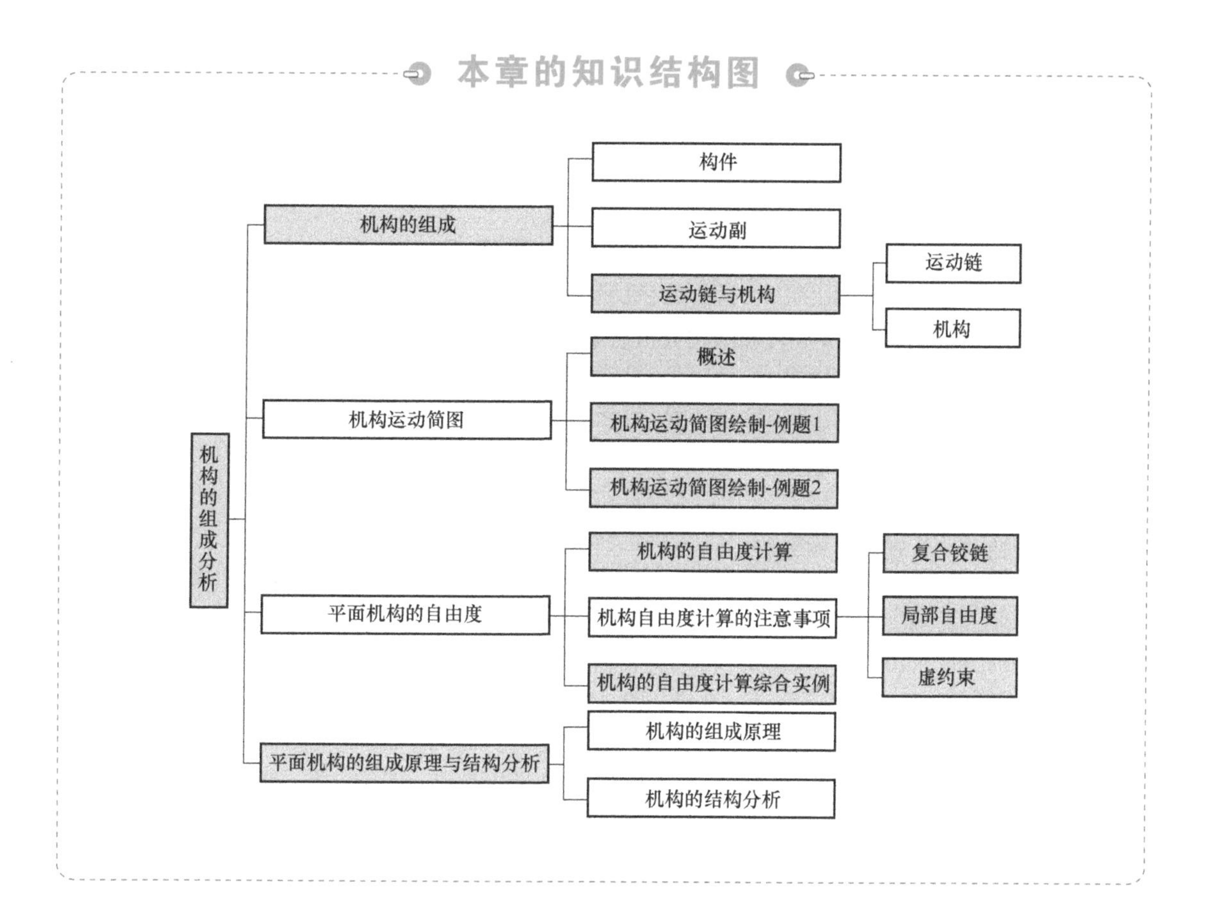

本章的知识结构图
机构的组成分析
机构的组成
构件
运动副
运动链与机构
运动链
机构
机构运动简图
概述
机构运动简图绘制-例题1
机构运动简图绘制-例题2
平面机构的自由度
机构的自由度计算
机构自由度计算的注意事项
复合铰链
局部自由度
虚约束
机构的自由度计算综合实例
平面机构的组成原理与结构分析
机构的组成原理
机构的结构分析

1.0 引言

本章主要介绍机构的组成原理和结构分析。本章学习的主要任务如下：

- 机构的组成要素
- 机构的表达
- 机构具有确定运动的条件
- 机构的自由度及其计算
- 机构的组成原理和结构分析

1.1 机构的组成

机构由构件和运动副组成。

1. 构件

构件就是机构中的各个机件，它是机构中的运动单元体。在图 1-1 所示的内燃机中，由缸体 1、活塞 2、连杆 3 和曲轴 4 这四个构件组成的机构称为连杆机构。组成连杆机构的这四个机件被称为构件。

一个构件可以是一个零件，也可以是由几个零件固定连接而成的。如图 1-2a 所示的曲轴，它是一个构件，也是一个零件；而如图 1-2b 所示的连杆，它是一个构件，但是它是由连杆体 1，连杆盖 2，轴瓦 3、4 和 5，螺栓 6，螺母 7，开口销 8 等若干个零件固定连接组成的。组成一个构件的各零件之间没有相对运动。构件与零件的本质区别在于：构件是运动的单元体，而零件是制造的单元体。

机构中相对固定不动的构件称为机架（或固定件）；相对于机架运动的构件称为活动构件，其中按照给定运动规律独立运动的构件称为主动件，而其余活动构件称为从动件。如图 1-1 所示的连杆机构中，缸体 1 为机架，活塞 2 为主动件，而连杆 3 和曲轴 4 为从动件。

需要说明的是，从现代机器发展趋势来看，机构中的各构件可以是刚性的，某些构件也可以是挠性的或弹性的，或是由液压、气动、电磁件构成的。所以说，现代机器中的机构也不再是纯刚性构件的机构。

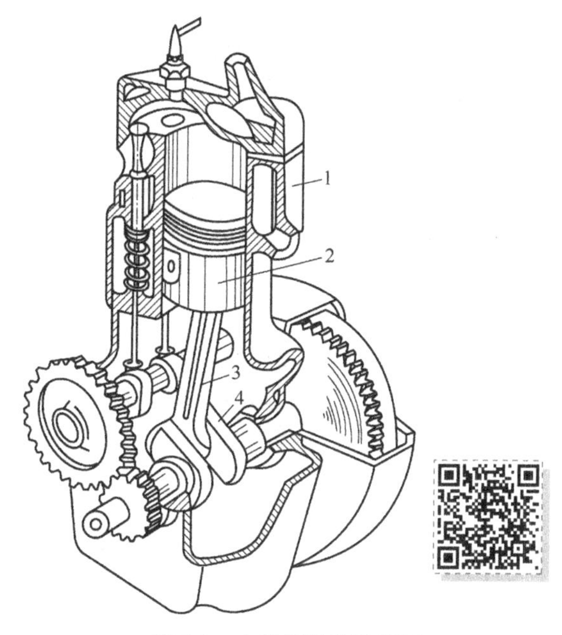

图 1-1　内燃机结构示意图

1—缸体　2—活塞　3—连杆　4—曲轴

2. 运动副

在机构中，各构件是以一定的方式彼此连接起来的。由两个构件直接接触组成的可动连接称为运动副。

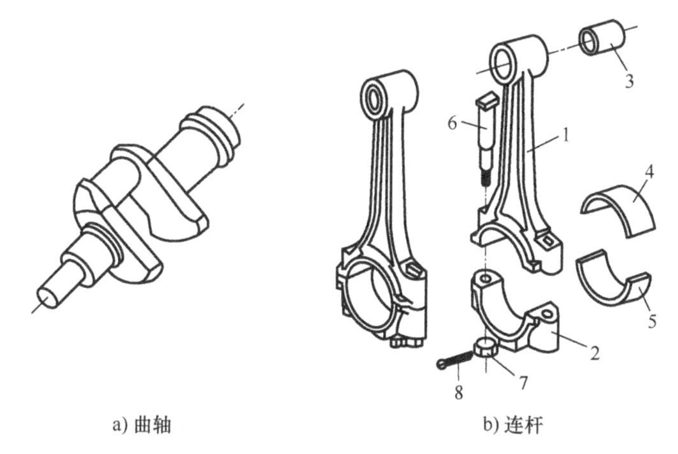

a) 曲轴　　b) 连杆

图 1-2　构件与零件

1—连杆体　2—连杆盖　3、4、5—轴瓦　6—螺栓　7—螺母　8—开口销

根据组成运动副两构件间相对运动的位置分类，可将运动副分为平面运动副（图 1-3a、b、c、d）和空间运动副（图 1-3e、f）。

根据组成运动副两构件间的接触形式分类，面接触的运动副称之为低副（图 1-3a、b、e、f）；点或线接触的运动副称之为高副（图 1-3c、d）。

根据组成运动副两构件间相对运动的类型分类，又可将其分为转动副（图 1-3a）、移动副（图 1-3b）等。

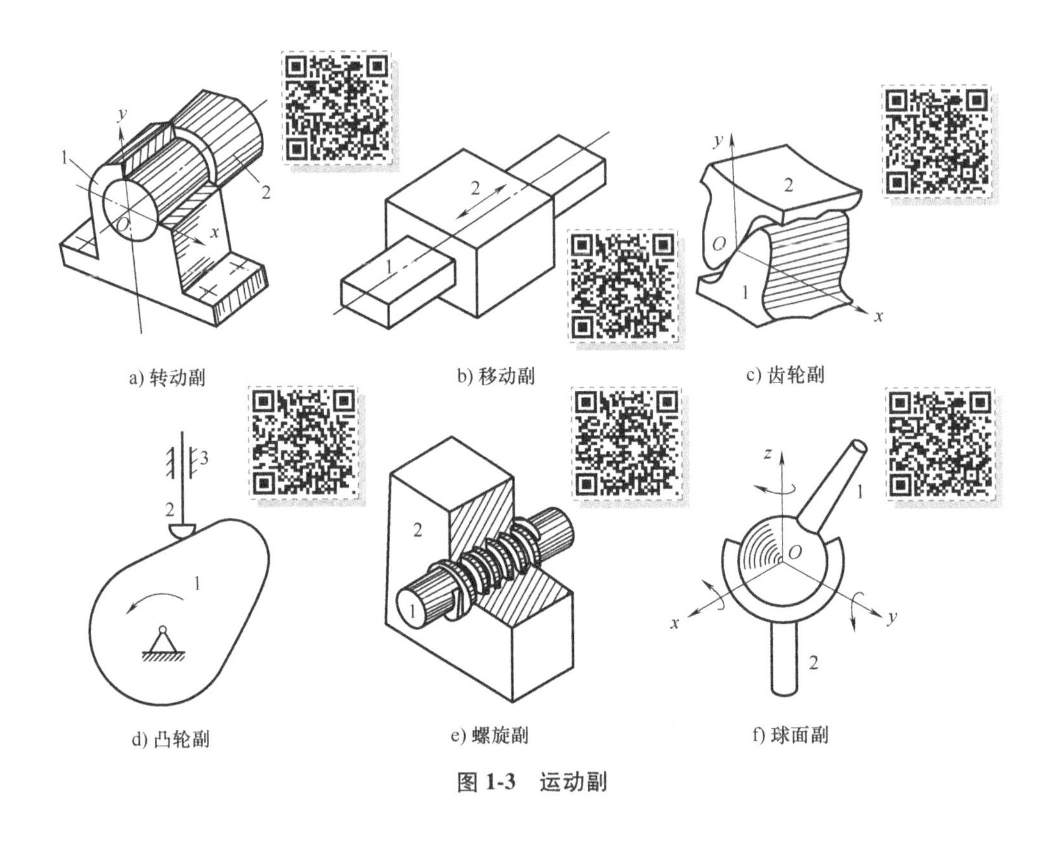

a) 转动副　b) 移动副　c) 齿轮副

d) 凸轮副　e) 螺旋副　f) 球面副

图 1-3　运动副

3. 运动链

把若干个构件用运动副连接起来所形成的系统称为运动链。

运动链构成封闭图形，如图 1-4a 所示，称为闭式链；运动链未形成封闭图形的，如图 1-4b 所示，称为开式链；既有开式链又有闭式链，如图 1-4c 所示，称为混链。

闭式链和开式链在实际机构中各有不同的应用。一般机械中闭式链的应用比较广，机器人中开式链的应用多一些。

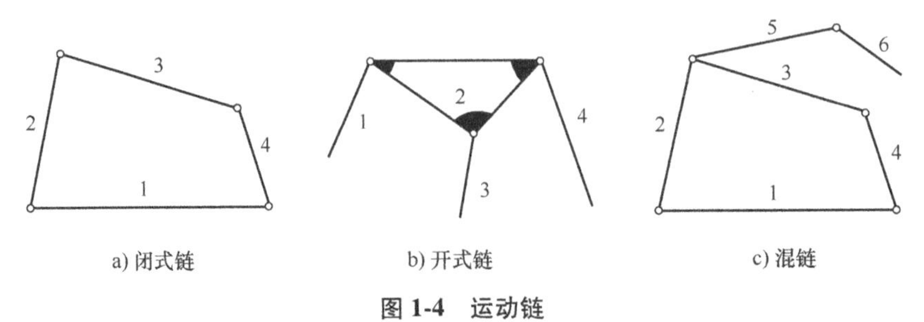

a) 闭式链　b) 开式链　c) 混链

图 1-4　运动链

4. 机构

如果取运动链中的某个构件为机架，并取一个或若干个构件为主动件时，使得该运动链中的其余构件能够随之按确定的规律运动，此运动链就成为机构。

1.2 机构运动简图

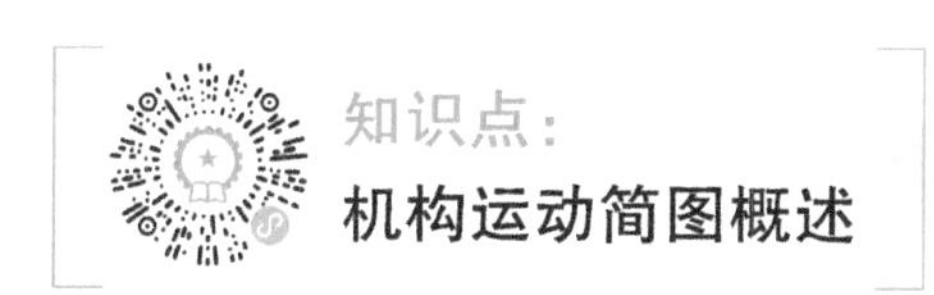

在实际的机构中，构件和运动副的外形结构通常都很复杂，而这种复杂的外形结构、截面尺寸以及运动副的具体构造往往和构件的运动方式和运动规律无关。因此，在对机构进行运动分析和动力分析时，忽略掉那些无关的因素而只考虑与运动有关的因素，并用最为简洁明了的方式，把构件和运动副所形成的机构图形画出来，这种利用简单线条和规定的运动副的表示方法绘制的机构图就是“机构运动简图”。

机构运动简图与实际机构应具有完全相同的运动特性，即机构运动简图与实际机构的对应构件的运动形式是完全相同的。

机构是由构件和运动副组成的，要绘制机构运动简图，首先要明确怎样用简单的线条和符号来表示构件和运动副。

1. 运动副的表示方法

常用运动副符号见表 1-1。

2. 构件的表示方法

一般构件的表示方法见表 1-2。

表 1-1　**常用运动副符号**（GB/T 4460—2013）

自由度数	运动副名称	基本符号	可用符号
一个自由度运动副	转动副（回转副）		
	移动副（棱柱副）		
	螺旋副		

（续）

自由度数	运动副名称	基本符号	可用符号
两个自由度运动副	圆柱副		
	球销副		
三个自由度运动副	球面副		
	平面副		
四个自由度运动副	球与圆柱副		
五个自由度运动副	球与圆柱副		

表 1-2 一般构件的表示方法（GB/T 4460—2013）

名 称	基本符号	可用符号	附 注
机架			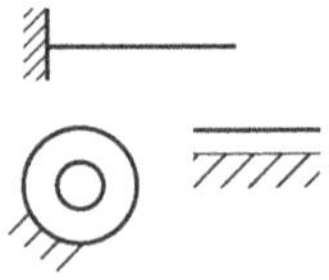
轴、杆			
构件组成部分的永久连接		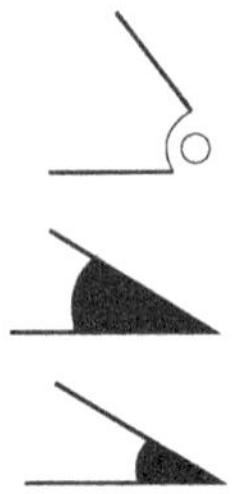	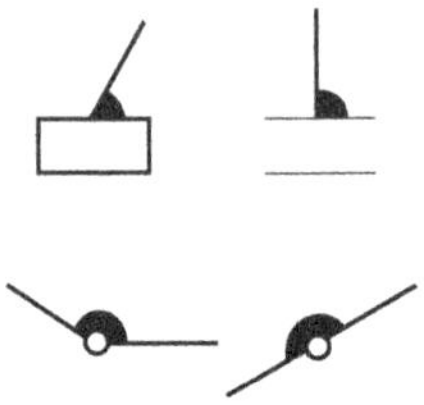

（续）

名　称	基本符号	可用符号	附　注
构件组成部分与轴（杆）的固定连接	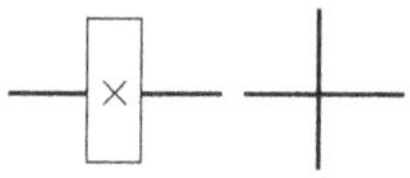	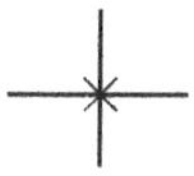	
构件组成部分的可调连接	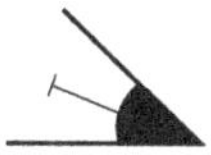		
构件是转动副的一部分	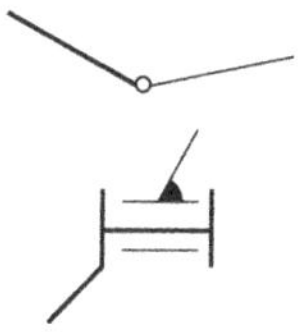		
机架是转动副的一部分			
构件是移动副的一部分		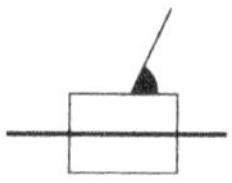	
构件是圆柱副的一部分	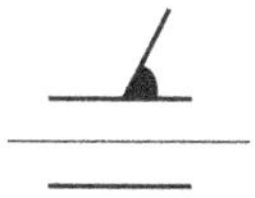		
构件是球面副的一部分			
连接两个回转副的构件（连杆）			
连接两个回转副的构件（连架杆）	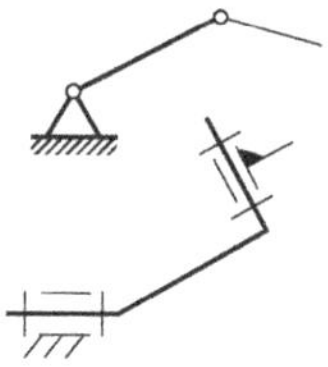		

（续）

名　称	基本符号	可用符号	附　注
偏心轮			
连接两个移动副的构件	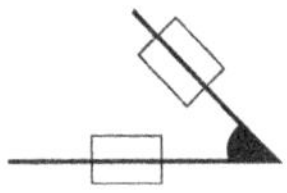		
连接转动副与移动副的构件	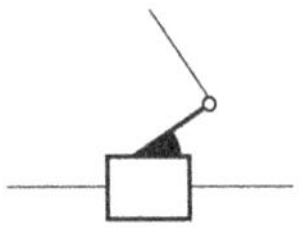		
三副元素构件	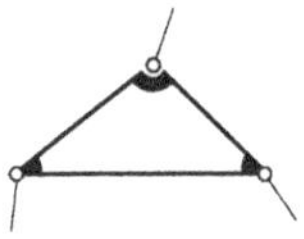	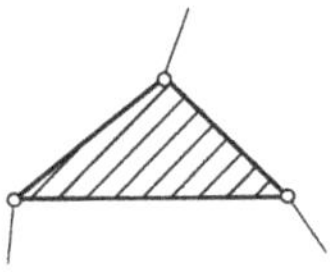	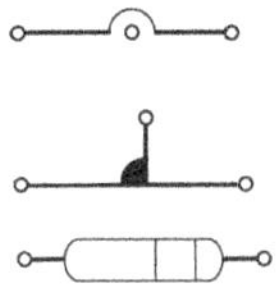
圆柱齿轮	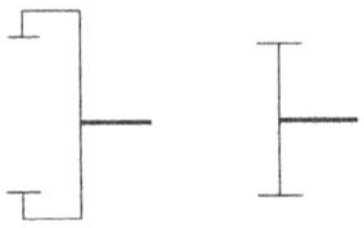	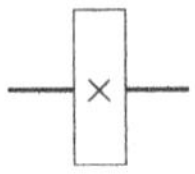	
锥齿轮		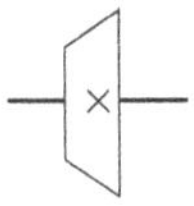	
挠性齿轮	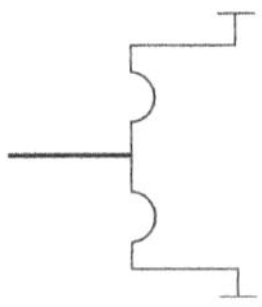		
盘形凸轮	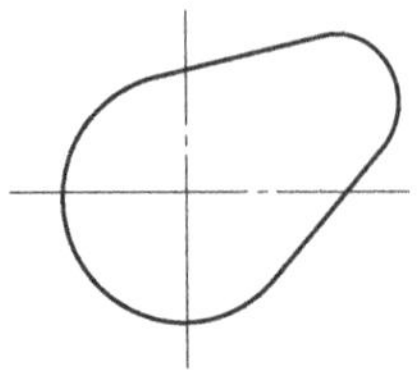		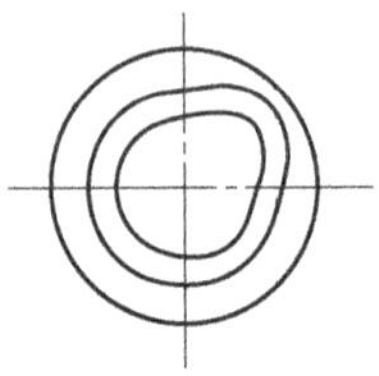 钩槽盘形凸轮

（续）

名　称	基本符号	可用符号	附　注
移动凸轮			
与杆固接的凸轮			可调连接
尖端从动件			
曲面从动件			
滚子从动件			
平底从动件			

机构及其构件的运动情况是由其主动件的运动规律、各运动副的类型和机构的运动尺寸（确定各运动副相对位置的尺寸）决定的，因此在绘制机构运动简图时，对于构成转动副的构件，不管其外形如何，都可以用连接两个转动副中心的直线表示。例如，实际结构较为复杂的构件（图 1-5a），可以用一个带转动副的线段表示（图 1-5b），而与构件的外形、断面尺寸、组成构件的零件数目及固连方式、运动副的具体结构等无关。

对于常见的凸轮机构，应画出其构件的全部轮廓，如图 1-6 所示；一对相互啮合的圆柱齿轮机构，可用其节圆来表示（有时画出齿形），如图 1-7 所示。

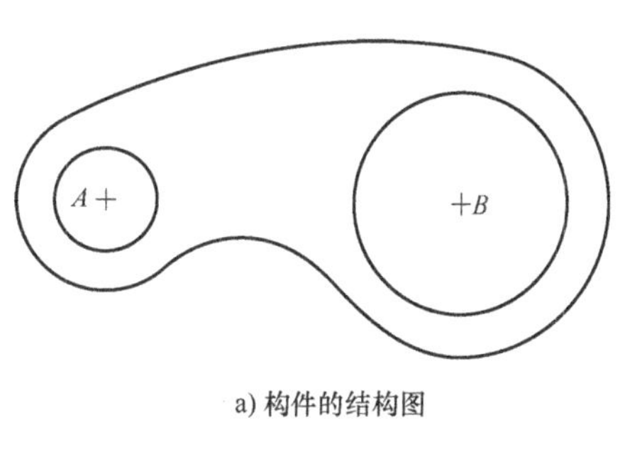

a) 构件的结构图

A　B

b) 构件的运动简图符号

图 1-5　复杂构件的表示方法

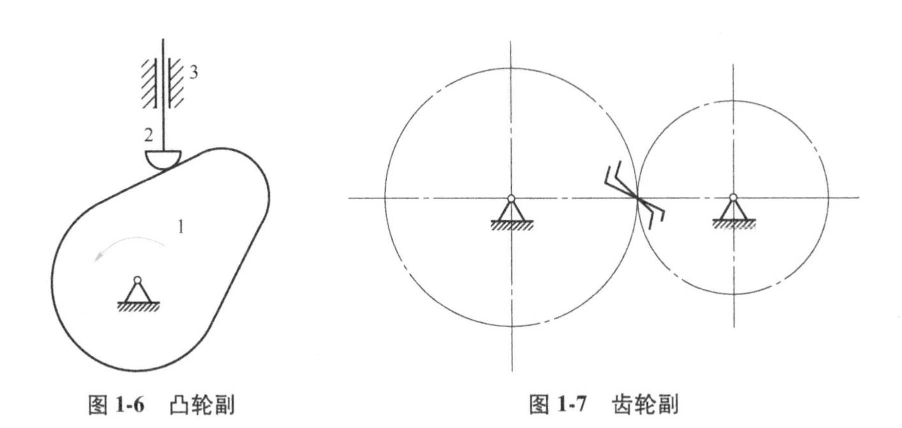

图 1-6　凸轮副　　　　图 1-7　齿轮副

常用机构运动简图符号见表 1-3。

表 1-3　常用机构运动简图符号（GB/T 4460—2013）

名　称	基本符号	可用符号	附　注
圆柱齿轮机构			
锥齿轮机构			
齿轮齿条机构			
蜗杆蜗轮机构			

（续）

名　称	基本符号	可用符号	附　注
带传动	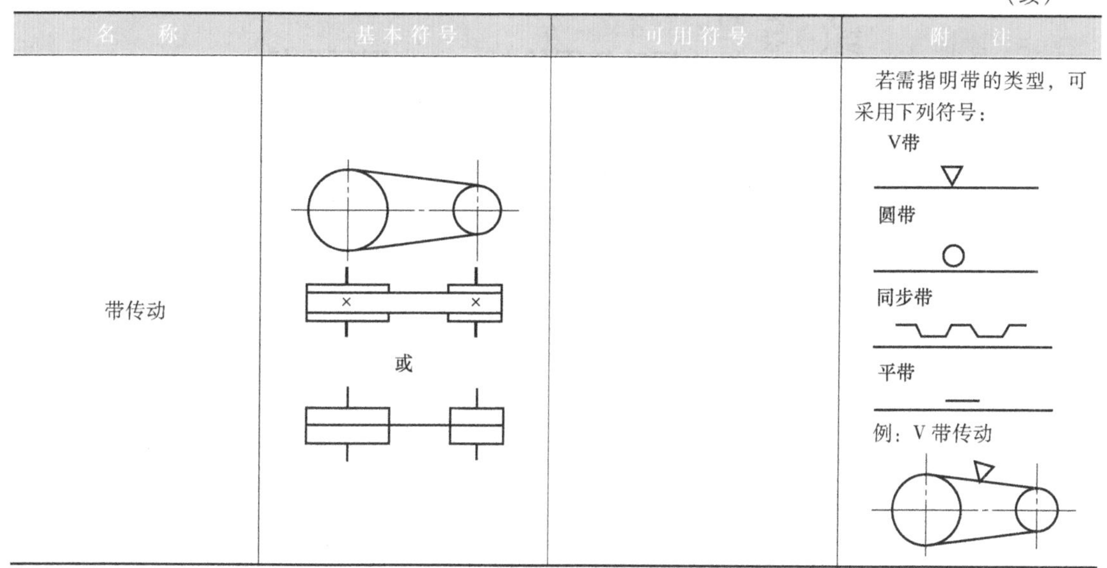 或		若需指明带的类型，可采用下列符号： V带 圆带 同步带 平带 例：V 带传动

知识点：

机构运动简图绘制——偏心轮机构

例 1-1　试绘制图 1-8 所示偏心轮机构模型的机构运动简图。

解：

1）分析机构运动，弄清构件数目。该机构是由偏心轮 1、连杆 2、滑块 3 和机架 4 所组成的曲柄滑块机构。偏心轮 1 为主动件，通过连杆 2 带动滑块 3 往复移动。

2）判定运动副的类型。根据各构件相对运动和接触情况，不难判定构件 1 与机架 4、构件 1 与连杆 2、连杆 2 与滑块 3 构成转动副，滑块 3 与机架 4 构成移动副。

3）表达运动副。选择与各构件运动平面相平行的平面为视图投影面，位置如图 1-8 所示，选定适当比例，用规定符号绘制出各运动副。这里特别要注意构件 1 和 2 所构成的转动副的表达。

4）表达构件。用简单线条将同一构件上的运动副连接起来，即表达出各构件。构件 4 为机架，用斜线标示；构件 1 为主动件，用箭头标示。图 1-9 所示即为要绘制的偏心轮机构模型的机构运动简图。

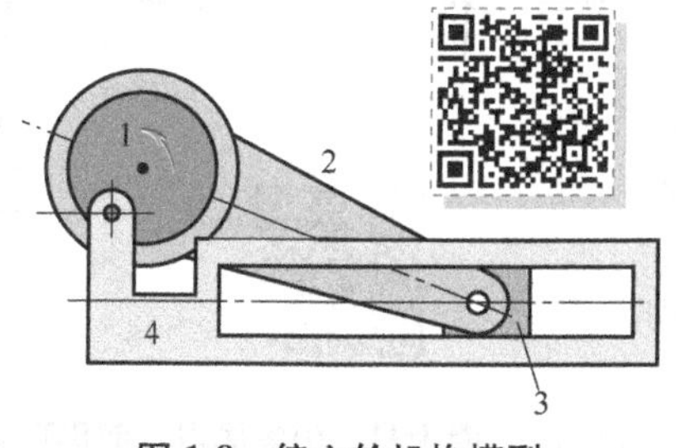

图 1-8　偏心轮机构模型

1—偏心轮　2—连杆　3—滑块　4—机架

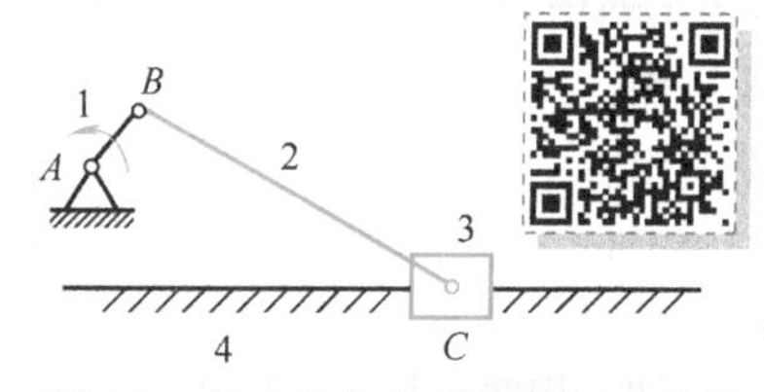

图 1-9　偏心轮机构的机构运动简图

1—偏心轮　2—连杆　3—滑块　4—机架

知识点：

机构运动简图绘制——小型压力机

例 1-2　试绘制图 1-10 所示小型压力机的机构运动简图。

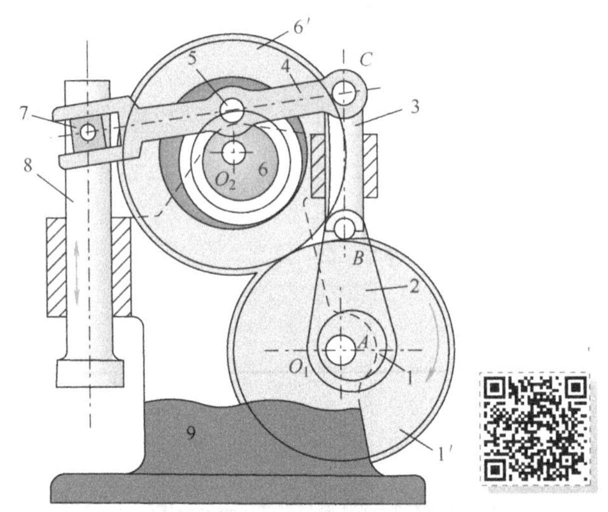

图 1-10　小型压力机的结构示意图

1—偏心轮　1′、6′—齿轮　2、3、4—连杆　5—小滚子　6—槽形凸轮　7—滑块　8—压杆　9—机架

解：

1）分析机构运动，弄清构件数目。偏心轮 1 和齿轮 1′固连在同一轴上，是一个构件，作为机构的主动件输入运动。偏心轮 1 通过连杆 2 和连杆 3 将运动传递给构件连杆 4；齿轮 1′与齿轮 6′啮合，带动槽形凸轮 6 转动，通过小滚子 5 将运动也传递给连杆 4，从而使连杆 4 获得确定的运动；连杆 4 再通过滑块 7 将运动传递给压杆 8，实现压杆 8 的上下往复移动，从而实现对工件的冲压运动。

2）判定运动副的类型。根据各构件相对运动和接触情况，不难判断出：构件 1（1′）与构件 9、构件 1 与构件 2、构件 2 与构件 3、构件 3 与构件 4、构件 6（6′）与构件 9、小滚子 5 与构件 4、构件 7 与构件 8 构成转动副；构件 3 与构件 9、机构 4 与构件 7、构件 8 与构件 9 构成移动副；构件 1′（1）与构件 6′（6）构成齿轮副。

3）表达运动副。选择与各构件运动平面相平行的平面为视图投影面，位置如图 1-10 所示，选定适当比例，用规定符号绘制出各运动副。

4）表达构件。用简单线条将同一构件上的运动副连接起来，即表达出各构件。构件 9 为机架，用斜线标示；构件 1 为主动件，用箭头标示。图 1-11 所示即为要绘制的小型压力机的机构运动简图。

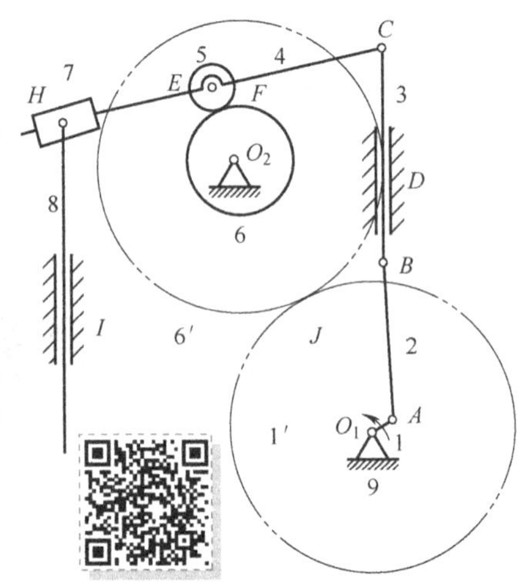

图 1-11　小型压力机的机构运动简图

需要说明的是，有时只为了表明机构的运动情况、构件的连接情况以及机构的工作原理，而不需要求出运动参数的数值，这时也可不按比例来绘制简图，这种简图称为机构示意图。

1.3 平面机构的自由度

组成机构的各构件需要有确定的相对运动，即当机构的主动件按给定的运动规律运动时，该机构中其余构件的运动也都应是完全确定的。那么，一个机构在什么条件下才能实现确定的运动呢？

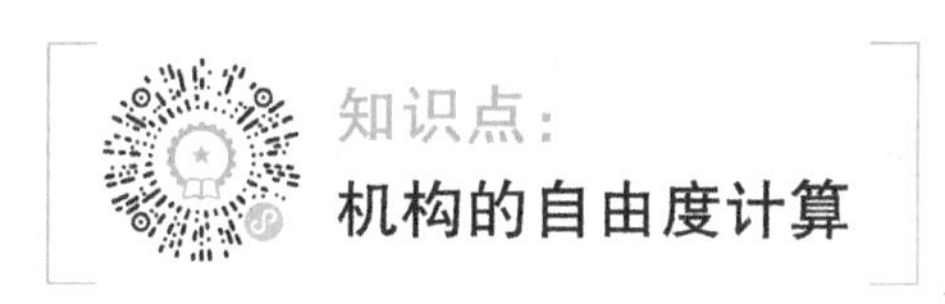

1.3.1 机构具有确定运动的条件

在图 1-12a 所示的铰链四杆机构中，当构件 1 按给定运动规律 $\varphi_1=\varphi_1(t)$ 运动时，构件 2 及构件 3 的运动则随构件 1 的运动而具有确定的运动，即机构的运动是完全确定的。

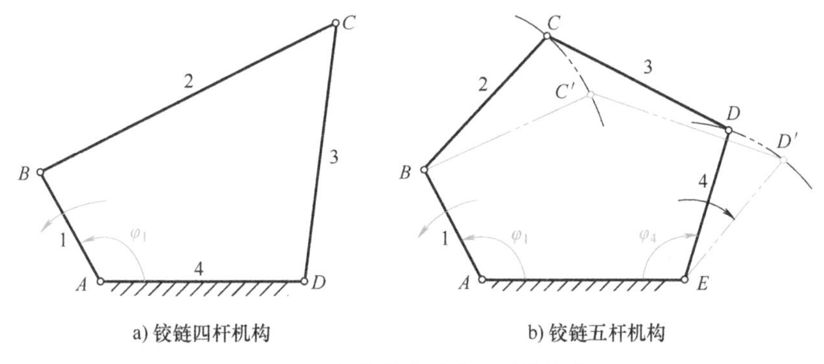

图 1-12　机构具有确定运动的条件

在图 1-12b 所示的铰链五杆机构中，当构件 1 按给定运动规律 $\varphi_1=\varphi_1(t)$ 运动时，构件 2、3、4 的运动并不能确定。例如，当构件 1 运动到位置 AB 时，构件 2、3、4 既可以处于位置 $BCDE$，也可以处于位置 $BC'D'E$ 或其他位置。如果同时使构件 4 也按给定运动规律 $\varphi_4=\varphi_4(t)$ 运动，则构件 2 和 3 随构件 1 和 4 的运动而具有确定的运动，即机构的运动是确定的。

分析以上两例，对图 1-12a 所示的铰链四杆机构，当给定一个独立的运动参数时，其运动就是完全确定的；而对图 1-12b 所示的铰链五杆机构，在给定两个独立的运动参数时，其运动才是确定的。把机构具有确定运动时所必须给定的独立运动参数的数目（即为了使机构的位置得以确定，必须给定的独立的广义坐标的数目），称为机构的自由度。

机构中按照给定运动规律而独立运动的构件称为主动件。主动件通常都是和机架相连的，一般一个主动件只能给定一个独立的运动参数（图 1-12 中的主动件 1 是绕固定轴回转的），每个主动件只能按照一个独立的运动规律而运动。在此情况下，可以得出机构具有确定运动的条件：机构的主动件数目与机构的自由度数目必须相等。

那么，如何求解机构的自由度呢？下面就平面机构自由度计算问题进行讨论。

1.3.2 平面机构自由度的计算

机构是由构件和运动副组成的，机构的自由度显然与构件的数目、运动副的数目及其类型有关。

1. 构件、运动副、约束与自由度的关系

由理论力学可知，一个做平面运动而不受任何约束的构件具有三个自由度。如图 1-13a 所示，构件 1 在未与构件 2 构成运动副时，具有三个自由度。当两构件通过运动副相连接时，如图 1-13b、c、d 所示，很显然，构件间的相对运动受到限制，这种限制作用称为约束。就是说，运动副引进了约束，使构件的自由度减少。图 1-13b 中构件 1 与构件 2 构成转动副，使构件 1 只能相对构件 2 转动；图 1-13c 中构件 1 与构件 2 构成移动副，使构件 1 只能相对构件 2 移动；图 1-13d 中构件 1 与构件 2 构成平面高副，使构件 1 只能相对构件 2 有一个移动和一个转动。可见，平面低副（转动副或移动副）将引进 2 个约束，使两构件只剩下一个相对转动或相对移动的自由度；平面高副将引进 1 个约束，使两构件只剩下相对转动和相对移动两个自由度。

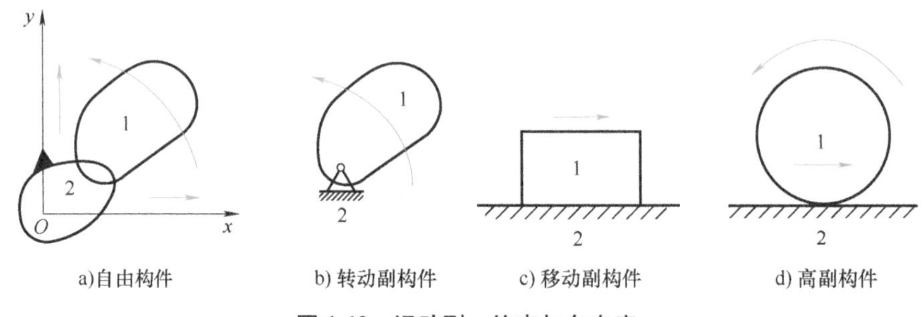

图 1-13　运动副、约束与自由度

2. 平面机构自由度计算公式

由以上分析可知，如果一个平面机构共有 n 个活动构件（不包含机架），当各构件尚未通过运动副相连接时，显然它们共有 $3n$ 个自由度。若各构件之间共构成 P_L 个低副和 P_H 个高副，则它们共引入了（$2P_L+P_H$）个约束，机构的自由度 F 则为

$$F=3n-2P_L-P_H \tag{1-1}$$

这就是平面机构自由度的计算公式。

例 1-3　试计算图 1-12a 所示机构的自由度。

解：图 1-12a 所示为铰链四杆机构，共有 3 个活动构件（$n=3$），4 个低副（转动副，$P_L=4$），没有高副（$P_H=0$），根据式（1-1），该机构的自由度为

$$F=3n-2P_L-P_H=3\times3-2\times4-0=1$$

例 1-4　试计算图 1-12b 所示机构的自由度。

解：图 1-12b 所示为铰链五杆机构，共有 4 个活动构件（$n=4$），5 个低副（转动副，$P_L=5$），没有高副（$P_H=0$），根据式（1-1），该机构的自由度为

$$F=3n-2P_L-P_H=3\times4-2\times5-0=2$$

以上两例计算结果与实际情况都是一致的，说明计算结果都是正确的。但有时会出现应用式（1-1）计算出的自由度与机构实际的自由度数目不相符合的情况，即出现了计算错误的问题。为了使得依据式（1-1）计算的自由度正确，还应注意以下几个特殊事项。

1.3.3　平面机构自由度计算时的注意事项

知识点：

机构自由度计算的注意事项 1——复合铰链

在计算图 1-14a 所示机构的自由度时，应该注意到 B 处存在两个转动副，由于视图的关系，它们重叠在了一起。实际上两个构件构成一个铰链；三个构件构成两个重叠的铰链（实际情况如图 1-14b 所示）；四个构件构成三个重叠的铰链（实际情况如图 1-14c 所示）；不难推知由 m 个构件则形成（$m-1$）个铰链。因此把两个以上的构件形成的同轴线多个转动副称为“复合铰链”，在计算机构的自由度时注意不要忽视复合铰链的多转动副问题。

该六杆机构共有 5 个活动构件（$n=5$），7 个低副（6 个转动副和 1 个移动副，$P_L=7$），没有高副（$P_H=0$），根据式（1-1），该机构的自由度为

$$F=3n-2P_L-P_H=3\times5-2\times7-0=1$$

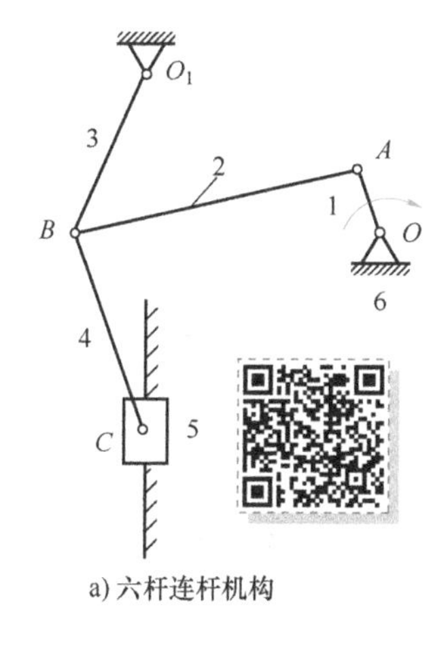

a) 六杆连杆机构

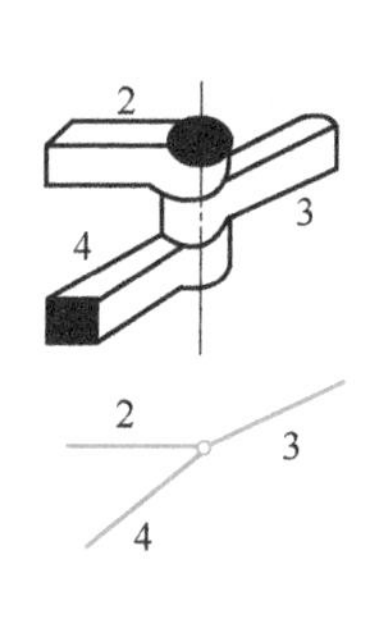

b) 三构件两铰链的复合铰链

c) 四构件三铰链的复合铰链

图 1-14　复合铰链

知识点：

机构自由度计算的注意事项 2——局部自由度

在计算图 1-15a 所示凸轮机构的自由度时，按式（1-1）计算的自由度为

$$F=3n-2P_{\mathrm{L}}-P_{\mathrm{H}}=3\times3-2\times3-1=2$$

此凸轮机构的从动件端部的小滚子 3 是为了改善从动件 4 和凸轮 2 的接触状况以延长机构的寿命而加入的，机构所需要的输出运动没有改变，还是从动件推杆 4 的运动。而推杆 4 的位置是随着凸轮 2 的位置唯一变化的，即取凸轮 2 为主动件时，机构便具有确定的运动，也就是说机构的自由度为 1。

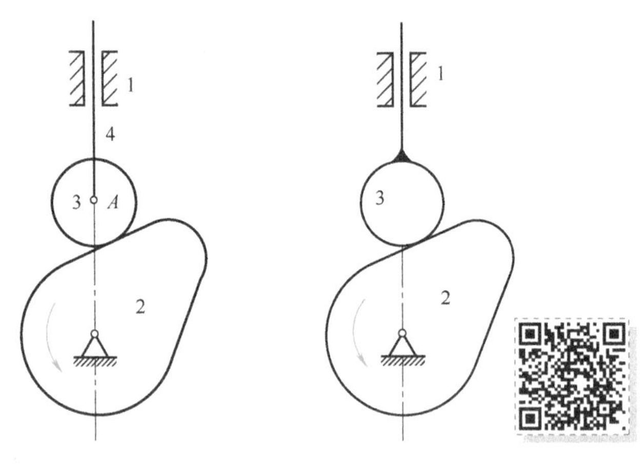

a) 具有局部自由度的凸轮机构　　b) 消除局部自由度的凸轮机构

图 1-15　局部自由度

那么利用式（1-1）计算的结果为什么会多出来一个自由度呢？这是因为滚子 3 可以绕自身的轴线旋转，这个旋转运动就是多出来的那个自由度。由于滚子是圆形的，因此它自身的旋转并不影响整个机构的运动，这只是滚子本身的局部运动。这种个别构件具有的不影响其他构件运动的自由度称之为“局部自由度”。

因为局部自由度不影响整个机构的运动，所以在计算自由度时应将其除去不计，即完全可以把滚子看成是与推杆焊接在一起且不能转动的，如图 1-15b 所示。这样再计算机构的自由度，结果为

$$F=3n-2P_{\mathrm{L}}-P_{\mathrm{H}}=3\times2-2\times2-1=1$$

这时与实际情况才是相符合的。

知识点：

机构自由度计算的注意事项 3——虚约束

在某些机构中，为了增加实际机构的稳定性，往往把某些运动副的约束设计成重复的，这些对机构的运动并不起实际约束作用的约束称之为“虚约束”。

常见的虚约束有如下几种情况。

1. 对同一移动构件的平行虚约束

两个构件间形成多个移动副，并且这些移动副的导路方向平行，这时只有一个移动副起到约束作用，其他移动副都是虚约束。

如图 1-16 所示，构件 4 对构件 3 分别在 C 处和 D 处形成移动副，其中的一个移动副具有约束作用，另外一个就是虚约束。

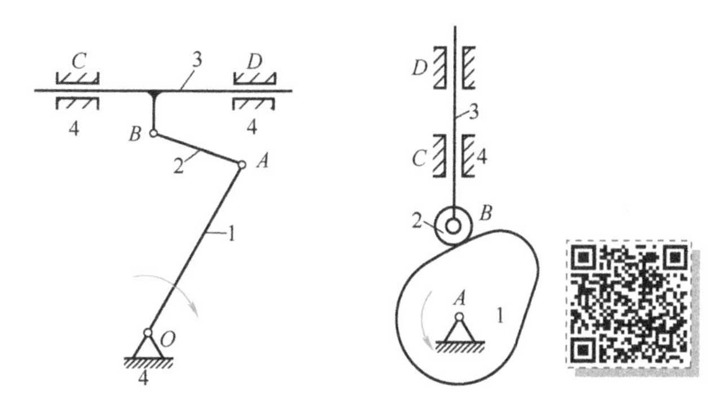

图 1-16　两构件形成多个移动副

2. 对同一转动构件的同轴虚约束

两个构件在同一轴线上构成多个转动副，这时只有一个转动副对运动起约束作用，其他转动副都是虚约束。

如图 1-17 所示，构件 1 与构件 2 在左右两端各形成一个运动副，且它们的轴线重合，则其中的一个转动副起约束作用，另一个为虚约束。

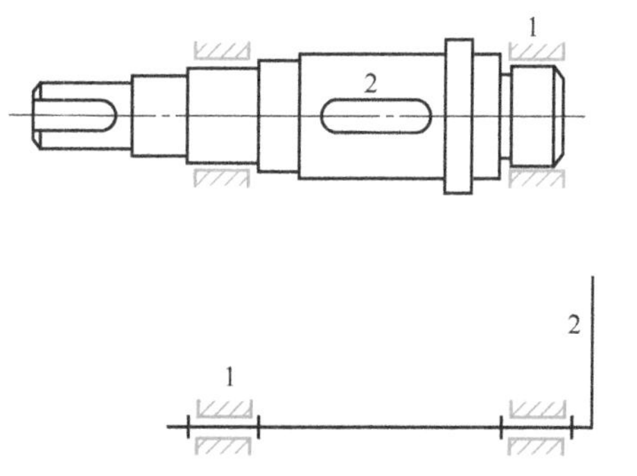

图 1-17　两构件形成多个转动副

3. 运动轨迹重合点之间连接的虚约束

如果将机构某处的转动副拆开，被拆开的两构件在原连接点的运动轨迹仍相互重合，这种连接将产生多余的约束，为虚约束。

如图 1-18a 所示的椭圆仪机构，如果将转动副 B 拆开，滑块上 B 点的轨迹仍然为通过 O 点的铅垂直线。而由于机构存在 $l_{OA}=l_{AB}=l_{AC}$ 的特殊几何关系，可以证明，连杆端点 B 的运动轨迹也仍然为通过 O 点的铅垂直线，即被拆开的两构件连杆 2 和滑块 3 在原连接点的运动轨迹仍相互重合，这样滑块 3 以及 B 处的转动副和移动副产生了一个约束为虚约束。

在计算机构自由度时，假想拆除滑块 3（注意此时 B 处的转动副和移动副也被一同去除），如图 1-18b 所示，此时自由度 $n=3$、$P_L=4$、$P_H=0$，计算结果为

$$F=3n-2P_L-P_H=3\times3-2\times4-0=1$$

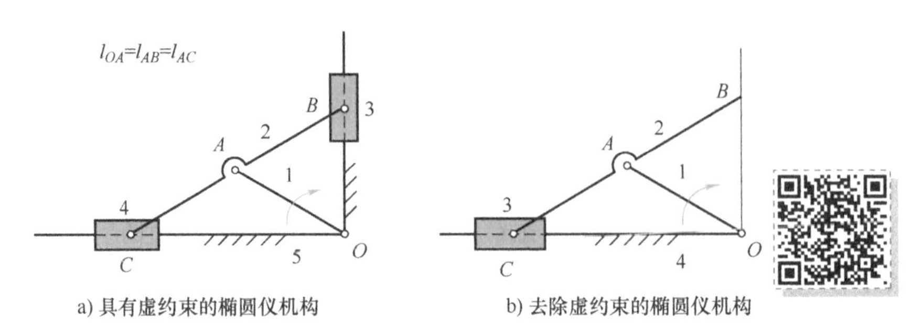

a) 具有虚约束的椭圆仪机构　　b) 去除虚约束的椭圆仪机构

图 1-18　椭圆仪机构

4. 等距点之间连接构成的虚约束

在机构运动中，若处在两构件上的两个点之间的距离始终保持不变，这时用一个构件和两个转动副将此两点相连接，由此引入的一个约束是虚约束。

如图 1-19a 所示的平行四边形机构，其中 $AB \underline{\parallel} CD \underline{\parallel} EF$。这时计算机构的自由度就会得到 $n=4$、$P_L=6$、$P_H=0$，则

$$F=3n-2P_L-P_H=3\times4-2\times6=0$$

计算结果表明机构不能运动。而实际工程中运用了许多这样的平行四边形机构，它们都是可以运动的。计算错误的原因就是没有考虑杆 5 用 E 和 F 两个运动副的连接所引入的虚约束。

在图 1-19a 中，由于 $ABCD$ 构成了一个平行四边形机构，因此杆 2 上所有的点的轨迹都是圆心在杆 4 上对应点的圆。而 E 点轨迹的圆心恰恰是 F 点，假设杆 5 不存在，E 和 F 两点之间的距离也始终不变，因此用一个构件和两个转动副将 E 和 F 两点连接起来的这种连接对机构的运动无影响，而这种连接多出来的一个约束则为虚约束。

在计算机构自由度时，应去除虚约束，即将引入虚约束的构件 5 及转动副 E 和 F 拆去后再进行计算，此时 $n=3$、$P_L=4$、$P_H=0$，则

$$F=3n-2P_L-P_H=3\times3-2\times4-0=1$$

如果上述机构中不满足 $AB \underline{\parallel} CD \underline{\parallel} EF$ 的条件（图 1-19b），即杆 5 连接的不是 E 点和 E 点轨迹的圆心 F 点，而是连接杆 2 上的 E 点和杆 4 上的其他点（如 G 点），则这种连接不满足虚约束的条件，因此机构的自由度为 $F=0$，机构确实不能运动。

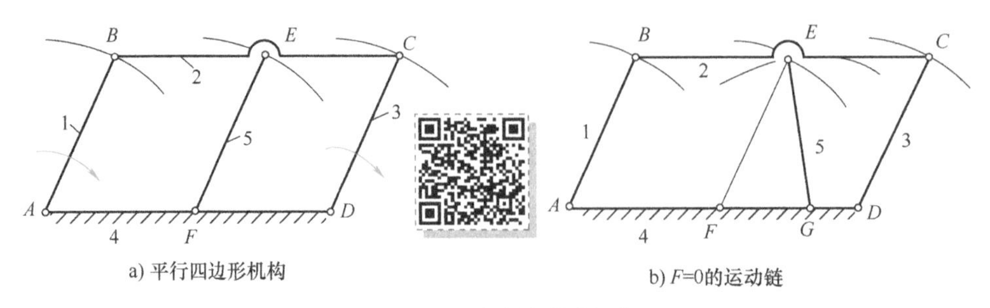

a) 平行四边形机构　　b) $F=0$的运动链

图 1-19　机动车轮联动机构

5. 对称构件的虚约束

在机构中常常用到一些对称的结构，机构的这些对称部分对机构运动的约束是重复的，因此也属于虚约束。

图 1-20 所示为一个行星轮系，该轮系中齿轮 1 和齿轮 3 称之太阳轮，齿轮 2、2′、2″都是安装在行星轮架上的行星轮。这种对称布置的机构形式，通常是为了均衡惯性力和减小单个齿轮的受力。如果仅仅从机构运动的角度考虑，只需要一个行星轮（例如行星轮 2）就够了，安装行星轮 2′和 2″引入的约束则为虚约束。在计算此机构的自由度时，应假想拆除其中的两个行星轮。

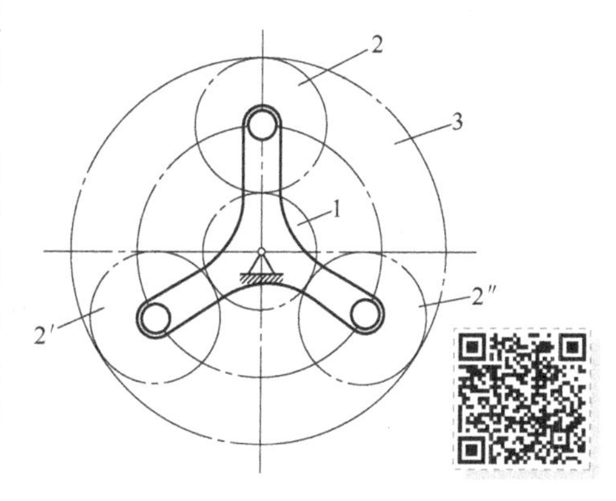

图 1-20　行星轮系

1.3.4　平面机构自由度计算综合实例

知识点：
平面机构自由度计算综合实例

图 1-21 所示为一个小型压力机的机构运动简图。当主动轮 1 以等角速度顺时针转动时，一方面通过一对齿轮传动使凸轮 6 转动，并将运动经过滚子 5 传递给构件 4，另一方面通过连杆 2 驱动滑块 3 做往复移动并带动构件 4。在这两个运动的共同作用下，通过滑块 7 带动压杆 8，使其按预期的运动规律上下往复移动。试计算该机构的自由度。

解：

在计算该机构的自由度之前，必须首先分析该机构有无复合铰链、局部自由度以及虚约束等情况。

从运动简图中可以看到，机构的 B 处为 2、3、4 三个构件组成的复合铰链；在 C 处滚子可以绕自身轴线转动，为一局部自由度，在计算自由度时可以把滚子 5 与构件 4 看成是固结一体的；构件 8 与机架 9 组成了两个重复的移动副，故其中之一为虚约束，需除去不计。此时该机构中 $n=7$、$P_L=9$、$P_H=2$，则

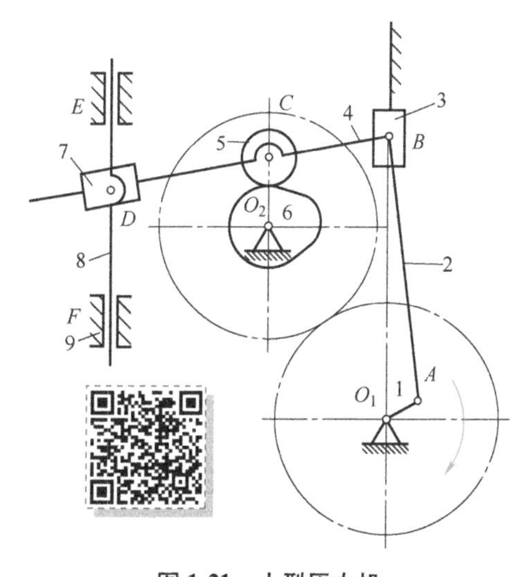

图 1-21　小型压力机

$$F=3n-2P_L-P_H=3\times7-2\times9-2=1$$

1.4 平面机构的组成原理与结构分析

1.4.1 平面机构的组成原理

机构具有确定运动的条件是其主动件数应等于其所具有的自由度。因此，如果将机构的机架及与机架相连的主动件从机构中拆分出来，则由其余构件和运动副构成的从动件系统的自由度必然为零。例如，将图 1-22a 所示的六杆机构拆分成图 1-22b 所示的两部分，而两部分的自由度之和等于原机构的自由度。而这个由运动副 *B-C-D-E-F-G* 和构件 2-3-4-5 构成的自由度为零的从动件系统，还可以再拆成更简单的自由度为零的、更简单的从动件系统子系统，如图 1-22c 所示（*BCD* 子系统和 *EFG* 子系统）。把最后不能再拆的最简单的自由度为零的从动件系统称为杆组。

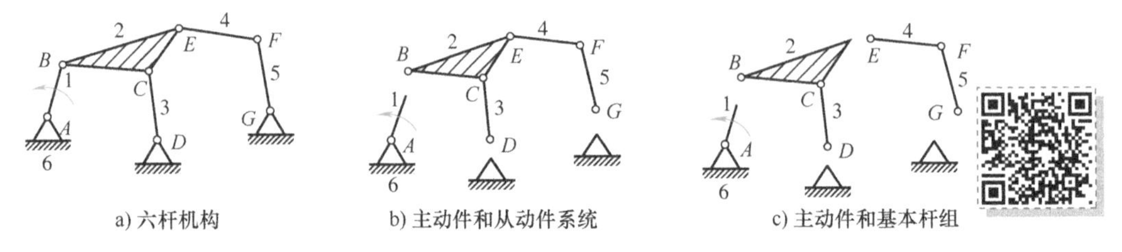

图 1-22　平面机构的组成原理

在每个杆组中，连接杆组内部构件的运动副称为内接副，如图 1-22c 中 *BCD* 杆组的 *C* 运动副和 *EFG* 杆组的 *F* 运动副都是内接副；在杆组中用于连接其与其他构件的运动副称为外接副，如图 1-22c 中 *BCD* 杆组的 *B*、*D* 运动副和 *EFG* 杆组的 *E*、*G* 运动副都是外接副。

根据上面的分析可知，任何机构都可以看作是由若干个杆组依次连接于主动件和机架上而构成的。这就是机构的组成原理。

1.4.2 平面机构的结构分析

对于全部由低副连接而成的杆组，必有

$$F=3n-2P_{\mathrm{L}}=0$$

即

$$3n=2P_{\mathrm{L}}$$

或

$$P_{\mathrm{L}}=3n/2$$

由于构件数 n 与运动副数 P_L 必须是整数，因此当 $n=2$ 时，$P_L=3$；当 $n=4$ 时，$P_L=6$；以此类推。

1）Ⅱ级杆组（$n=2$，$P_L=3$）。显然，最简单的杆组是由两个构件三个低副组成的杆组，称之为双杆组或Ⅱ级杆组。它是应用最广泛的杆组。若转动副用 R 表示，移动副用 P 表示，则根据其数目和排列的不同，Ⅱ级杆组可分为表 1-4 中的五种形式。

表 1-4　常见的Ⅱ级杆组

杆组名称	RRR	RRP	RPR	PRP	RPP
简图					
内接副	B	转动副 B	移动副 1-2	转动副 A	移动副 1-2
外接副	转动副 A、C	转动副 A 移动副 2-3	转动副 A、B	移动副 1-3 移动副 2-4	移动副 2-3 转动副 B

例如，图 1-23a 所示为 $F=1$ 的四杆机构，若把机架 4 和主动件 1 拆除出来，剩下的 BCD 运动链就是一个 $n=2$、$P_L=3$ 的Ⅱ级杆组，如图 1-23b 所示。

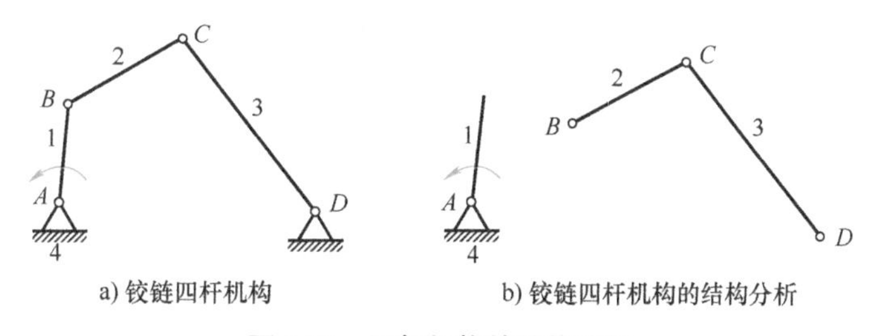

a) 铰链四杆机构　　b) 铰链四杆机构的结构分析

图 1-23　四杆机构的结构分析

2）Ⅲ级杆组（$n=4$，$P_L=6$）。如图 1-24 所示，杆组由 4 个构件 6 个低副组成，且无法再进一步拆分成两个Ⅱ级杆组，其特征是具有一个三副构件（也称为中心构件），这种杆组称为Ⅲ级杆组。

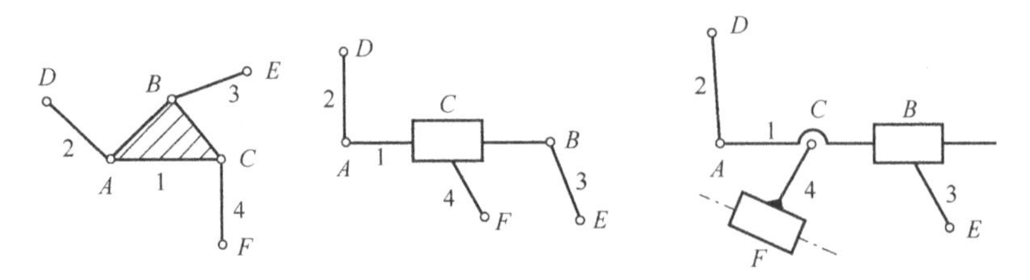

图 1-24　Ⅲ级杆组

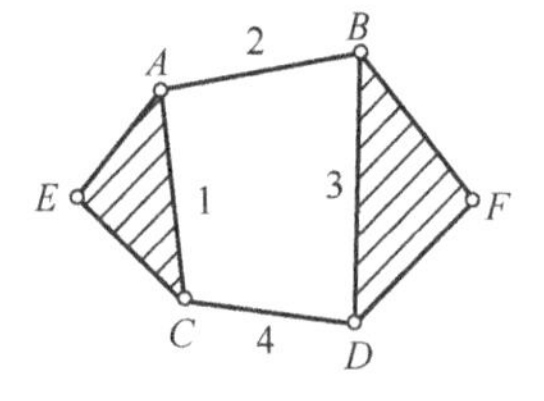

图 1-25　Ⅳ级杆组

比Ⅲ级杆组级别更高的杆组（例如由四个内接副组成封闭轮廓的Ⅳ级杆组，如图 1-25 所示）比较复杂，在实际机构中应用较少。

如图 1-26a 所示的八杆机构，先拆去机架 8 和主动件 1，对剩下的从动件系统在进一步拆分后得到图 1-26b 所示的结果。构件 2-3 和运动副 *B*-*C*-*D* 组成（$n=2$，$P_L=3$）Ⅱ级杆组；构件 4-5-6-7 和运动副 *E*-*F*-*G*-*H*-*I*-*J* 组成（$n=4$，$P_L=6$）Ⅲ级杆组，杆组的中心构件是具有三个运动副的构件 5。

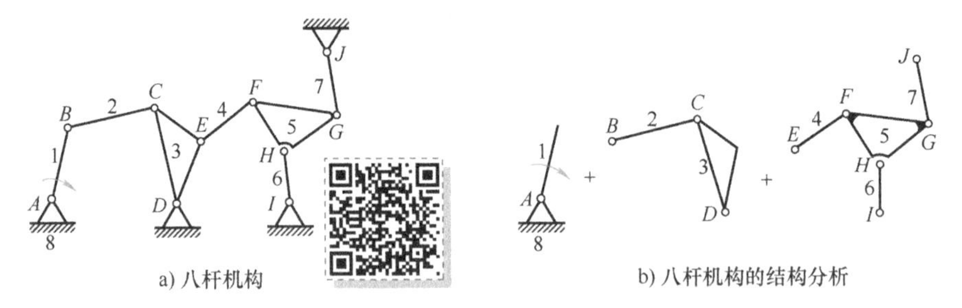

图 1-26　机构的结构分析（一）

机构的级别以组成机构的杆组的最高级别命名。如果最高级别的杆组为Ⅱ级杆组，那么该机构即为Ⅱ级机构；如果最高级别的杆组为Ⅲ级杆组，那么该机构即为Ⅲ级机构；以此类推。由此可以判断出图 1-26 所示的八杆机构为Ⅲ级机构。

例 1-5　计算图 1-27a 所示的机构的自由度并分析机构的组成。

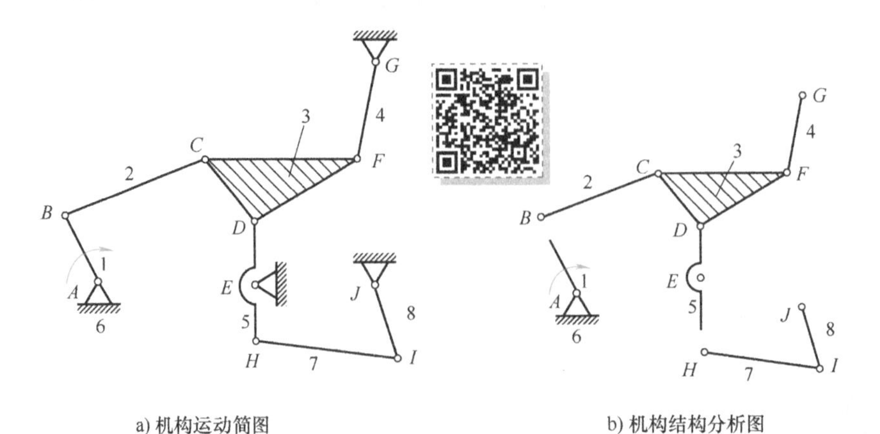

图 1-27　机构的结构分析（二）

解：

1）机构分析：该机构没有复合铰链，没有局部自由度，也没有虚约束。

2）自由度计算：活动构件数目 $n=7$，低副数目 $P_L=10$，高副数目 $P_H=0$，故

$$F=3n-2P_L-P_H=3\times7-2\times10-0=1$$

3）机构的组成分析：拆除机构的主动件 1 和机架 6 后，剩下的部分为由构件 2-3-4-5-7-8 和转动副 *B-C-D-E-F-G-H-I-J* 构成的从动件系统。进一步拆分，得到由构件 7-8 及转动副 *H-I-J* 构成的Ⅱ级杆组和构件 2-3-4-5 和转动副 *B-C-D-E-F-G* 构成的Ⅲ级杆组，如图 1-27b 所示。因为该机构中杆组的最高级别是Ⅲ级，所以该机构为Ⅲ级机构。

需要特别指出的是，对于相同构型但主动件不同的机构，其组成的结构形式是不同的。例如，将图 1-27a 所示的八杆机构的主动件变为构件 4，如图 1-28a 所示，则机构的结构形式如图 1-28b 所示。此时机构中的从动件系统是由 3 个Ⅱ级杆组所组成的，故该机构为Ⅱ级机构。

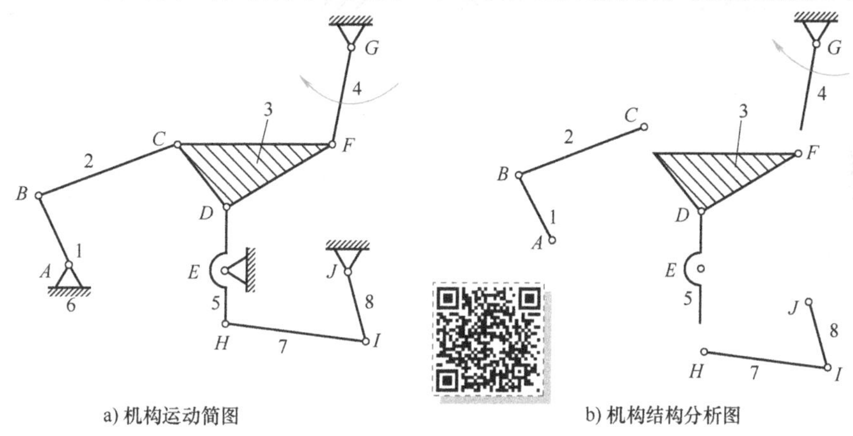

a) 机构运动简图　　b) 机构结构分析图

图 1-28　机构的结构分析（三）

4）分析机构的组成时应当注意的几个问题：

① 不能使杆组的所有外接副与同一个构件相连接。因为杆组本身的自由度为零，如果连接到一个构件上去，则杆组便与这个构件形成刚体了。

② 每个构件上至少存在两个运动副。因为一个运动副连接的构件的自由度不为零。

思考题与习题

1-1　什么是“运动副”？

1-2　什么是“约束”？运动副的约束数与相对运动自由度数之间有什么关系？

1-3　运动链是怎样形成的？它与机构有什么关系？

1-4　机构具有确定运动的条件是什么？当机构的主动件数少于或多于机构的自由度时，机构的运动将发生什么情况？

1-5　什么是机构的运动简图？绘制机构运动简图的目的是什么？它能表示出原机构哪些方

面的特征？

1-6　在计算自由度时应该注意哪些事项？

1-7　什么是机构的组成原理？

1-8　什么是杆组？如何确定杆组的级别及机构的级别？

1-9　如图 1-29 所示的偏心液压泵，偏心轮 1 绕固定轴心 A 转动，外环 2 上的叶片在可绕轴心 C 转动的圆柱 3 中滑动。当偏心轮 1 按图示方向连续回转时，可将右侧输入的油液由左侧泵出。液压泵机构中，1 为曲柄（偏心轮），2 为活塞杆，3 为转块，4 为泵体。试绘出其机构运动简图，计算其自由度，并判断该机构的运动是否确定。

1-10　试绘出图 1-30 所示的偏心轮传动机构的机构运动简图，计算其自由度，并判断该机构的运动是否确定。

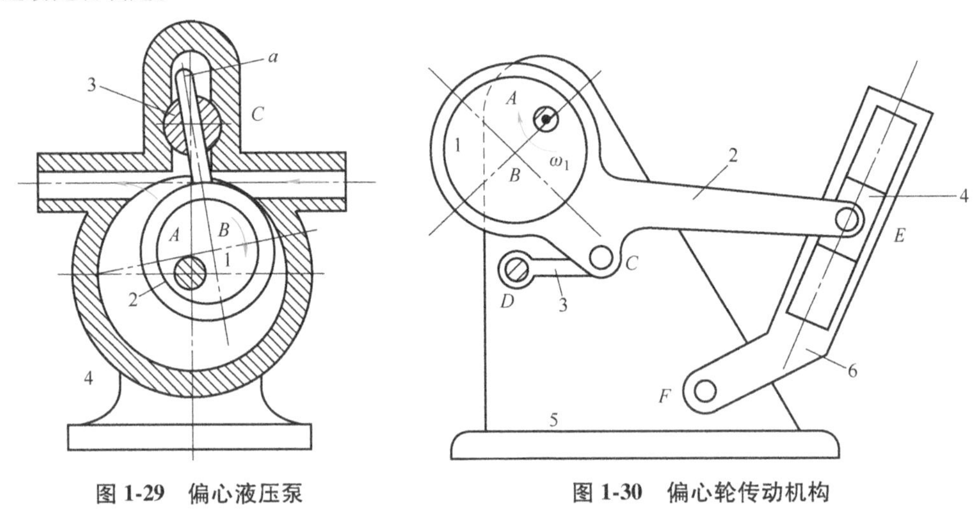

图 1-29　偏心液压泵　　　　图 1-30　偏心轮传动机构

1-11　如图 1-31 所示的压力机刀架机构，它由曲柄 1、连杆 2、扇形齿轮 3、齿条活塞 4 和机架 5 共 5 个构件组成。曲柄 1 是主动件，2、3、4 为从动件。当主动件 1 回转时，活塞在气缸中做往复运动。试绘出其机构运动简图，计算其自由度，并判断该机构的运动是否确定。

1-12　绘制图 1-32 所示牛头刨床机构的运动简图，计算其自由度，并判断该机构的运动是否确定。

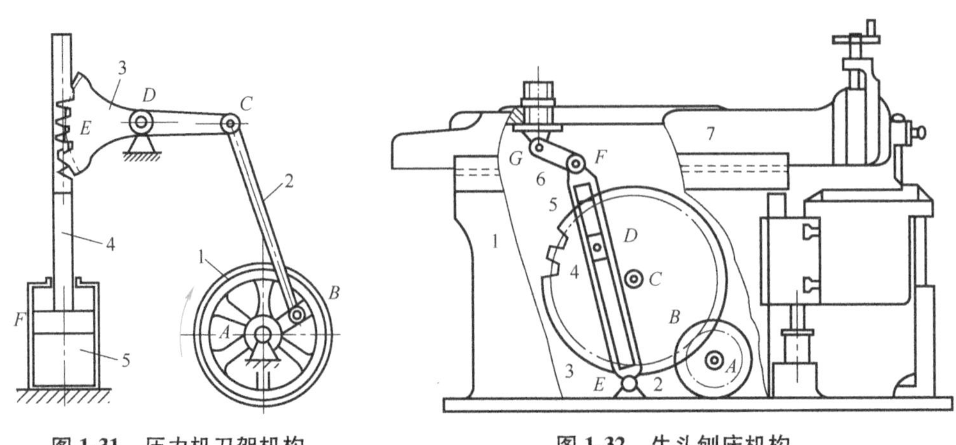

图 1-31　压力机刀架机构　　　　图 1-32　牛头刨床机构

1-13　试计算图 1-33～图 1-40 所示机构的自由度（若有复合铰链、局部自由度或虚约束应明确指出）。

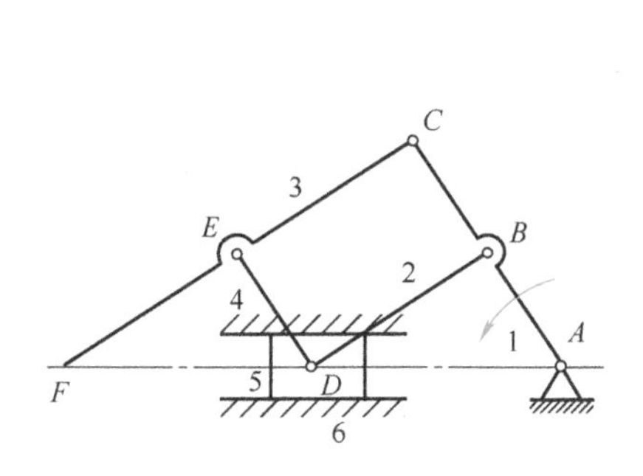

图 1-33　六杆机构

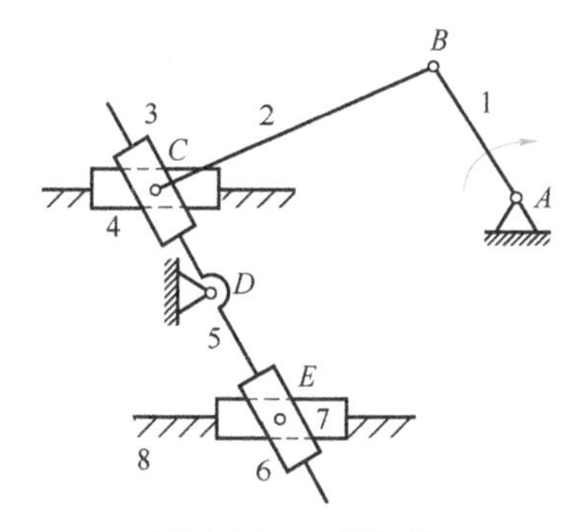

图 1-34　八杆机构

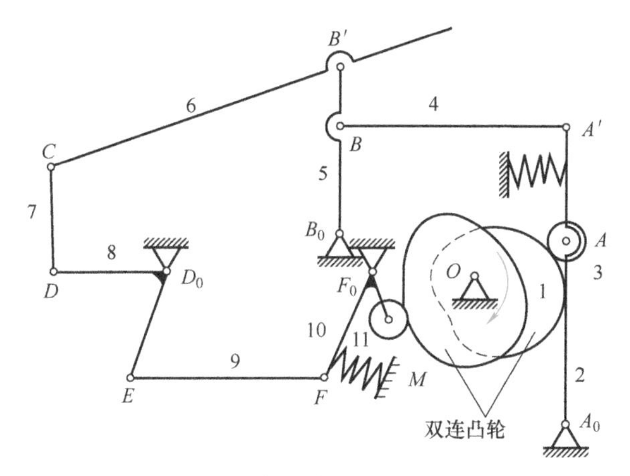

图 1-35　连杆-凸轮组合机构（一）

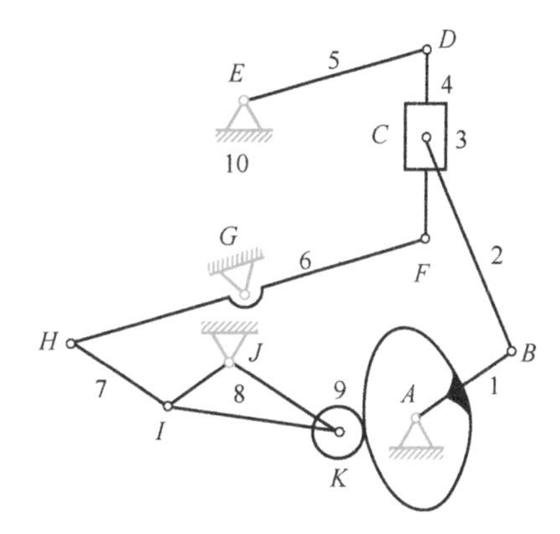

图 1-36　连杆-凸轮组合机构（二）

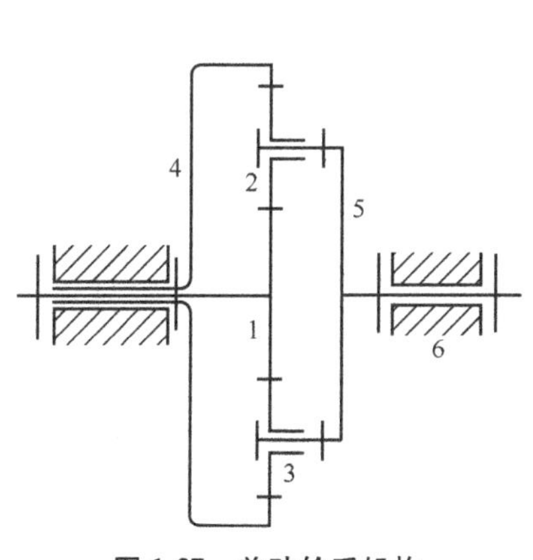

图 1-37　差动轮系机构

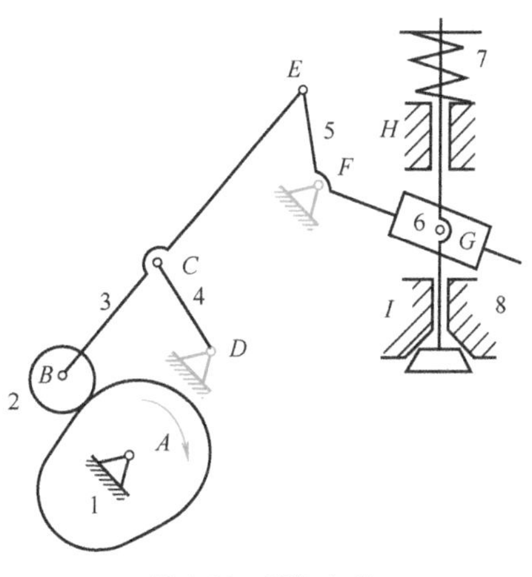

图 1-38　配气机构

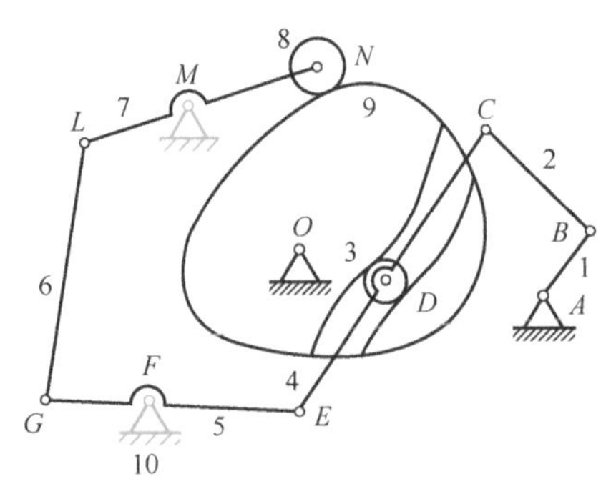

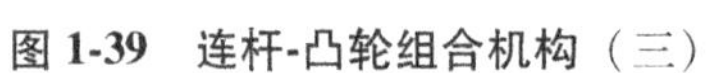
图 1-39 连杆-凸轮组合机构（三）

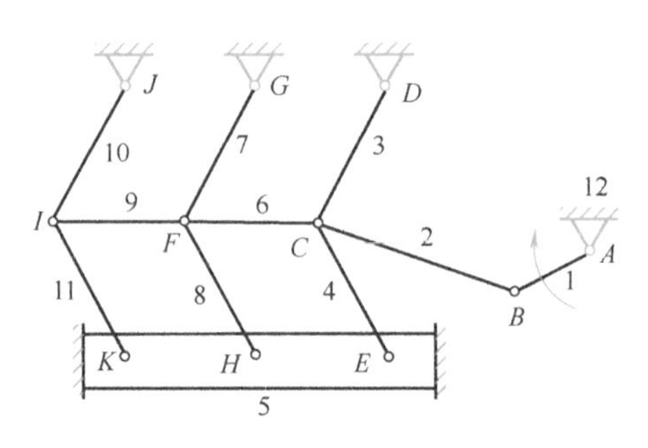

图 1-40 压力机机构

1-14 图 1-41 所示为一个平面连杆机构，试完成以下任务：

1）计算机构的自由度。

2）当分别选取构件 1、3 和 7 为主动件时，试对该机构进行结构分析，并确定对应机构的级别。

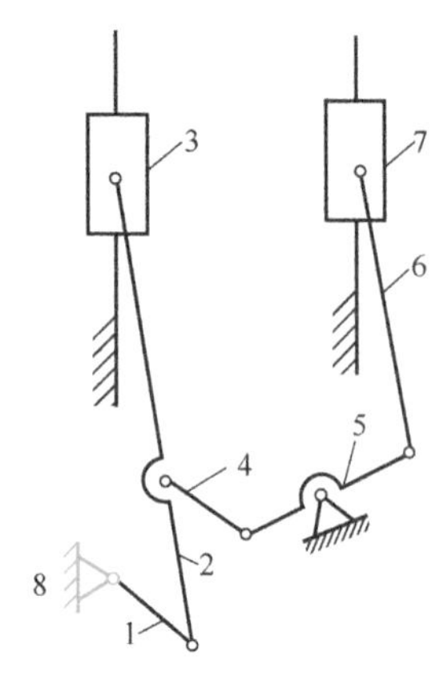

图 1-41 平面八杆机构

第 2 章 平面机构的运动分析

本章的知识结构图

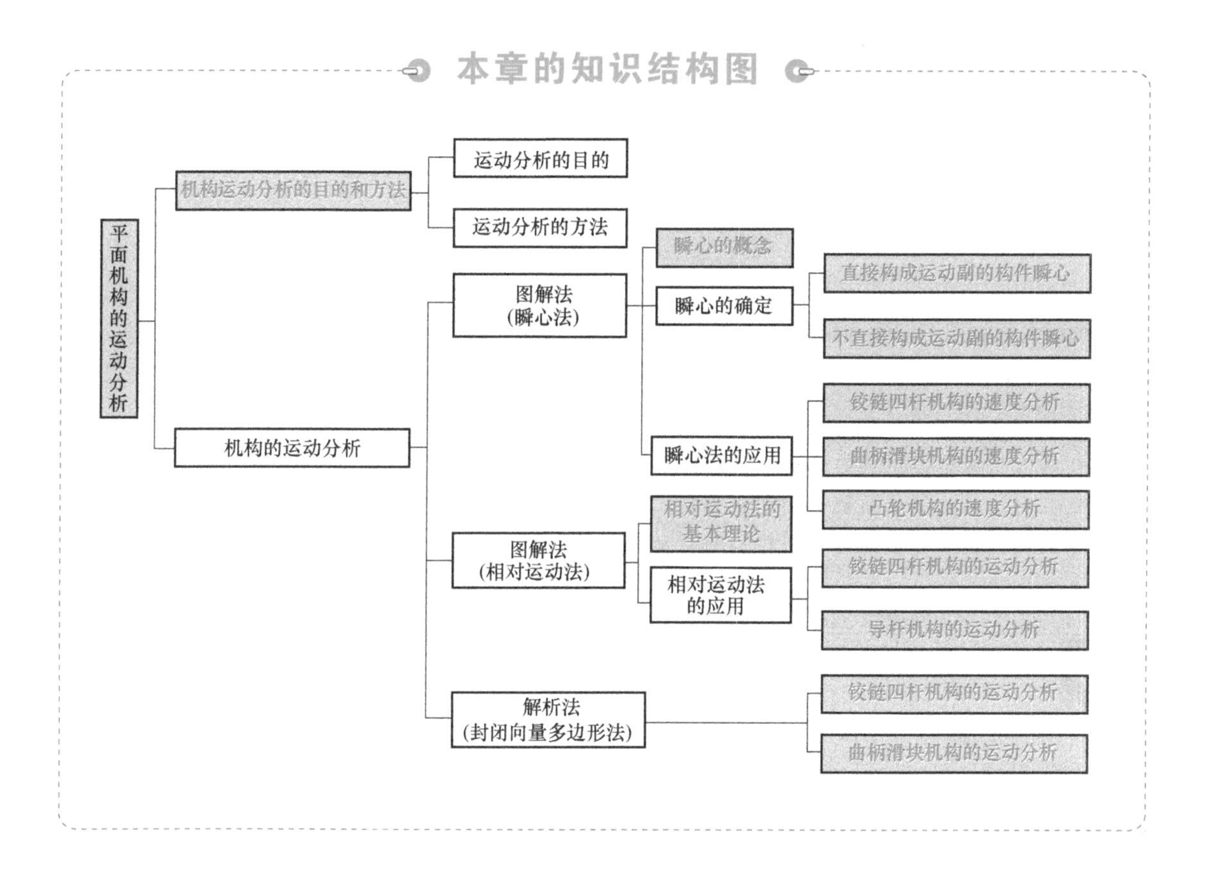

2.0 引言

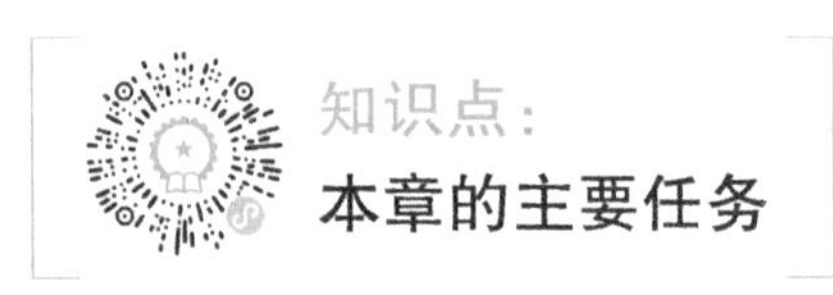

知识点：
本章的主要任务

本章主要应用图解法和解析法对机构进行运动分析，以获取机构的运动特性。本章学习的主要任务如下：

- 机构运动分析的目的和方法
- 瞬心法做平面机构的速度分析
- 相对运动法做平面机构的运动分析
- 封闭向量多边形法做平面机构的运动分析

2.1 机构运动分析的目的和方法

知识点：
机构运动分析的目的和方法

机构的运动分析是指在主动件运动规律已知的条件下，求解机构中其余构件的角位移、角速度、角加速度以及这些构件上某点的位移（轨迹）、速度、加速度，这是研究现有机械的运动性能以及进行新机构综合的基础。

1. 平面机构运动分析的目的

1）对机构进行位移分析，可以确定各构件运动所需要的空间，判断它们运动时是否相互干涉；还可以确定从动件的行程，考察某构件或构件上某点能否实现位置和轨迹的要求。

2）对机构进行速度分析，可以了解机构中从动件的速度变化是否满足工作要求，并为进一步做机构的加速度分析和受力分析提供必要的数据。在高速重型机械中，构件的惯性力较大，这对机械的强度、振动和动力性能都有较大的影响。

3）对机构进行加速度分析，可以为惯性力的计算提供加速度数据，并为动力计算提供基础数据。

2. 平面机构运动分析的方法

机构运动分析的方法主要分为图解法、解析法和虚拟样机仿真法。

1）图解法包括速度瞬心法和相对运动法。图解法的特点是形象、直观，但比较烦琐。

2）解析法就是建立机构已知参数和待求运动参数之间的关系式，通过求解关系式，获取机构的运动特性（如位移、速度和加速度）。

3）虚拟样机仿真法是应用虚拟样机仿真软件（例如 ADAMS）建立机构的虚拟样机模型，通过仿真求解，以获取机构的运动参数。

2.2 图解法（速度瞬心法）做机构的速度分析

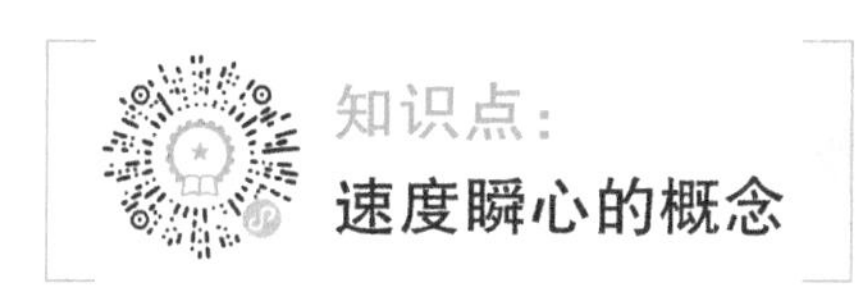

由理论力学可知，当构件 1 和构件 2 做平面运动时（图 2-1），在任一瞬时，其相对运动都可以看作是绕某一重合点的相对转动，该重合点称为速度瞬心，简称瞬心，以 P_{12} 或 P_{21} 表示。

两构件在瞬心点的相对速度为零，绝对速度相等，因此速度瞬心是瞬时的等速重合点。

瞬心分为绝对瞬心和相对瞬心两种。若两构件中一个构件为机架，其瞬心点的绝对速度为零，该瞬心称为绝对瞬心；若两构件都运动，其瞬心点的绝对速度不为零，该瞬心称为相对瞬心。

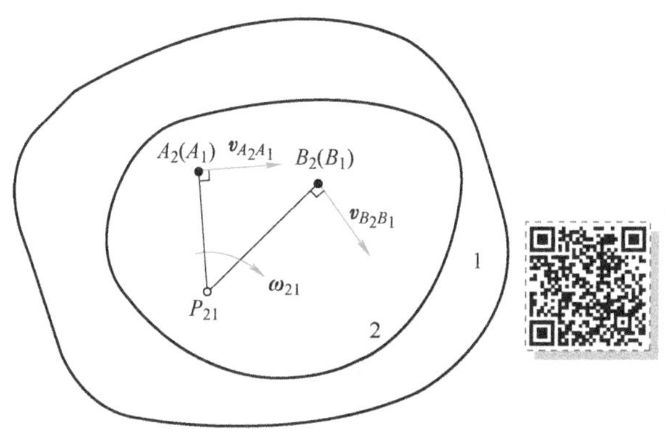

图 2-1　速度瞬心的概念

每两个构件就有一个瞬心，那么由 n 个构件组成的机构的总瞬心数目 N 为

$$N=\frac{n(n-1)}{2} \tag{2-1}$$

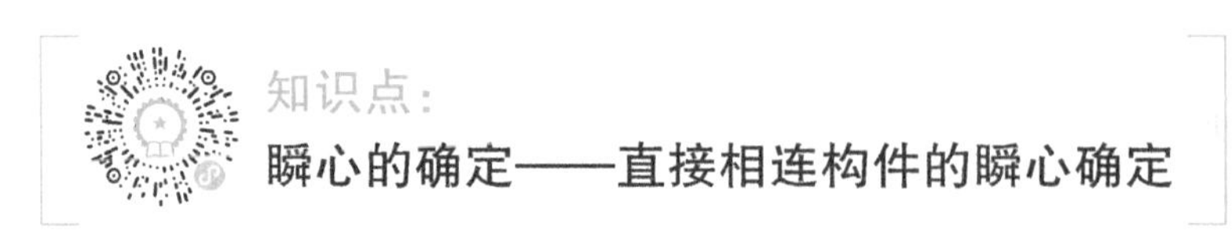

当两构件直接相连构成转动副（图 2-2）时，转动副的中心即是两构件的瞬心 P_{12}。

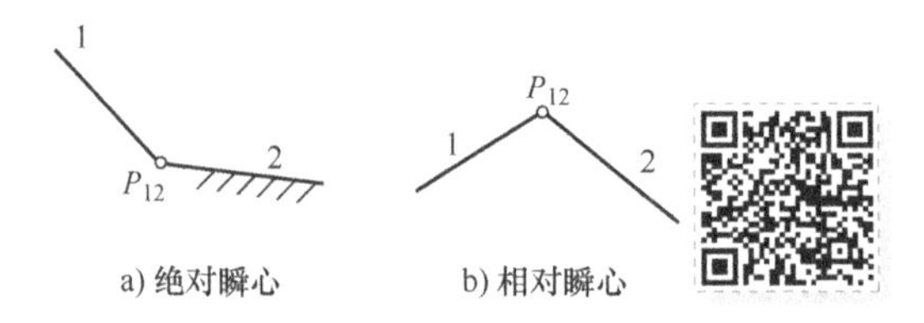

图 2-2　构成转动副的两构件的瞬心确定

两构件直接相连构成移动副（图 2-3）时，构件 1 和构件 2 之间相对运动的速度方向均平行于移动副的导路方向，因此，两构件的瞬心 P_{12}位于垂直导路的无穷远处。

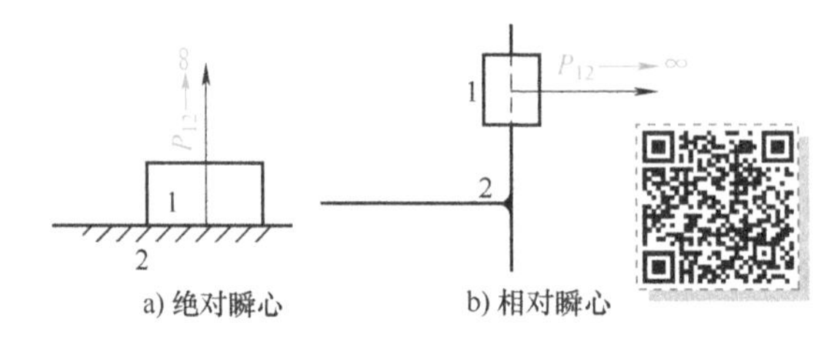

图 2-3　构成移动副的两构件的瞬心确定

当两构件直接相连构成平面高副时，若两构件做纯滚动的相对运动（图 2-4a），则瞬心 P_{12}就在接触点 M 处；若两构件在接触点的相对运动为非纯滚动，此时既有滚动又有滑动（图 2-4b），则瞬心 P_{12}在过接触点 M 的公法线 nn 上，具体位置还需由其他条件来确定。

对于图 2-5 所示的平面四杆机构，直接判断即可知道瞬心 P_{14}、P_{12}、P_{23}和 P_{34}的位置。

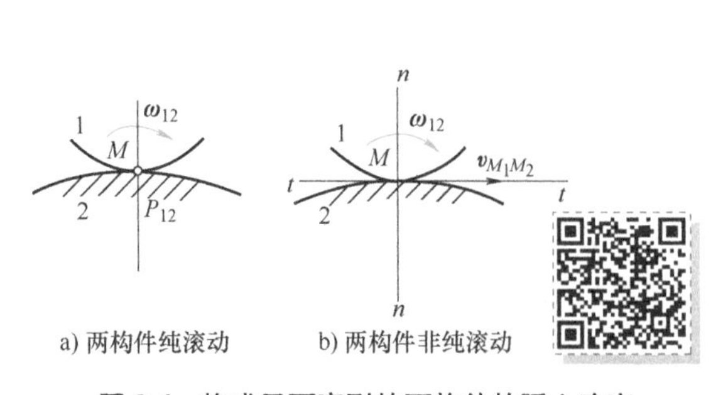

图 2-4　构成平面高副的两构件的瞬心确定

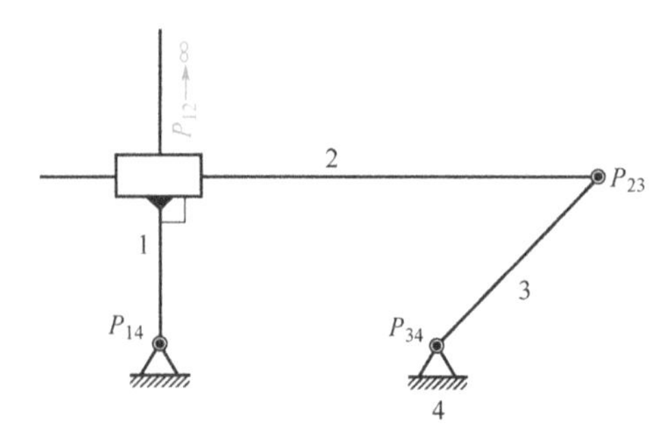

图 2-5　直接连接构件之间的瞬心位置的确定

知识点：

瞬心的确定——不直接相连构件的瞬心确定

当两个构件不直接用运动副相连时，它们的瞬心需要借助于“三心定理”来求出。

三心定理：做平面运动的三个构件共有三个瞬心，且它们必位于同一条直线上。

证明（反证法）：如图 2-6 所示，构件 1、构件 2 和构件 3 做平面相对运动，构件 1 为机架，构件 2 和构件 3 相对机架 1 绕定点转动。由式（2-1）可知，它们共有 3 个瞬心，即 P_{12}、P_{13}和 P_{23}。通过直接判断可知 P_{12}和 P_{13}位于转动副的中心处。

P_{23}为不直接构成运动副的构件 2 和构件 3 的瞬心，现假设 P_{23}与 P_{12}和 P_{13}不在一条直线上，而是在图示的 K 点，即 K 点为构件 2 与构件 3 的瞬时速度相同的重合点。由运动分析可知，构件 2 上 K 点的绝对速度 $\boldsymbol{v}_{K_2}$的方向垂直于 $P_{12}K$；构件 3 上的 K 点的绝对速度 $\boldsymbol{v}_{K_3}$的方向垂直于 $P_{13}K$。由图 2-6 可以看出，$\boldsymbol{v}_{K_2}$与 $\boldsymbol{v}_{K_3}$的方向不同，这与瞬心定义相矛盾，因此 K 点为瞬心 P_{23}的假设是错误的。

只有重合点 K 位于 P_{12}和 P_{13}的连线上，才能保证构件 2 和构件 3 在 K 这个重合点的速度方向相同，也就是瞬心 P_{23}必须在瞬心 P_{12}和瞬心 P_{13}两点的连线上，这也就证明了三心定理的正确性。

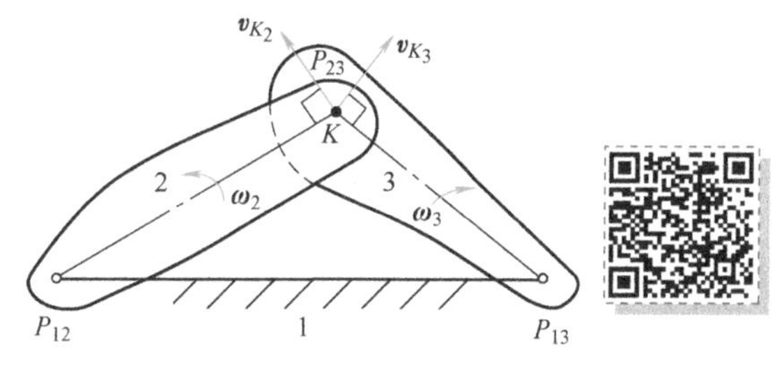

图 2-6　三心定理的证明

在如图 2-5 所示的平面四杆机构中，构件 2 和构件 4 之间，以及构件 1 和构件 3 之间都不直接通过运动副连接，但它们之间具有相对运动，因此在它们之间存在瞬心，即 P_{24}和 P_{13}。下面来确定这两个瞬心的位置。

为了便于瞬心位置的确定，这里引入一个辅助多边形，如图 2-7b 所示。辅助多边形的顶点代表各构件，例如，“1” 和 “2” 两点分别代表构件 1 和构件 2，两个点（构件）之间的连线则代表这两个构件之间的瞬心，例如，“1” 和 “2” 两点之间的连线代表瞬心 “P_{12}”。图 2-7b 中的四条实线代表在图 2-5 中已经确定的 4 个瞬心 P_{14}、P_{12}、P_{23}和 P_{34}。

现在来确定瞬心 P_{24}。为此连接点 “2” 和点 “4”，如图 2-7b 所示，对于△124，三个点 “1”“2”“4” 分别代表构件 1、构件 2 和构件 4，三条边代表瞬心 P_{14}、P_{12}和 P_{24}。由 “三心定理” 可知，瞬心 P_{24}应位于瞬心 P_{14}和 P_{12}的连线上，如图 2-7a 所示。再来看△234，三个点 “2”“3”“4” 分别代表构件 2、构件 3 和构件 4，三条边代表瞬心 P_{23}、P_{34}和 P_{24}，同理瞬心 P_{24}应位于瞬心 P_{23}和 P_{34}的连线上，如图 2-7a 所示，因此，两条连线的交点就是瞬心 P_{24}的位置。

同理，可以确定瞬心 P_{13}的位置，如图 2-7a 所示。

从图 2-7b 中可以看出，待求的瞬心是两个三角形的公共边，当这两个三角形的其他边（瞬心）都是已知的情况下，待求的瞬心位置才是可求的。

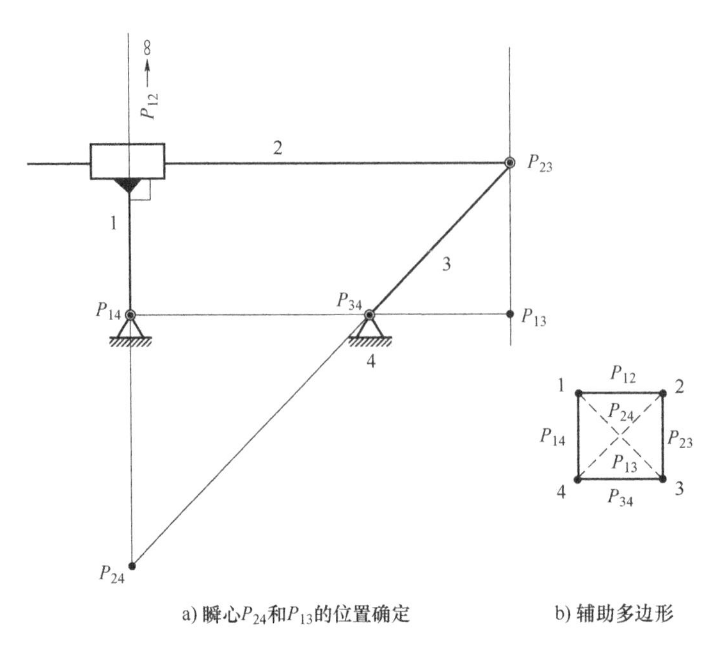

a) 瞬心P_{24}和P_{13}的位置确定　　b) 辅助多边形

图 2-7　不直接相连构件之间的瞬心位置的确定

知识点：

瞬心法做机构的速度分析——铰链四杆机构

在图 2-8 所示的铰链四杆机构中，已知各构件的尺寸（长度）及主动件 1 的角速度 $\boldsymbol{\omega}_1$，求从动件 3 的角速度 $\boldsymbol{\omega}_3$ 和从动件 2 的角速度 $\boldsymbol{\omega}_2$。

由式（2-1）可知，该机构的瞬心的数目 $N=6$，即 P_{14}、P_{12}、P_{23}、P_{34}和 P_{13}、P_{24}。

6 个瞬心中的 P_{14}、P_{12}、P_{23}、P_{34}可直接判断求出，它们分别位于 A、B、C、D 四个转动副的中心处，而 P_{13}、P_{24}为不直接相连的两个构件之间的瞬心，它们的位置需要借助“三心定理”来确定。

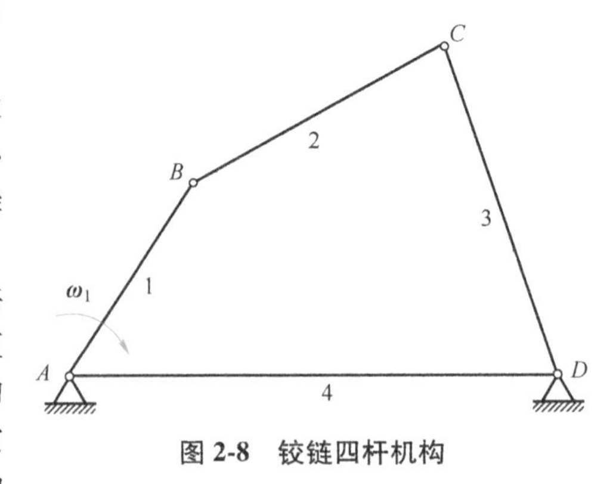

图 2-8　铰链四杆机构

如图 2-9 所示，构件 1、构件 2 和构件 3 共有三个瞬心，即 P_{12}、P_{23}和 P_{13}，它们位于同一条直线上，即 P_{13}应处于 P_{12}和 P_{23}的连线上；构件 1、构件 4 和构件 3 共有三个瞬心，即 P_{14}、P_{34}和 P_{13}，它们也位于同一条直线上，即 P_{13}应处于 P_{14}和 P_{34}的连线上，因此 P_{13}就位于 P_{12}与 P_{23}的连线同 P_{14}与 P_{34}的连线的交点处。

同样的方法可求出 P_{24}位于 P_{14}与 P_{12}的连线和 P_{34}与 P_{23}的连线的交点处。

再由瞬心的概念可知，P_{13}是构件 1 和构件 3 的等速重合点，即构件 1 上 P_{13}点处的绝对速度与构件 3 上 P_{13}点处的绝对速度相等，因此

$$\boldsymbol{v}_{P_{13}}=\omega_1\overline{P_{14}P_{13}}\,\mu_l=\omega_3\overline{P_{34}P_{13}}\,\mu_l$$

式中，μ_l 为长度比例尺（m/mm）。

可求得

$$\omega_3=\frac{\overline{P_{14}P_{13}}}{\overline{P_{34}P_{13}}}\omega_1$$

因为瞬心 P_{24}是绝对瞬心（因为构件 4 是机架），所以此时构件 2 的运动为绕瞬心 P_{24}的转动。瞬心 P_{12}为构件 1 和构件 2 的等速重合点，即构件 1 上 P_{12}点处的绝对速度与构件 2 上 P_{12}点处的绝对速度相等，因此

$$\boldsymbol{v}_{P_{12}}=\omega_1\overline{P_{14}P_{12}}\,\mu_l=\omega_2\overline{P_{24}P_{12}}\,\mu_l$$

可求得

$$\omega_2=\frac{\overline{P_{14}P_{12}}}{\overline{P_{24}P_{12}}}\omega_1$$

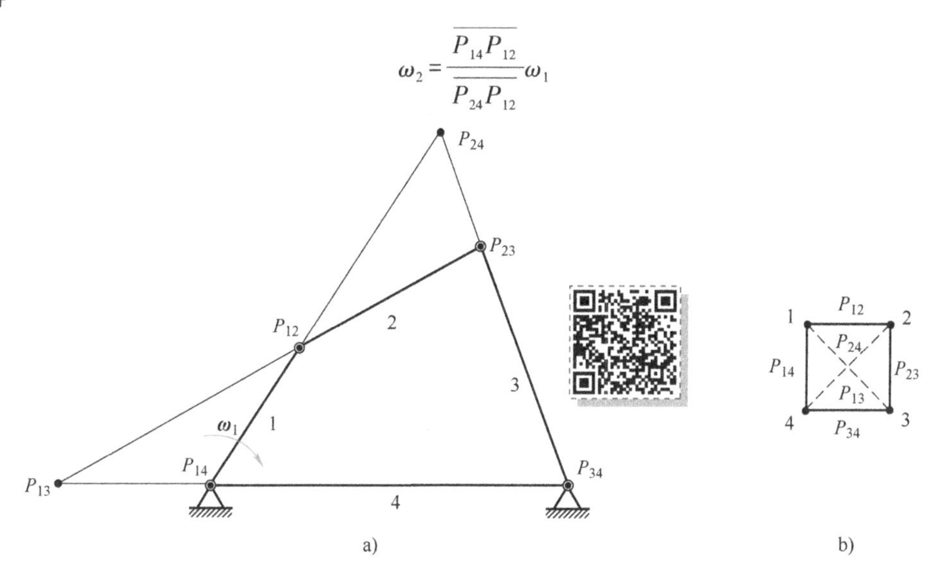

图 2-9　瞬心法做铰链四杆机构的速度分析

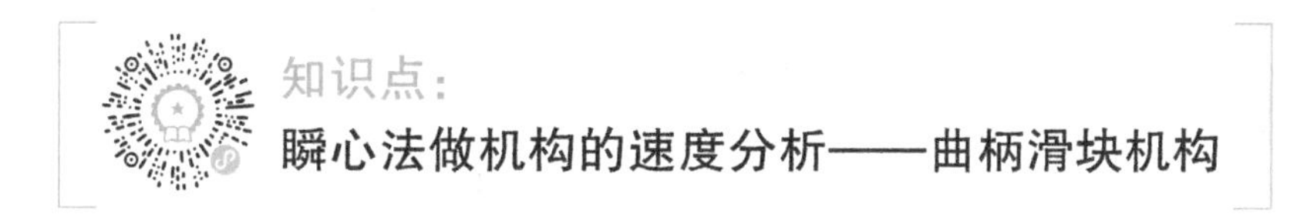

在图 2-10 所示的曲柄滑块机构中，已知各构件的尺寸及主动件曲柄角速度 $\boldsymbol{\omega}_1$（逆时针回转），试用瞬心法求滑块 3 在此瞬时位置的速度 $\boldsymbol{v}_3$。

由式（2-1）得该机构的瞬心的数目 $N=6$，即 P_{14}、P_{12}、P_{23}、P_{34}和 P_{13}、P_{24}。

6 个瞬心中的 P_{14}、P_{12}、P_{23}、P_{34}可用直接判断求出：瞬心 P_{14}、P_{12}和 P_{23}分别位于 A、B、C 三个转动副的中心处；瞬心 P_{34}是滑块 3 和机架 4 的瞬心，而滑块 3 和机架 4 构成移动副，因此 P_{34}位于垂直于移动副导路的无穷远处，如图 2-11 所示。P_{13}、P_{24}需要应用三心定理来确定。因为已知构件 1 的角速度 $\boldsymbol{\omega}_1$，求构件 3 的速度$\boldsymbol{v}_3$，所以关键是要求出瞬心 P_{13}。

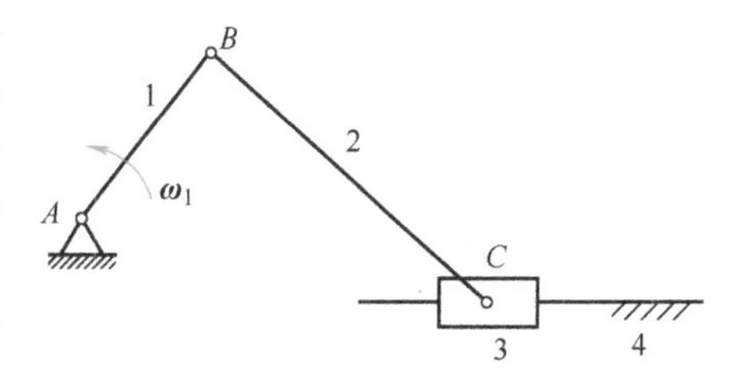

图 2-10　曲柄滑块机构

构件 1、构件 2 和滑块 3 共有三个瞬心，即 P_{12}、P_{23}和 P_{13}，且 P_{13}应与 P_{12}和 P_{23}位于同一条直线上；构件 1、机架 4 和滑块 3 有三个瞬心，即 P_{14}、P_{34}和 P_{13}，且 P_{13}应与 P_{14}和 P_{34}位于同一条直线上，因此 P_{12}与 P_{23}的连线同 P_{14}与 P_{34}的连线的交点便是瞬心 P_{13}。

由瞬心的概念可知，P_{13}为构件 1 和滑块 3 的等速重合点，即构件 1 上 P_{13}点处的绝对速度与滑块 3 上 P_{13}点处的绝对速度相等。滑块 3 做平行移动，其上任一点的速度都相等，因此

$$\boldsymbol{v}_3 = \boldsymbol{v}_{P_{13}} = \omega_1 \overline{P_{14}P_{13}}\,\mu_l$$

方向如图 2-11 所示。

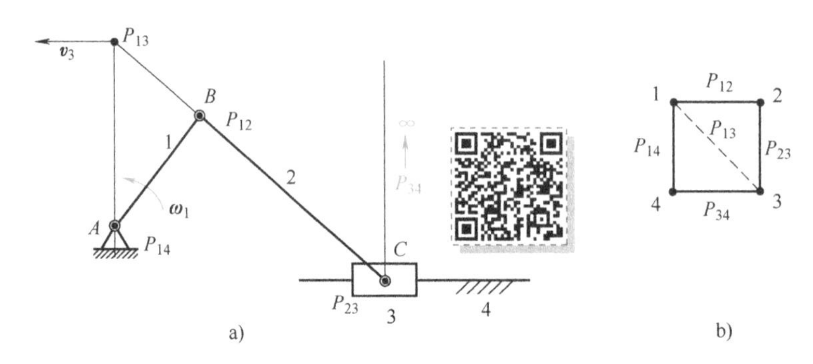

图 2-11　瞬心法做曲柄滑块机构的速度分析

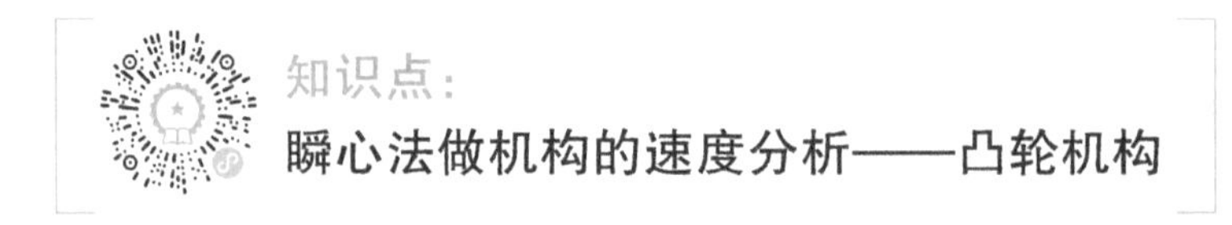

在图 2-12 所示的凸轮机构中，已知各构件的尺寸及主动件凸轮角速度 $\boldsymbol{\omega}_1$（逆时针回转），试用瞬心法求直动从动件推杆 2 此时的瞬时速度 $\boldsymbol{v}_2$。

该机构共有 3 个瞬心。瞬心 P_{13}位于转动副 A 的中心处，瞬心 P_{23}位于移动副 C 导路的垂直线上的无穷远处，如图 2-13 所示。由于凸轮 1 和直动从动件推杆 2 组成的高副既可以滑动又可以滚动，因此瞬心 P_{12}应位于过接触点 B 的两廓线的公法线 nn 上；再由“三心定理”可知，P_{12}与 P_{13}、P_{23}必须在同一条直线上，因此，P_{13}和 P_{23}的连线与公法线 nn 的交点即为瞬心 P_{12}。

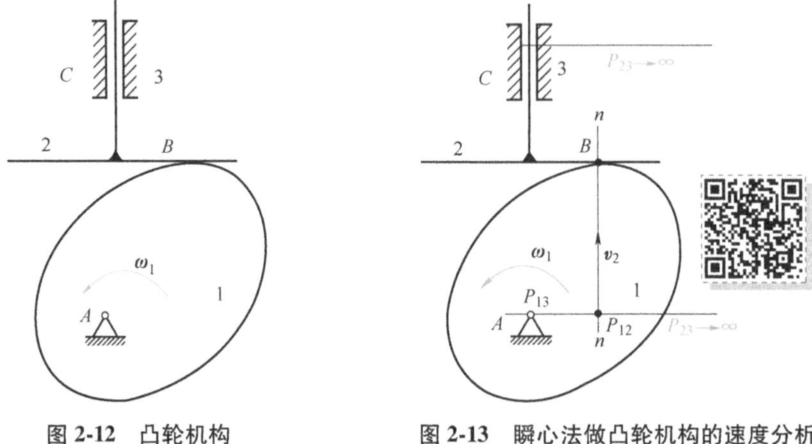

图 2-12　凸轮机构　　图 2-13　瞬心法做凸轮机构的速度分析

由瞬心的概念可知，P_{12}为凸轮 1 和推杆 2 的等速重合点，即凸轮 1 上 P_{12}点处的绝对速度与推杆 2 上 P_{12}点处的绝对速度相等，因此可求得 $\boldsymbol{v}_2$ 的大小为

$$\boldsymbol{v}_2=\boldsymbol{v}_{P_{12}}=\omega_1\overline{P_{12}P_{13}}\,\mu_l$$

方向如图 2-13 所示。

当机构的构件数目较少时，利用瞬心法进行速度分析很方便。但对于多杆机构的速度分析而言，由于其瞬心数目较多，因此寻找瞬心位置的过程比较烦琐。另外，瞬心法只能做机构的速度分析，它不能进行机构的加速度分析。

2.3 图解法（相对运动法）做平面机构的运动分析

图解法中的相对运动法的理论基础是理论力学中的速度合成定理和加速度合成定理。

知识点：

相对运动法做平面机构的速度分析——基本原理

在用相对运动法进行机构的运动分析时，经常会遇到两类问题：一是已知构件上某一点的速度和加速度，求该构件上另一点的速度和加速度；二是已知构件上已知点的速度和加速度，求另一个构件上与已知点重合的点的速度和加速度。

1. 同一构件上两点之间的运动关系

图 2-14 所示为一个做平面一般运动的构件，它的运动可以看成是随其上任一点 A（基点）的牵连运动和绕基点 A 的相对转动的合成。如图 2-14a 所示，构件上任一点 B 的速度 $\boldsymbol{v}_B$ 为

$$\boldsymbol{v}_B=\boldsymbol{v}_A+\boldsymbol{v}_{BA} \tag{2-2}$$

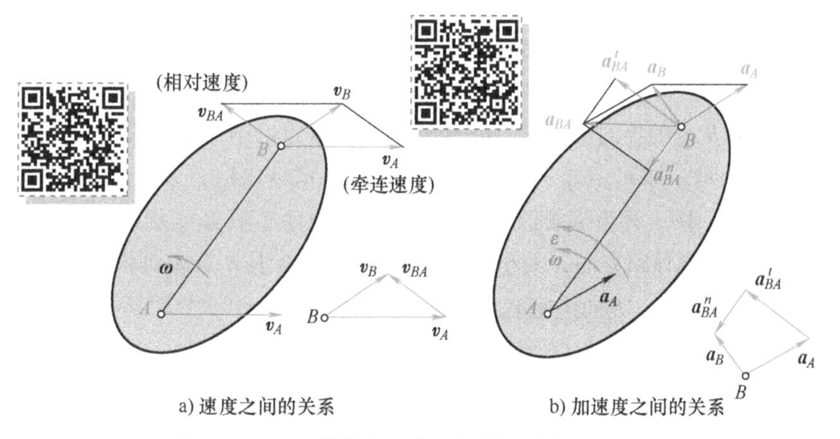

a) 速度之间的关系　　b) 加速度之间的关系

图 2-14　同一构件上两点之间的运动关系（一）

式中，$\boldsymbol{v}_A$ 为 A 点的绝对速度，大小和方向已知；$\boldsymbol{v}_{BA}$ 为 B 点相对 A 点的相对速度，大小为 $v_{BA}=\omega l_{AB}$，方向垂直于 AB，并由 $\boldsymbol{\omega}$ 方向判断。

如图 2-14b 所示，构件上任一点 B 的加速度 $\boldsymbol{a}_B$ 为

$$\boldsymbol{a}_B=\boldsymbol{a}_A+\boldsymbol{a}_{BA}^n+\boldsymbol{a}_{BA}^t \tag{2-3}$$

式中，$\boldsymbol{a}_A$ 为 A 点的绝对加速度，大小和方向已知；$\boldsymbol{a}_{BA}^n$ 为 B 点相对 A 点的法向加速度，大小为 $a_{BA}^n=\omega^2 l_{AB}$，方向由 B 指向 A；$\boldsymbol{a}_{BA}^t$ 为 B 点相对 A 点的切向加速度，大小为 $a_{BA}^t=\varepsilon l_{AB}$，方向垂直于 AB。

2. 不同构件上重合点之间的运动关系

如图 2-15 所示，构件 1 与机架组成转动副，构件 2 通过移动副与构件 1 连接。两构件在重合点 B 处的运动关系可以用转动的牵连运动和移动的相对运动来描述。

重合点 B 处的速度关系如图 2-15a 所示，用速度矢量可描述为

$$\boldsymbol{v}_{B_2}=\boldsymbol{v}_{B_1}+\boldsymbol{v}_{B_2B_1} \tag{2-4}$$

式中，$\boldsymbol{v}_{B_2}$ 为构件 2 上 B 点的绝对速度，一般方向暂不确定；$\boldsymbol{v}_{B_1}$ 为构件 1 上 B 点的绝对速度，大小为 $v_{B_1}=\omega_1 l_{AB}$，方向垂直于 AB，并由 $\boldsymbol{\omega}_1$ 的方向判断；$\boldsymbol{v}_{B_2B_1}$ 为构件 2 上 B 点相对构件 1 上 B 点的相对速度，方向平行于导路。

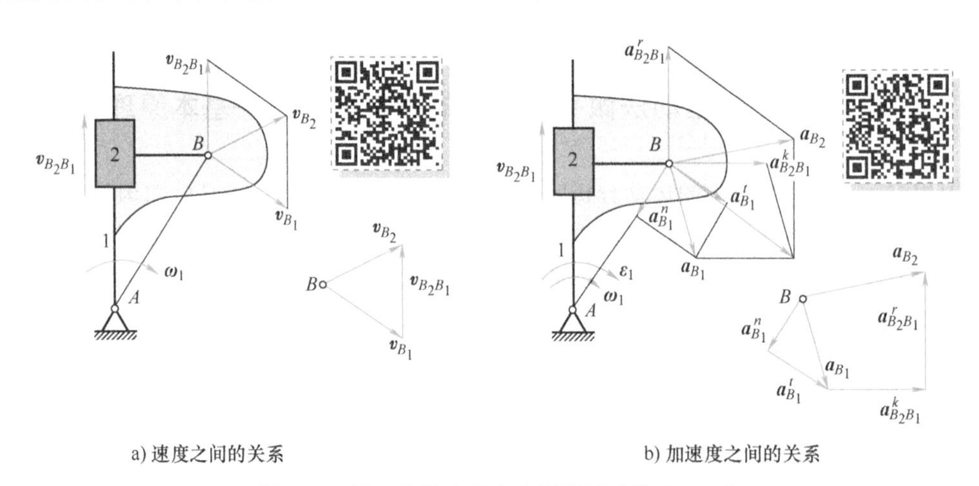

a) 速度之间的关系　　　　b) 加速度之间的关系

图 2-15　同一构件上两点之间的运动关系（二）

在重合点 B 处的加速度关系如图 2-15b 所示，用加速度矢量可描述为

$$\boldsymbol{a}_{B_2}=\boldsymbol{a}_{B_1}+\boldsymbol{a}_{B_2B_1}^r+\boldsymbol{a}_{B_2B_1}^k \tag{2-5}$$

式中，$\boldsymbol{a}_{B_2}$ 为构件 2 上 B 点的绝对加速度；$\boldsymbol{a}_{B_1}$ 为构件 1 上 B 点的绝对加速度，可由法向加速度 $\boldsymbol{a}_{B_1}^n$ 和切向加速度 $\boldsymbol{a}_{B_1}^t$ 来表示，即 $\boldsymbol{a}_{B_1}=\boldsymbol{a}_{B_1}^n+\boldsymbol{a}_{B_1}^t$，其中 $\boldsymbol{a}_{B_1}^n$ 大小为 $a_{B_1}^n=\omega_1^2 l_{AB}$，方向由 B 指向 A，$\boldsymbol{a}_{B_1}^t$ 大小为 $a_{B_1}^t=\varepsilon_1 l_{AB}$，方向垂直于 AB，并由 $\boldsymbol{\varepsilon}_1$ 的方向判断；$\boldsymbol{a}_{B_2B_1}^r$ 为构件 2 上 B 点相对构件 1 上 B 点的相对加速度，方向沿着移动副导路方向，大小待定；$\boldsymbol{a}_{B_2B_1}^k$ 为构件 2 上 B 点相对构件 1 上 B 点的科氏加速度，大小为 $a_{B_2B_1}^k=2v_{B_2B_1}\omega_1$，方向为把 $\boldsymbol{v}_{B_2B_1}$ 沿 $\boldsymbol{\omega}_1$ 方向转过 90°。

3. 相对运动法做平面机构运动分析的步骤

第①步：选择长度比例尺 $\mu_1=\dfrac{\text{实际长度（m）}}{\text{图示长度（mm）}}$，绘制机构运动简图。

第②步：建立速度矢量方程，标注出各速度的大小与方向的已知和未知情况。

第③步：选择速度比例尺 $\mu_v=\frac{\text{实际速度（m/s）}}{\text{图示长度（mm）}}$，绘制速度多边形求解。

第④步：建立加速度矢量方程，标注出各加速度的大小与方向的已知和未知情况。

第⑤步：选择加速度比例尺 $\mu_a=\frac{\text{实际加速度（m/s}^2\text{）}}{\text{图示长度（mm）}}$，绘制加速度多边形求解。

这里需要指出的是，如果知道同一构件上两点的速度和加速度，求解第三点的速度和加速度，可利用在速度多边形和加速度多边形上作出对应构件的相似三角形的方法进行，这种方法称为影像法。

知识点：

相对运动图解法做平面机构的速度分析——例题1

例2-1　在图2-16所示的机构中，已知曲柄 AB 以等角速度 $\boldsymbol{\omega}_1$ 逆时针方向转动，求构件2和构件3的角速度 $\boldsymbol{\omega}_2$、$\boldsymbol{\omega}_3$ 和角加速度 $\boldsymbol{\varepsilon}_2$、$\boldsymbol{\varepsilon}_3$，以及构件2上 E 点的速度 $\boldsymbol{v}_E$ 和加速度 $\boldsymbol{a}_E$。

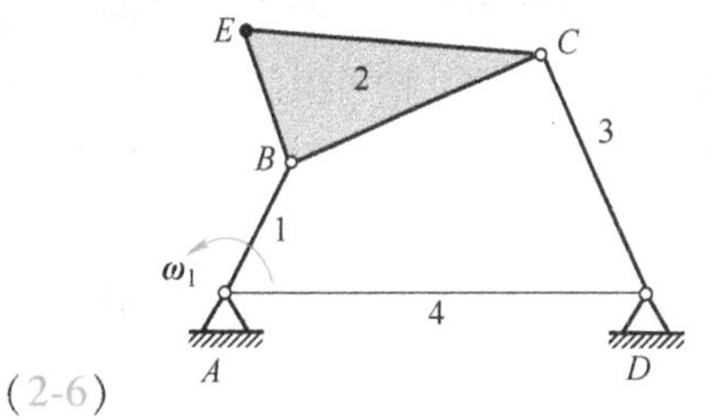

图2-16　铰链四杆机构

解：

1. 速度分析

机构中 B 点的速度大小为

$$v_B=v_{B_1}=v_{B_2}=\omega_1 l_{AB}$$

C 点与 B 点为同一构件2上的两点，故有

$$\boldsymbol{v}_C \quad = \quad \boldsymbol{v}_B \quad + \quad \boldsymbol{v}_{CB} \tag{2-6}$$

	$\boldsymbol{v}_C$	$\boldsymbol{v}_B$	$\boldsymbol{v}_{CB}$
大小	?	$\omega_1 l_{AB}$	?
方向	$\perp DC$	$\perp AB$	$\perp BC$

该速度矢量方程中有两个大小的未知数，故是可解的。这里通过绘制速度多边形（图解矢量加法）来进行求解。

选择速度比例尺 μ_v，则式（2-6）可表示为

$$\boldsymbol{pc}=\boldsymbol{pb}+\boldsymbol{bc} \tag{2-7}$$

式中，$\boldsymbol{pc}=\frac{\boldsymbol{v}_C}{\mu_v}$（待求），$\boldsymbol{pb}=\frac{\boldsymbol{v}_B}{\mu_v}$（已知），$\boldsymbol{bc}=\frac{\boldsymbol{v}_{CB}}{\mu_v}$（待求）。

下面应用矢量加法来求解式（2-7）。

选择矢量加法的开始点 p（也称为极点），作矢量 $\boldsymbol{pb}$，方向垂直于 AB；得到点 b，如图2-17b所示；过 b 点作 BC 的垂线，代表 $\boldsymbol{bc}$ 的方向；过 p 点作 CD 的垂线，代表 $\boldsymbol{pc}$ 的方向。两条线的交点即为 c 点，得到 $\boldsymbol{pc}$，如图2-17b所示。由此，进一步得到

$$\omega_2=\frac{v_{CB}}{l_{BC}}=\frac{\mu_v\overline{bc}}{l_{BC}}$$

由 $\boldsymbol{bc}$ 的方向判断 $\boldsymbol{\omega}_2$ 的方向为顺时针方向，如图2-17a所示；

$$\omega_3=\frac{v_C}{l_{CD}}=\frac{\mu_v\overline{pc}}{l_{CD}}$$

由 $\boldsymbol{pc}$ 的方向判断 $\boldsymbol{\omega}_3$ 的方向为逆时针方向，如图 2-17a 所示。

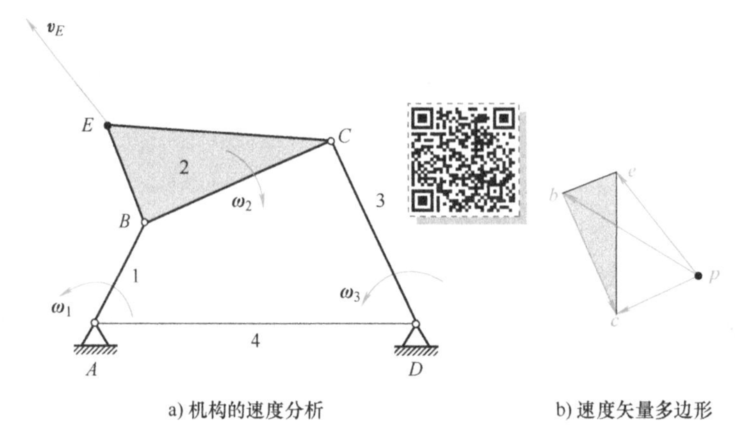

a) 机构的速度分析　　b) 速度矢量多边形

图 2-17　铰链四杆机构的速度分析

在已知构件 2 上的 B 和 C 两点的速度 $\boldsymbol{v}_B$ 和$\boldsymbol{v}_C$ 后，可以利用影像法来求解构件 2 上另一点 E 的速度。为此，作$\triangle bce$ 与构件 2 的$\triangle BCE$ 相似，即$\triangle bce\backsim\triangle BCE$，得到速度矢量多边形中的 e 点，如图 2-17b 所示。因此 E 点的速度为 $v_E=\mu_v\overline{pe}$，$\boldsymbol{pe}$ 的方向就是 $\boldsymbol{v}_E$ 的方向，如图 2-17a 所示。

2. 加速度分析

机构中 B 点的加速度大小为

$$a_B=a_B^n=\omega_1^2 l_{AB}$$

C 点与 B 点为同一构件 2 上的两点，故有

$$\begin{array}{lccccc} & \boldsymbol{a}_C^n & + \quad \boldsymbol{a}_C^t & = \quad \boldsymbol{a}_B^n & + \quad \boldsymbol{a}_{CB}^n & + \quad \boldsymbol{a}_{CB}^t \\ \text{大小} & \omega_3^2 l_{CD} & ? & \omega_2^2 l_{BC} & \omega_1^2 l_{AB} & ? \\ \text{方向} & C\to D & \perp DC & B\to A & C\to B & \perp DC \end{array} \tag{2-8}$$

该加速度矢量方程中有两个大小的未知数，故是可解的。这里通过绘制加速度多边形来进行求解。

选择加速度比例尺 μ_a，则式（2-8）可表示为

$$\boldsymbol{p'c''}+\boldsymbol{c''c'}=\boldsymbol{p'b'}+\boldsymbol{b'b''}+\boldsymbol{b''c'} \tag{2-9}$$

式中，$\boldsymbol{p'c''}=\dfrac{\boldsymbol{a}_C^n}{\mu_a}$（大小和方向已知），$\boldsymbol{c''c'}=\dfrac{\boldsymbol{a}_C^t}{\mu_a}$（大小待求，方向已知），$\boldsymbol{p'b'}=\dfrac{\boldsymbol{a}_B^n}{\mu_a}$（大小和方向已知），$\boldsymbol{b'b''}=\dfrac{\boldsymbol{a}_{CB}^n}{\mu_a}$（大小和方向已知），$\boldsymbol{b''c'}=\dfrac{\boldsymbol{a}_{CB}^t}{\mu_a}$（大小待求，方向已知）。

下面应用矢量加法来求解式（2-9）。

选择矢量加法的开始点 p'（极点），作矢量 $\boldsymbol{p'b'}$，方向由 B 指向 A，得到点 b'，如图 2-18b 所示；过 b'点作 $\boldsymbol{b'b''}$，方向由 C 指向 B，得到点 b''；过 b''点作 BC 的垂线，代表$\boldsymbol{b''c'}$的方向；过 p'

点作 $\boldsymbol{p'c''}$，方向由 C 指向 D，得到点 c''；过 c'' 点作 CD 的垂线，代表 $\boldsymbol{c''c'}$ 的方向。两条线的交点即为 c' 点，由此得到 $\boldsymbol{b''c'}$ 和 $\boldsymbol{c''c'}$，如图 2-18b 所示。由此可得

$$\varepsilon_2=\frac{a_{CB}^t}{l_{BC}}=\frac{\mu_a\overline{b''c'}}{l_{BC}}$$

由 $\boldsymbol{b''c'}$ 的方向判断 $\boldsymbol{\varepsilon}_2$ 的方向为逆时针方向，如图 2-18a 所示；

$$\varepsilon_3=\frac{a_C^t}{l_{CD}}=\frac{\mu_a\overline{c''c'}}{l_{CD}}$$

由 $\boldsymbol{c''c'}$ 的方向判断 $\boldsymbol{\varepsilon}_3$ 的方向为逆时针方向，如图 2-18a 所示。

连杆上 E 点的加速度可用加速度影像法直接求取

$$a_E=\mu_a\overline{p'e'}$$

方向为 $\boldsymbol{p'e'}$ 的方向，如图 2-18a 所示。

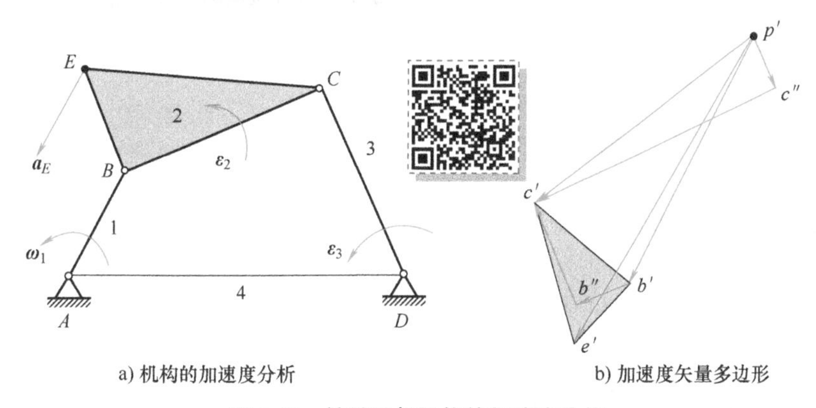

a) 机构的加速度分析　　b) 加速度矢量多边形

图 2-18　铰链四杆机构的加速度分析

知识点：

相对运动法做平面机构的速度分析——例题 2

例 2-2　在图 2-19 所示的导杆机构中，已知曲柄 AB 以等角速度 $\boldsymbol{\omega}_1$ 逆时针方向转动，求构件 2 和构件 3 的角速度 $\boldsymbol{\omega}_2$、$\boldsymbol{\omega}_3$ 和角加速度 $\boldsymbol{\varepsilon}_2$、$\boldsymbol{\varepsilon}_3$。

解：

1. 速度分析

构件 1 上 B 点的速度大小为

$$v_{B_1}=v_{B_2}=\omega_1 l_{AB} \tag{2-10}$$

扩大构件 3，使其包含 B 点，如图 2-20a 所示，B 点为构件 1、构件 2 和构件 3 的重合点，即 B_1、B_2 和 B_3 三点。

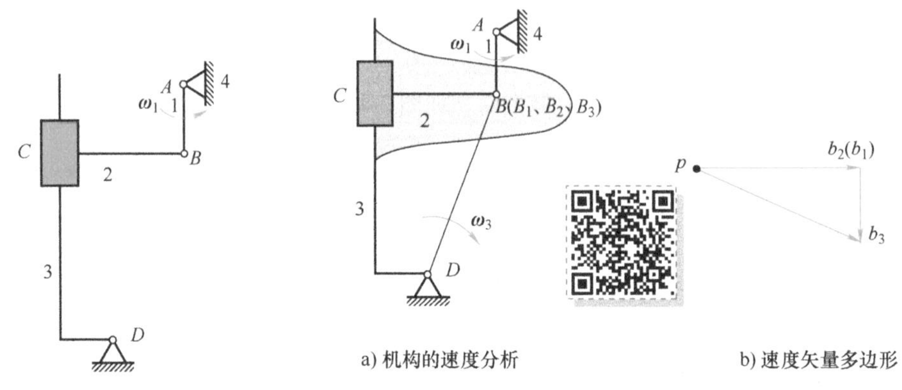

图 2-19　导杆机构

图 2-20　导杆机构的速度分析

构件 2 和构件 3 在 B 点重合的速度矢量方程为

$$\boldsymbol{v}_{B_3} = \boldsymbol{v}_{B_2} + \boldsymbol{v}_{B_3B_2} \tag{2-11}$$

大小　?　$\omega_1 l_{AB}$　?

方向　$\perp BD$　$\perp AB$　$//$导路

该速度矢量方程中有两个大小的未知数，故是可解的。这里通过绘制速度多边形来进行求解。

选择速度比例尺 μ_v，则式（2-11）可表示为

$$\boldsymbol{pb}_3 = \boldsymbol{pb}_2 + \boldsymbol{b}_2\boldsymbol{b}_3 \tag{2-12}$$

式中，$\boldsymbol{pb}_3 = \dfrac{\boldsymbol{v}_{B_3}}{\mu_v}$（待求），$\boldsymbol{pb}_2 = \dfrac{\boldsymbol{v}_{B_2}}{\mu_v}$（已知），$\boldsymbol{b}_2\boldsymbol{b}_3 = \dfrac{\boldsymbol{v}_{B_3B_2}}{\mu_v}$（待求）。

下面应用矢量加法来求解式（2-12）。

选择矢量加法的极点 p，作矢量 $\boldsymbol{pb}_2$，方向垂直 AB；得到点 b_2 点，如图 2-20b 所示；过 b_2 点作导路的平行线，代表 $\boldsymbol{b}_2\boldsymbol{b}_3$ 的方向；过 p 点作 BD 的垂线，代表 $\boldsymbol{pb}_3$ 的方向。两条线的交点即为 b_3 点，由此得到 $\boldsymbol{pb}_3$ 和 $\boldsymbol{b}_2\boldsymbol{b}_3$，如图 2-20b 所示。由此，进一步得到

$$\omega_3 = \frac{v_{B_3}}{l_{BD}} = \frac{\mu_v \overline{pb_3}}{l_{BD}}$$

由 $\boldsymbol{pb}_3$ 的方向判断 $\boldsymbol{\omega}_3$ 的方向为顺时针方向，如图 2-20a 所示；

因为构件 2 和构件 3 组成移动副，所以有

$$\boldsymbol{\omega}_2 = \boldsymbol{\omega}_3$$

2. 加速度分析

构件 2 和构件 1 在重合点 B 处的加速度为

$$a_{B_2}^n = a_{B_1}^n = \omega_1^2 l_{AB}$$

构件 3 和构件 2 在重合点 B 处的加速度矢量关系为

$$\begin{array}{lccccc} & \boldsymbol{a}_{B_3}^n & + \ \boldsymbol{a}_{B_3}^t & = \ \boldsymbol{a}_{B_2}^n & + \ \boldsymbol{a}_{B_3B_2}^k & + \ \boldsymbol{a}_{B_3B_2}^r \\ \text{大小} & \omega_3^2 l_{BD} & ? & \omega_1^2 l_{AB} & 2v_{B_3B_2}\omega_2 & ? \\ \text{方向} & B\to D & \perp BD & B\to A & \perp\text{导路（向左）} & /\!/\text{导路} \end{array} \tag{2-13}$$

该加速度矢量方程中有两个大小的未知数，故是可解的。这里通过绘制加速度多边形来进行求解。

选择加速度比例尺 μ_a，则式（2-13）可表示为

$$\boldsymbol{pb_3''}+\boldsymbol{b_3''b_3'}=\boldsymbol{pb_2'}+\boldsymbol{b_2'k}+\boldsymbol{kb_3'} \tag{2-14}$$

式中，$\boldsymbol{pb_3''}=\dfrac{\boldsymbol{a}_{B_3}^n}{\mu_a}$（大小和方向已知），$\boldsymbol{b_3''b_3'}=\dfrac{\boldsymbol{a}_{B_3}^t}{\mu_a}$（大小待求，方向已知），$\boldsymbol{pb_2'}=\dfrac{\boldsymbol{a}_{B_2}^n}{\mu_a}$（大小和方向已知），$\boldsymbol{b_2'k}=\dfrac{\boldsymbol{a}_{B_2}^k}{\mu_a}$（大小和方向已知），$\boldsymbol{kb_3'}=\dfrac{\boldsymbol{a}_{B_3B_2}^r}{\mu_a}$（大小待求，方向已知）。

下面应用矢量加法来求解式（2-14）。

选择矢量加法的极点 p'，作矢量 $\boldsymbol{pb_3''}$，方向由 B 指向 D，得到点 b_3''，如图 2-21b 所示；过 b_3''点作 BD 的垂线，代表 $\boldsymbol{b_3''b_3'}$的方向；作矢量 $\boldsymbol{p'b_2'}$，方向由 B 指向 A，得到点 b_2'；过 b_2'点作矢量 $\boldsymbol{b'_2k}$，方向为垂直导路向左（即将 $\boldsymbol{v}_{B_3B_2}$沿 $\boldsymbol{\omega}_2$ 旋转 90°），得到点 k；过 k 点作导路的平行线，代表 $\boldsymbol{kb_3'}$的方向。$\boldsymbol{kb_3'}$的方向线与 $\boldsymbol{b_3''b_3'}$的方向线的交点即为 b_3'，由此得到 $\boldsymbol{kb_3'}$和 $\boldsymbol{b_3''b_3'}$，如图 2-21b 所示。进一步得到

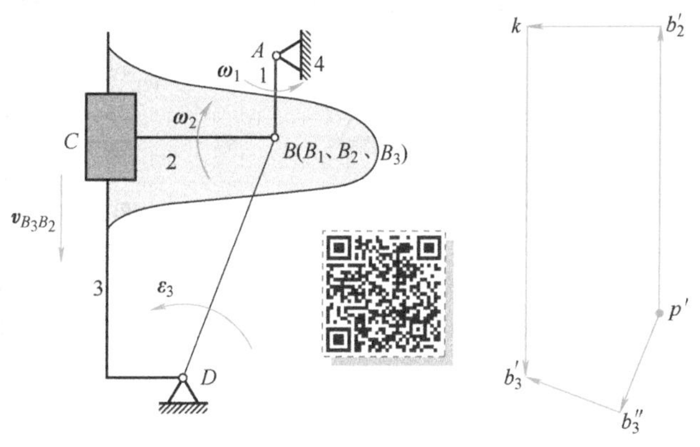

a) 机构的加速度分析　　b) 加速度矢量多边形

图 2-21　导杆机构的加速度分析

$$\varepsilon_3=\frac{a_{B_3}^t}{l_{BD}}=\frac{\mu_a\overline{b_3''b_3'}}{l_{BD}}$$

由 $\boldsymbol{b_3''b_3'}$的方向判断 $\boldsymbol{\varepsilon}_3$ 的方向为逆时针方向，如图 2-21a 所示。

因为构件 2 和构件 3 组成移动副，所以有

$$\boldsymbol{\varepsilon}_2=\boldsymbol{\varepsilon}_3$$

2.4 解析法做平面机构的运动分析

解析法做连杆机构的运动分析的任务是建立和求解机构中某构件或某点的位移、速度和加

速度方程。其中关键问题是建立和求解位移方程。

根据位移方程的建立和求解方法不同，形成了不同的解析方法，一般最常用的方法可归纳为几何约束法和封闭向量多边形法两大类。在此只介绍封闭向量多边形法。

知识点：

解析法做平面机构的运动分析——铰链四杆机构

在图 2-22 所示铰链四杆机构中，已知各构件的杆长 l_1、l_2、l_3 和 l_4，主动件 1 的转角 φ_1 和等角速度 $\boldsymbol{\omega}_1$，求构件 2 和构件 3 的角位移 φ_2 和 φ_3、角速度 $\dot{\varphi}_2$ 和 $\dot{\varphi}_3$ 以及角加速度 $\ddot{\varphi}_2$ 和 $\ddot{\varphi}_3$。

（1）建立坐标系 Axy　选取铰链 A 的中心为坐标原点，x 轴由 A 指向 D，如图 2-23 所示。

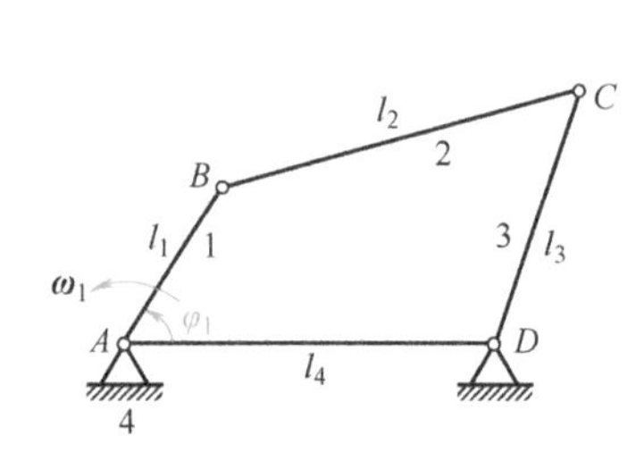

图 2-22　铰链四杆机构

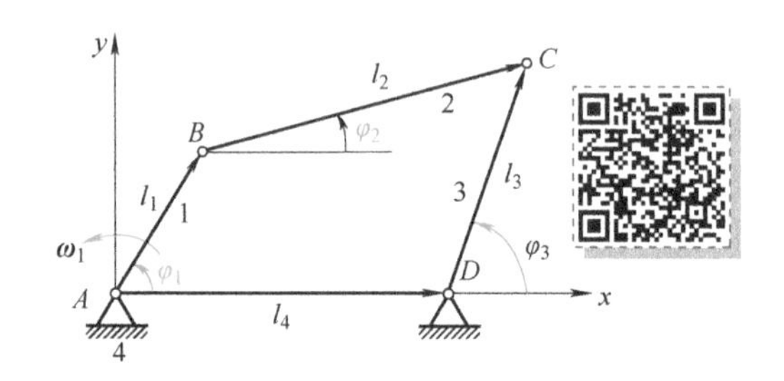

图 2-23　解析法做铰链四杆机构的运动分析

（2）用向量表示各构件　用向量表示各构件的长度和方向。构件的长度即为向量的模，构件的方向用向量的方位角 φ_i（$i=1,2,3,4$）表示，规定各向量的方位角自 x 轴逆时针度量为正，反之为负。

（3）建立封闭向量方程　确定了表示各杆的向量后，铰链四杆机构就组成了一个封闭向量多边形，从而可得到如下的封闭向量方程式

$$\boldsymbol{l}_1+\boldsymbol{l}_2=\boldsymbol{l}_3+\boldsymbol{l}_4 \tag{2-15}$$

（4）解方程求运动　将式（2-15）表示的向量方程分别向 x 轴和 y 轴投影得两个标量方程

$$\left.\begin{aligned} l_1\cos\varphi_1+l_2\cos\varphi_2&=l_3\cos\varphi_3+l_4 \\ l_1\sin\varphi_1+l_2\sin\varphi_2&=l_3\sin\varphi_3 \end{aligned}\right\} \tag{2-16}$$

消去 φ_2，可得

$$l_2^2=l_1^2+l_3^2+l_4^2+2l_3l_4\cos\varphi_3-2l_1l_4\cos\varphi_1-2l_1l_3\cos\varphi_1\cos\varphi_3-2l_1l_3\sin\varphi_1\sin\varphi_3$$

整理，得

$$A\sin\varphi_3+B\cos\varphi_3+C=0 \tag{2-17}$$

式中，

$$A=-\sin\varphi_1,\quad B=\frac{l_4}{l_1}-\cos\varphi_1,\quad C=\frac{l_1^2+l_3^2+l_4^2-l_2^2}{2l_1l_4}-\frac{l_4}{l_3}\cos\varphi_1$$

解式（2-17）得

$$\varphi_3=2\arctan x=2\arctan\frac{A+M\sqrt{A^2+B^2-C^2}}{B-C} \tag{2-18}$$

式中，$M=\pm1$，称为型参数。

由式（2-18）可知，给定 φ_1 后，φ_3 有两个值，对应于图 2-24 中的 C 和 C'点位置，即在同样杆长条件下，机构可有两种“装配方式”，如图 2-24 粗实线和细实线所示。

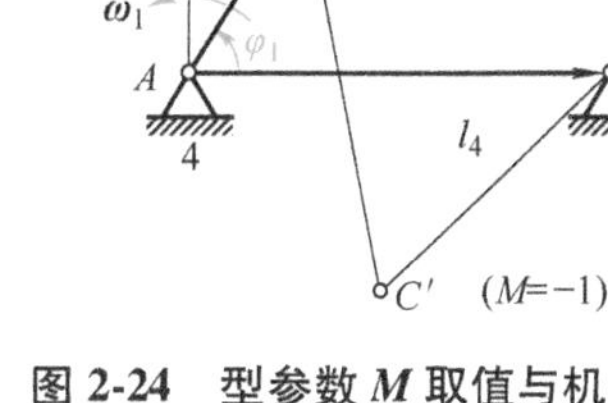

图 2-24　型参数 M 取值与机构型式的关系

在机构的实际分析中，根据所给机构的装配方案选定 M 值。一般 M 只需一次选定，以后连续计算中都不变更。

连杆 2 的转角 φ_2 可直接由式（2-16）得到唯一解，即

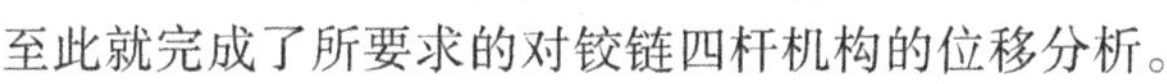

$$\varphi_2=\arctan\frac{l_3\sin\varphi_3-l_1\sin\varphi_1}{l_4+l_3\cos\varphi_3-l_1\cos\varphi_1} \tag{2-19}$$

至此就完成了所要求的对铰链四杆机构的位移分析。

为进行机构的速度分析，可将式（2-18）和式（2-19）对时间求导，得到构件 3 和构件 2 的角速度，但比较烦琐。为此这里将机构的位移方程式（2-16）对时间求导，可得速度方程

$$\left.\begin{aligned}l_1\dot\varphi_1\sin\varphi_1+l_2\dot\varphi_2\sin\varphi_2=l_3\dot\varphi_3\sin\varphi_3\\ l_1\dot\varphi_1\cos\varphi_1+l_2\dot\varphi_2\cos\varphi_2=l_3\dot\varphi_3\cos\varphi_3\end{aligned}\right\} \tag{2-20}$$

从而解得

$$\dot\varphi_2=-\frac{l_1\sin(\varphi_1-\varphi_3)}{l_2\sin(\varphi_2-\varphi_3)}\dot\varphi_1 \tag{2-21}$$

$$\dot\varphi_3=-\frac{l_1\sin(\varphi_1-\varphi_2)}{l_3\sin(\varphi_3-\varphi_2)}\dot\varphi_1 \tag{2-22}$$

角速度为正表示逆时针方向，为负则表示顺时针方向。

求解角加速度时，再将式（2-20）对时间求导，可得角加速度方程

$$\left.\begin{aligned}l_1\dot\varphi_1^2\cos\varphi_1+l_2\dot\varphi_2^2\cos\varphi_2+l_2\ddot\varphi_2\sin\varphi_2=l_3\dot\varphi_3^2\cos\varphi_3+l_3\ddot\varphi_3\sin\varphi_3\\ -l_1\dot\varphi_1^2\sin\varphi_1-l_2\dot\varphi_2^2\sin\varphi_2+l_2\ddot\varphi_2\cos\varphi_2=-l_3\dot\varphi_3^2\sin\varphi_3+l_3\ddot\varphi_3\sin\varphi_3\end{aligned}\right\} \tag{2-23}$$

进一步求出角加速度 $\ddot\varphi_2$ 和 $\ddot\varphi_3$ 为

$$\ddot\varphi_2=\frac{l_3\dot\varphi_3^2-l_1\dot\varphi_1^2\cos(\varphi_1-\varphi_3)-l_2\dot\varphi_2^2\cos(\varphi_2-\varphi_3)}{l_2\sin(\varphi_2-\varphi_3)} \tag{2-24}$$

$$\ddot\varphi_3=\frac{l_1\dot\varphi_1^2\cos(\varphi_1-\varphi_2)+l_2\dot\varphi_2^2-l_3\dot\varphi_3^2\cos(\varphi_3-\varphi_2)}{l_3\sin(\varphi_3-\varphi_2)} \tag{2-25}$$

计算所得角加速度的正负可表明角速度的变化趋势，角加速度与角速度同号时表示加速，反之减速。

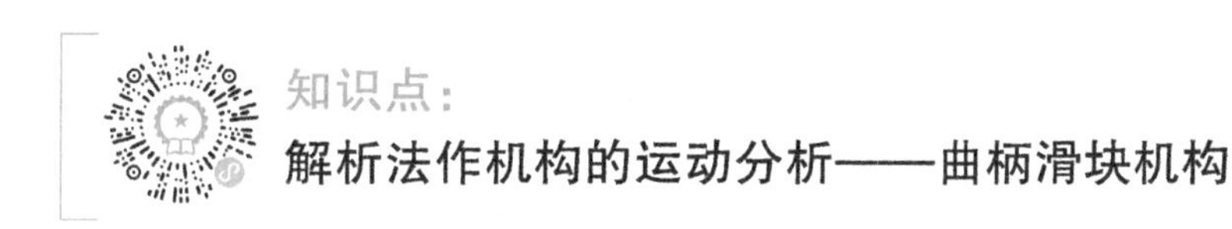

知识点：

解析法作机构的运动分析——曲柄滑块机构

在图 2-25 所示的偏置曲柄滑块机构中，已知曲柄长 l_1、连杆长 l_2、偏距 e 及曲柄的转角 $\boldsymbol{\varphi}_1$ 和等角速度 $\boldsymbol{\omega}_1$，求滑块的位置 $\boldsymbol{s}_C$、速度 $\boldsymbol{v}_C$ 和加速度 $\boldsymbol{a}_C$，以及连杆的转角 $\boldsymbol{\varphi}_2$、角速度 $\boldsymbol{\omega}_2$ 和角加

速度 $\boldsymbol{\varepsilon}_2$。

（1）建立坐标系　如图 2-26 所示，建立直角坐标系 Axy。

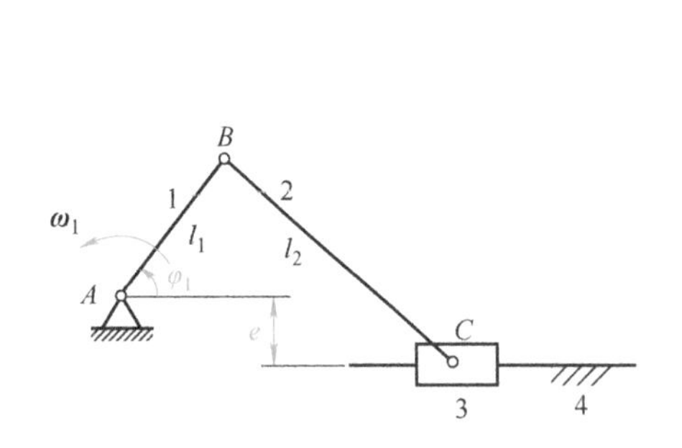

图 2-25　偏置曲柄滑块机构

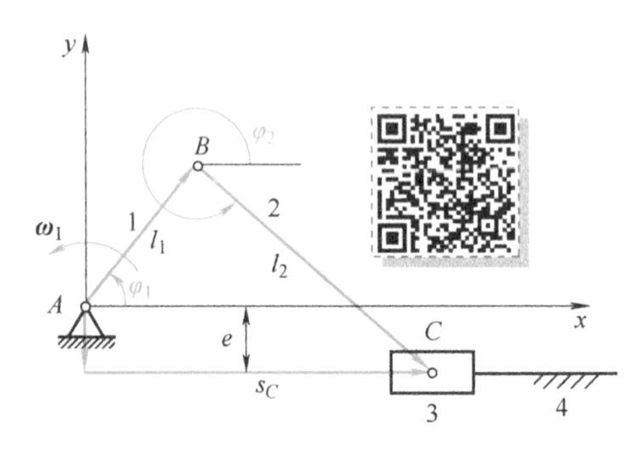

图 2-26　解析法做偏置曲柄滑块机构的运动分析

（2）用向量表示各构件　用向量表示各构件的长度和方向，其中将偏距 e 看成一定常向量，由此该机构组成一个封闭向量四边形。

（3）建立封闭向量方程　对于该曲柄滑块机构组成的封闭向量四边形，可写出如下封闭向量方程式

$$\boldsymbol{l}_1+\boldsymbol{l}_2=\boldsymbol{e}+\boldsymbol{s}_C \tag{2-26}$$

（4）解方程求运动　将式（2-26）表示的向量方程分别向 x 轴和 y 轴投影，得

$$\left.\begin{aligned} l_1\cos\varphi_1+l_2\cos\varphi_2=s_C \\ l_1\sin\varphi_1+l_2\sin\varphi_2=e \end{aligned}\right\} \tag{2-27}$$

消去 φ_2，可得

$$s_C^2-(2l_1\cos\varphi_1)s_C+(l_1^2+e^2-l_2^2-2el_1\sin\varphi_1)=0$$

解上述方程，可得

$$s_C=l_1\cos\varphi_1+M\sqrt{l_2^2-e^2-l_1^2\sin^2\varphi_1+2el_1\sin\varphi_1} \tag{2-28}$$

式中 $M=\pm1$，为型参数，其值应按照所给机构的装配方案选取。如图 2-27 所示，连杆在实线位置时 $M=+1$，连杆在细双点画线位置时 $M=-1$。

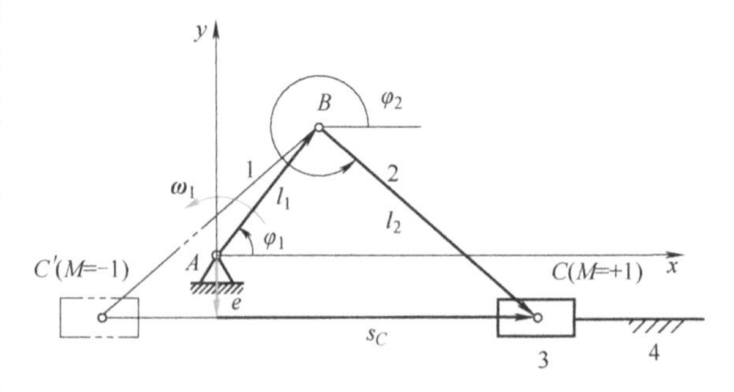

图 2-27　型参数 M 取值与机构型式的关系

滑块的位置 s_C 确定后，连杆转角 φ_2 即可由式（2-27）确定，即

$$\varphi_2=\arctan\frac{e-l_1\sin\varphi_1}{s_C-l_1\cos\varphi_1} \tag{2-29}$$

至此就完成了所要求的对偏置曲柄滑块机构的位移分析。

为求取滑块的速度和加速度，将式（2-27）中的第一式对时间进行一次和二次求导，可得滑块的速度及加速度为

$$v_C=\dot{s}_C=-l_1\dot{\varphi}_1(\sin\varphi_1-\cos\varphi_1\tan\varphi_2) \tag{2-30}$$

$$a_C=\ddot{s}_C=-l_1\dot{\varphi}_1^2(\cos\varphi_1+\sin\varphi_1\tan\varphi_2)-l_2\dot{\varphi}_2^2(\cos\varphi_2+\sin\varphi_2\tan\varphi_2) \tag{2-31}$$

求连杆的角速度 ω_2 和角加速度 ε_2 时，可将式（2-27）中的第二式对时间进行一次和二次求

导，即可得连杆 2 的角速度 ω_2 和角加速度 ε_2

$$\omega_2=\dot{\varphi}_2=-\left(\frac{l_1}{l_2}\right)\frac{\cos\varphi_1}{\cos\varphi_2}\omega_1 \tag{2-32}$$

$$\varepsilon_2=\ddot{\varphi}_2=(\omega_2\tan\varphi_2-\omega_1\tan\varphi_1)\omega_2 \tag{2-33}$$

思考题与习题

2-1　什么是速度瞬心？相对速度瞬心和绝对速度瞬心有什么区别？

2-2　什么叫“三心定理”？其用途是什么？

2-3　在做机构的运动分析时，速度瞬心法的优点及局限是什么？

2-4　什么是相对运动法？用相对运动法进行平面连杆机构运动分析的理论基础是什么？

2-5　在用相对运动法进行机构的速度分析时，速度矢量方程中的未知数（大小和方向）不能超过两个，否则无法求解方程，那么，只有一个未知数时，方程可解吗？

2-6　在机构的运动分析中，有一种被称为封闭向量多边形的解析法，那么什么是封闭向量多边形法？

2-7　应用封闭向量多边形法进行机构的运动分析的主要步骤是什么？

2-8　试求出图 2-28 所示各机构的全部瞬心。

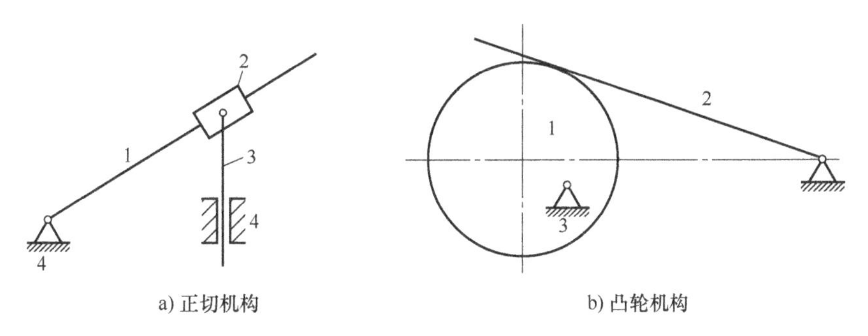

a) 正切机构　　b) 凸轮机构

图 2-28　四杆机构和凸轮机构

2-9　在图 2-29 所示的机构中，已知曲柄 2 沿顺时针方向匀速转动，角速度 $\omega_2=100\text{rad/s}$，试求在图示位置导杆 4 的角速度 ω_4 的大小和方向。

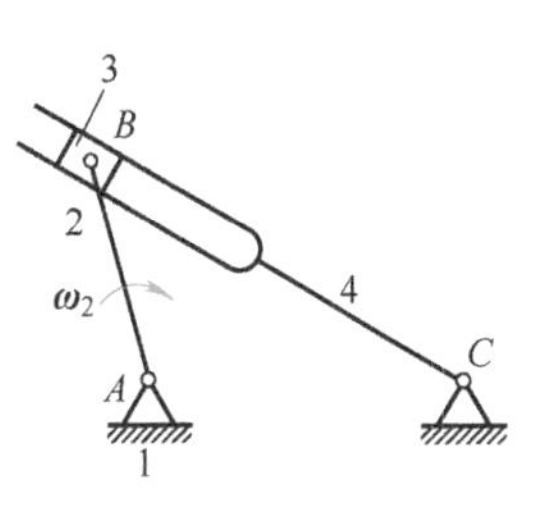

图 2-29　导杆机构

2-10　图 2-30 所示的凸轮机构中，已知主动件 1 以匀角速度 $\boldsymbol{\omega}_1$ 沿逆时针方向转动，试确定：

1）凸轮机构的全部瞬心。

2）构件 3 的速度 $\boldsymbol{v}_3$（需写出表达式）。

2-11　在图 2-31 所示的凸轮-连杆机构中，已知构件 1 以 $\boldsymbol{\omega}_1$ 沿顺时针方向转动，试用瞬心法求构件 2 的角速度 $\boldsymbol{\omega}_2$ 和构件 4 的速度 $\boldsymbol{v}_4$ 的大小（只需写出表达式）及方向。

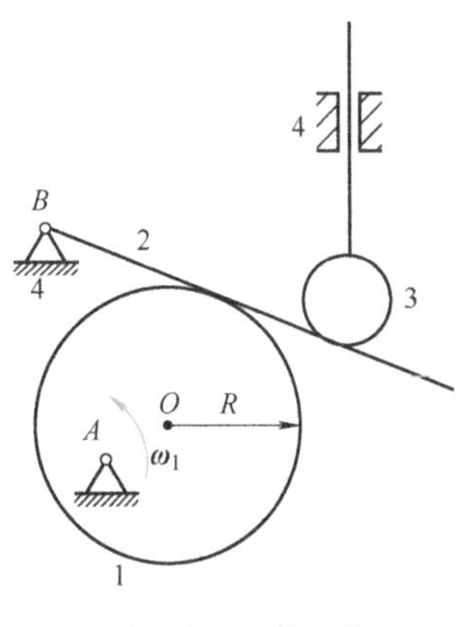

图 2-30　凸轮机构

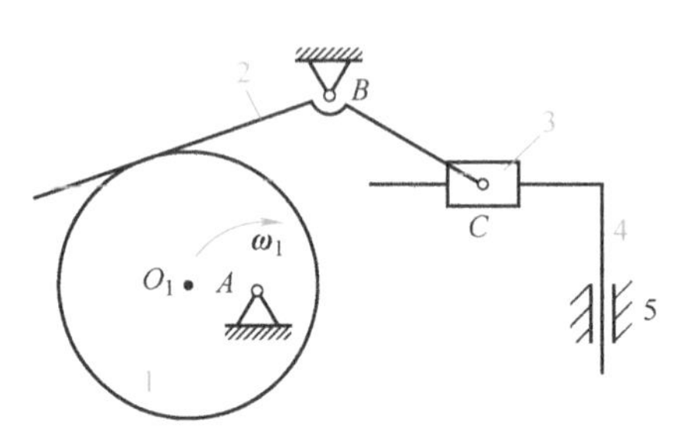

图 2-31　凸轮-连杆机构

2-12　图 2-32 所示为平面六杆机构，试按给定的机构运动简图绘制速度矢量多边形和加速度矢量多边形。已知 $\omega_1=10\text{rad/s}$，$l_{AB}=100\text{mm}$，$l_{BM}=l_{CM}=l_{MD}=200\text{mm}$，试求该机构处于图示位置时：

1）角速度 $\boldsymbol{\omega}_2$、$\boldsymbol{\omega}_3$ 和角加速度 $\boldsymbol{\varepsilon}_2$、$\boldsymbol{\varepsilon}_3$ 的大小和方向。

2）构件 5 的速度 $\boldsymbol{v}_5$ 和加速度 $\boldsymbol{a}_5$ 的大小和方向。

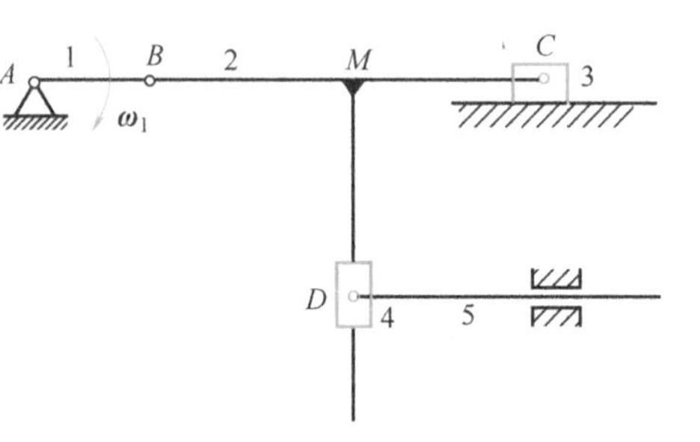

图 2-32　平面六杆机构

2-13　在图 2-33 所示的连杆-齿轮组合机构中，已知齿轮 1 和齿轮 2 完全相同，$l_{AB}=l_{CD}=30\text{mm}$，处于铅直位置，$\omega_1=100\text{rad/s}$，沿顺时针方向转动。试用相对运动法求构件 3 的角速度 $\boldsymbol{\omega}_3$ 和角加速度 $\boldsymbol{\varepsilon}_3$（要求写出矢量方程式及各量的大小与方向，并画出速度及加速度的矢量多边形）。

2-14　如图 2-34 所示，已知曲柄摇杆机构的各构件长度为 $l_1=120\text{mm}$，$l_2=250\text{mm}$，$l_3=260\text{mm}$，$l_4=300\text{mm}$，主动件曲柄 AB 以等角速度 $\omega_1=10\text{rad/s}$ 转动，求当曲柄 1 的转角 $\varphi_1=30°$ 时，摇杆 3 的转角 φ_3、角速度 $\boldsymbol{\omega}_3$ 及角加速度 $\boldsymbol{\varepsilon}_3$。

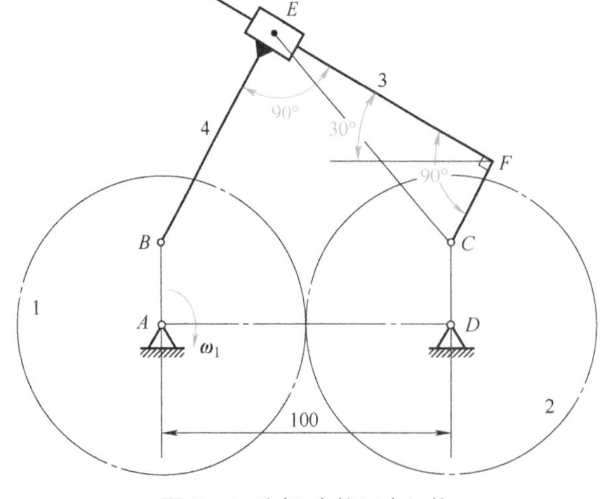

图 2-33　连杆-齿轮组合机构

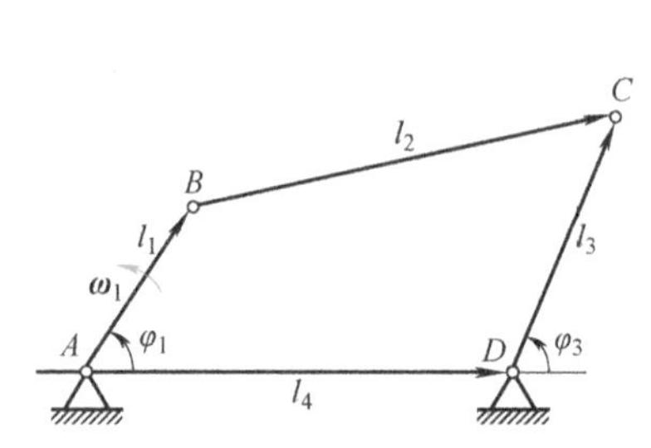

图 2-34　曲柄摇杆机构

第3章 平面连杆机构

本章的知识结构图

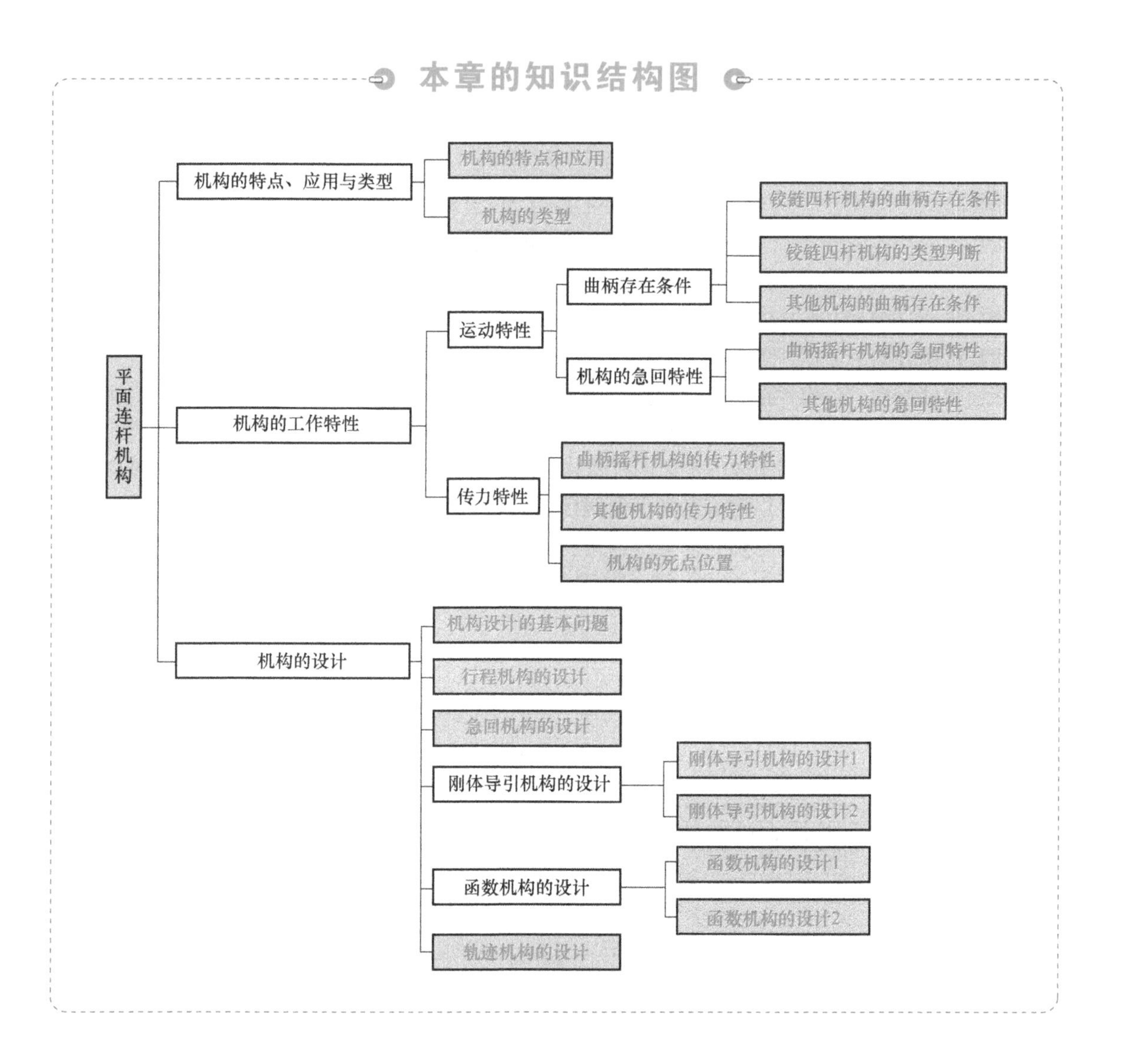

3.0 引言

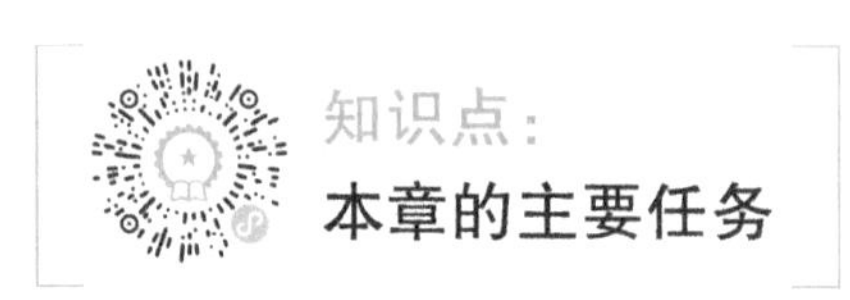

连杆机构是由若干构件用低副连接而构成的，故又称为低副机构。

连杆机构分为平面连杆机构和空间连杆机构。

平面连杆机构：各构件在相互平行的平面内相对运动的连杆机构。

空间连杆机构：各运动构件不都在相互平行的平面内相对运动的连杆机构。

由4个构件和4个低副构成的平面四杆机构，是平面连杆机构中结构最简单、应用最广泛的连杆机构，其他平面机构可以看成是在平面四杆机构的基础上依次增加杆组所组成的。

本章主要介绍平面连杆机构，其学习的主要任务如下：

- 介绍平面连杆机构的类型、特点与应用
- 平面连杆机构的急回特性和传力特性分析
- 平面连杆机构的运动设计

3.1 平面连杆机构的特点、应用与类型

知识点：
平面连杆机构的特点及应用

平面连杆机构广泛地应用于各种机械和仪表中，例如内燃机中的曲柄滑块机构（图3-1）、颚式破碎机中的平面六杆机构（图3-2）和牛头刨床中的平面六杆机构（图3-3）等。

平面连杆机构的主要特点如下：

1）构件之间是低副连接（面接触），与高副连接相比，在承受同样载荷的条件下压强较低，因而能传递较大的动力。

2）由于构件连接的接触面是圆柱面或平面，因此加工比较容易，易获得较高的精度。

3）连杆机构中构件运动形式具有多样性，有做定轴转动的曲柄，有做往复运动的摇杆、滑块，以及做平面复杂运动的连杆。

4）可以实现不同的运动规律和运动要求。

5）连杆上各点的轨迹是各种不同形状的曲线（称为连杆曲线），如图 3-4 所示。其形状随着各构件相对长度的改变而改变，因此连杆曲线的形式多样。这些形式多样的曲线，可用来满足不同轨迹的设计要求，在机械工程中得到了广泛的应用。

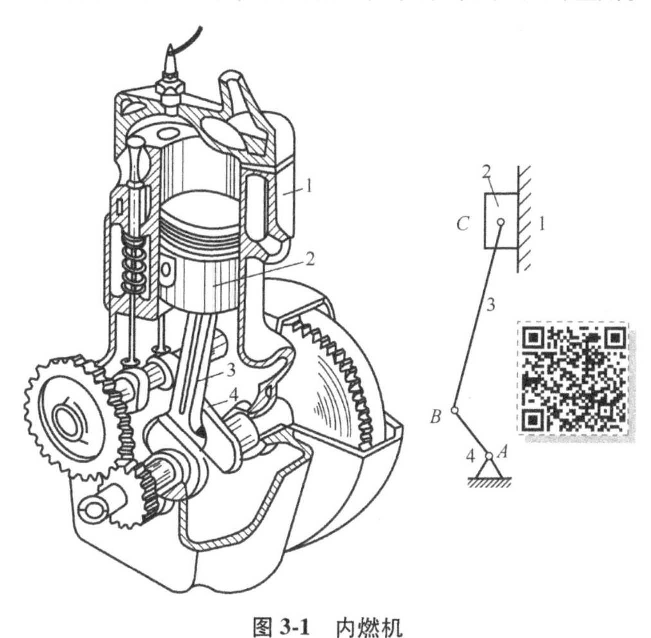

图 3-1　内燃机

1—缸体　2—活塞　3—连杆　4—曲轴

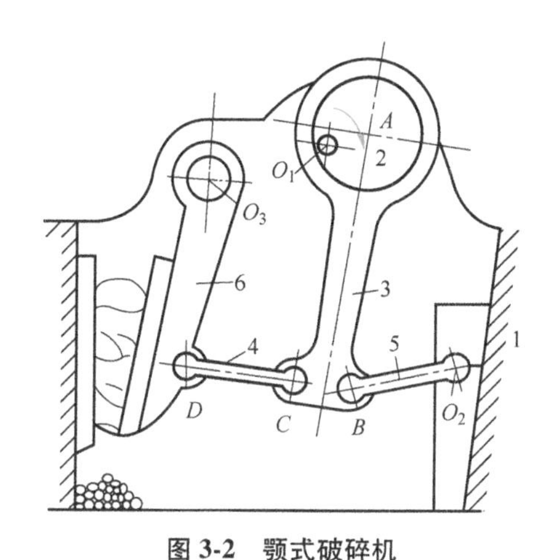

图 3-2　颚式破碎机

1—机架　2—偏心轮　3、4—连杆

5—摆杆　6—摇杆

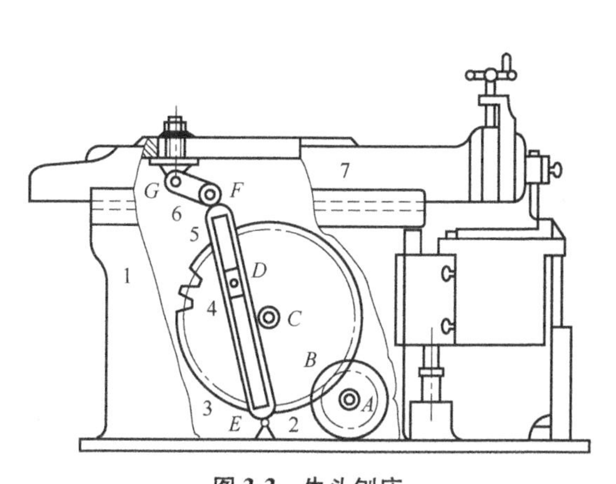

图 3-3　牛头刨床

1—机架　2—小齿轮　3—大齿轮　4—滑块

5—导杆　6—连杆　7—滑枕

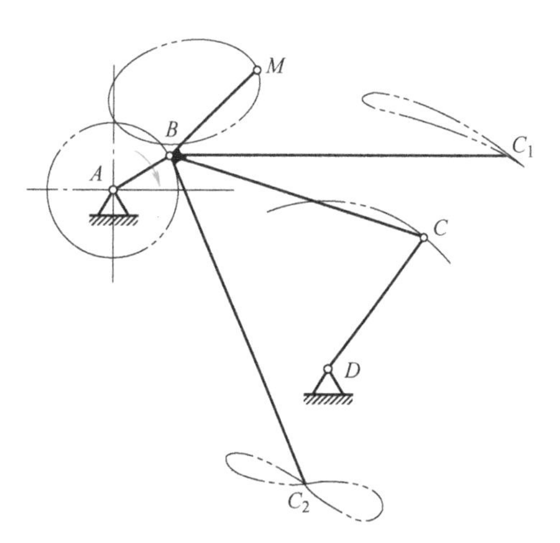

图 3-4　连杆曲线

6）连杆机构的主要缺点是惯性力和惯性力矩不易平衡，因此不适用于高速传动；对多杆机构而言，随着构件和运动副数目的增多，运动积累误差增大，从而影响传动精度。

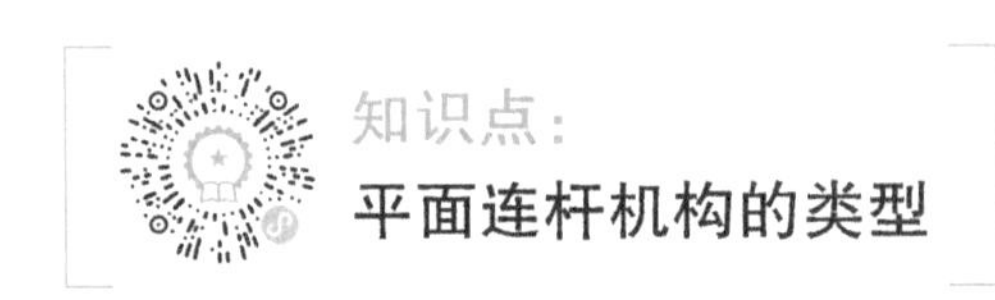

如图 3-5 所示，运动副均为转动副的平面四杆机构称为铰链四杆机构，它是平面四杆机构的基本形式。其他形式的平面四杆机构可以认为是由铰链四杆机构演化而来的。

在图 3-5 所示的铰链四杆机构中，相对固定不动的构件 4 称为机架，与机架相连的构件 1 和构件 3 称为连架杆，连接两连架杆的构件 2 称为连杆。连架杆中能做整周回转运动的称为曲柄，如构件 1；仅能在某一角度范围内做往复摆动的连架杆称为摇杆，如构件 3。

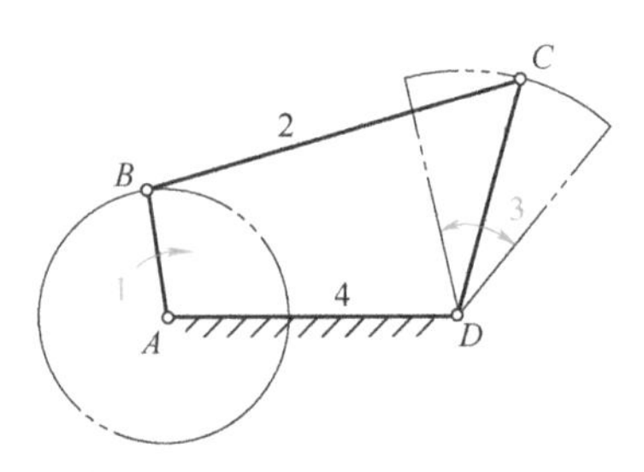

图 3-5　铰链四杆机构

在工程实际应用中，还广泛应用着许多其他形式的四杆机构，这些机构都可以看作是由铰链四杆机构通过某种演化方式演化而来的。机构的演化不仅是为了满足运动方面的要求，还往往是为了改善受力状况以及满足结构设计上的需要，了解这些演化的方法，有利于对连杆机构进行创新设计。

1. 将转动副演化成移动副

在图 3-6 所示的曲柄摇杆机构中，曲柄 1 整周转动时，铰链 C 的中心点的轨迹是以 D 为圆心、CD 为半径的圆弧（图 3-6a），铰链 C 将沿圆弧 mm 往复运动。将圆弧 mm 做成一个圆弧导轨，将摇杆 3 做成滑块，使其沿圆弧导轨 mm 往复滑动（图 3-6b），此时转动副 D 就演化成了移动副。显然机构的运动性质不发生改变，但此时铰链四杆机构已演化为具有曲线导轨的曲柄滑块机构了。

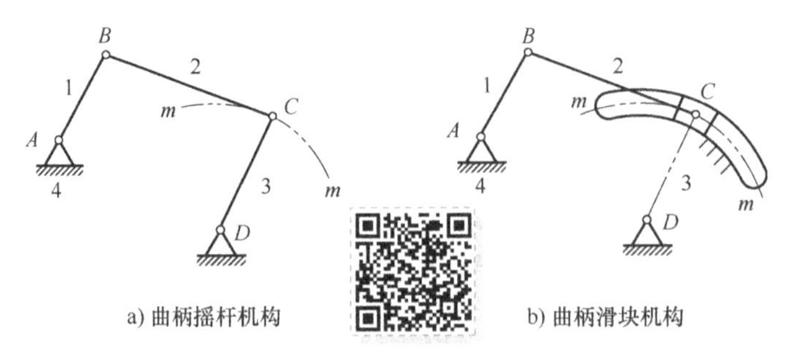

图 3-6　转动副演化为移动副

在图 3-6b 所示的曲柄滑块机构中，圆弧导轨 mm 的形状随着圆弧半径增大而变得平直，若圆弧半径增大到无限长时，则曲线导轨演变成了直线导轨，如图 3-7 所示。图 3-7 中 e 为滑块的导路中心与曲柄的转动中心的距离，称为偏距。

若 $e \neq 0$，机构称为偏置曲柄滑块机构（图 3-7a）；若 $e = 0$，则机构称为对心曲柄滑块机构（图 3-7b）。

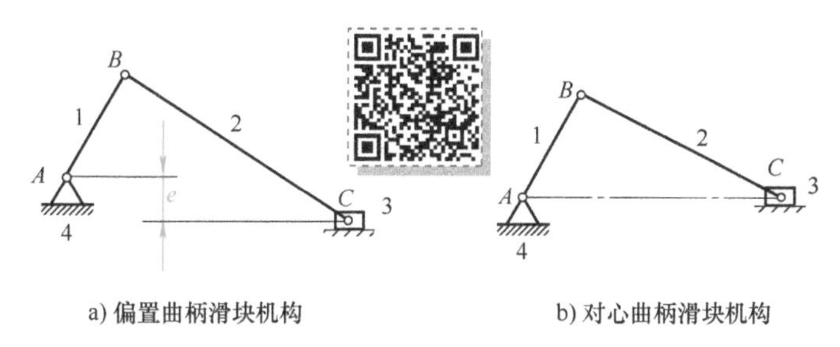

a) 偏置曲柄滑块机构　　b) 对心曲柄滑块机构

图 3-7　曲柄滑块机构

曲柄滑块机构在压力机、内燃机、空气压缩机等机械中得到了广泛的应用。

图 3-8a 中连杆 2 上 B 点相对于转动副 C 的运动轨迹为圆弧 nn。如果使连杆 2 的长度变为无限长，圆弧 nn 将变成直线，转动副 B 演化为移动副，此时再将连杆 2 做成滑块，则曲柄滑块机构就演化成具有两个移动副的四杆机构，如图 3-8b 所示。这种机构从动件 3 的位移 s 与曲柄转角 φ 的关系为 $s=l_{AB}\sin\varphi$，故称为正弦机构，该机构常用于仪表及解算装置中。

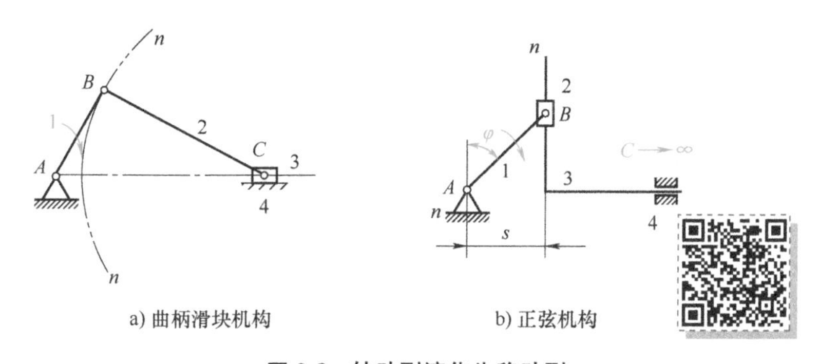

a) 曲柄滑块机构　　b) 正弦机构

图 3-8　转动副演化为移动副

2. 选取不同构件为机架

在铰链四杆机构中，各转动副是整转副（整周回转的转动副）还是摆转副（往复摆动的转动副）只与各构件的相对长度有关，而与哪个构件为机架无关。如在图 3-9a 所示的曲柄摇杆机构中，若取构件 AB 为机架，则得到双曲柄机构（图 3-9b）；若取构件 CD 为机架，则得到双摇杆机构（图 3-9d）；若取构件 BC 为机架，则得到另一曲柄摇杆机构（图 3-9c）。

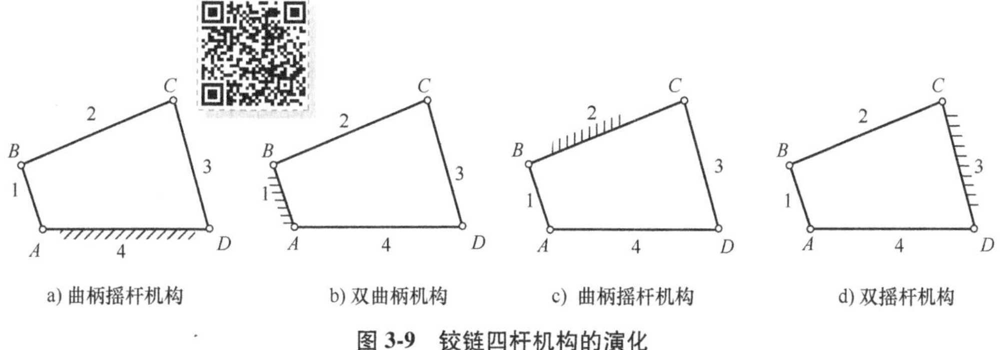

a) 曲柄摇杆机构　　b) 双曲柄机构　　c) 曲柄摇杆机构　　d) 双摇杆机构

图 3-9　铰链四杆机构的演化

同理，对于图 3-10a 所示的对心曲柄滑块机构，若选用不同构件为机架，可演化成具有不同运动特性和不同用途的机构。

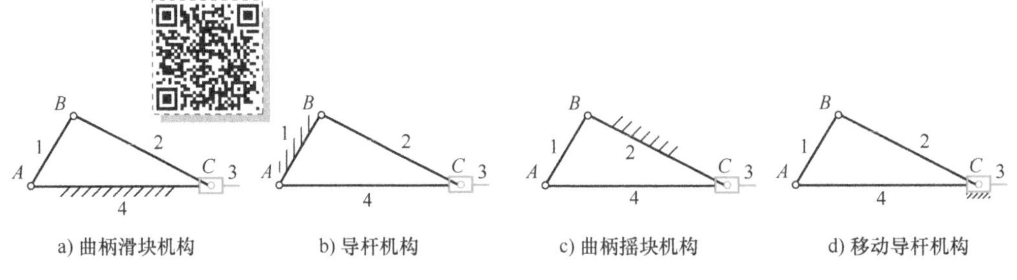

图 3-10　含有一个移动副的四杆机构的演化

选取构件 1 为机架时，机构称为导杆机构（图 3-10b），构件 4 绕轴 A 转动，而构件 3 则沿构件 4 相对移动，构件 4 称为导杆。

在导杆机构中，如果导杆仅能摆动，则称为摆动导杆机构，如图 3-11a 所示的牛头刨床的导杆机构 ABC。如果导杆能够做整周转动，则称为转动导杆机构，如小型刨床（图 3-11b）。

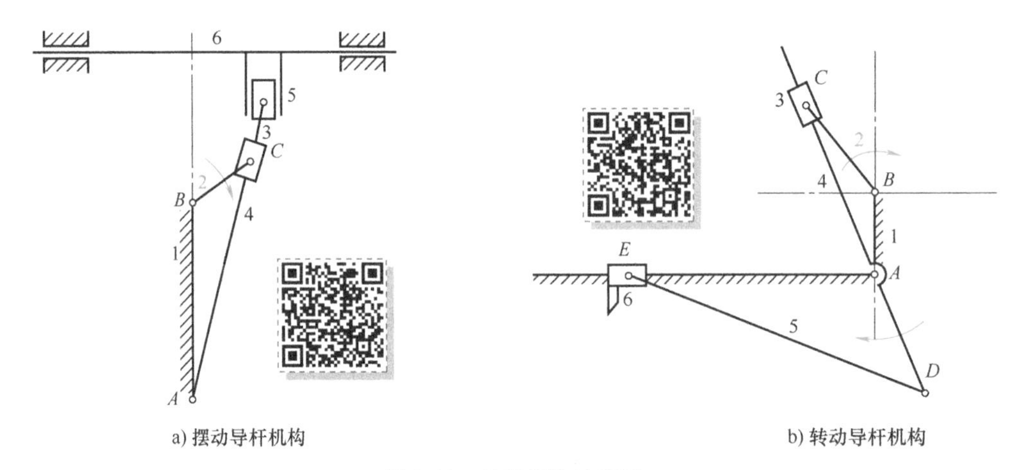

图 3-11　导杆机构的应用

选取构件 2 为机架时，机构称为曲柄摇块机构（图 3-10c）。机构中滑块 3 仅能绕 C 点摇摆。自卸货车车厢的举升机构即为一应用实例，如图 3-12 所示。

选取滑块 3 为机架时，机构称为移动导杆机构（图 3-10d）。手摇抽水机即为一应用实例，如图 3-13 所示。

在图 3-14 所示的具有两个移动副的四杆机构中，若选择构件 4（或构件 2）为机架（图 3-14a、b），则称为正弦机构，图 3-15a 所示的缝纫机的针杆机构为其应用实例。若选择构件 1 为机架（图 3-14c），则演化成双转块机构，它常用作两轴轴线很短的平行轴的联轴器，图 3-15b 所示的十字滑块联轴器为其应用实例。若选择构件 3 为机架（图 3-14d），则演化成双滑块机构，常应用它做椭圆规（图 3-15c）。

3. 扩大转动副的尺寸

在图 3-16a 所示曲柄滑块机构中，若曲柄 AB 的长度很短而要传递的动力又较大时，在一个

尺寸较短的构件 AB 上加工装配两个尺寸较大的转动副是不可能的，此时常将图 3-16a 中的转动副 B 的半径扩大至超过曲柄 AB 的长度，使之成为图 3-16b 所示的偏心轮机构。这时，曲柄变成了一个几何中心为 B、回转中心为 A 的偏心圆盘，其偏心距就是原曲柄的长。该机构常用在小型压力机上。

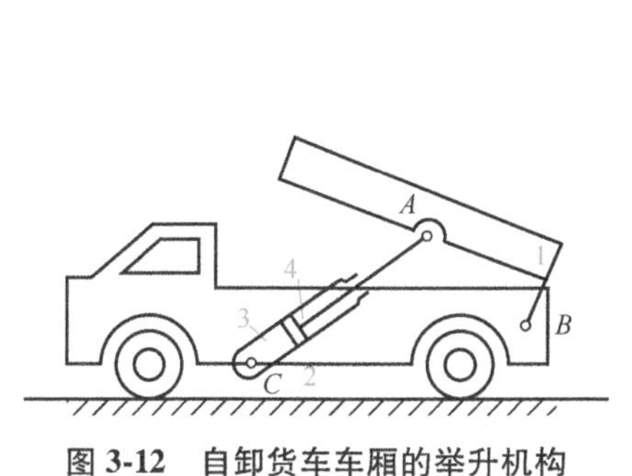

图 3-12　自卸货车车厢的举升机构

1—曲柄　2—机架（车体）　3—摇块　4—连杆

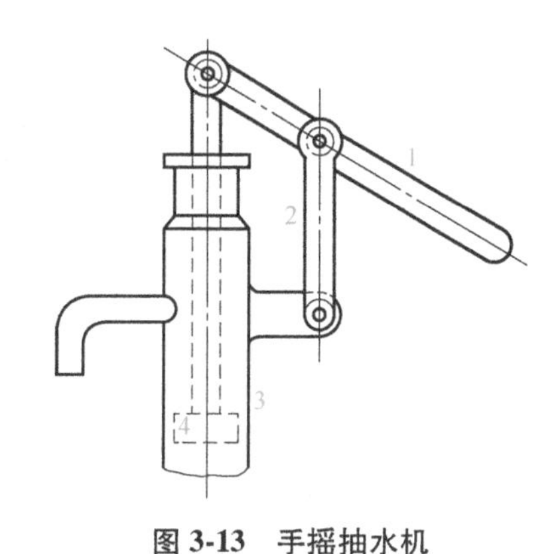

图 3-13　手摇抽水机

1—连杆　2—摇杆　3—滑块（定块）　4—滑杆

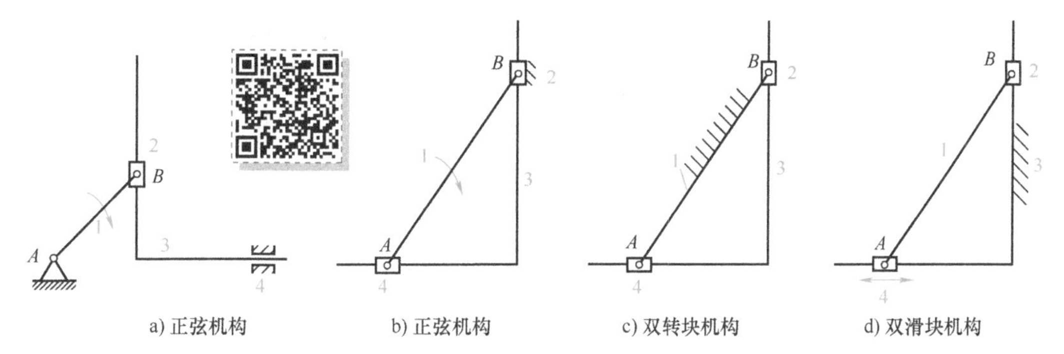

图 3-14　含有两个移动副的四杆机构的演化

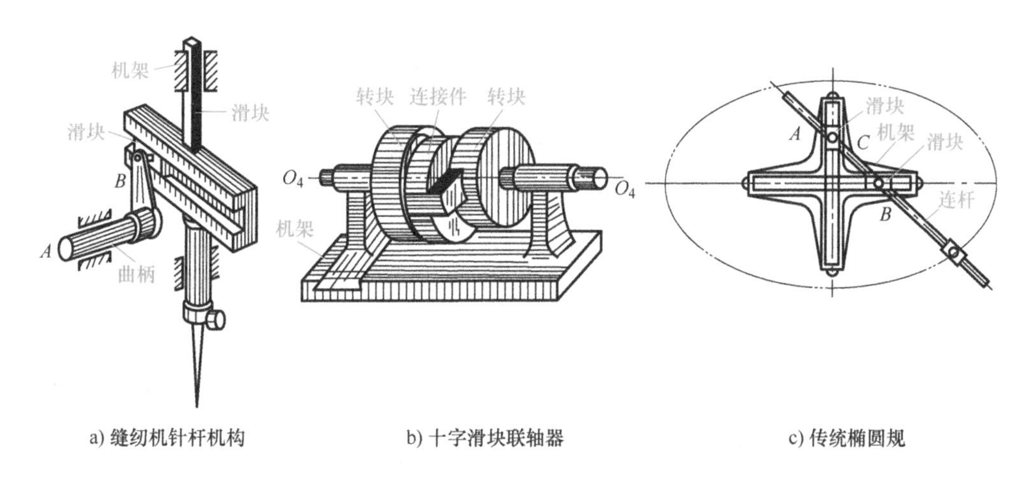

图 3-15　含有两个移动副的四杆机构的应用

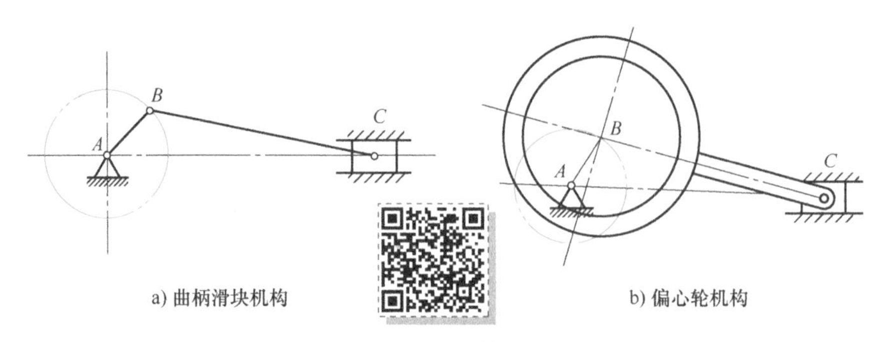

a) 曲柄滑块机构　　b) 偏心轮机构

图 3-16　扩大转动副

4. 变换构件的形态

在图 3-17a 所示的曲柄摇块机构中，滑块 3 绕 C 点做定轴往复摆动，若变换构件 2 和构件 3 的形态，即将杆状构件 2 做成块状，而将块状构件 3 做成杆状，如图 3-17b 所示，此时构件 3 为摆动导杆，该机构称为摆动导杆机构。这两种机构本质上完全相同。

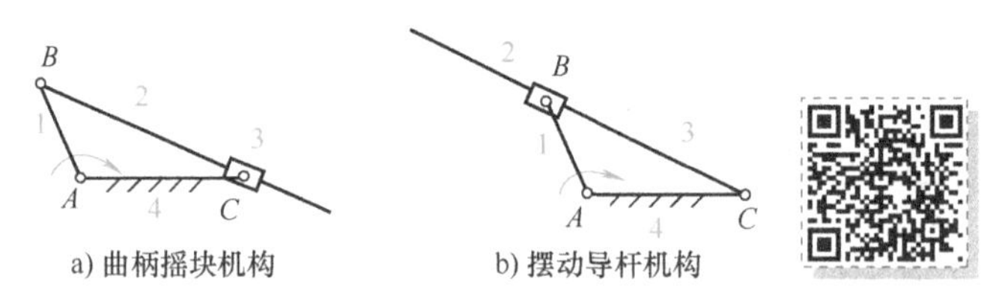

a) 曲柄摇块机构　　b) 摆动导杆机构

图 3-17　曲柄摇块机构和摆动导杆机构

3.2 平面连杆机构的工作特性

知识点：

铰链四杆机构的曲柄存在条件

在铰链四杆机构中，能做整周回转的连架杆称为曲柄，而有无曲柄存在则取决于机构中各构件的长度关系和固定哪个构件为机架。下面就来讨论铰链四杆机构中曲柄存在的条件。

在图 3-18 所示的铰链四杆机构中，设构件 1、构件 2、构件 3 和构件 4 的长度分别为 a、b、c、d，并且 $a<d$。若假设构件 1 能绕铰链 A 做整周转动，就必须使铰链 B 能转过 B_2 点（距离 D 点最远）和 B_1 点（距离 D 点最近）两个特殊位置，此时构件 1 和构件 4 实现两次共线。

根据三角形构成原理可推出以下各式。

由 $\triangle B_2C_2D$，可得

$$a+d \leqslant b+c \tag{3-1}$$

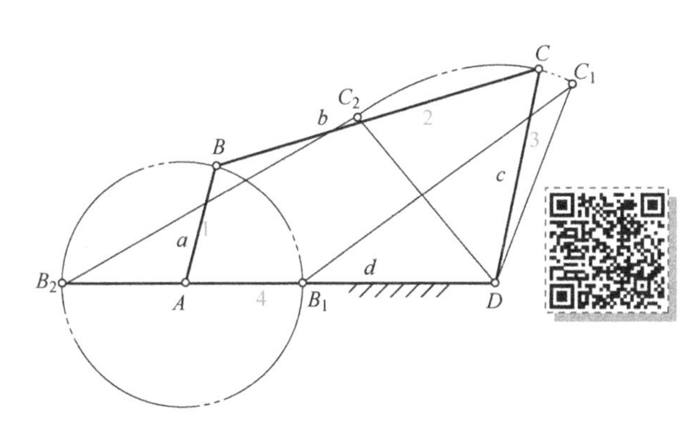

图 3-18　曲柄存在条件

由$\triangle B_1C_1D$，可得

$$b-c\leqslant d-a$$
$$c-b\leqslant d-a$$

整理可得

$$a+b\leqslant c+d \tag{3-2}$$
$$a+c\leqslant b+d \tag{3-3}$$

将式（3-1）、式（3-2）和式（3-3）分别两两相加化简后可得

$$\left.\begin{array}{l} a\leqslant c \\ a\leqslant b \\ a\leqslant d \end{array}\right\} \tag{3-4}$$

如果 $d<a$，用同样的方法可以得到构件 1 能绕铰链 A 做整周转动的条件

$$d+a\leqslant b+c \tag{3-5}$$
$$d+b\leqslant a+c \tag{3-6}$$
$$d+c\leqslant a+b \tag{3-7}$$

$$\left.\begin{array}{l} d\leqslant c \\ d\leqslant b \\ d\leqslant a \end{array}\right\} \tag{3-8}$$

综合分析上述各式即可得到，铰链四杆机构存在曲柄的几何条件：

1）最短杆与最长杆长度之和小于或等于其他两杆长度之和。

2）最短杆是连架杆或机架。

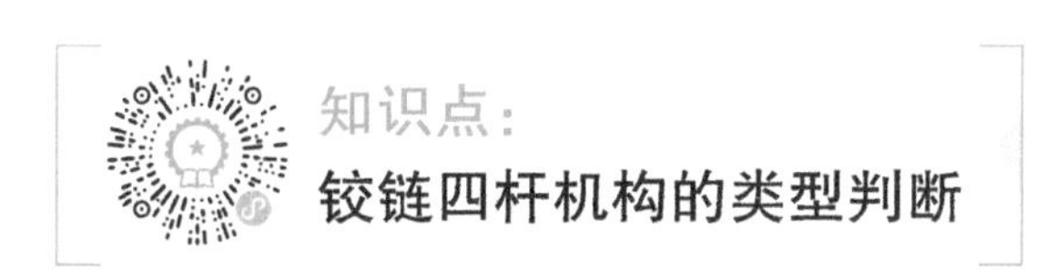

知识点：铰链四杆机构的类型判断

当铰链四杆机构满足杆长条件“最短杆与最长杆长度之和小于或等于其他两杆长度之和”时，最短杆两端的转动副为整转副，其余两个转动副为摆转副。

对于铰链四杆机构：若最短杆为连架杆，则机构为曲柄摇杆机构；若最短杆为机架，则机构为双曲柄机构；若最短杆为连杆，则机构为双摇杆机构。

如果铰链四杆机构各杆的长度不满足杆长条件，此时不论以何杆为机架，均为双摇杆机构。

知识点：

曲柄滑块机构和导杆机构的曲柄存在条件

对于图 3-19 所示的偏置曲柄滑块机构，连架杆 AB 绕铰链 A 转动，若铰链 B 能够到达两个固定铰链（铰链 A 和垂直于导路无穷远处的铰链）连线的 B_1 点和 B_2 点位置，如图 3-20 所示，则连架杆 AB 就可以整周转动，即可成为曲柄。

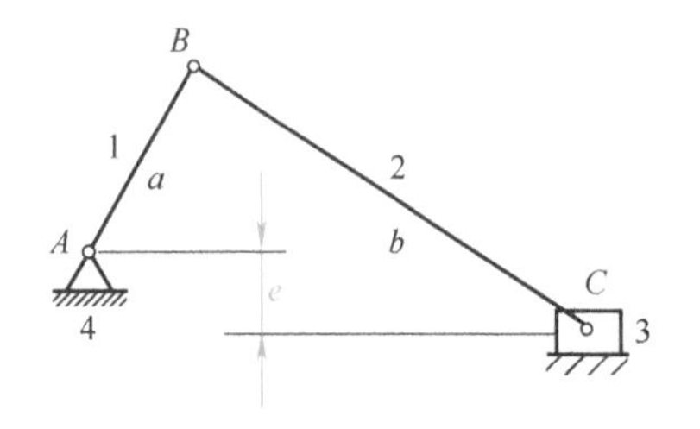

图 3-19　偏置曲柄滑块机构

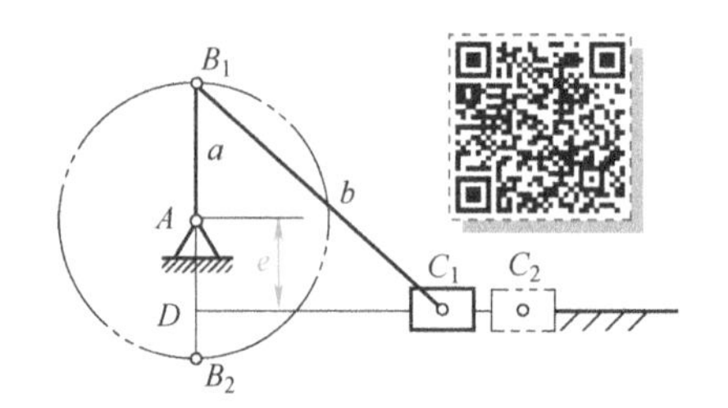

图 3-20　曲柄滑块机构的曲柄存在条件

当铰链 B 处于 B_1 点位置时，机构中存在一个三角形 $\triangle DB_1C_1$。由三角形的构成原理得

$$b \geqslant a+e \tag{3-9}$$

当铰链 B 处于 B_2 点位置时，机构中存在另一个三角形 $\triangle DB_2C_2$，并有

$$b \geqslant a-e \tag{3-10}$$

综合式（3-9）和式（3-10）得到偏置曲柄滑块机构的曲柄存在条件为 $b \geqslant a+e$。

对于对心的曲柄滑块机构（即 $e=0$），其存在曲柄的条件为 $b \geqslant a$。

在摆动导杆机构中，如果曲柄和导杆之间的移动副存在，则铰链 B 就一定能够到达两个固定铰链（铰链 A 和铰链 C）连线的 B_1 点和 B_2 点位置，如图 3-21 所示，也就是说，连架杆 AB 成为曲柄无需限制条件。

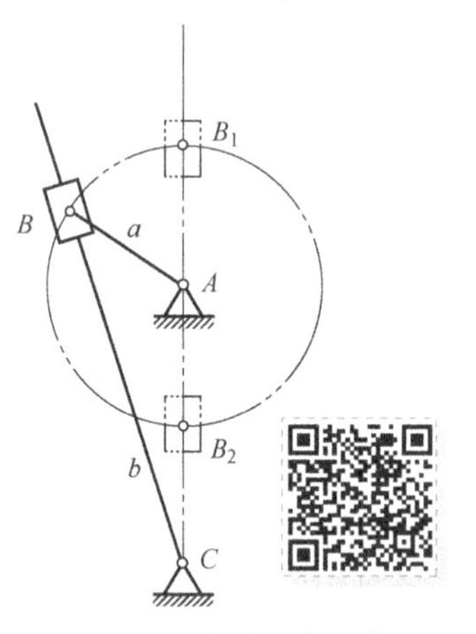

图 3-21　摆动导杆机构

知识点：

曲柄摇杆机构的急回特性

在图 3-22 所示的曲柄摇杆机构中，主动曲柄 AB 逆时针转动一周过程中，有两次与连杆共线。

当曲柄位于 AB_1，连杆位于 B_1C_1 时，曲柄与连杆处于拉直共线的位置，此时从动摇杆 CD 位于右极限位置 C_1D。

当曲柄位于 AB_2，连杆位于 B_2C 时，曲柄与连杆处于重叠共线的位置。

当从动件摇杆在两极限位置时，对应的主动曲柄所处两位置之间所夹的锐角称为极位夹角，用 θ 表示。

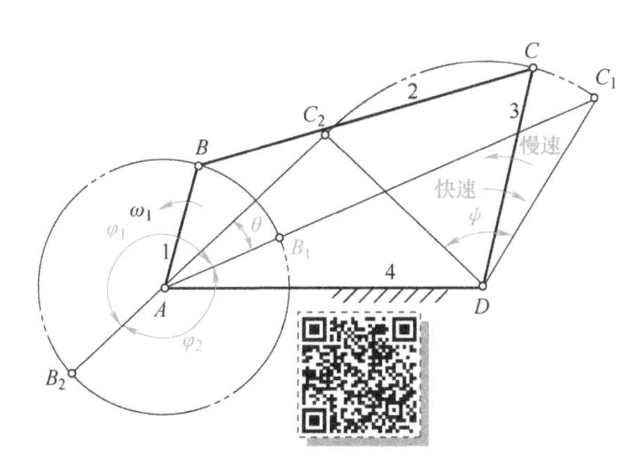

图 3-22　曲柄摇杆机构的急回运动特性分析

当主动曲柄 1 以等角速度 $\boldsymbol{\omega}_1$ 逆时针转 $\varphi_1=180°+\theta$ 角时，摇杆由右极限位置 C_1D 摆到左极限位置 C_2D，摆过的角度为 ψ，所需的时间为 t_1，此行程中摇杆 3 上 C 点的平均速度为 v_1。

当曲柄继续逆时针再转 $\varphi_2=180°-\theta$ 角时，摇杆从左极限位置 C_2D 摆到右极限位置 C_1D，摆过的角度仍为 ψ，所需的时间为 t_2，此行程中摇杆 3 上 C 点的平均速度为 v_2。

由于 $\varphi_1>\varphi_2$，因此当曲柄以等角速度转过这两个角度时，对应的时间 $t_1>t_2$，因此有 $v_1<v_2$。摇杆的这种运动特性称为急回特性。

为了表明急回特性的急回程度，可用行程速度变化系数 K 表示，即

$$K=\frac{v_2}{v_1}=\frac{\psi/t_2}{\psi/t_1}=\frac{t_1}{t_2}=\frac{\varphi_1}{\varphi_2}=\frac{180°+\theta}{180°-\theta} \tag{3-11}$$

在急回机构设计时，若已知 K，即可求得极位夹角 θ

$$\theta=180°\frac{K-1}{K+1} \tag{3-12}$$

以上分析表明：若极位夹角 $\theta=0$，$K=1$，则机构无急回特性；反之，若 $\theta>0$，$K>1$，则机构有急回特性，且 θ（或 K）越大，机构的急回特性也越显著。

在机器中常可以用机构的这种急回特性来节省回程的时间，以提高生产率，如牛头刨床、插床等。

知识点：

曲柄摇杆机构和摆动导杆机构的急回特性

如图 3-23 所示的偏置曲柄滑块机构，其极位夹角 $\theta>0$，故该机构有急回特性。

如图 3-24 所示的摆动导杆机构，当主动曲柄两次转到与从动导杆垂直时，导杆就摆到两个极限位置。由于极位夹角大于零，故该机构有急回特性，且该机构的极位夹角 θ 与导杆的摆角 ψ 相等。

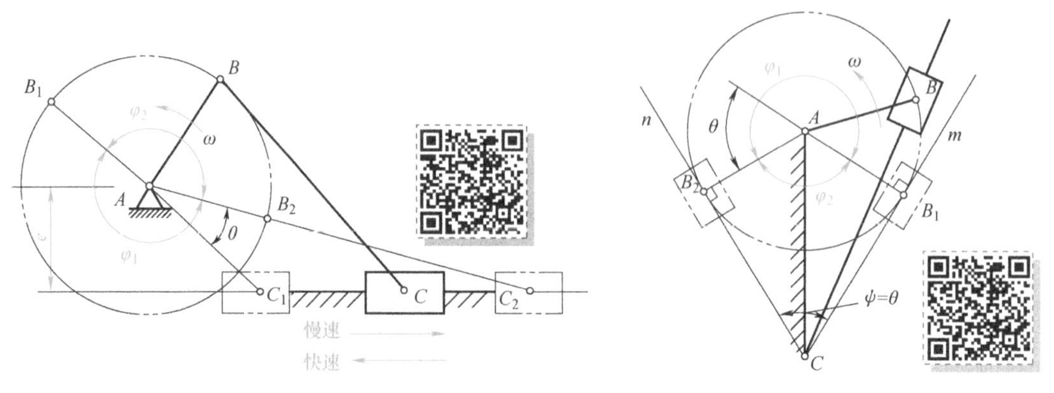

图 3-23　偏置曲柄滑块机构的急回特性分析

图 3-24　摆动导杆机构的急回特性分析

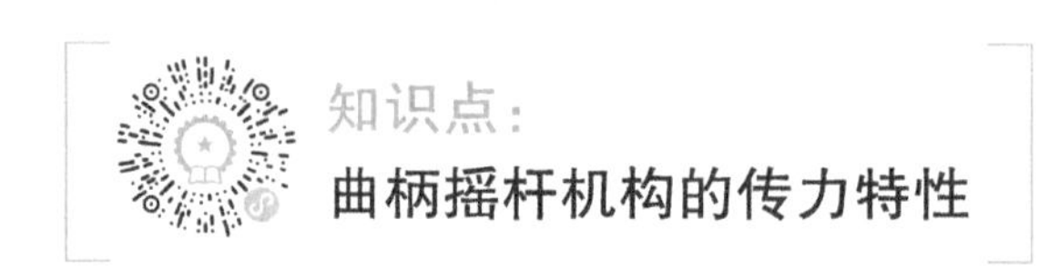

知识点：

曲柄摇杆机构的传力特性

在图 3-25 所示的铰链四杆机构中，若不考虑惯性力、重力和运动副中摩擦力的影响，则连杆是二力杆。

当主动件 1 运动时，经过连杆 2 作用于从动件 3 上的力 $\boldsymbol{F}$ 沿 BC 方向。力 $\boldsymbol{F}$ 可分解为与 C 点速度 $\boldsymbol{v}_C$ 同向的力 $\boldsymbol{F}_t$ 和与 C 点速度 $\boldsymbol{v}_C$ 垂直的力 $\boldsymbol{F}_n$。

力 $\boldsymbol{F}$ 的作用线与该力作用点速度 $\boldsymbol{v}_C$ 之间所夹的锐角 α 称为压力角。

由图 3-25 可知：$F_t=F\cos\alpha$，$F_n=F\sin\alpha$。

$\boldsymbol{F}_t$ 是使从动件转动的有效分力，这个力越大越好；$\boldsymbol{F}_n$ 则是在转动副 D 中产生径向压力的分力，该分力越小越好。

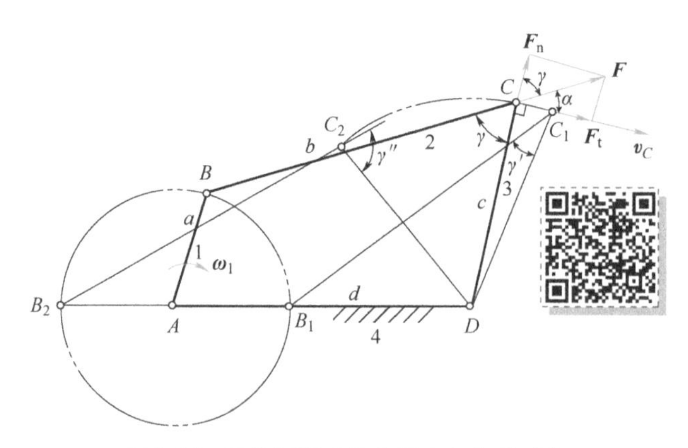

图 3-25　铰链四杆机构的压力角与传动角

压力角的余角 γ 称为传动角，$\gamma=90°-\alpha$。

显然，压力角越小或传动角越大，对机构的传动越有利，机构的效率也越高。因此，在连杆机构中，常用传动角的大小及其变化情况来衡量机构传力性能的好坏。

在机构运动过程中，传动角的大小是变化的，因此，为了保证所设计的机构具有良好的传力性能，通常使 $\gamma_{min}\geqslant 40°$，对于高速和大功率的机械，应使 $\gamma_{min}\geqslant 50°$，设计时应满足此要求。

对于曲柄摇杆机构，γ_{min}出现在主动曲柄与机架共线的两位置之一处（图 3-25），这时有

$$\gamma'=\angle B_1C_1D=\arccos\frac{b^2+c^2-(d-a)^2}{2bc} \tag{3-13}$$

$$\gamma''=\angle B_2C_2D=\arccos\frac{b^2+c^2-(d+a)^2}{2bc}\quad(\angle B_2C_2D<90°) \tag{3-14a}$$

或

$$\gamma''=180°-\arccos\frac{b^2+c^2-(d+a)^2}{2bc}\quad(\angle B_2C_2D>90°) \tag{3-14b}$$

γ''、γ'中的小者即为 γ_{min}。

知识点：

曲柄滑块机构和摆动导杆机构的传力特性

曲柄滑块机构的压力角 α 和传动角 γ 的定义如图 3-26 所示。

由图 3-27 可以得出，压力角 α 的正弦值为

$$\sin\alpha=\frac{a\sin\varphi+e}{b} \tag{3-15}$$

当 $\varphi=90°$时，压力角 α 为最大

$$\alpha_{max}=\arcsin\frac{a+e}{b} \tag{3-16}$$

在摆动导杆机构中，由于滑块与导杆组成移动副，因此导杆所受到的滑块的作用力始终垂直于导杆（移动副导路），与力作用点速度方向一致，故导杆机构的压力角始终为零，如图 3-28 所示。

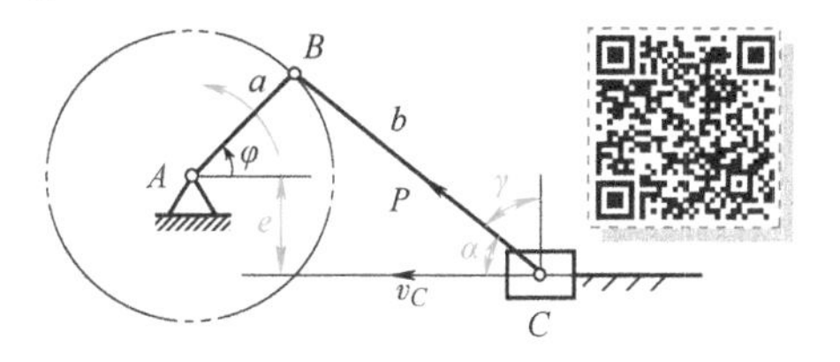

图 3-26　曲柄滑块机构的压力角与传动角

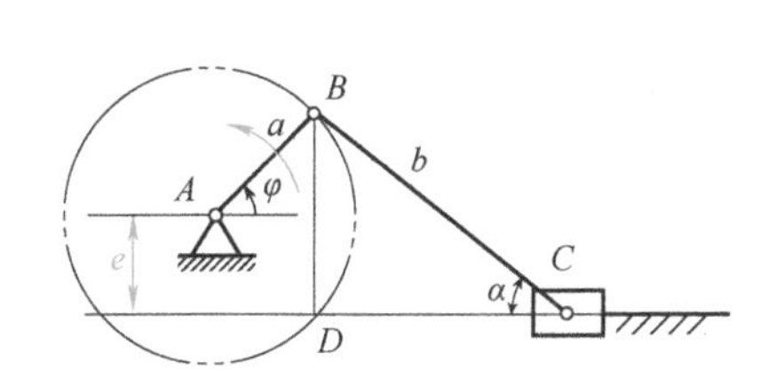

图 3-27　曲柄滑块机构的压力角

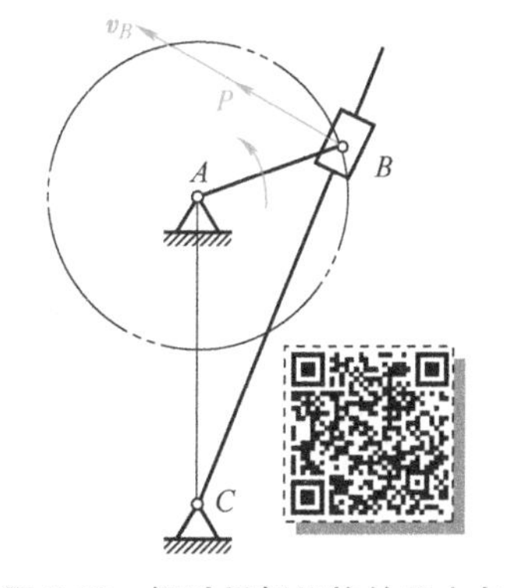

图 3-28　摆动导杆机构的压力角

在图 3-29 所示的曲柄摇杆机构中，设摇杆 CD 为主动件，当机构运动到图示两细实线位置之一时，连杆 BC 与从动曲柄 AB 拉直和重叠共线，此时机构的传动角 $\gamma=0°$。这时主动件 CD 通过连杆作用于从动件 AB 上的力恰好通过其转动中心，因此不能使构件 AB 转动而出现“顶死”现象，机构的这种位置称为死点位置。

对于传动机构来说，死点对机构是不利的，在实际设计时，应该采取措施使机构能顺利通过死点位置。对于连续运转的机器，可以利用从动件的惯性来通过死点位置，图 3-30 所示的缝纫机脚踏板机构就是借助带轮的惯性通过死点位置的；也可以采用多组机构错位排列的方法，使各组机构的死点位置互相错开，从而通过死点位置，图 3-31 所示的蒸汽机车车轮联动机构，其两侧的曲柄滑块机构的曲柄位置相互错开了 90°。

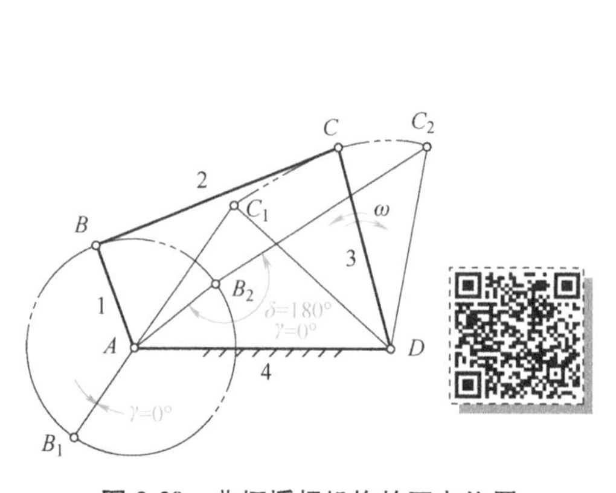

图 3-29　曲柄摇杆机构的死点位置

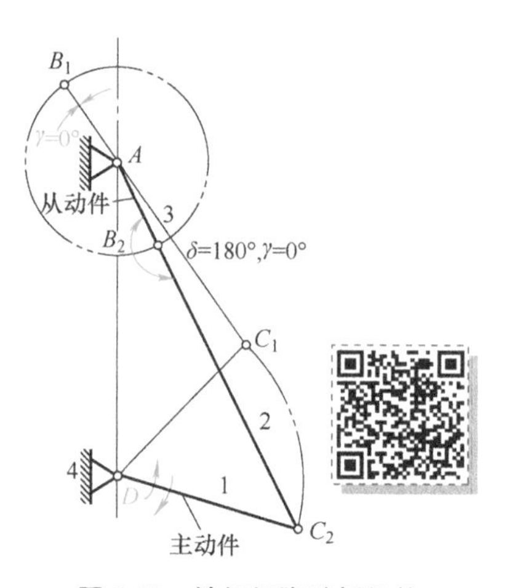

图 3-30　缝纫机脚踏板机构

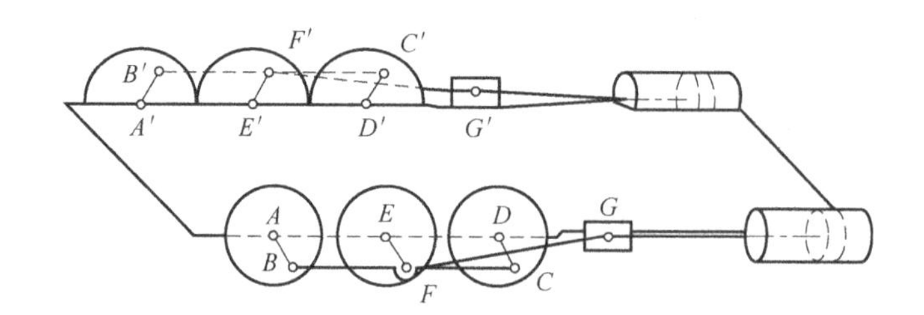

图 3-31　蒸汽机车车轮联动机构

另外，在工程实际中，也常利用死点位置来实现特定的工作要求。如图 3-32 所示的飞机的起落架机构，就是利用死点位置使降落更可靠。当机轮放下时，机构正好处于死点位置。这样，机轮上受到地面的作用力经杆 BC 传给杆 CD 时正好通过其转动中心，因此，起落架不会反转折回。图 3-33 所示钻床夹具就是利用死点位置夹紧工件的，此时无论工件所受的反力多大，均可保证钻削时工件不松脱。

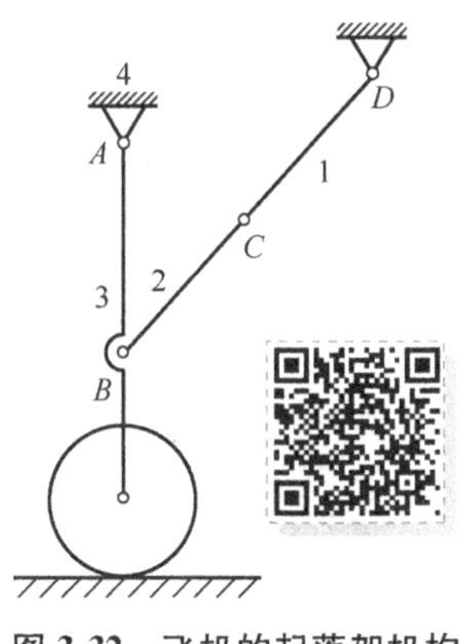

图 3-32　飞机的起落架机构

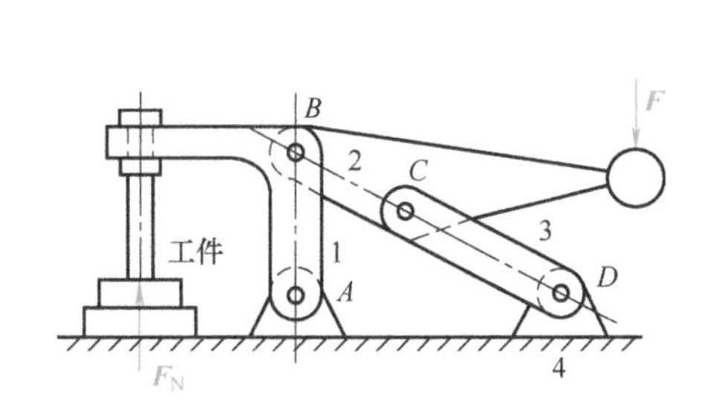

图 3-33　钻床夹具

3.3 平面连杆机构的设计

知识点：
平面连杆机构设计的基本问题

平面连杆机构设计的主要任务是按给定运动等方面要求，在选定机构形式后进行机构运动简图的设计（即确定各构件的尺寸），它不涉及机构的具体结构和强度等问题，因此又称为平面连杆机构的运动设计。

平面连杆机构应用广泛，根据机械的用途和性能要求的不同，对平面连杆机构设计的要求虽然是多种多样的，但这些设计要求通常可归纳为以下三大类问题。

1. 实现给定连杆位置的设计

在这类设计问题中，要求连杆能顺序占据一系列的预定位置，即要求所设计的机构能引导连杆（刚体）顺序通过一系列预定位置，因此这种设计又称为刚体引导机构的设计。

实现给定连杆位置设计的实例如图 3-34 所示的铸造用砂箱翻转机构，砂箱固结在连杆 *BC* 上，要求所设计机构中的连杆（砂箱）*BC* 在位置 Ⅰ 进行造型震实后，转至位置 Ⅱ 进行起模工序。

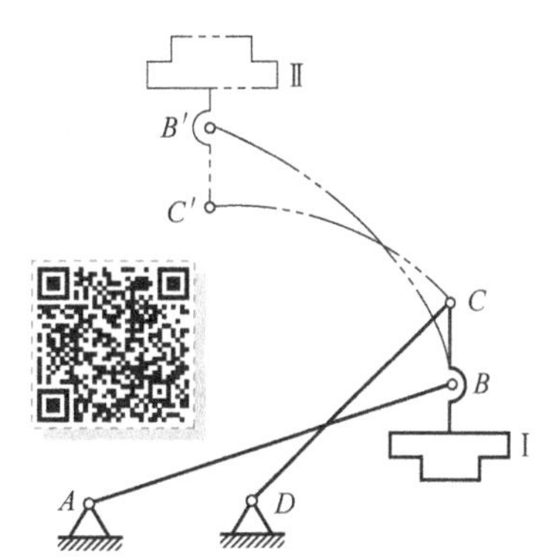

图 3-34　铸造用砂箱翻转（翻砂）机构

2. 实现预定运动规律的设计

在这类设计问题中，要求所设计机构的主、从动连架杆之间的运动关系能满足若干组对应位置关系，如图 3-35 中 AB、CD、AB_1、C_1D 和 AB_2、C_2D 等具有一一对应的位置关系；或实现某种函数关系；或是把主动件的等速（或不等速）运动转换成从动件的不等速（或等速）运动。再如，在许多工程实际的应用中，在主动连架杆匀速运动的情况下，为提高生产效率，往往要求从动连架杆具有急回特性。以上这些设计问题通常称为函数机构的设计。

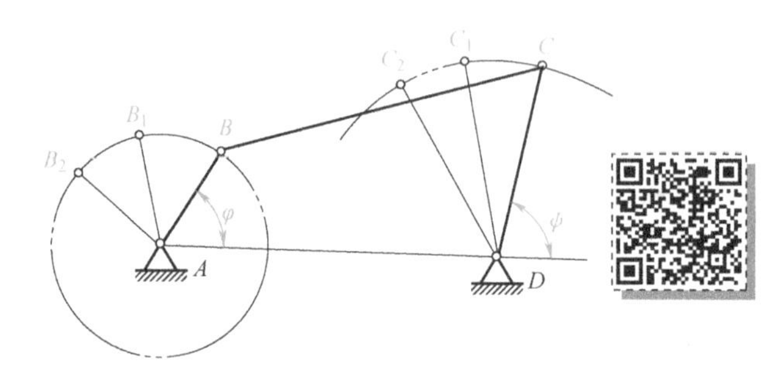

图 3-35　实现主、从动连架杆之间的对应位置

这类机构设计如飞机起落架机构、汽车风窗玻璃刮水机构等。

3. 实现预定轨迹的设计

在这类设计问题中，要求所设计的机构连杆上的某些点的轨迹能符合预定的轨迹要求，或者能依次通过给定曲线上的若干有序列的点。例如，图 3-36 所示的鹤式起重机，为避免货物做不必要的上下起伏运动，连杆上吊钩滑轮的中心点 E 应沿水平方向直线移动；而图 3-37 所示的搅拌器，应保证连杆上 E 点按预定的轨迹运动，以完成搅拌动作。这类设计问题通常称为轨迹机构的设计。

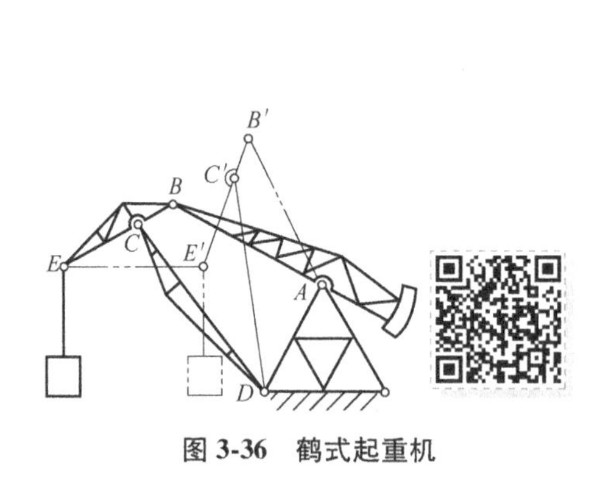

图 3-36　鹤式起重机

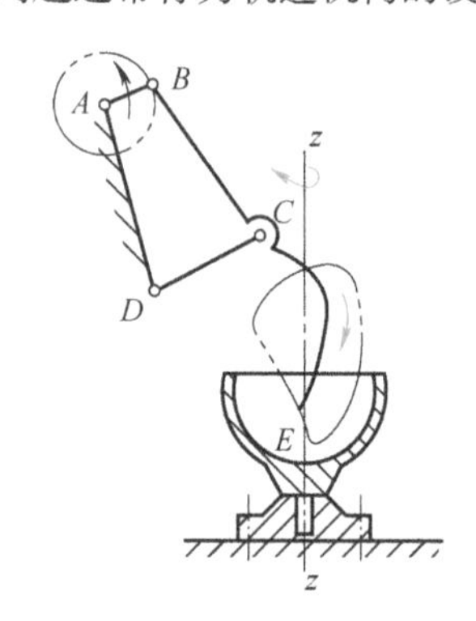

图 3-37　搅拌器

平面连杆机构的设计方法有图解法和解析法。图解法直观性强、简单易行，它是连杆机构设计的一种基本方法，但设计精度低。解析法设计精度较高，但计算量大，需编制程序并在计算机上进行计算。目前由于计算机及数值计算方法的迅速发展，解析法得到了广泛的应用。在用解析法进行设计时，图解法可用于机构尺寸计算的初步设计阶段。

知识点：

平面四杆机构图解法设计——行程机构

图 3-38 所示为简易汽车刮水器的设计。刮水器的两个给定位置 DE_1 和 DE_2 就是铰链四杆机

构 $ABCD$ 摇杆 CD 的两个极限位置。首先选定铰链 C 的位置，再选择铰链 A 的位置，如图 3-38 所示。当摇杆处于极限位置 DC_1 和 DC_2 时，曲柄 AB 和连杆 BC 处于共线位置 AC_1 和 AC_2，即有

$$l_{AC_2}=l_{BC}+l_{AB}, \quad l_{AC_1}=l_{BC}-l_{AB} \tag{3-17}$$

解得

$$l_{AB}=\frac{l_{AC_2}-l_{AC_1}}{2}, \quad l_{BC}=\frac{l_{AC_2}+l_{AC_1}}{2} \tag{3-18}$$

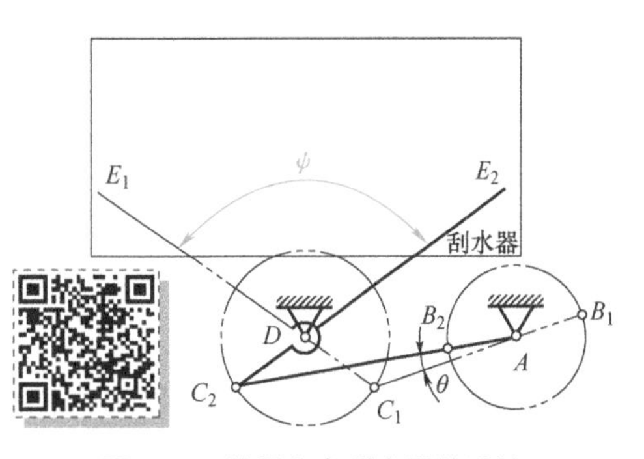

图 3-38　简易汽车刮水器的设计

这样就完成了行程机构（铰链四杆机构）$ABCD$ 的设计。

另外，由图 3-38 还可以知道，AC_1 和 AC_2 线的夹角就是极位夹角 θ。

知识点：

平面四杆机构图解法设计——急回机构

曲柄摇杆机构、偏置曲柄滑块机构、导杆机构均具有急回运动特性。在设计这类机构时，通常给定行程速度变化系数 K，然后算出极位夹角 θ，再根据机构在极限位置时的几何关系及有关的辅助条件，最终确定出机构中各构件的尺寸参数，使所设计的机构能满足一定的急回运动的要求。

1. 曲柄摇杆机构

已知摇杆的长度 l_{CD}、摇杆摆角 ψ 及行程速度变化系数 K，试设计该曲柄摇杆机构。

分析已知条件可知，该机构设计的实质是确定固定铰链 A 的位置，以满足给定要求的 K 值。其设计步骤如下（图 3-39）：

1）由给定的行程速度变化系数 K，计算出极位夹角 θ，即

$$\theta=180°\frac{K-1}{K+1}$$

2）任选一点为固定铰链 D 的位置，选取长度比例尺 μ_l，并根据摇杆长度 l_{CD} 和摆角 ψ 作摇杆的两个极限位置 C_1D 和 C_2D。

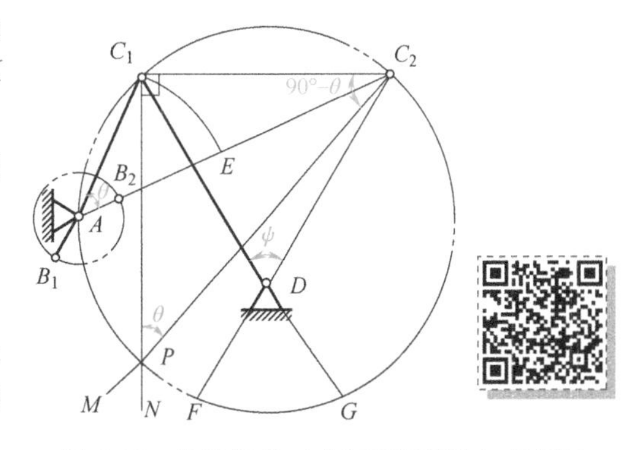

图 3-39　急回机构（曲柄摇杆机构）的设计

3）连接 C_1C_2，过 C_1 点作 C_1C_2 的垂线 C_1N，过 C_2 点作 $\angle C_1C_2M=90°-\theta$，两条直线交于 P 点，则 $\angle C_1PC_2=\theta$。

4）以 C_2P 为直径作三角形 C_1C_2P 的外接圆（称为辅助圆）。在圆周 C_1PC_2 上任选一点 A 作为曲柄的转动中心，并分别连接 C_1A 和 C_2A，则 $\angle C_1AC_2=\theta$。

5）由图 3-39 可知，摇杆在两极限位置时曲柄和连杆共线，因此有 $\overline{AC_1}=\overline{B_1C_1}-\overline{AB_1}$，$\overline{AC_2}=\overline{AB_2}+\overline{B_2C_2}$。由此可得

$$\overline{AB}=\frac{\overline{AC_2}-\overline{AC_1}}{2}, \quad \overline{BC}=\frac{\overline{AC_2}+\overline{AC_1}}{2}$$

因此曲柄和连杆的长度为

$$l_{AB}=\overline{AB}\mu_l, \quad l_{BC}=\overline{BC}\mu_l$$

曲柄和连杆的长度也可用图解法求得，即以 A 为圆心、以 AC_1 为半径作弧与 AC_2 交于点 E，则$\overline{EC_2}=2\overline{AB}$。

若不给出其他要求，只要在圆周 C_1PC_2 上任选一点为 A，均能满足行程速度变化系数 K 的要求，因此解有无穷多个。

在实际的机构设计时，还要根据机构的应用场合给出其他要求，如机架的长度、最小传动角等，此时解就唯一了。

考虑到运动的连续性，A 点不能在圆周 FG 上选取。

2. 曲柄滑块机构

已知行程速度变化系数 K、滑块行程 H 和偏距 e，试设计该偏置曲柄滑块机构。

该机构的作图方法与曲柄摇杆机构类似，如图 3-40 所示，其设计步骤如下：

1）由给定的行程速度变化系数 K，计算出极位夹角 θ。

2）选取长度比例尺 μ_l，作出直线$\overline{C_1C_2}=H$。

3）过 C_1 点作 C_1C_2 的垂线 C_1N，过 C_2 点作 $\angle C_1C_2M=90°-\theta$，两条直线交于 P 点，则 $\angle C_1PC_2=\theta$。

4）以 C_2P 为直径作三角形 C_1C_2P 的外接圆。

5）作一条直线与 C_1C_2 平行，使两直线间的距离等于给定的偏距 e，则此直线与上述圆的交点即为曲柄 AB 的铰链点 A 的位置。分别连接 C_1A 和 C_2A，则$\angle C_1AC_2=\theta$。

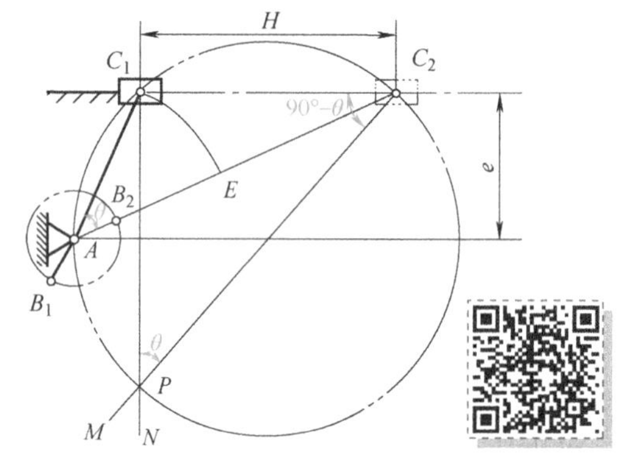

图 3-40 急回机构（曲柄滑块机构）的设计

6）最后得曲柄和连杆的长度为

$$l_{AB}=\overline{AB}\mu_l, \quad l_{BC}=\overline{BC}\mu_l$$

知识点：

平面四杆机构图解法设计——刚体导引机构 1

如图 3-41 所示，设计要求连杆上的参考图形（矩形）在运动过程中能依次通过Ⅰ、Ⅱ、Ⅲ三个位置，要求设计铰链四杆机构 $ABCD$。

首先在连杆（也可看作被导引的刚体）上根据其结构情况选定运动铰链 B、C 的位置，也就得到对应连杆三个位置的运动铰链位置 B_1C_1、B_2C_2、B_3C_3。

因为铰链四杆机构中两连架杆均为定轴转动的构件，所以连杆上运动铰链 B、C 分别绕固定铰链 A、D 转动，由此可知，设计确定固定铰链 A、D，其实质就是找圆心的问题。因此由 B_1、

B_2、B_3 三个位置作两中垂线得交点 A，由 C_1、C_2、C_3 三个位置作两中垂线得交点 D，它们分别是待求固定铰链 A、D 的中心。

由此就完成了铰链四杆机构 $ABCD$ 的设计，如图 3-42 所示。

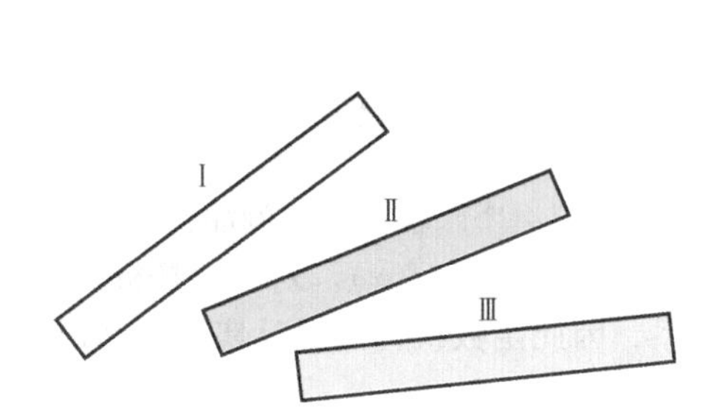

图 3-41　刚体导引机构（铰链四杆机构）的设计要求（一）

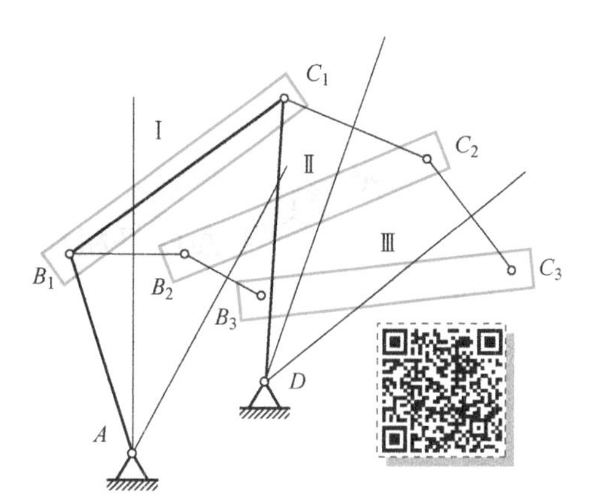

图 3-42　导引机构（铰链四杆机构）的设计

知识点：平面四杆机构图解法设计——刚体导引机构 2

如图 3-43 所示，设给定连杆两个位置 I 和 II，给定固定铰链 A、D 位置，要求设计一个铰链四杆机构 $ABCD$，满足给定两连杆位置的要求。

本设计问题的实质就是要在所给定的连杆参考图形上确定 B、C 铰链的位置。如图 3-44 所示，其设计步骤如下：

1）连接 AE_2 和 DF_2，则四边形 AE_2F_2D 代表了机构在 II 位置各杆的相对位置关系。

2）设想将机构“固定”在 I 位置，将四边形 AE_2F_2D 作为刚性图形搬动至使 E_2F_2 与 E_1F_1 重合。

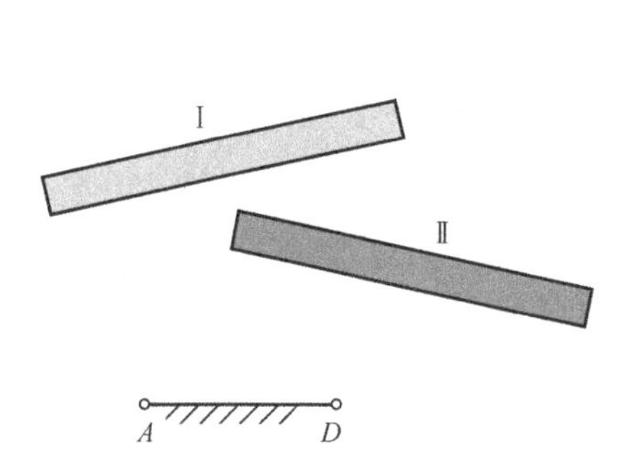

图 3-43　刚体导引机构（铰链四杆机构）的设计要求（二）

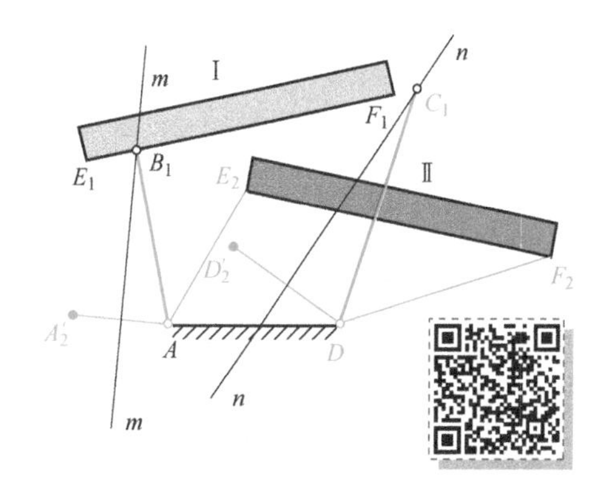

图 3-44　刚体导引机构（铰链四杆机构）的设计

3）分别作 AA_2'和 DD_2'的中垂线 mm 和 nn。

4）则在Ⅰ位置的铰链 B_1 和 C_1 可分别在中垂线上任意位置选取。

5）根据设计的附加要求确定机构在Ⅰ位置的铰链 B_1 和 C_1。现假设要求铰链 B 和 C 在参考线 EF 上选取，则中垂线 mm 和 nn 同 E_1F_1 的交点即为机构在Ⅰ位置的铰链 B_1 和 C_1。连接 AB_1 和 C_1D 就完成了四杆机构 $ABCD$ 的设计，如图 3-44 所示。

知识点：

平面四杆机构图解法设计——函数机构 1

所谓的函数机构，就是用两连架杆的对应位置关系来模拟一个函数关系。例如，用铰链四杆机构两个连架杆的对应转角关系 $\psi=f(\varphi)$ 来模拟要求的函数关系 $y=f(x)$。对于四杆机构来说，只能用有限的对应角度关系来近似模拟给定的函数关系，因此函数机构的设计实质就变成了按两个连架杆若干组对应位置设计四杆机构的问题。

下面给出按照给定两连架杆三组对应位置设计铰链四杆机构的方法。

如图 3-45 所示，设已知四杆机构中两固定铰链 A 和 D 的位置，以及连架杆 AB 的长度，要求在该机构运动过程中，两连架杆的转角能实现三组对应位置，三组对应位置为 φ_1，ψ_1；φ_2，ψ_2；φ_3，ψ_3。试设计此四杆机构。

设计此四杆机构的关键是求出连杆 BC 上活动铰链点 C 的位置，一旦确定了 C 点的位置，连杆 BC 和另一连架杆 DC 的长度也就确定了。这类设计问题可以转化为以构件 DC 为机架，以构件 AB 为连杆的三组对应位置的设计问题。其设计过程如下：

1）选择适当的比例尺画出机构的三组对应位置，然后以 D 为圆心，任意长为半径画弧，分别交三个方向线于 E_1、E_2、E_3，如图 3-46 所示。

2）连接 B_2E_2 和 B_2D，形成三角形 B_2E_2D；连接 B_3E_3 和 B_3D，形成三角形 B_3E_3D（此时是以 E_1D 为参考位置）。

3）将三角形 B_2E_2D 绕 D 点逆时针转动至使 E_2D 与 E_1D 重合，从而得到该三角形的新位置 $B_2'E_1D$。

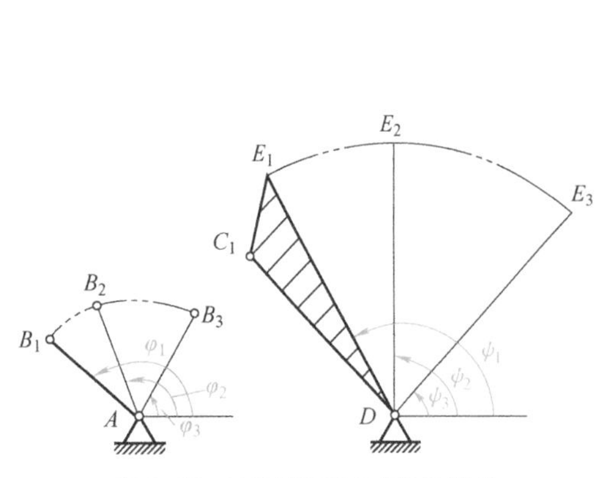

图 3-45 连架杆三组对应位置的设计要求

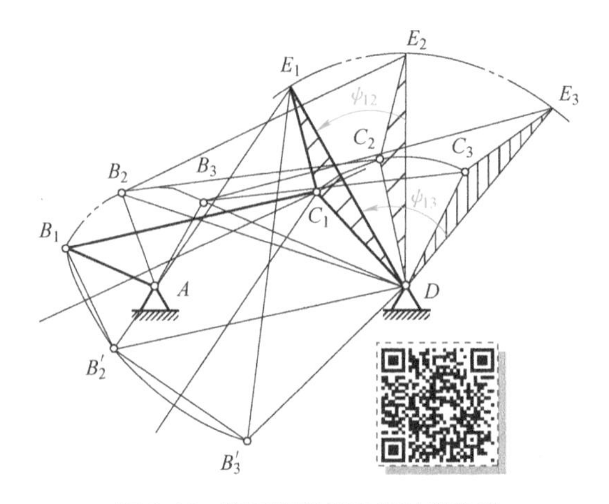

图 3-46 按两连架杆三组对应位置要求的机构设计

4）将三角形 B_3E_3D 绕 D 点逆时针转动至使 E_3D 与 E_1D 重合，从而得到该三角形的新位置 $B_3'E_1D$（这时，连架杆的三个对应位置问题转化成以 E_1D 为机架，以主动连架杆 AB 为连杆所占据的三个位置设计问题）。

5）连接 B_1B_2'、$B_2'B_3'$，并作 B_1B_2'、$B_2'B_3'$的中垂线，其交点即为待求的铰链点 $C(C_1)$ 的位置，AB_1C_1D 即为所求的四杆机构，如图 3-46 所示。该机构在运动过程中，连架杆 DCE 的 DE 边分别满足给定的位置要求。

若给出两连架杆的两组对应位置，则铰链 C_1 可在 B_1B_2'的中垂线上任意位置选取，因此有无穷多设计解答，此时可根据设计附加条件确定唯一解。

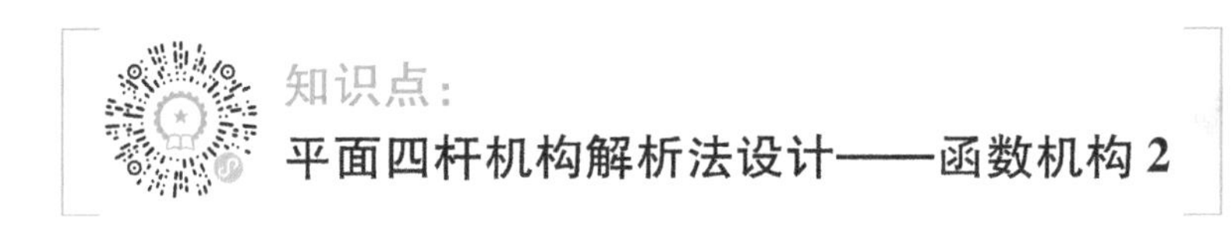

在图 3-47 所示的铰链四杆机构中，若给定连架杆 AB 和 CD 的若干组对应位置 $(\varphi_i,\psi_i)(i=1,\cdots,n)$，试设计该四杆机构。

该机构的设计任务就是确定各构件的长度 l_1、l_2、l_3、l_4 和两连架杆的起始角 φ_0、ψ_0。

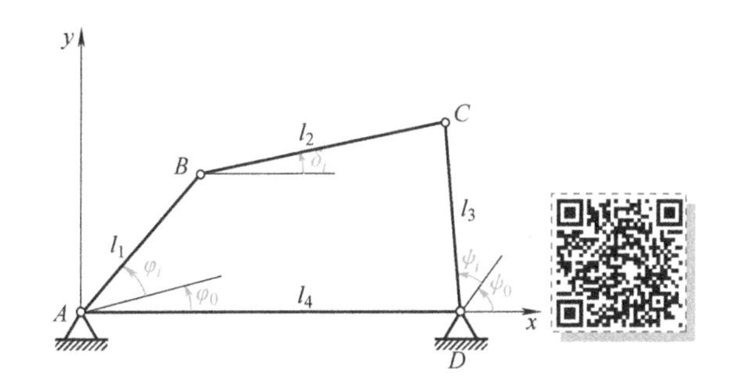

图 3-47　连架杆若干组对应位置的设计要求

首先，建立坐标系如图 3-47 所示，使 x 轴与机架重合，铰链点 A 为坐标原点，选取图示坐标系 Axy。构件以矢量表示，其转角从 x 轴正向沿逆时针方向度量。根据构件所构成的矢量封闭图形，可写出下列矢量方程式

$$\boldsymbol{l}_1+\boldsymbol{l}_2=\boldsymbol{l}_4+\boldsymbol{l}_3 \tag{3-19}$$

将式（3-19）向 x、y 轴投影可得

$$\left.\begin{aligned}l_1\cos(\varphi_i+\varphi_0)+l_2\cos\delta_i=l_4+l_3\cos(\psi_i+\psi_0)\\ l_1\sin(\varphi_i+\varphi_0)+l_2\sin\delta_i=l_3\sin(\psi_i+\psi_0)\end{aligned}\right\} \tag{3-20}$$

由于实现连架杆对应位置与构件绝对长度无关，故可用各构件的相对尺寸表示。若设构件 AB 长为 1，则有

$$\frac{l_1}{l_1}=1,\quad \frac{l_2}{l_1}=m,\quad \frac{l_3}{l_1}=n,\quad \frac{l_4}{l_1}=p \tag{3-21}$$

将式（3-21）代入式（3-20）中，并消去 δ_i 得

$$n\cos(\psi_i+\psi_0)-\frac{n}{p}\cos[(\psi_i+\psi_0)-(\varphi_i+\varphi_0)]+\frac{p^2+n^2-m^2+1}{2p}=\cos(\varphi_i+\varphi_0) \tag{3-22}$$

为简化式（3-22），再令

$$C_0=n, \quad C_1=-\frac{n}{p}, \quad C_2=\frac{p^2+n^2-m^2+1}{2p} \tag{3-23}$$

由式（3-22）和式（3-23）得

$$C_0\cos(\psi_i+\psi_0)+C_1\cos[(\psi_i+\psi_0)-(\varphi_i+\varphi_0)]+C_2=\cos(\varphi_i+\varphi_0) \tag{3-24}$$

若给定两连架杆的初始角 φ_0、ψ_0，式（3-24）为含有三个待求量 C_0、C_1、C_2 的线性方程组，将 φ_i、$\psi_i(i=1,2,3)$ 分别代入式（3-24）得到三个方程，即

$$\left.\begin{aligned}C_0\cos(\psi_1+\psi_0)+C_1\cos[(\psi_1+\psi_0)-(\varphi_1+\varphi_0)]+C_2=\cos(\varphi_1+\varphi_0)\\C_0\cos(\psi_2+\psi_0)+C_1\cos[(\psi_2+\psi_0)-(\varphi_2+\varphi_0)]+C_2=\cos(\varphi_2+\varphi_0)\\C_0\cos(\psi_3+\psi_0)+C_1\cos[(\psi_3+\psi_0)-(\varphi_3+\varphi_0)]+C_2=\cos(\varphi_3+\varphi_0)\end{aligned}\right\} \tag{3-25}$$

由式（3-25）可解出 C_0、C_1 和 C_2，再由式（3-23）确定构件的相对长度 m、n 和 p，最后根据实际需要决定 l_1 的大小后，进而确定其他各构件长，即 l_2、l_3、l_4。

若不给定两连架杆的初始角 φ_0、ψ_0，则式（3-25）含有五个待求量 C_0、C_1、C_2、φ_0、ψ_0，此时，式（3-25）为非线性方程组，求解较烦琐。由此可知，铰链四杆机构最多能精确满足连架杆五组对应位置的要求，此时有确定解。

知识点：

平面四杆机构试验法设计——轨迹机构

设计一铰链四杆机构来实现图 3-48 所示的一封闭曲线轨迹 mm。

由于连杆做平面一般运动，因此只有连杆上的点才可能有复杂的曲线轨迹。曲线上的一个点相应连杆就是一个位置，曲线是由无穷多个点组成的，因此要满足一曲线轨迹，相当于连杆要满足无数个给定位置。我们已经知道，这是不可能实现的。经理论分析，一个四杆机构理论上只能精确满足轨迹上 9 个点的位置，而且无论是用图解法还是解析法，设计均较烦琐，甚至在实际应用中是无法实现的。现介绍一种试验设计方法，其设计步骤如下：

1）选定固定铰链 A 的位置及主动件 AB 的长度 l_{AB}，再选定长度 l_{BM} 确定连杆上的 M 点（此点一定在给定的轨迹曲线上）。

2）使主动件 B 点做圆周运动（图示圆周作 12 等分）。当 B 点处于某等分点时，也使连杆上 M 点在给定的轨迹 mm 上相应占有一个点位。这样，当 B 点转一周，M 点沿 mm 轨迹曲线也相应占有 12 个点位。

3）在连杆上固结若干杆件，每个杆件上的各点描绘出各自的轨迹曲线，如 BC' 杆上 C' 点的轨迹曲线、BC 杆上 C 点的轨迹曲线和 BC'' 杆上 C'' 点的轨迹曲线。

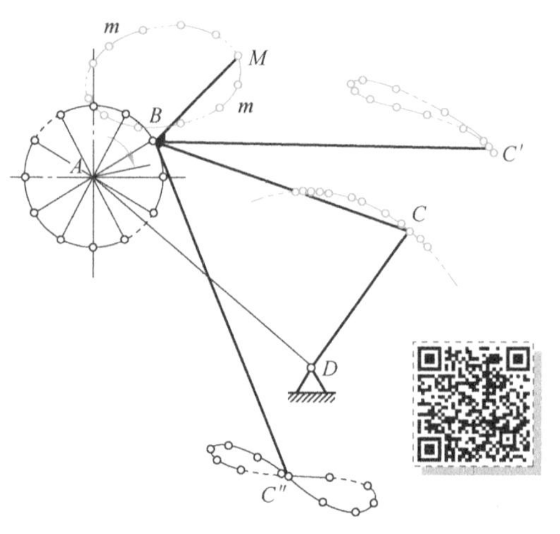

图 3-48　轨迹机构的设计

4）从以上各点 C、C'、C''、…的轨迹曲线中找出与圆弧相接近的曲线（如图示 C 点轨迹曲

线），即可将其曲率中心作为摇杆 CD 的固定铰链中心 D，而描述此近似圆弧轨迹曲线的点作为连杆与摇杆的铰接点 C。

如图 3-48 所示的铰链四杆机构 $ABCD$ 就是近似实现给定轨迹 mm 的曲柄摇杆机构。

思考题与习题

3-1　平面四杆机构的基本形式是什么？它有哪几种演化形式？

3-2　铰链四杆机构中存在曲柄的条件是什么？确定机构中是否存在曲柄的意义是什么？

3-3　什么是连杆机构的急回特性？如何来衡量急回特性？什么是极位夹角？它和机构的急回特性有什么关系？

3-4　什么是连杆机构的压力角和传动角？四杆机构的最大压力角发生在什么位置？

3-5　什么是“死点位置”？在什么情况下会发生“死点”？

3-6　图解法设计平面连杆机构中，要求取的关键参数是什么？

3-7　在应用图解法设计平面连杆机构时，什么情况下要采用“刚化反转法”？

3-8　解析法设计平面连杆机构中，其主要设计步骤是什么？

3-9　在图 3-49 所示的铰链四杆运动链中，各杆的长度分别为 $l_{AB}=55\text{mm}$，$l_{BC}=40\text{mm}$，$l_{CD}=50\text{mm}$，$l_{AD}=25\text{mm}$。试问：

1）该运动链中，是否存在双整转副构件？

2）如果具有双整转副构件，那么哪个构件为机架时，可获得曲柄摇杆机构？

3）哪个构件为机架时，可获得双曲柄机构？

4）哪个构件为机架时，可获得双摇杆机构？

3-10　在图 3-50 所示的铰链四杆机构中，各杆件长度分别为 $l_{AB}=28\text{mm}$，$l_{BC}=70\text{mm}$，$l_{CD}=50\text{mm}$，$l_{AD}=72\text{mm}$。

1）若取 AD 为机架，作图求该机构的极位夹角 θ，以及杆 CD 的最大摆角 ψ 和最小传动角 $\gamma_{\min}$。

2）若取 AB 为机架，该机构将演化为何种类型的机构？为什么？请说明这时 C 和 D 两个转动副是整转副还是摆转副。

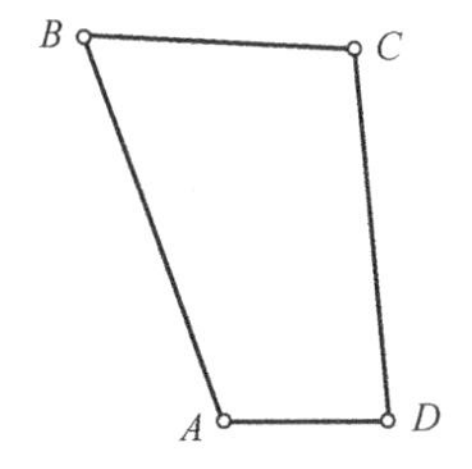

图 3-49　铰链四杆运动链

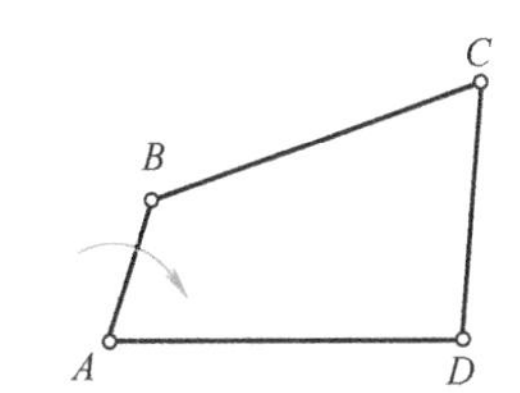

图 3-50　铰链四杆机构

3-11　如图 3-51 所示的偏置曲柄滑块机构 ABC，已知偏距为 e。试：

1）在图上标出滑块的压力角 α 和传动角 γ。

2）标出极位夹角 θ。

3）标出最小传动角 γ_{min}。

4）求出该机构有曲柄的条件。

3-12　如图 3-52 所示的六杆连杆机构，已知 $a=150\text{mm}$，$b=155\text{mm}$，$c=160\text{mm}$，$d=100\text{mm}$，$e=350\text{mm}$。试分析当构件 AB 为主动件，滑块 E 为从动件时，机构是否有急回特性？如果主动件改为构件 CD 时，情况有无变化？试用作图法说明。

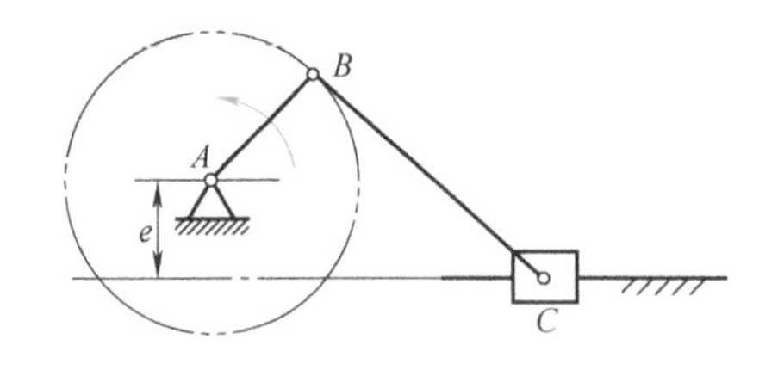

图 3-51　偏置曲柄滑块机构

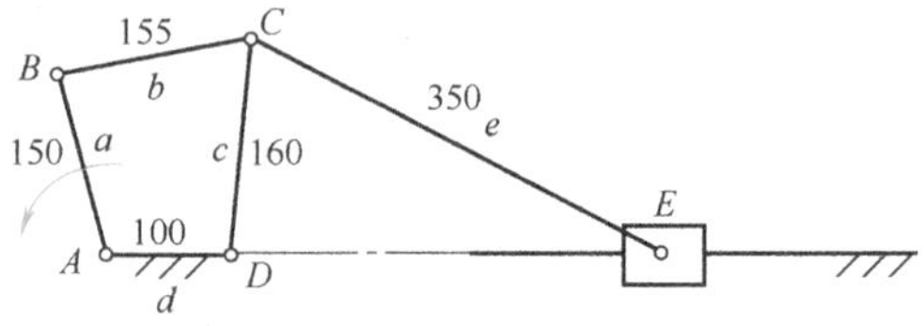

图 3-52　六杆连杆机构

3-13　如图 3-53 所示的开关分合闸机构，已知 $l_{AB}=150\text{mm}$，$l_{BC}=200\text{mm}$，$l_{CD}=200\text{mm}$，$l_{AD}=400\text{mm}$。试确定：

1）该机构属于何种类型的机构。

2）AB 为主动件时，在图上标出机构在细实线位置时的压力角 α 和传动角 γ。

3）分析机构在粗实线位置（合闸）时，在触头接合力 $\boldsymbol{Q}$ 作用下机构会不会打开，为什么？

3-14　在图 3-54 所示的六杆连杆机构中，已知各构件的尺寸为 $l_{AB}=160\text{mm}$，$l_{BC}=260\text{mm}$，$l_{CD}=200\text{mm}$，$l_{AD}=80\text{mm}$，并已知构件 AB 为主动件，沿顺时针方向匀速回转。试确定：

1）四杆机构 $ABCD$ 的类型。

2）作图求该四杆机构的最小传动角 γ_{min}。

3）作图求滑块 F 的行程速度变化系数 K。

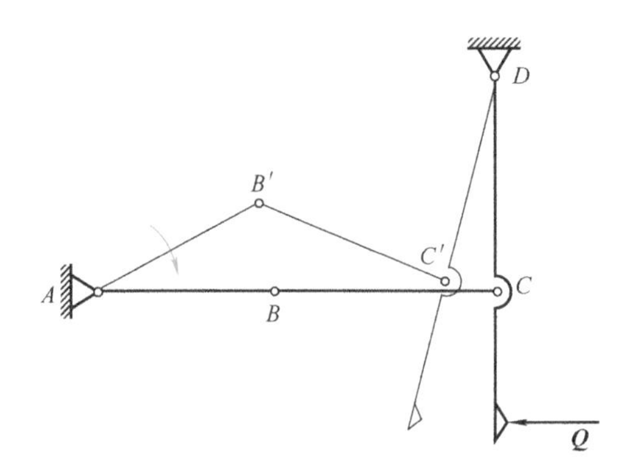

图 3-53　开关分合闸机构

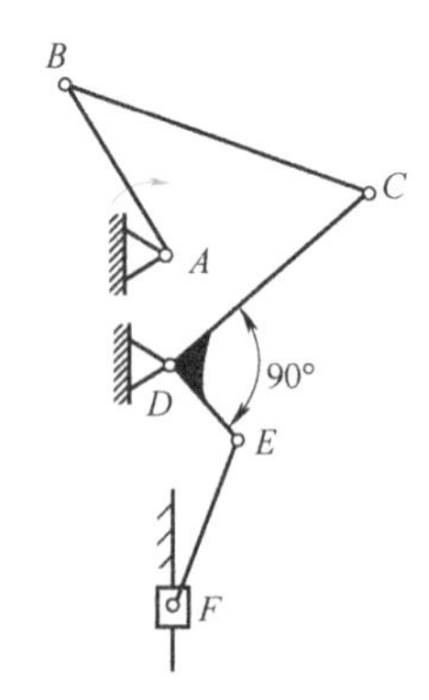

图 3-54　六杆连杆机构

3-15　在飞机起落架所用的铰链四杆机构中，已知连杆的两位置如图 3-55 所示，要求连架杆 AB 的铰链 A 位于 B_1C_1 的连线上，连架杆 CD 的铰链 D 位于 B_2C_2 的连线上。试设计此铰链四杆机构。

3-16　用图解法设计如图 3-56 所示的铰链四杆机构。已知其摇杆 CD 的长度 $l_{CD}=75\text{mm}$，行程速度变化系数 $K=1.5$，机架 AD 的长度 $l_{AD}=100\text{mm}$，又知摇杆的一个极限位置与机架间的夹角

$\psi=45°$，试用图解法求其曲柄的长度 l_{AB} 和连杆的长度 l_{BC}。

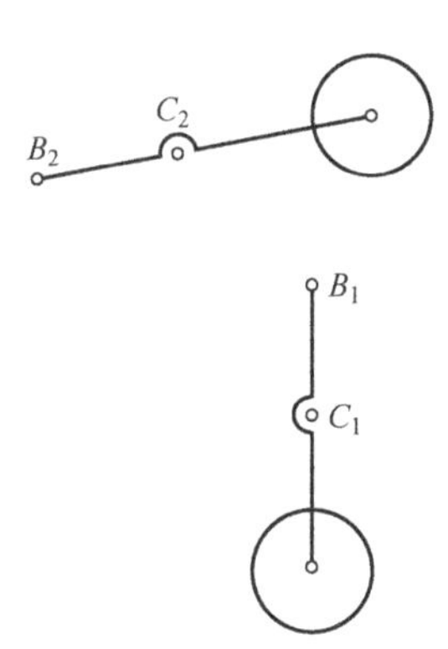

图 3-55 飞机起落架收放机构设计要求

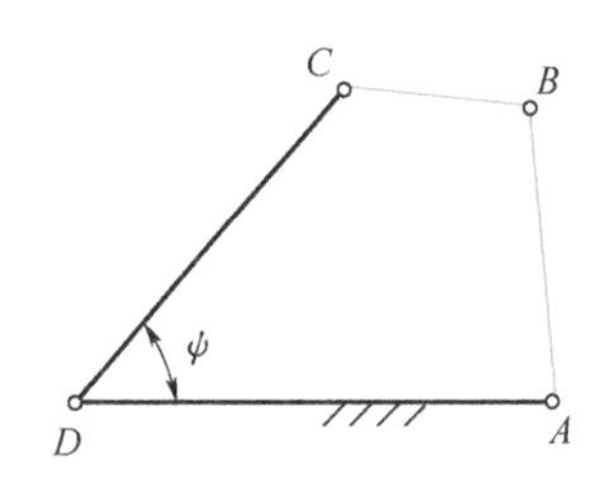

图 3-56 铰链四杆机构

3-17 设计一曲柄滑块机构。已知曲柄长 $AB=20$mm，偏心距 $e=15$mm，其最大压力角 $\alpha=30°$。试用作图法确定连杆长度 BC 和滑块的最大行程 H，并标明其极位夹角 θ，求出其行程速度变化系数 K。

3-18 如图 3-57 所示，设计一铰链四杆机构。已知行程速度变化系数 $K=1$，摇杆长 $l_{CD}=100$mm，连杆长 $l_{BC}=150$mm，试设计该铰链四杆机构，求曲柄 AB 和机架 AD 的长度 l_{AB} 和 l_{AD}。

3-19 有一曲柄摇杆机构，已知其摇杆长 $l_{CD}=420$mm，摆角 $\psi=90°$，摇杆在两极限位置时与机架所成的夹角为 60°和 30°，机构的行程速度变化系数 $K=1.5$，试用图解法设计此四杆机构。

3-20 如图 3-58 所示，已给出平面四杆机构的连杆和主动连架杆 AB 的两组对应位置，以及固定铰链 D 的位置，已知 $l_{AB}=25$mm，$l_{AD}=50$mm。试设计此平面四杆机构。

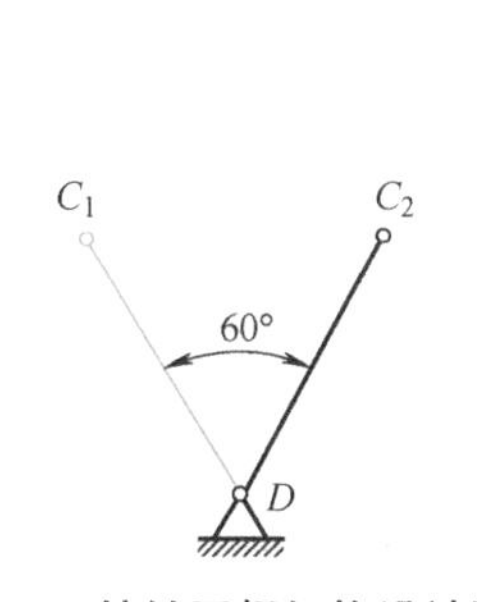

图 3-57 铰链四杆机构设计要求

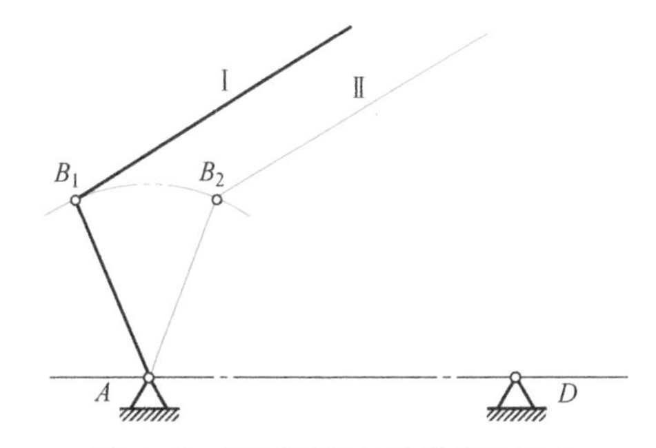

图 3-58 平面四杆机构的设计要求

3-21 如图 3-59 所示的六杆连杆机构，已知曲柄摇杆机构 $ABCD$。现要求用一连杆 EF 将摇杆 CD 和一滑块 F 连接起来，使摇杆的三个位置 C_1D、C_2D、C_3D 和滑块的三个位置 F_1、F_2、F_3 相对应，其中，F_1、F_3 分别为滑块的左右极限位置。试用图解法确定连杆 EF 与摇杆 CD 铰接点 E 的位置。

3-22 如图 3-60 所示，现已给定摇杆滑块机构 ABC 中固定铰链 A 及滑块导路的位置，要求当滑块由 C_1 到 C_2 时连杆由 p_1 到 p_2，试设计此机构，确定摇杆和连杆的长度 l_{AB} 和 l_{BC}（保留作图线，要求 B 点取在 p 线上）。

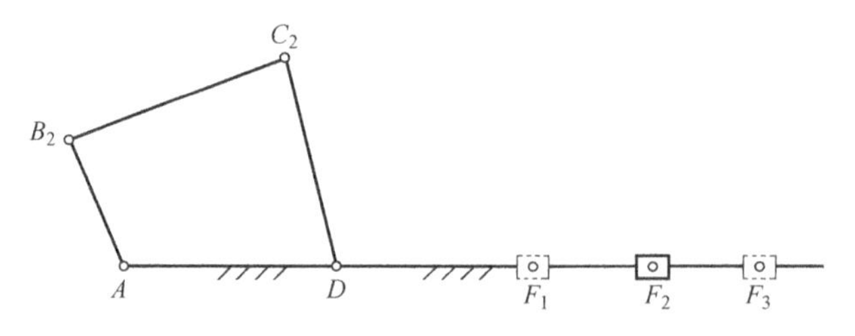

图 3-59　六杆连杆机构的设计要求

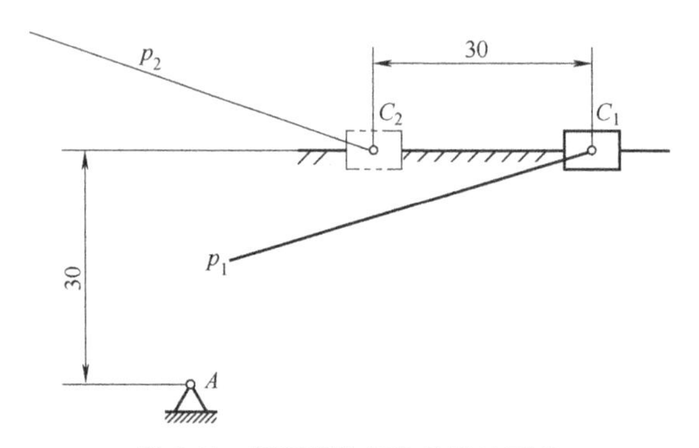

图 3-60　摇杆滑块机构的设计要求

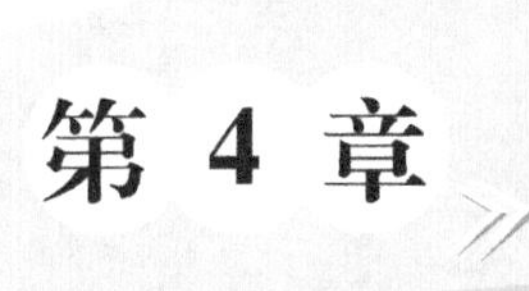

第 4 章　凸轮机构

本章的知识结构图

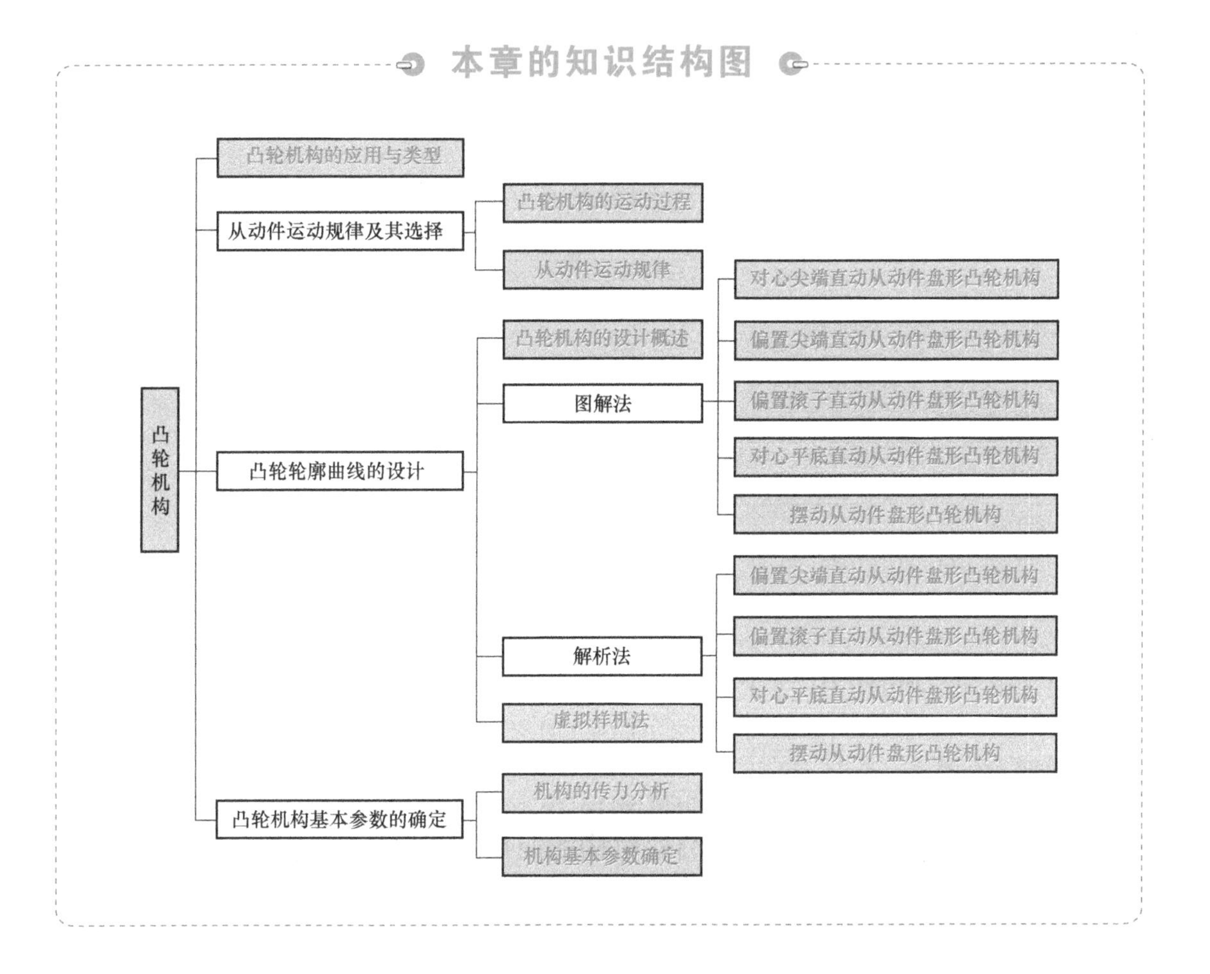

4.0 引言

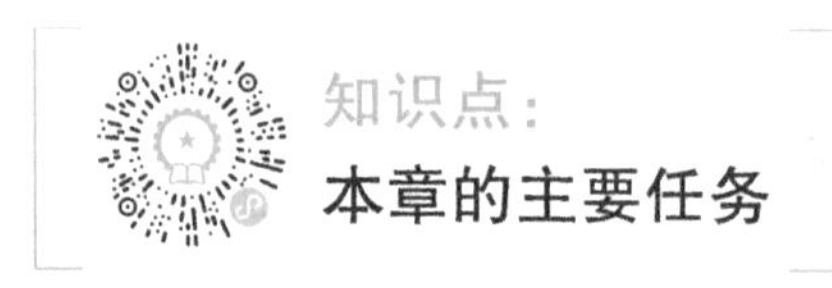

本章学习的主要任务如下：

- 凸轮机构的应用与类型
- 从动件的常用运动规律及运动规律的组合和选择
- 凸轮廓线设计的图解法、解析法和虚拟样机法
- 凸轮机构的基本尺寸和参数的确定

4.1 凸轮机构的应用与类型

知识点：
凸轮机构的应用与类型

4.1.1 凸轮机构的应用

凸轮是一种具有曲线轮廓或凹槽的构件，它与从动件通过高副接触，使从动件获得连续或不连续的任意预期运动。

凸轮机构广泛地应用于各种机械中，特别是自动机械。凸轮机构的作用主要是将凸轮（主动件）的连续转动转化为从动件的往复移动或摆动。凸轮机构的应用举例如下：

（1）内燃机配气机构　如图 4-1 所示，当凸轮 1 连续等速转动时，凸轮轮廓通过与从动件 2（气阀）的平底接触，使气阀有规律地开启和闭合。该机构工作时对气阀的动作程序及其速度和加速度都有严格的要求，这些要求均是通过凸轮 1 的轮廓曲线来实现的。

(2) 绕线机机构 如图4-2所示，当凸轮1连续转动时，从动件2（摆臂）左右往复摆动，通过上端部的摆动，将线缠绕到线棍3上。

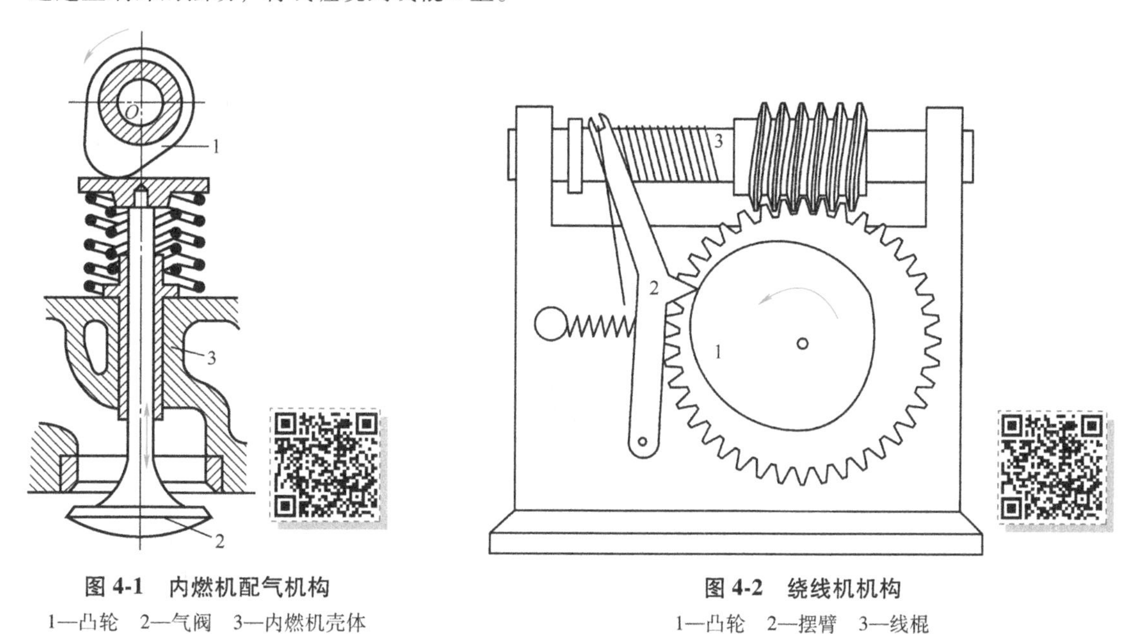

图4-1 内燃机配气机构

1—凸轮 2—气阀 3—内燃机壳体

图4-2 绕线机机构

1—凸轮 2—摆臂 3—线棍

(3) 送料机构 如图4-3所示，当圆柱凸轮1绕轴转动时，经滚子2带动从动件3（推杆）往复移动，从而将物料箱中的物料逐个推送出去。

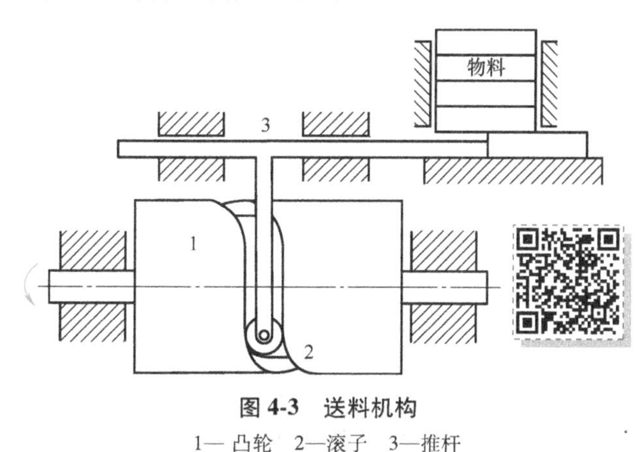

图4-3 送料机构

1— 凸轮 2—滚子 3—推杆

从以上各凸轮机构的应用实例可以看出，凸轮机构是由凸轮、从动件和机架构成的，通常凸轮做匀速转动。当凸轮做匀速转动时，从动件的运动规律［指位移、速度、加速度与凸轮转角（或时间）之间的函数关系］取决于凸轮的轮廓曲线形状。

4.1.2 凸轮机构的类型

凸轮机构的种类很多，通常可以按凸轮的形状、从动件的端部形式、维持从动件与凸轮的高副接触的锁合方式及从动件的运动形式来分类。

1. 按凸轮的形状来分

(1) 盘形凸轮机构　在这种凸轮机构中，凸轮是一个绕定轴转动且具有变曲率半径的盘形构件，如图 4-4a 所示。当凸轮定轴回转时，从动件在垂直于凸轮轴线的平面内运动。

(2) 移动凸轮机构　当盘形凸轮的回转中心趋于无穷远时，就演化为移动凸轮，如图 4-4b 所示。在移动凸轮机构中，凸轮一般做往复直线运动，大型超市的循环电梯台阶的自动上升和下降、印刷机中收纸牙排咬牙的开闭均是通过移动凸轮进行控制的。

(3) 圆柱凸轮机构　在这种凸轮机构中，圆柱凸轮可以看成是将移动凸轮卷在圆柱体上而得到的凸轮，如图 4-4c 所示。由于凸轮和从动件的运动平面不平行，因此这是一种空间凸轮机构。

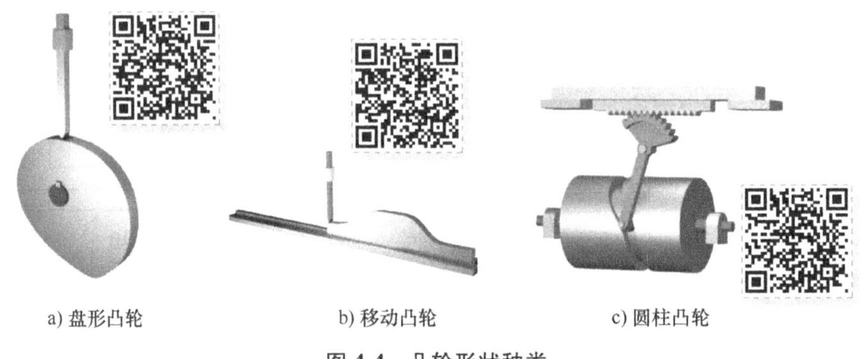

a) 盘形凸轮　　b) 移动凸轮　　c) 圆柱凸轮

图 4-4　凸轮形状种类

2. 按从动件的端部形式分

按照从动件的端部形式的不同可以分为尖端从动件凸轮机构、滚子从动件凸轮机构和平底从动件凸轮机构。

(1) 尖端从动件凸轮机构　如图 4-5a 所示，这种凸轮机构的从动件结构简单，对于复杂的凸轮轮廓也能精确地实现所需的运动规律。由于以尖端和凸轮相接触很容易磨损，因此，这种凸轮机构适用于受力不大、低速以及要求传动灵敏的场合，如精密仪表的记录仪等。

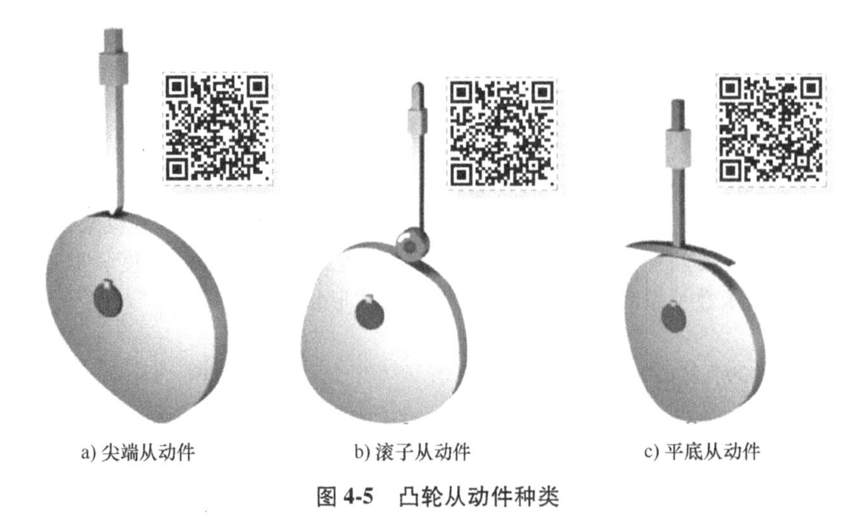

a) 尖端从动件　　b) 滚子从动件　　c) 平底从动件

图 4-5　凸轮从动件种类

（2）滚子从动件凸轮机构 如图4-5b所示，为了克服尖端从动件凸轮机构的缺点，可在尖端处安装滚子，将滑动摩擦变为滚动摩擦使其耐磨损，从而可以承受较大的载荷，这是应用最为广泛的一种凸轮机构。

（3）平底从动件凸轮机构 如图4-5c所示，这种凸轮机构的从动件与凸轮轮廓表面接触的端面为一平面，因而不能用于具有内凹轮廓的凸轮。这种凸轮机构的特点是受力比较平稳（不计摩擦时，凸轮对平底从动件的作用力垂直于平底），凸轮与平底之间容易形成楔形油膜，润滑较好。因此，平底从动件常用于高速凸轮机构。

3. 按维持从动件与凸轮的高副接触的锁合方式分

在凸轮机构的工作过程中，必须保证凸轮与从动件一直保持接触。常把保持凸轮与从动件接触的方式称为封闭方式或锁合方式，主要分为形封闭和力封闭两种。

（1）形封闭的凸轮机构 形封闭的凸轮机构依靠高副元素本身的几何形状使从动件与凸轮始终保持接触，见表4-1。

1）沟槽凸轮机构利用圆柱或圆盘上的沟槽保证从动件的滚子与凸轮始终接触。这种锁合方式简单，且从动件的运动规律不受限制；其缺点是增大了凸轮的尺寸和质量，且不能采用平底从动件的形式。

2）等宽凸轮机构的从动件具有相对位置不变的两个平底，而等径凸轮机构的从动件上则装有轴心相对位置不变的两个滚子，它们与凸轮轮廓同时保持接触。这两种凸轮机构的尺寸比沟槽凸轮机构小，但从动件可以实现的运动规律受到了限制。

3）共轭凸轮机构由安装在同一根轴上的两个凸轮共同控制一个从动件，其中一个凸轮控制从动件逆时针摆动，另一个凸轮则驱动从动件顺时针摆回。共轭凸轮机构可用于高精度传动，如现代印刷机中的下摆式前规机构、下摆式递纸机构等均采用共轭凸轮驱动；其缺点是结构比较复杂，制造和安装精度要求较高。

表4-1 形封闭的凸轮机构

沟槽凸轮机构	等宽凸轮机构	等径凸轮机构	共轭凸轮机构
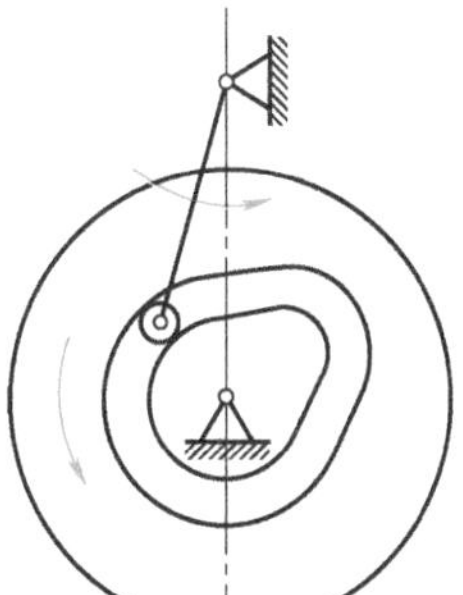	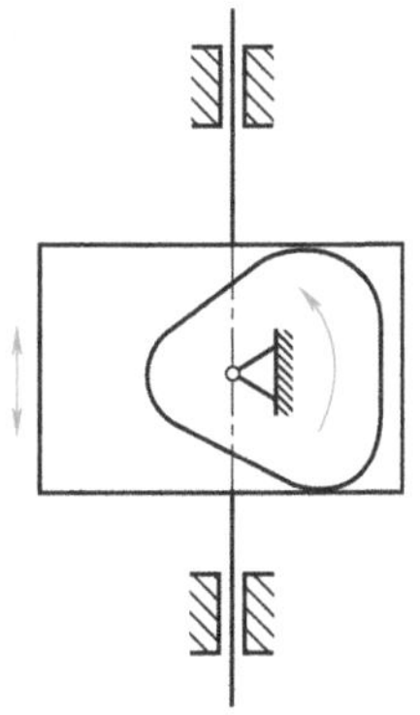	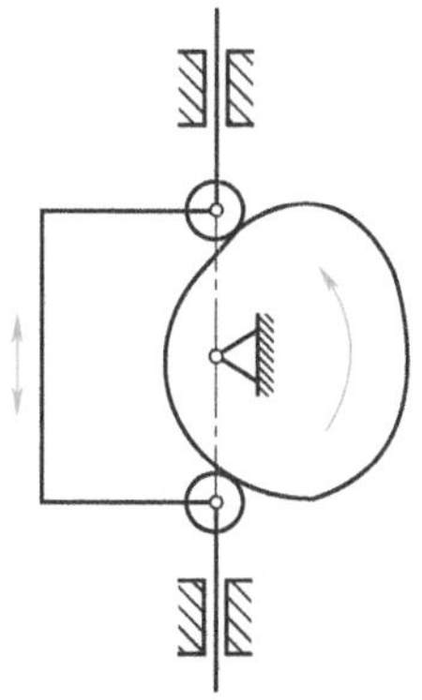	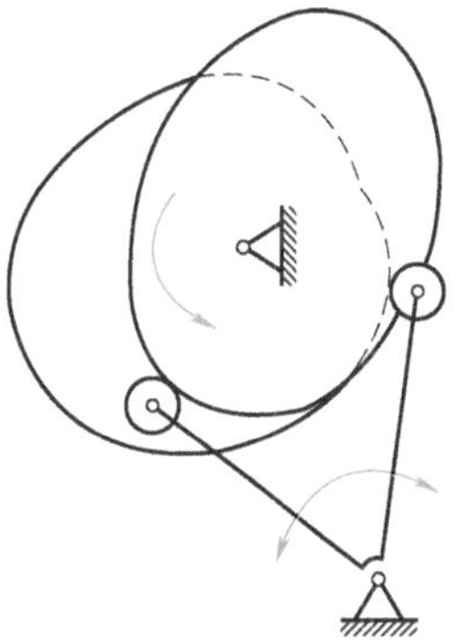

（2）力封闭的凸轮机构　这种凸轮机构利用从动件的重力或其他外力（常为弹簧力）来保持凸轮和从动件始终接触，如图 4-6 所示。

4. 按从动件的运动形式分

若从动件做往复直线运动，则称为直动从动件凸轮机构，如图 4-7 和图 4-9 所示。

若从动件做往复摆动，则称为摆动从动件凸轮机构，如图 4-8 所示。

图 4-6　力封闭的凸轮机构

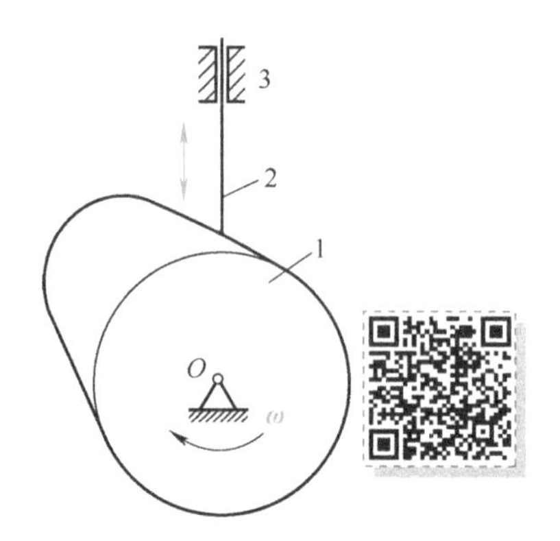

图 4-7　对心直动从动件凸轮机构

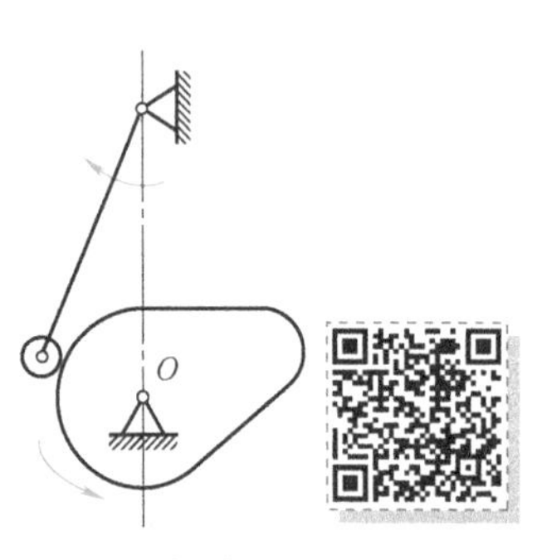

图 4-8　摆动从动件凸轮机构

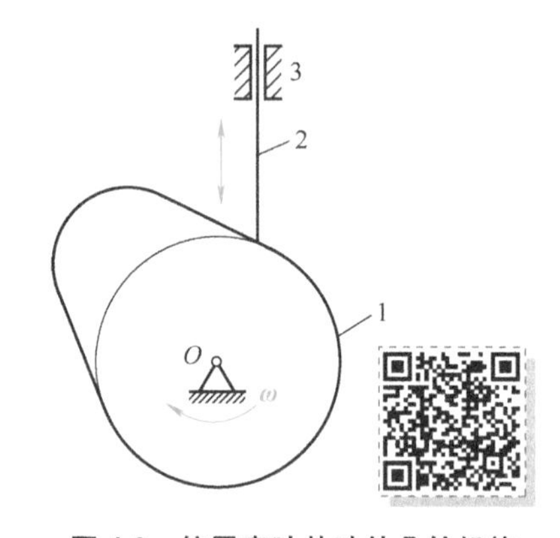

图 4-9　偏置直动从动件凸轮机构

若直动从动件的导路通过凸轮的回转中心，称为对心直动从动件盘形凸轮机构，如图 4-7 所示。

若直动从动件的导路不通过凸轮的回转中心，则称为偏置直动从动件盘形凸轮机构，如图 4-9 所示，偏置的距离称为偏距。

凸轮机构的主要特征是多用性和灵活性。从动件的运动规律取决于凸轮轮廓曲线的形状，只要适当地设计凸轮的轮廓曲线，就可以使从动件获得各种预期的运动规律。几乎对于任意要求的从动件的运动规律，都可以较为容易地设计出凸轮廓线来实现，这是凸轮机构的优点。

凸轮机构的缺点：凸轮廓线与从动件之间是点接触或线接触的高副，容易磨损，故多用于传力不大的场合。

4.2 从动件运动规律及其选择

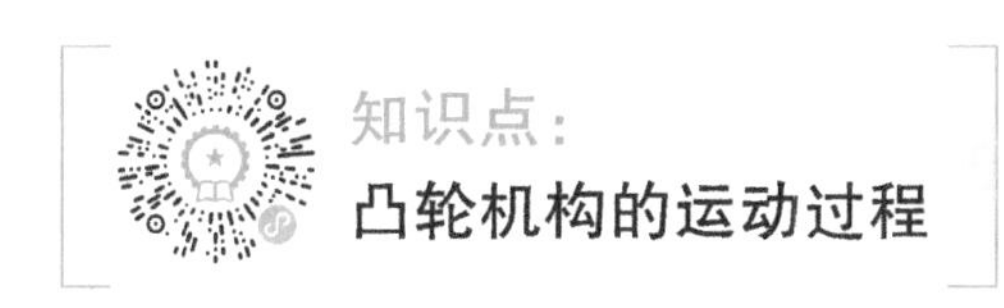

图4-10a所示为一偏置尖端直动从动件盘形凸轮机构，从动件移动轨迹线至凸轮回转中心的偏距为e，以凸轮轮廓的最小向径r_b为半径所作的圆称为基圆，r_b为基圆半径。凸轮以等角速度ω逆时针转动。

推程：尖端与点A接触，点A是基圆与开始上升的轮廓曲线的交点，此时从动件的尖端距离凸轮轴心最近，随着凸轮转动，向径增大，从动件按一定运动规律被推向远处，到向径最大的点B与尖端接触时，从动件被推到最远处，这一过程称为推程，与之对应的凸轮转角（$\angle BOB'$）称为推程运动角Φ。

远休止：当凸轮转至圆弧BC段与尖端接触时，从动件在最远处停止不动，这一过程称为远休止，对应的凸轮转角称为远休止运动角Φ_s。

回程：凸轮继续转动，尖端与向径逐渐变小的CD段轮廓接触，从动件返回，这一过程称为回程，与之对应的凸轮转角称为回程运动角Φ'。

近休止：当圆弧DA段与尖端接触时，从动件在最近处停止不动，对应的凸轮转角称为近休止运动角Φ_s'。凸轮继续回转时，从动件重复上述的升—停—降—停的运动循环。

从动件的行程：从动件在推程阶段移动的最大距离AB'称为从动件的行程，用h表示。

从动件的位移s与凸轮转角φ的关系可以用从动件的运动位移线图来表示，如图4-10b所示。由于凸轮一般均做等速旋转，转角与时间成正比，因此横坐标也可以代表时间t。

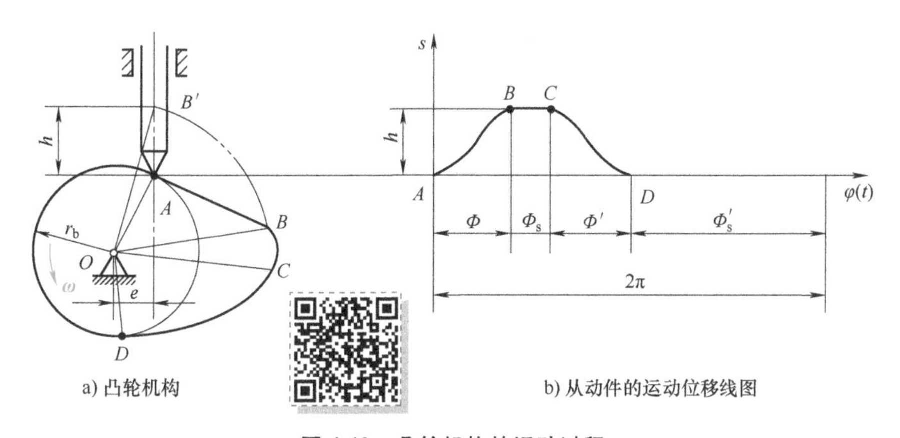

a) 凸轮机构　　b) 从动件的运动位移线图

图4-10　凸轮机构的运动过程

从动件的运动规律取决于凸轮的轮廓形状，因此在设计凸轮的轮廓曲线时，必须先确定从动件的运动规律。

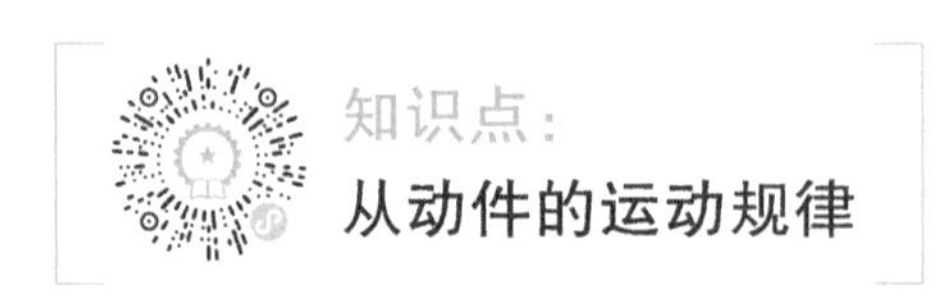

从动件的运动规律是指从动件的位移、速度、加速度与主动件凸轮的转角（或时间）之间的函数关系，它是设计凸轮的重要依据。常用的运动规律种类很多，这里以直动从动件在推程运动阶段为例，介绍几种最基本的运动规律。

1. 等速运动规律

从动件在推程阶段的运动方程为

$$\begin{cases} s=\dfrac{h}{\Phi}\varphi \\ v=\dfrac{h}{\Phi}\omega \\ a=0 \end{cases} \tag{4-1}$$

图 4-11 所示为从动件按等速运动规律运动时的位移、速度、加速度相对于凸轮转角的变化线图。由加速度曲线图可以看出，在推程的起点和终点处，由于速度发生突变，加速度在理论上为无穷大。这会导致从动件产生非常大的冲击惯性力，称为刚性冲击。因此，等速运动规律只能用于低速轻载场合。

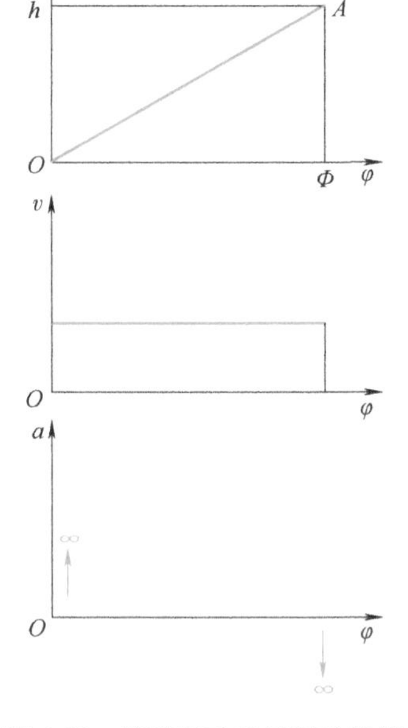

图 4-11　等速运动规律运动线图

2. 等加速等减速运动规律

等加速等减速运动规律是指从动件在一个运动推程中，前半段做等加速运动，后半段做大小相同的等减速运动。从动件在推程阶段的运动方程如下：

推程前半段，$\varphi\in[0,\Phi/2]$

$$\begin{cases} s=\dfrac{2h}{\Phi^2}\varphi^2 \\ v=\dfrac{4h\omega}{\Phi^2}\varphi \\ a=\dfrac{4h\omega^2}{\Phi^2} \end{cases} \tag{4-2a}$$

推程后半段，$\varphi\in[\Phi/2,\Phi]$

$$\begin{cases} s=h-\dfrac{2h}{\Phi^2}(\Phi-\varphi)^2 \\ v=\dfrac{4h\omega}{\Phi^2}(\Phi-\varphi) \\ a=-\dfrac{4h\omega^2}{\Phi^2} \end{cases} \tag{4-2b}$$

从动件的位移、速度及加速度曲线如图 4-12 所示。

由加速度曲线图可以看出，在 O、A、B 三点仍存在加速度的有限突变，因此从动件的惯性力也会发生突变而造成对凸轮机构的有限冲击，称为柔性冲击。因此，等加速等减速运动规律可用于中速轻载场合。

3. 余弦加速度运动规律

余弦加速度运动规律又称为简谐运动规律，从动件在推程阶段的运动方程为

$$\begin{cases} s=\dfrac{h}{2}-\dfrac{h}{2}\cos\left(\dfrac{\pi}{\Phi}\varphi\right) \\ v=\dfrac{\pi h\omega}{2\Phi}\sin\left(\dfrac{\pi}{\Phi}\varphi\right) \\ a=\dfrac{\pi^2 h\omega^2}{2\Phi^2}\cos\left(\dfrac{\pi}{\Phi}\varphi\right) \end{cases} \tag{4-3}$$

从动件的位移、速度及加速度曲线如图 4-13 所示。

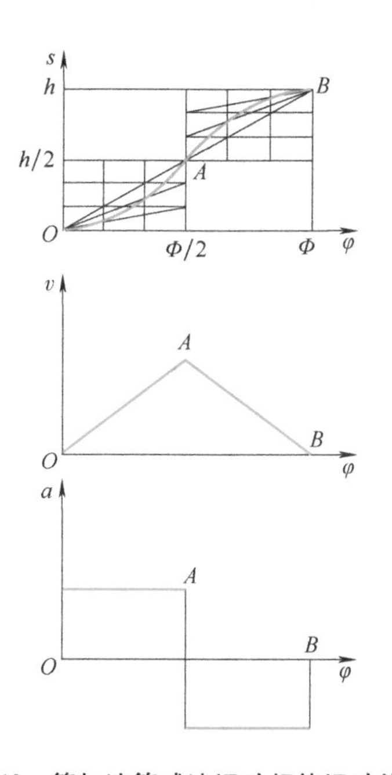

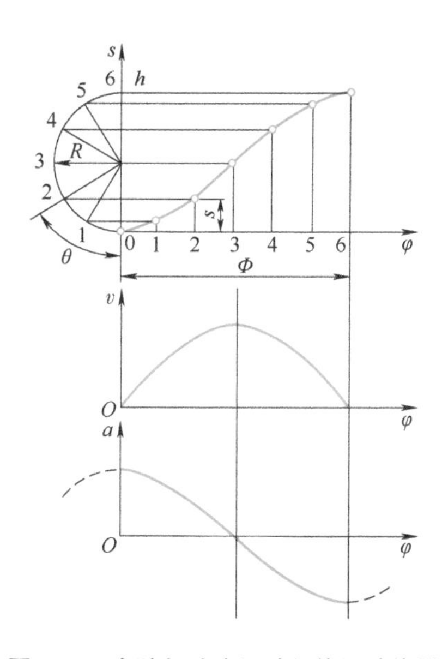

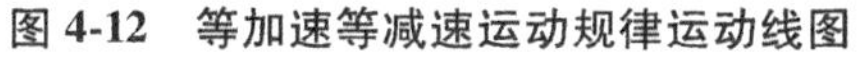
图 4-12　等加速等减速运动规律运动线图

图 4-13　余弦加速度运动规律运动线图

由加速度曲线图可以看出，加速度在其推程的起点和终点有突变，这也会引起柔性冲击。但若将其应用在无休止角的升—降—升的凸轮机构，在连续的运动中则不会发生冲击现象。因此，余弦加速度运动规律适用于中速中载场合。

4. 正弦加速度运动规律

正弦加速度运动规律又称为摆线运动规律，从动件在推程阶段的运动方程为

$$
\begin{cases}
s=\dfrac{h\varphi}{\Phi}-\dfrac{h}{2\pi}\sin\left(\dfrac{2\pi}{\Phi}\varphi\right)\\
v=\dfrac{h\omega}{\Phi}-\dfrac{h\omega}{\Phi}\cos\left(\dfrac{2\pi}{\Phi}\varphi\right)\\
a=\dfrac{2\pi h\omega^{2}}{\Phi^{2}}\sin\left(\dfrac{2\pi}{\Phi}\varphi\right)
\end{cases}
\tag{4-4}
$$

从动件的位移、速度及加速度曲线如图 4-14 所示。

从加速度曲线图可以看出，正弦加速度运动规律的加速度曲线没有突变，因此在运动中不会产生冲击，可以应用于高速轻载场合。

5. 3-4-5 次多项式运动规律

从动件在推程阶段的运动方程为

$$
\begin{cases}
s=h\left[10\left(\dfrac{\varphi}{\Phi}\right)^{3}-15\left(\dfrac{\varphi}{\Phi}\right)^{4}+6\left(\dfrac{\varphi}{\Phi}\right)^{5}\right]\\
v=\dfrac{h\omega}{\Phi}\left[30\left(\dfrac{\varphi}{\Phi}\right)^{2}-60\left(\dfrac{\varphi}{\Phi}\right)^{3}+30\left(\dfrac{\varphi}{\Phi}\right)^{4}\right]\\
a=\dfrac{h\omega^{2}}{\Phi^{2}}\left[60\left(\dfrac{\varphi}{\Phi}\right)-180\left(\dfrac{\varphi}{\Phi}\right)^{2}+120\left(\dfrac{\varphi}{\Phi}\right)^{3}\right]
\end{cases}
\tag{4-5}
$$

其位移方程式中多项式剩余项的次数为 3、4、5，故称为 3-4-5 次多项式运动规律，由于其多项式的最高次数为 5，故也称为五次多项式运动规律。

从动件的位移、速度及加速度曲线如图 4-15 所示。

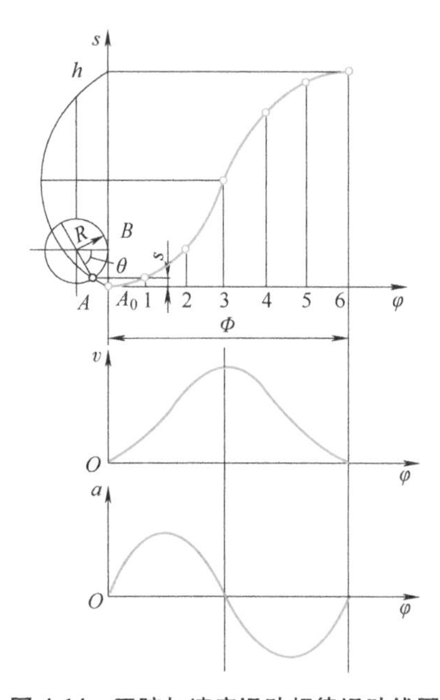

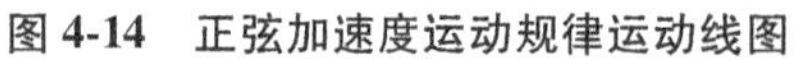
图 4-14　正弦加速度运动规律运动线图

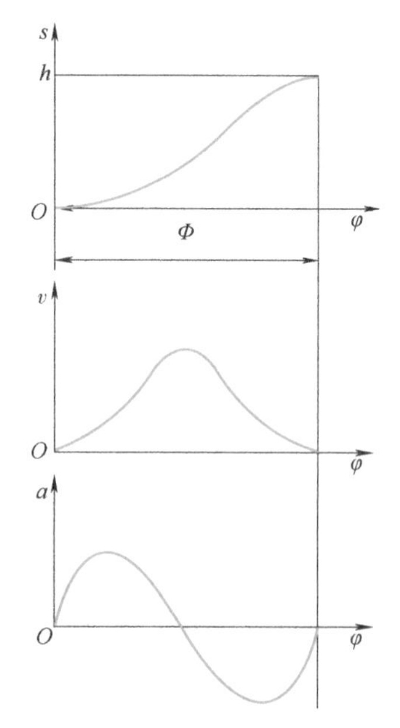

图 4-15　3-4-5 次多项式运动规律运动线图

由加速度曲线图可以看出，3-4-5 次多项式运动规律的加速度曲线没有突变，因此在运动中不会产生冲击，可以应用于高速中载场合。

6. 运动规律的组合

在工程实际应用当中，经常会遇到机械对从动件的运动和动力特性有多种要求，而只用一种常用运动规律又难以完全满足这些要求的情况。这时，为了获得更好的运动和动力特性，可以把几种常用运动规律组合起来加以使用，这种组合称为运动曲线的拼接。

组合后的从动件运动规律应满足下列条件：

1）满足机械工作时对从动件特殊的运动要求。

2）为避免刚性冲击，位移曲线和速度曲线（包括起始点和终止点在内）必须连续；对于中、高速凸轮机构，还应当避免柔性冲击，这就要求其加速度曲线（包括起始点和终止点在内）也必须连续。由此可见，当用不同运动规律组合起来形成从动件完整的运动规律时，各段运动规律的位移、速度和加速度曲线在连接点处其值应分别相等，这是运动规律组合时应满足的边界条件。

3）在满足以上两个条件的前提下，还应使最大速度 v_{max} 和最大加速度 a_{max} 的值尽可能小。因为 v_{max} 越大，动量 mv 就越大；a_{max} 越大，惯性力 ma 就越大。而过大的动量和惯性力对机构的运转都是不利的。

例如，某对开胶印机采用定心下摆式递纸机构，已知其驱动凸轮的转速 $n=12000$r/h，工作要求从动件即递纸牙咬住纸张后由静止将其加速至与传纸滚筒完成等速交接需要的速度，此时凸轮转过68°，递纸牙摆角为30.5°，对应的递纸牙的角速度为 $\omega_g=18.38$rad/s。在凸轮继续转过8°的过程中，要求递纸牙以等角速度继续摆过7°。此后，在凸轮继续回转44°的过程中，递纸牙减速摆动22.5°至最远端，递纸牙一直停留在最远端直到凸轮继续转过80°。接着，递纸牙开始摆向输纸板台并在凸轮刚好转过150°时以摆角速度为零摆至输纸板台，在凸轮随后的10°回转中，递纸牙保持静止。

根据已知条件可知，在凸轮的推程阶段有一段时间从动件需要在等速下运动（用于完成递纸牙和传纸滚筒的纸张交接），因此对应段需要采用等速运动规律。然而，由于等速运动规律在运动区段的起点和末点存在刚性冲击，难以保证高速下纸张的交接精度，易出现套印不准甚至撕纸的印刷故障。因此，为了避免冲击，采用五次多项式运动规律与等速运动规律组合的方式，即令递纸牙首先以五次多项式运动规律逐渐加速摆动至等速交接速度，即 $\omega_g=18.38$rad/s，然后递纸牙以等速运动规律摆过7°，接着再以五次多项式运动规律减速摆动至最远端。经过远停段以后，递纸牙摆回板台的过程是先加速后减速的过程，因此也可采用五次多项式运动规律，此后凸轮继续转过10°时，递纸牙处在近停段。从动件即递纸牙的运动线图如图4-16所示。

7. 从动件运动规律的选择

在选择从动件的运动规律时，应根据机器工作时的运动要求来确定。例如，印刷机中控制递纸牙递纸的凸轮机构，要求递纸牙咬纸并待其加速后必须在等速条件下与传纸滚筒咬牙进行纸张交接，故相应区段的从动件运动规律应选择等速运动规律。为了消除刚性冲击，可以在行程始末拼接其他运动规律曲线。对于无一定运动要求、只需从动件有一定位移量的凸轮机构，如夹紧送料等凸轮机构，可只考虑加工方便，采用圆弧、直线等组成的凸轮轮廓。对于高速机构，必须减小其惯性力、改善动力性能，可选择摆线运动规律或其他改进型的运动规律。

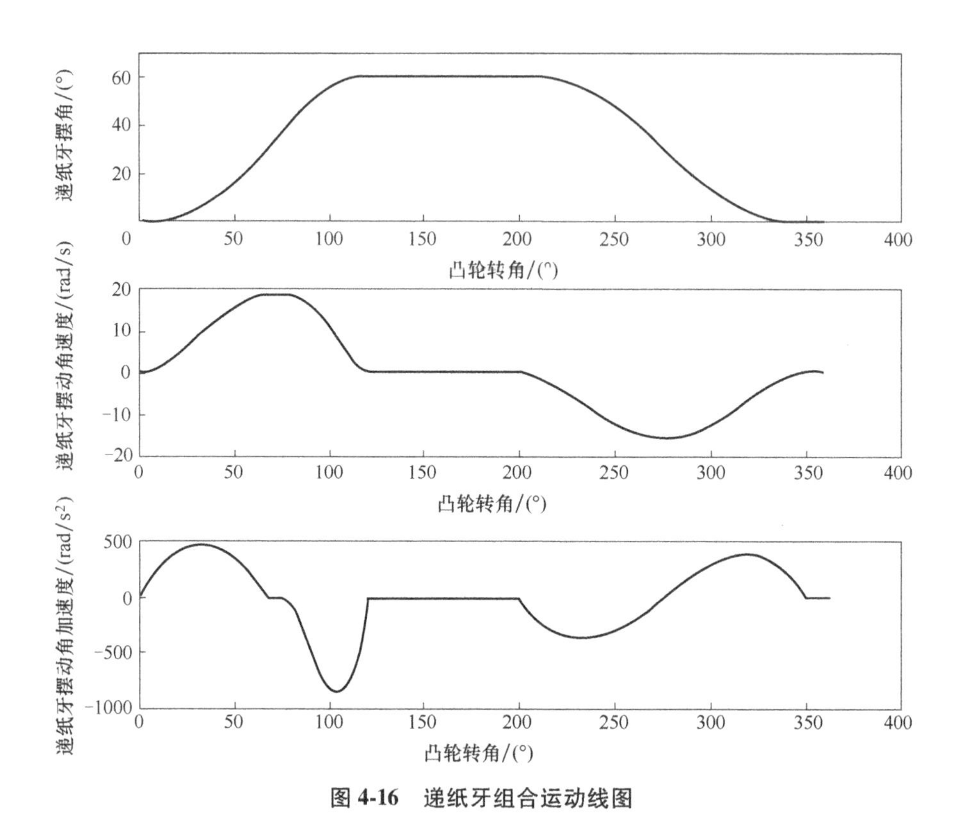

图 4-16　递纸牙组合运动线图

为在相同的条件下对各种运动规律的特性参数进行分析比较，通常需要对运动规律的特性指标进行无量纲化。从动件常用运动规律比较及适用场合见表 4-2。

表 4-2　从动件常用运动规律比较及适用场合

运动规律	冲击特性	$v_{max}/(h\omega/\Phi)$	$a_{max}/(h\omega^2/\Phi^2)$	适用场合
等速	刚性冲击	1.00	∞	低速轻载
等加速等减速	柔性冲击	2.00	4.00	中速轻载
余弦加速度	柔性冲击	1.57	4.93	中速中载
正弦加速度	无冲击	2.00	6.28	高速轻载
五次多项式	无冲击	1.88	5.77	高速中载

4.3 图解法设计凸轮廓线

根据工作要求合理地选择从动件的运动规律，并确定凸轮的基圆半径 r_b（确定方法见 4.6 节），然后应用图解法绘制凸轮的轮廓曲线。

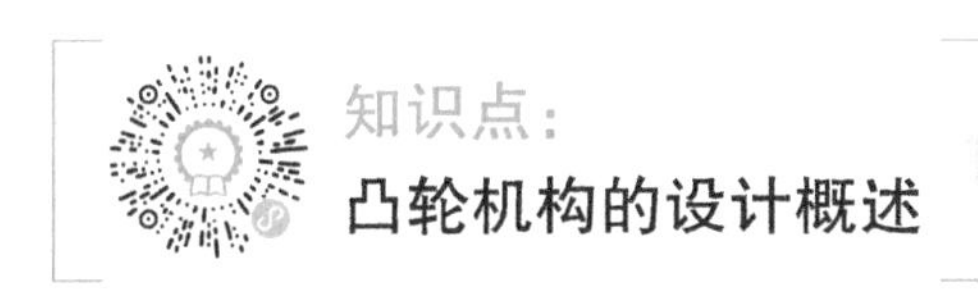

知识点：凸轮机构的设计概述

凸轮机构工作时凸轮是运动的，而绘制凸轮轮廓时却需要凸轮与图样相对静止，为此，在设计中采用“反转法”。

现在以尖端直动从动件凸轮机构为例来说明“反转法”的原理。根据相对运动原理：如果给整个机构加上绕凸轮轴心 O 的公共角速度 $-\omega$，则机构各构件间的相对运动不变。这样，凸轮不动，而从动件一方面随机架和导路以角速度 $-\omega$ 绕 O 点转动，另一方面又在导路中往复移动。由于尖端始终与凸轮轮廓相接触，因此反转后尖端的运动轨迹就是凸轮轮廓。

如图 4-17 所示，已知凸轮绕轴 O 以等角速度 $\boldsymbol{\omega}$ 逆时针转动，推动从动件在导路中上、下往复运动。当从动件处于最低位置时，凸轮轮廓曲线与从动件在 A 点接触，当凸轮转过 φ_1 角时，凸轮的向径 OA 将转到 OA'的位置上，而凸轮轮廓将转到图中虚线所示的位置。这时，从动件尖端从最低位置 A 上升至 B'，上升的距离是 $s_1=\overline{AB'}$。这是凸轮转动时从动件的真实运动情况。

现在设想凸轮固定不动，而让从动件连同导路一起绕 O 点以角速度（$-\omega$）转过 φ_1 角，此时从动件将一方面随导路一起以角速度（$-\omega$）转动，同时又在导路中做相对移动，运动到图 4-17 中细双点画线所示的位置，此时从动件向上移动的距离为 A_1B。由图 4-17 可以看出，$A_1B=AB'=s_1$，即在上述两种情况下，从动件移动的距离不变。由于从动件尖端在运动过程中始终与凸轮轮廓曲线保持接触，故此时从动件尖端所占据的位置 B 一定是凸轮轮廓曲线上的一点。若继续反转从动件，即可得到凸轮轮廓曲线上的其他点。由于这种方法是假定凸轮固定不动，而使从动件连同导路一起反转，故称为反转法。反转法原理适用于各种凸轮轮廓曲线的设计。

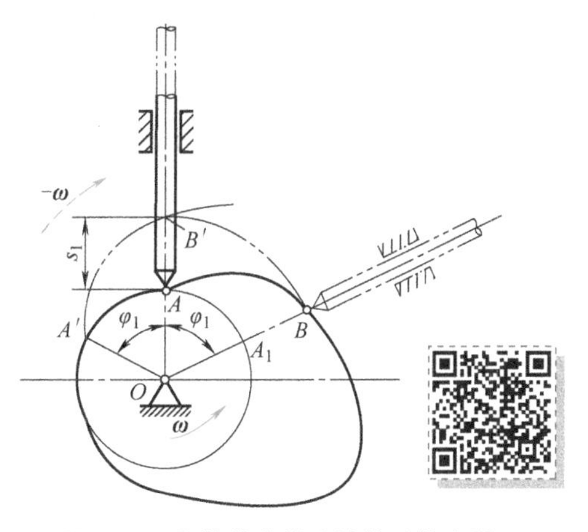

图 4-17　凸轮轮廓线设计的反转法原理

知识点：对心尖端直动从动件盘形凸轮机构的凸轮廓线设计

图 4-18a 所示为偏距 $e=0$ 的对心尖端直动从动件盘形凸轮机构。已知从动件运动位移线图如图 4-18b 所示，凸轮的基圆半径 r_b 以及凸轮以等角速度 $\boldsymbol{\omega}$ 逆时针方向回转，要求绘制出此凸轮的轮廓。

根据“反转法”原理，作图步骤如下：

1）选择与绘制位移线图中从动件行程 h 相同的长度比例尺，以 r_b 为半径作基圆，此基圆与导路的交点 B_0 便是从动件尖端的起始位置。

2）自 OA_0 沿 $-\omega$ 方向取角度 Φ、Φ_s、Φ'、Φ'_s，并将它们各分成与位移线图（图 4-18b）对应的若干等份，得基圆上的相应分点 K_1、K_2、$K_3\cdots$，连接 OK_1、OK_2、$OK_3\cdots$，它们便是反转后

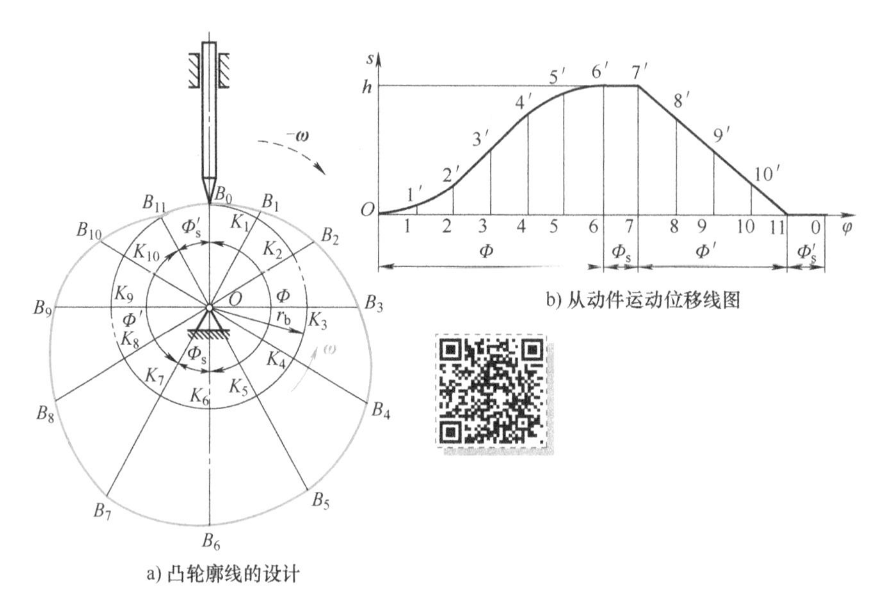

图 4-18　对心尖端直动从动件盘形凸轮机构凸轮廓线的设计

从动件导路的各个位置。

3）量取各个位移量，即取 $K_1B_1=11'$，$K_2B_2=22'$，$K_3B_3=33'$，…，得反转后尖端的一系列位置 B_1、B_2、B_3…。

4）将 B_0、B_1、B_2、B_3…连成一条光滑的曲线，便得到所要求的凸轮轮廓。

知识点：

偏置尖端直动从动件盘形凸轮机构的凸轮廓线设计

若偏距 $e\neq0$，则为偏置尖端直动从动件盘形凸轮机构，如图 4-19 所示，从动件在反转运动中，其往复移动的轨迹线始终与凸轮轴心 O 保持偏距 e。因此，在设计这种凸轮轮廓时，首先以 O 为圆心及偏距 e 为半径作偏距圆切于从动件的导路；其次，以 r_b 为半径作基圆，基圆与从动件导路的交点 B_0 即为从动件的起始位置。自 OB_0 沿 $-\omega$ 方向取角度 Φ、Φ_s、Φ'、Φ'_s，并将它们各分成与位移线图（图 4-18b）对应的若干等份，得基圆上的相应分点 K_1、K_2、K_3…。过这些点作偏距圆的切线，它们便是反转后从动件导路的一系列位置。从动件的对应位移应在这些切线上量取，即取 $K_1B_1=11'$，$K_2B_2=22'$，$K_3B_3=33'$，…，最后将 B_0、B_1、B_2、B_3…连成一条光滑的曲线，便得到所要求的凸轮轮廓。

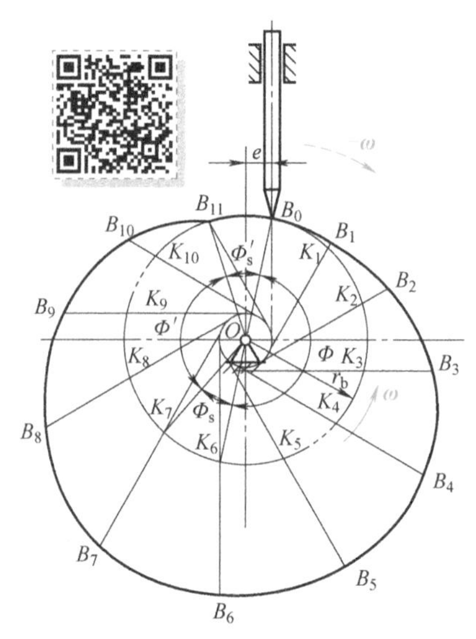

图 4-19　偏置尖端直动从动件盘形凸轮机构的凸轮廓线设计

知识点：

滚子直动从动件盘形凸轮机构的凸轮廓线设计

若将图4-18和图4-19中的尖端改为滚子，则它们的凸轮轮廓可按如下方法绘制：首先，把滚子中心看作尖端从动件的尖端，按上述方法求出一条轮廓曲线β_0，如图4-20所示；再以β_0上各点为中心，以滚子半径为半径作一系列圆；最后作这些圆的包络线β，它便是使用滚子从动件时凸轮的实际廓线，β_0称为该凸轮的理论廓线。由上述作图过程可知，滚子从动件凸轮的基圆半径应该在理论廓线上度量。

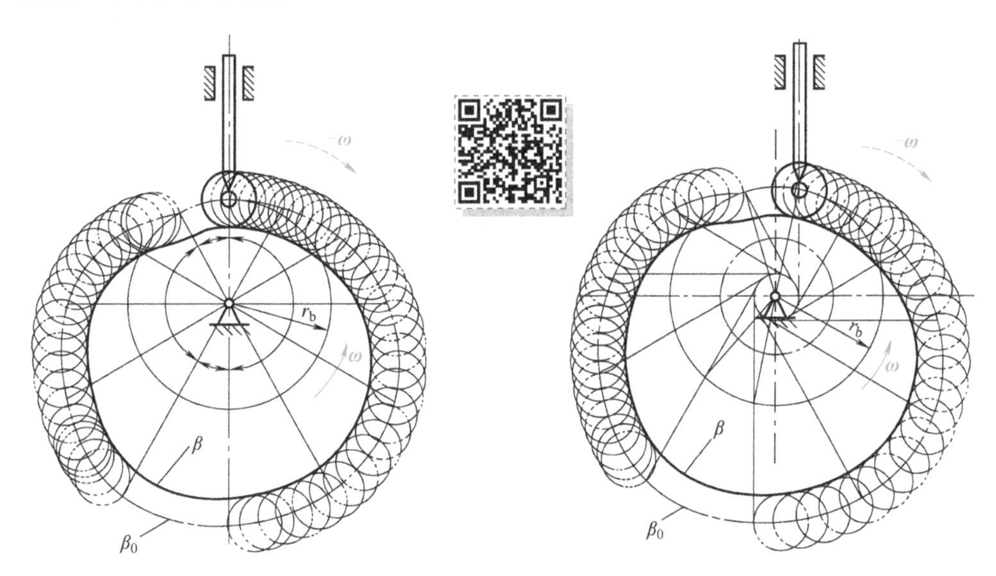

图4-20 滚子直动从动件盘形凸轮机构的凸轮廓线设计

知识点：

平底直动从动件盘形凸轮机构的凸轮廓线设计

平底从动件盘形凸轮机构的凸轮轮廓曲线的设计方法可以用图4-21来说明。其基本思路与上述滚子从动件盘形凸轮机构相似，只是在这里取从动件平底表面的B_0点作为假想的尖端从动件的尖端。其具体设计步骤如下：

1）取平底与导路中心线的交点B_0作为假想的尖端从动件的尖端，按照尖端从动件盘形凸轮的设计方法，求出该尖端反转后的一系列位置B_1、B_2、B_3…。

2）过B_1、B_2、B_3…，画出一系列代表平底的直线，得一直线族。这族直线即代表反转过程中从动件平底依次占据的位置。

3）作该直线族的包络线，即可得到凸轮的实际廓线。

由图 4-21 可以看出，平底上与凸轮实际廓线相切的点是随机构位置变化的。因此，为了保证在所有的位置从动件平底都能与凸轮轮廓曲线相切，凸轮的所有廓线必须都是外凸的，并且平底左、右两侧的宽度应分别大于导路中心线至平底上左、右最远切点的距离 b' 和 b''。

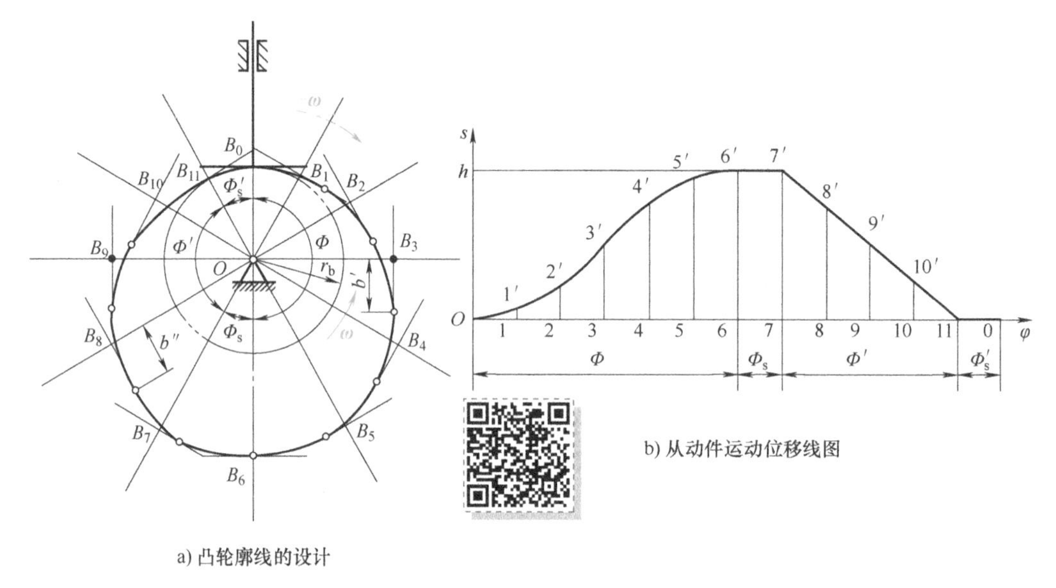

a) 凸轮廓线的设计

b) 从动件运动位移线图

图 4-21　平底直动从动件盘形凸轮机构的凸轮廓线设计

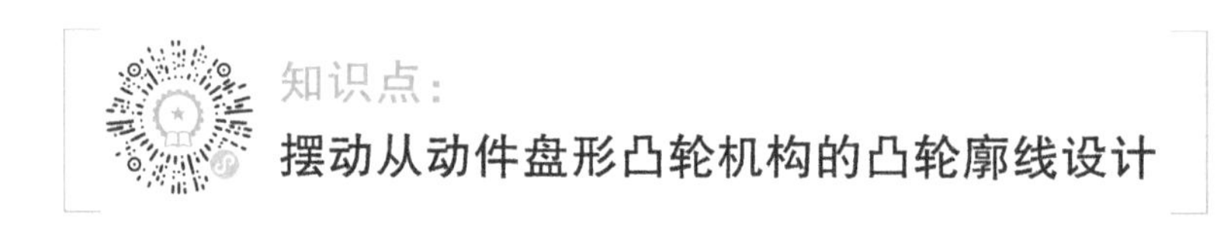

图 4-22a 所示为一尖端摆动从动件盘形凸轮机构。已知凸轮轴心与从动件转轴之间的中心距为 a，凸轮基圆半径为 r_b，从动件长度为 l，凸轮以等角速度 $\boldsymbol{\omega}$ 逆时针转动，从动件的运动规律如图 4-22b 所示。设计该凸轮的轮廓曲线。

反转法原理同样适用于摆动从动件凸轮机构。当给整个机构绕凸轮转动中心 O 加上一个公共的角速度（$-\omega$）时，凸轮将固定不动，从动件的转轴 A 将以角速度（$-\omega$）绕 O 点转动，同时从动件将仍按原有的运动规律绕轴 A 摆动。因此，凸轮轮廓曲线可按下述步骤设计：

1）选取适当的比例尺，作出从动件的位移线图，并将推程和回程区间的位移曲线的横坐标各分成若干等份，如图 4-22b 所示。与直动从动件不同的是，图中的纵坐标代表的是从动件的摆角。

2）以 O 为圆心、r_b 为半径作出基圆，并根据已知的中心距 a 确定从动件转轴 A 的位置 A_0。然后以 A_0 为圆心、从动件杆长 l 为半径作圆弧，交基圆于 C_0 点。A_0C_0 即代表从动件的初始位置，C_0 即为从动件尖端的初始位置。

3）以 O 为圆心、$\overline{OA_0}=a$ 为半径作转轴圆，并自 A_0 点开始沿 $-\omega$ 方向将该圆分成与图 4-22b 中横坐标对应的区间和等份，得点 A_1、A_2、…、A_9。它们代表反转过程中从动件转轴 A 依次占据的位置。

4）分别以 A_1、A_2…A_9 点为圆心，以从动件杆长 l 为半径作圆弧，交基圆于 C_1、C_2…各点，得线段 AC_1、AC_2…；以 AC_1、AC_2…为一边，分别作 $\angle C_1A_1B_1$、$\angle C_2A_2B_2$…，并使它们分别等于位移线图中对应区段的角位移。得线段 A_1B_1、A_2B_2…。B_1、B_2…各点代表从动件尖端在反转过程中依次占据的位置。

5）将点 B_0、B_1、B_2…连成光滑曲线，即得到凸轮的轮廓曲线。

从图中可以看出凸轮的廓线与线段 AB 在某些位置已经相交，故在考虑机构的具体结构时，应将从动件做成弯杆形式，以避免机构在运动过程中凸轮与从动件发生干涉。

若采用滚子从动件，则上述连 B_0、B_1、B_2…各点所得的光滑曲线为凸轮的理论廓线。类比对应的直动从动件盘形凸轮的设计方法，可以通过绘制滚子圆的包络线的方法获得凸轮的实际廓线。

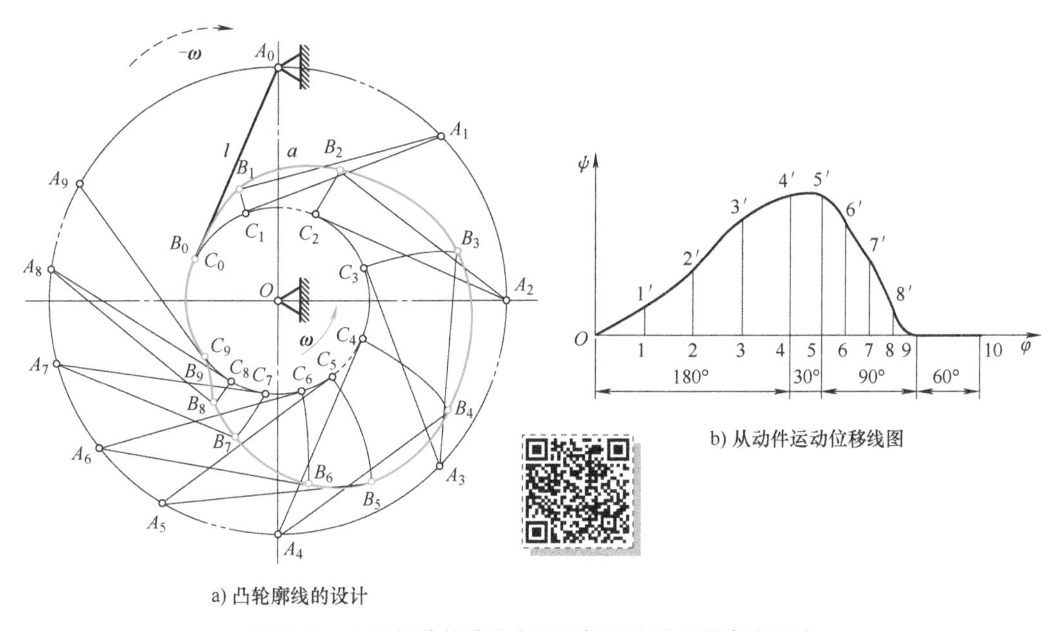

a) 凸轮廓线的设计

b) 从动件运动位移线图

图 4-22 尖端摆动从动件盘形凸轮机构的凸轮廓线设计

4.4 解析法设计凸轮廓线

解析法设计凸轮廓线，就是根据工作要求的从动件运动规律和已知的机构参数建立凸轮廓线的方程式，其问题的关键是凸轮廓线数学模型的建立。

图 4-23 所示为一偏置滚子直动从动件盘形凸轮机构，建立直角坐标系 Oxy，若已知凸轮以等角速度 $\boldsymbol{\omega}$ 逆时针方向转动，凸轮基圆半径 r_b，滚子半径 r_r，偏距 e，从动件的运动规律 $s=s(\varphi)$。

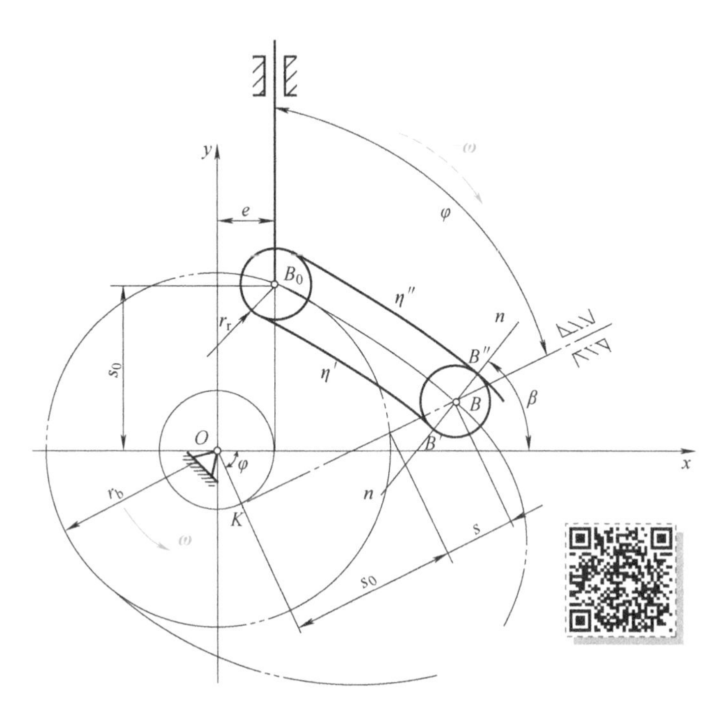

图 4-23 偏置滚子直动从动件盘形凸轮机构

首先不考虑小滚子的存在，将滚子中心看成是直动从动件的尖端，按照尖端直动从动件盘形凸轮机构的形式来设计凸轮的理论廓线，得到凸轮的理论廓线方程；然后再考虑小滚子的存在，确定凸轮的实际廓线方程。

1. 理论廓线方程

知识点：

偏置尖端直动从动件盘形凸轮机构的凸轮廓线设计

图 4-23 中，B_0 点为从动件处于起始位置时滚子中心所处的位置，当凸轮逆时针转过 φ 角后，从动件的位移为 $s=s(\varphi)$。根据反转法原理作图，即凸轮不动，则从动件与导路一同沿 $-\omega$ 方向转 φ 角，处于图中单点画线位置。由图中可以看出，此时滚子中心将处于 B 点，B 点即为凸轮理论廓线上的任意点。B 点的坐标为

$$\begin{cases} x=(s_0+s)\sin\varphi+e\cos\varphi \\ y=(s_0+s)\cos\varphi-e\sin\varphi \end{cases} \tag{4-6}$$

式中，$s_0=\sqrt{r_b^2-e^2}$，e 为偏距。

式（4-6）即为偏置滚子直动从动件盘形凸轮机构的凸轮理论廓线方程式，若令 $e=0$，则得对心滚子直动从动件盘形凸轮机构的凸轮理论廓线方程，即

$$\begin{cases} x=(r_b+s)\sin\varphi \\ y=(r_b+s)\cos\varphi \end{cases} \tag{4-7}$$

2. 实际廓线方程

知识点：
偏置滚子直动从动件盘形凸轮机构的凸轮廓线设计

在滚子从动件盘形凸轮机构中，凸轮的实际廓线是其理论廓线上滚子圆族的包络线。因此，实际廓线与理论廓线在法线方向上处处等距，该距离均等于滚子半径 r_r，如图 4-23 所示，滚子圆族的包络线为两条（$\eta'\eta''$）。设过凸轮理论廓线上 B 点的公法线 nn 与滚子圆族的包络线交于 B'（或 B''）点，凸轮实际廓线上 B'（或 B''）点的坐标为（x'，y'），则凸轮实际廓线方程为

$$\begin{cases}x'=x\mp r_r\cos\beta\\y'=y\mp r_r\sin\beta\end{cases}\tag{4-8}$$

式中，β 为公法线 nn 与 x 轴的夹角；(x,y) 为理论廓线上 B 点的坐标；“-”号用于理论廓线的内等距曲线 η'，“+”号用于外等距曲线 η''。

由高等数学可知，曲线上任一点法线的斜率与该点处切线斜率互为负倒数，因此式（4-8）中的 β 角可求出，即

$$\tan\beta=-\frac{dx}{dy}=\frac{\dfrac{dx}{d\varphi}}{-\dfrac{dy}{d\varphi}}\tag{4-9}$$

式中，$dx/d\varphi$、$dy/d\varphi$ 可根据式（4-6）求导得出

$$\begin{cases}\dfrac{dx}{d\varphi}=(s_0+s)\cos\varphi+\dfrac{ds}{d\varphi}\sin\varphi-e\sin\varphi\\\dfrac{dy}{d\varphi}=-(s_0+s)\sin\varphi+\dfrac{ds}{d\varphi}\cos\varphi-e\cos\varphi\end{cases}\tag{4-10}$$

由式（4-9）和式（4-10）可得 $\sin\beta$、$\cos\beta$ 的表达式为

$$\begin{cases}\sin\beta=\dfrac{dx/d\varphi}{\sqrt{(dx/d\varphi)^2+(dy/d\varphi)^2}}\\\cos\beta=\dfrac{-dy/d\varphi}{\sqrt{(dx/d\varphi)^2+(dy/d\varphi)^2}}\end{cases}\tag{4-11}$$

知识点：
对心平底直动从动件盘形凸轮机构的凸轮廓线设计

图 4-24 所示为一对心平底直动从动件盘形凸轮机构，建立直角坐标系 Oxy，原点 O 位于凸轮回转中心。当从动件处于起始位置时，平底与凸轮廓线在 B_0 点相切。当凸轮逆时针转过 φ 角

后，从动件的位移为 s，应用反转法原理作图可知，从动件处于图中虚线位置，此时，平底与凸轮廓线在 B 点相切。设 B 点的坐标为 (x, y)，可用如下方法求出。

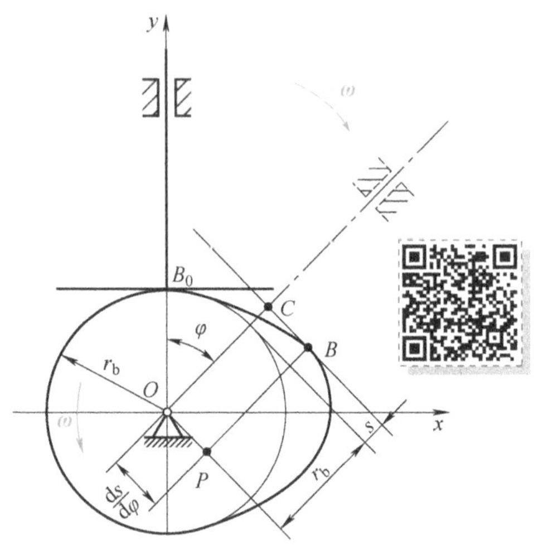

图 4-24　平底直动从动件盘形凸轮机构

图 4-24 中 P 点为凸轮与平底从动件的相对速度瞬心，该瞬时从动件的移动速度为 $v=\overline{OP}\omega$，由此可得

$$\overline{OP}=\frac{v}{\omega}=\frac{\mathrm{d}s}{\mathrm{d}\varphi} \tag{4-12}$$

由图 4-24 可得 B 点的坐标为

$$\begin{cases} x=(r_b+s)\sin\varphi+\dfrac{\mathrm{d}s}{\mathrm{d}\varphi}\cos\varphi \\ y=(r_b+s)\cos\varphi-\dfrac{\mathrm{d}s}{\mathrm{d}\varphi}\sin\varphi \end{cases} \tag{4-13}$$

式（4-13）即为平底直动从动件盘形凸轮的实际廓线方程。

知识点：

摆动从动件盘形凸轮机构的凸轮廓线设计

图 4-25 所示为一摆动滚子从动件盘形凸轮机构，建立直角坐标系 Oxy，若已知凸轮以等角速度 $\boldsymbol{\omega}$ 逆时针方向转动，凸轮转动中心 O 与摆杆回转轴心 A_0 的距离为 a，摆杆长度 l，滚子半径 r_r，摆杆的运动规律 $\psi=\psi(\varphi)$。

设推程开始时滚子中心处于 B_0 点，即 B_0 为凸轮理论廓线的起始点。当凸轮逆时针转过 φ 角时，应用“反转法”，假设凸轮不动，则摆杆回转轴心 A_0 相对凸轮沿 $-\omega$ 方向转动 φ 角，同时摆杆按已知的运动规律 $\psi=\psi(\varphi)$ 绕轴心 A_0 产生相应的角位移 ψ，如图中虚线所示。在这一过程中滚子中心 B 描绘出的轨迹，即为凸轮的理论廓线。B 点的坐标为

$$\begin{cases} x=a\sin\varphi-l\sin(\varphi+\psi_0+\psi) \\ y=a\cos\varphi-l\cos(\varphi+\psi_0+\psi) \end{cases} \tag{4-14}$$

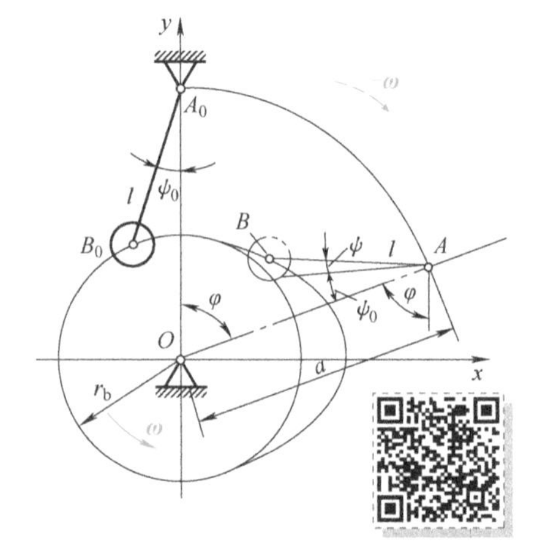

图 4-25　摆动滚子从动件盘形凸轮机构

式（4-14）即为摆动滚子从动件盘形凸轮机构的凸轮理论廓线方程。其凸轮的实际廓线同样为理论廓线的等距曲线，因此可根据滚子直动从动件盘形凸轮机构的凸轮实际廓线的推导方法建立凸轮的实际廓线方程。

4.5 虚拟样机法设计凸轮廓线

知识点：

凸轮机构的凸轮廓线的虚拟样机法设计

设计图4-26所示的偏置尖端直动从动件盘形凸轮机构。已知凸轮的基圆半径 $r_b=10\text{mm}$，偏距 $e=20\text{mm}$，从动件的位移运动规律为

$$s=\begin{cases}\dfrac{h}{\Phi}\varphi & (0°\leqslant\varphi\leqslant180°)\\ \dfrac{h}{2}\left\{1+\cos\left[\dfrac{\pi}{\Phi'}(\varphi-180°)\right]\right\} & (180°<\varphi\leqslant360°)\end{cases} \tag{4-15}$$

式中，从动件的行程 $h=100\text{mm}$，推程和回程的运动角 $\Phi=\Phi'=180°$。

建立厚度为10mm正方形的凸轮模版，使其相对机架按30(°)/s转动；建立处于初始位置的移动从动件，使其相对机架按给定的运动规律移动，如图4-27所示。凸轮运动转角可以描述为30d * time，从动件的运动位移可描述为

IF(time-6:100/180 * 30 * time,100,100/2 * (1+cos(180d/180 * (30 * time-180))))。

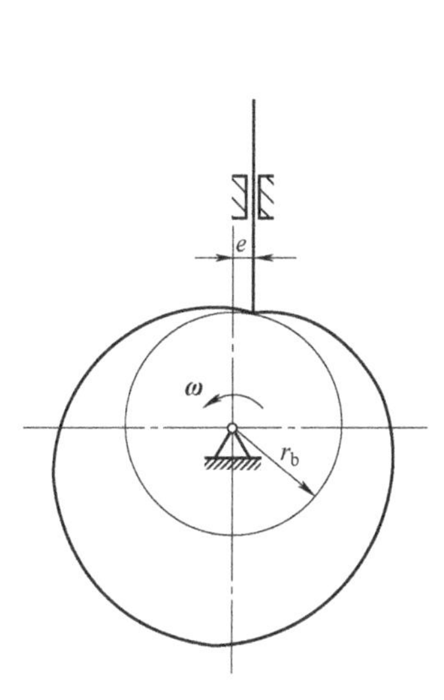

图4-26　凸轮机构运动简图

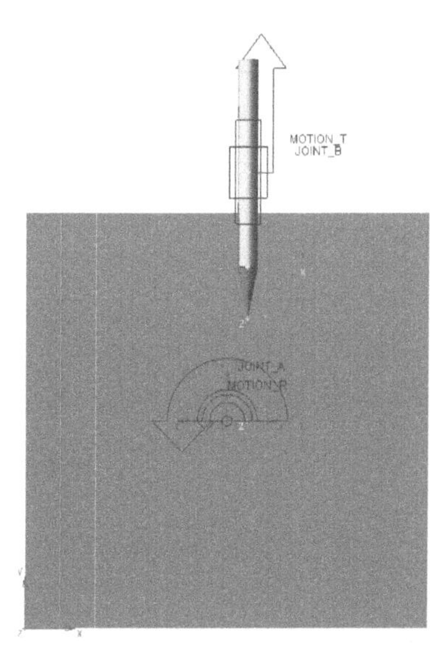

图4-27　凸轮模版和从动件的建立

仿真所建立的系统，可以看出在凸轮模版转动的同时，从动件往复移动。提取从动件尖端相对凸轮模版的运动轨迹，也即凸轮的轮廓曲线，如图4-28所示。

删除凸轮模版和从动件的移动运动规律，将凸轮轮廓曲线拉伸成一个厚度为10mm的实体，

并定义凸轮轮廓曲线和从动件尖端的点线约束关系（凸轮副），得到凸轮机构的虚拟样机模型，如图 4-29 所示。

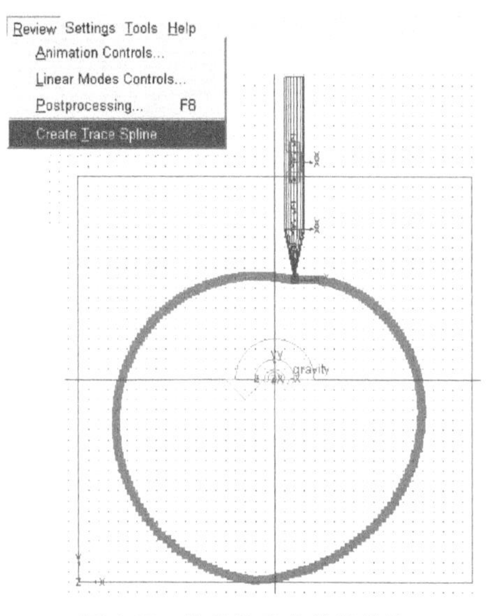

图 4-28 凸轮轮廓曲线的获取

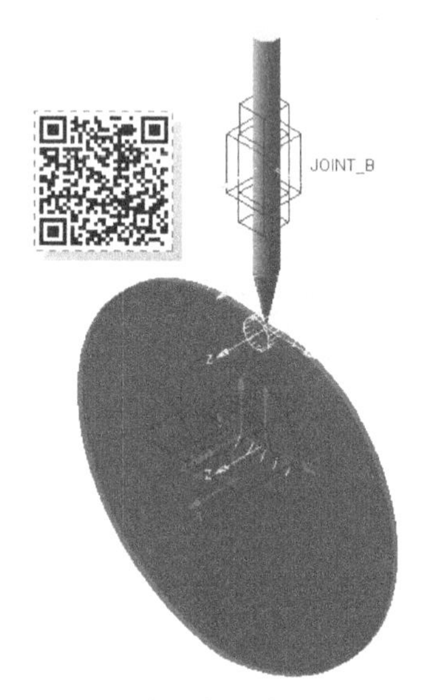

图 4-29 凸轮机构的虚拟样机模型

对凸轮机构虚拟样机进行仿真，测量从动件的质心位置坐标，如图 4-30 所示。由图 4-30 所示的仿真结果可以看出，从动件在凸轮的带动下，完全按照设计要求的运动规律在运动，说明所设计的凸轮的结果是正确的。

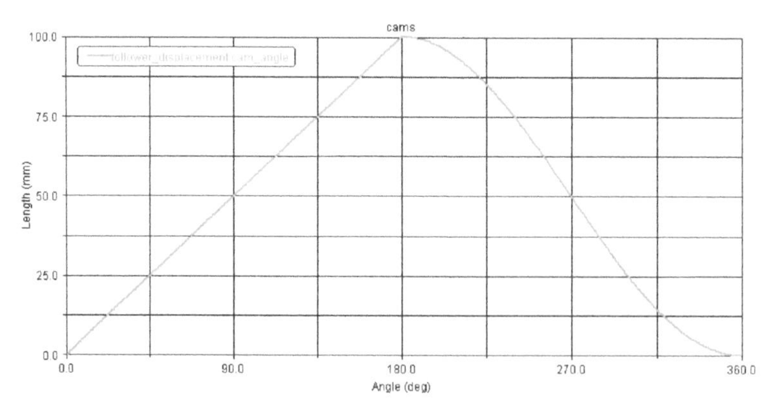

图 4-30 从动件位移线图

4.6 凸轮机构基本尺寸的确定

在前述的凸轮廓线设计时，凸轮机构的一些基本参数（如基圆半径 r_b、偏距 e、滚子半径 r_r 以及平底尺寸等）均作为已知条件给出。但实际上，这些参数在设计凸轮廓线前是在综合考虑凸轮机构的传力特性、结构的紧凑性、运动失真性等多种因素的基础上确定的。也就是说，设计凸轮机构时，除了要满足从动件能够准确地实现预期的运动规律外，还要求结构紧凑、传力性能良好。因此，合理选择凸轮机构的基本参数也是凸轮机构设计的重要内容。

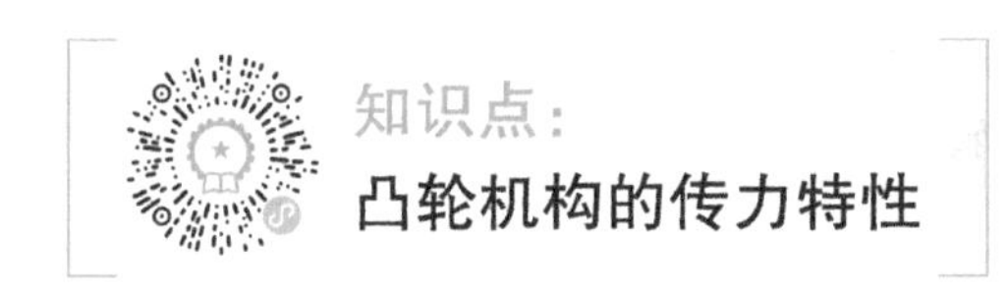

1. 直动从动件凸轮机构

凸轮机构的压力角是指在不计摩擦的情况下，凸轮推动从动件运动时，在高副接触点处，从动件所受的法向压力与从动件运动方向所夹的锐角，常用 α 表示。压力角是衡量凸轮机构受力情况的重要参数，也是凸轮机构设计的重要依据。

图 4-31 所示为偏置滚子直动从动件盘形凸轮机构在推程的某一位置的受力情况，$\boldsymbol{Q}$ 为从动件所受的载荷（包括工作阻力、重力、弹簧力和惯性力等），压力角为 α。图中 P 点为凸轮与从动件的相对速度瞬心，由速度瞬心概念可知 $\overline{OP}=\mathrm{d}s/\mathrm{d}\varphi$。根据图中的几何关系可得直动从动件盘形凸轮机构压力角 α 的表达式

$$\tan\alpha=\frac{\overline{DP}}{\overline{BD}}=\frac{\left|\overline{OP}\mp e\right|}{s_0+s}=\frac{\left|\mathrm{d}s/\mathrm{d}\varphi\mp e\right|}{\sqrt{r_b^2-e^2}+s} \tag{4-16}$$

式中，$\mathrm{d}s/\mathrm{d}\varphi$ 为位移曲线的斜率。

偏距 e 前面的“$\mp$”号与从动件的偏置方向有关，图 4-31 应取“-”号，即当凸轮逆时针方向转动时，从动件导路位于凸轮回转中心右侧时，取“-”号，从动件导路位于凸轮回转中心左侧时，取“+”号；当凸轮顺时针方向转动时，从动件导路位于凸轮回转中心左侧时，取“-”号，从动件导路位于凸轮回转中心右侧时，取“+”号。

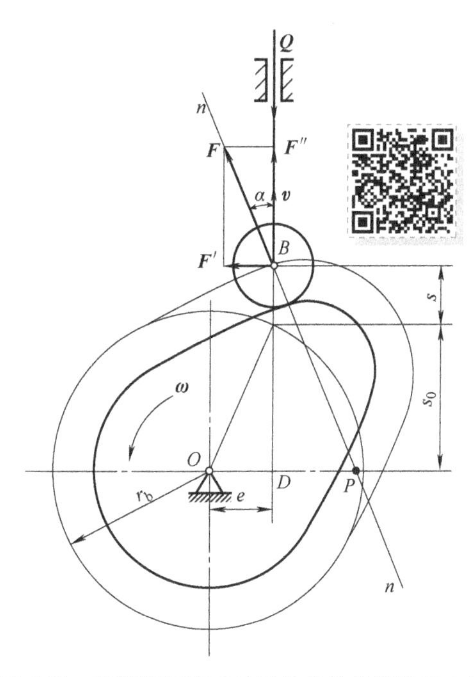

图 4-31　偏置滚子直动从动件凸轮机构的压力角

2. 摆动从动件凸轮机构

对于摆动从动件盘形凸轮机构其压力角，如图 4-32 所示，过接触点 B 处的法线 nn 与连心线的交点 P 即为凸轮与从动件的相对速度瞬心，且

$$\left|\frac{\mathrm{d}\psi}{\mathrm{d}\varphi}\right|=\left|\frac{\omega_2}{\omega_1}\right|=\frac{l_{OP}}{l_{AP}}=\frac{a-l_{AP}}{l_{AP}} \tag{4-17}$$

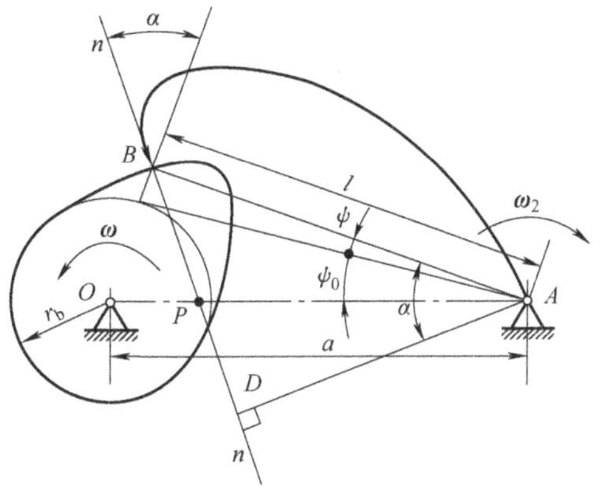

图 4-32　摆动从动件盘形凸轮机构的压力角

由直角三角形 ABD 和直角三角形 APD 可得

$$l\cos\alpha = l_{AP}\cos(\alpha-\psi_0-\psi) \tag{4-18}$$

由式（4-17）和式（4-18）可得

$$\frac{l}{a}\left(1+\left|\frac{\mathrm{d}\psi}{\mathrm{d}\varphi}\right|\right)=\frac{\cos(\alpha-\psi_0-\psi)}{\cos\alpha}=\cos(\psi_0+\psi)+\tan\alpha\sin(\psi_0+\psi) \tag{4-19}$$

式（4-19）是在凸轮的转向与摆杆推程的转向相反的情况下推导的，若两者同向，则可用类似的方法推导得

$$\frac{l}{a}\left(1-\left|\frac{\mathrm{d}\psi}{\mathrm{d}\varphi}\right|\right)=\cos(\psi_0+\psi)-\tan\alpha\sin(\psi_0+\psi) \tag{4-20}$$

综合式（4-19）和式（4-20），可得计算摆动从动件盘形凸轮机构推程压力角的一般公式为

$$\tan\alpha=\frac{\dfrac{l}{a}\left|\mathrm{d}\psi/\mathrm{d}\varphi\right| \mp \left[\cos(\psi_0+\psi)-\dfrac{l}{a}\right]}{\sin(\psi_0+\psi)} \tag{4-21}$$

当摆杆推程转向与凸轮转向相反时，式（4-21）中方括号前取负号；相同时，则取正号。初相位 ψ_0 可按如下公式求得

$$\cos\psi_0=\frac{a^2+l^2-r_\mathrm{b}^2}{2al} \tag{4-22}$$

由此可知，当摆杆的长 l 和运动规律 $\psi=\psi(\varphi)$ 给定后，压力角 α 的大小取决于基圆半径 r_b 和中心距 a。

3. 凸轮机构的许用压力角

凸轮机构压力角的大小是衡量凸轮机构传力性能好坏的一个重要指标。为提高传动效率、改善受力情况，凸轮机构的压力角 α 应越小越好。如图 4-31 所示，将凸轮对从动件的作用力 $\boldsymbol{F}$ 分解为两个分力，即沿从动件运动方向的有用分力 $\boldsymbol{F}''$ 和使从动件压紧导路的有害分力 $\boldsymbol{F}'$。有用分力 $\boldsymbol{F}''$ 随着压力角的增大而减小，有害分力 $\boldsymbol{F}'$ 随着压力角的增大而增大。当压力角大到一定程度时，由有害分力 $\boldsymbol{F}'$ 所引起的摩擦力将超过有用分力 $\boldsymbol{F}''$。这时，无论凸轮给从动件的力 $\boldsymbol{F}$ 有多大，都不能使从动件运动，此时会出现自锁现象。在设计凸轮机构时，自锁现象是绝对不允许出现的。

为了凸轮机构能正常工作并具有较高的传动效率，设计时必须对凸轮机构的最大压力角加以限制，规定了压力角 α 的许用值 $[\alpha]$。设计时应保证凸轮机构在整个运动周期中的最大压力角满足 $\alpha_{\max}\leqslant[\alpha]$。根据工程实践经验，凸轮机构的许用压力角 $[\alpha]$ 见表 4-3。对于采用力封闭方式的凸轮机构，其在回程时发生自锁的可能性很小，故可以采用较大的许用压力角。

表 4-3　凸轮机构的许用压力角 $[\alpha]$

封闭形式	从动件运动方式	推　程	回　程
力封闭	直动从动件	$[\alpha]=25°\sim35°$	$[\alpha]=70°\sim80°$
	摆动从动件	$[\alpha]=35°\sim45°$	$[\alpha]=70°\sim80°$
形封闭	直动从动件	$[\alpha]=25°\sim35°$	
	摆动从动件	$[\alpha]=35°\sim45°$	

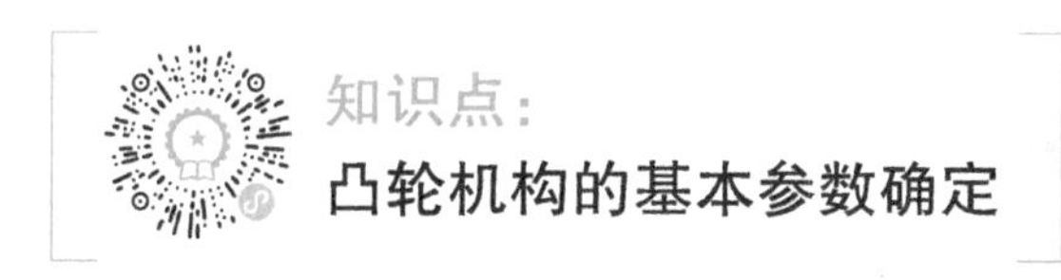

1. 滚子直动从动件凸轮机构的基圆半径 r_b

由式（4-16）可知，压力角与基圆半径是成反比的，压力角越小则基圆半径越大，使得凸轮的结构尺寸变大。因此，在确定基圆半径时应在保证凸轮机构的最大压力角 α_{max} 小于许用压力角［α］的情况下，选取最小的基圆半径。

为了保证凸轮机构的结构紧凑，满足 $\alpha_{max}\leqslant[\alpha]$，在其他参数不变的情况下，取 $\alpha=[\alpha]$，可得出最小基圆半径计算式

$$r_{bmin}=\sqrt{\left(\frac{ds/d\varphi\mp e}{\tan[\alpha]}-s\right)^2+e^2} \tag{4-23}$$

在工程实际应用中，还可以利用经验来确定基圆半径。当凸轮与轴一体加工时，可取凸轮基圆半径略大于轴的半径；当凸轮与轴分开制造时，由下面的经验公式确定：

$$r_b=(1.6\sim2)r \tag{4-24}$$

式中，r 为安装凸轮处轴的半径。

在用计算机进行实际设计时，也可由结构条件初步确定基圆半径，并进行凸轮轮廓设计和压力角检验，直至满足 $\alpha_{max}\leqslant[\alpha]$ 为止。

2. 摆动从动件凸轮机构的基圆半径 r_b

由式（4-21）可知，摆动从动件盘形凸轮机构的压力角与从动件的运动规律、摆杆长度、中心距及基圆半径有关，这些参数相互影响。在用计算机进行实际设计时，可由结构条件选定中心距和摆杆的长度及初步确定基圆半径，并应使中心距、摆杆及基圆半径形成的三角形成立。设计时可通过改变基圆半径来调整压力角的大小，直到满足 $\alpha_{max}\leqslant[\alpha]$，如果调整均不满足，则可调整中心距及摆杆的长度，直到满意为止。

3. 平底直动从动件凸轮机构的基圆半径 r_b

对于图4-33所示的平底从动件盘形凸轮机构，其压力角恒等于零。因此，平底从动件凸轮机构具有最佳的传力效果，这是平底从动件盘形凸轮机构的最大优点。因此，其基圆半径的确定就不能以机构的压力角为依据，而应使从动件运动不失真，即应保证凸轮廓线全部外凸，或各点处的曲率半径 $\rho>0$。

由高等数学可知，曲率半径的计算公式为

$$\rho=\frac{\left[\left(\frac{dx}{d\varphi}\right)^2+\left(\frac{dy}{d\varphi}\right)^2\right]^{3/2}}{\frac{dx}{d\varphi}\frac{d^2y}{d\varphi^2}-\frac{d^2x}{d\varphi^2}\frac{dy}{d\varphi}} \tag{4-25}$$

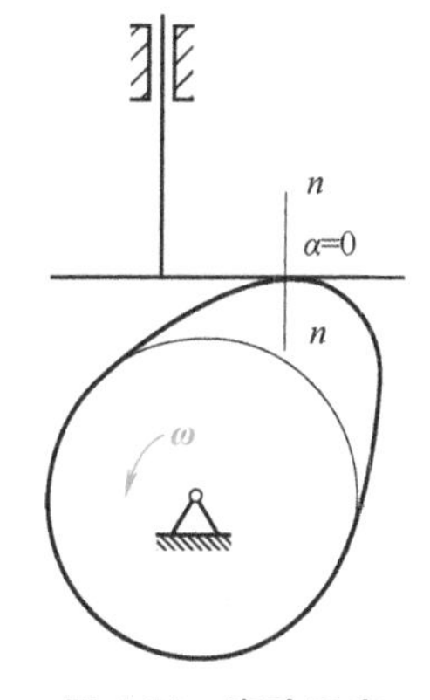

图4-33　直动平底从动件凸轮机构

选择所允许的最小曲率半径 ρ_{min}，与平底从动件盘形凸轮的廓线方程联立求解，可得

$$r_b \geqslant \rho_{min} - s - \frac{d^2 s}{d\varphi^2} \tag{4-26}$$

4. 滚子半径 r_r 的选择

对于滚子从动件盘形凸轮机构，滚子半径的选择要满足强度要求和运动特性要求。从强度要求考虑，可取滚子半径 $r_r=(0.1\sim0.15)r_b$；从运动特性考虑，应不发生运动失真现象。由滚子从动件盘形凸轮机构的图解法设计可知，凸轮的实际廓线是其理论廓线上滚子圆族的包络线，因此，凸轮的实际廓线的形状与滚子半径的大小有关。

如图 4-34 所示，理论廓线外凸部分的最小曲率半径用 ρ_{min} 表示，滚子半径用 r_r 表示，则相应位置实际廓线的曲率半径 $\rho_a=\rho_{min}-r_r$。

当 $\rho_{min}>r_r$ 时，如图 4-34a 所示，实际廓线为一平滑曲线。

当 $\rho_{min}=r_r$ 时，如图 4-34b 所示，这时 $\rho_a=0$，凸轮的实际廓线上产生了尖点，这种尖点极易磨损，从而造成运动失真。

当 $\rho_{min}<r_r$ 时，如图 4-34c 所示，这时 $\rho_a<0$，实际轮廓曲线发生自交，而相交部分的轮廓曲线将在实际加工时被切掉，从而导致这一部分的运动规律无法实现，造成运动失真。

因此，为了避免发生运动失真，滚子半径 r_r 必须小于理论廓线外凸部分的最小曲率半径 ρ_{min}（理论廓线内凹部分对滚子的选择没有影响）。另外，如果按上述条件选择的滚子半径太小而不能保证强度和安装要求，则应把凸轮的基圆尺寸加大，重新设计凸轮廓线。

通常为避免出现尖点与失真现象，可取滚子半径 $r_r<0.8\rho_{min}$，并保证凸轮实际廓线的最小曲率半径满足 $\rho_{amin}\geqslant 1\sim5$mm。

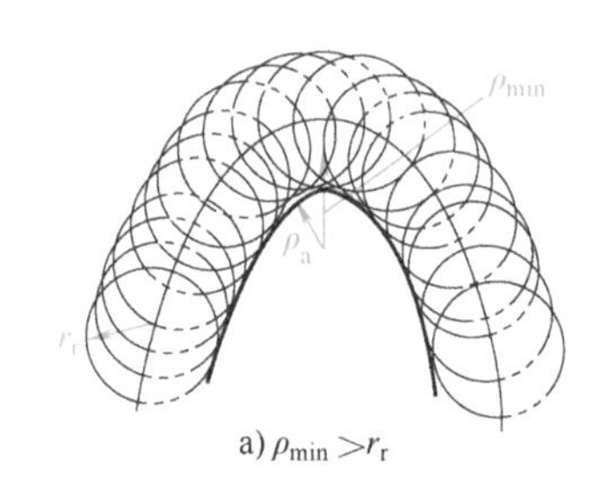

a) $\rho_{min}>r_r$

b) $\rho_{min}=r_r$

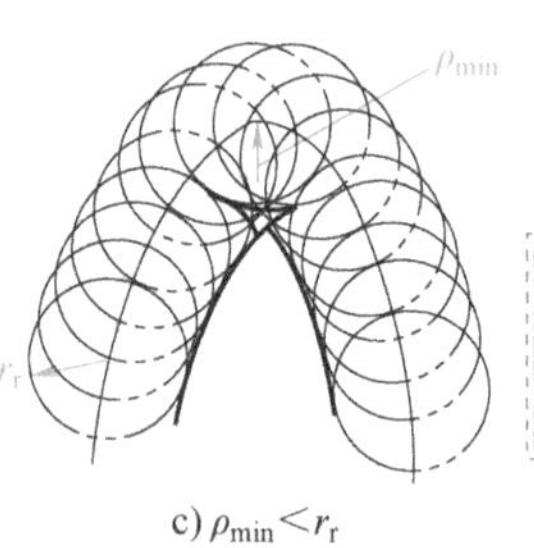

c) $\rho_{min}<r_r$

图 4-34　滚子半径的确定

5. 平底宽度的确定

如图 4-35 所示，平底从动件盘形凸轮机构在运动时，平底始终与凸轮廓线相切，其与凸轮廓线的切点 B 的位置是不断变化的。

由图 4-35 可知，$\overline{BC}=\overline{OP}=ds/d\varphi$，因此选取推程或回程中的最大值 $(\overline{BC})_{max}=(ds/d\varphi)_{max}$，并考虑到留有一定的余量，即可确定平底的长度尺寸 l，即

$$l=2\left|\frac{ds}{d\varphi}\right|_{max}+(5\sim7)\text{mm} \tag{4-27}$$

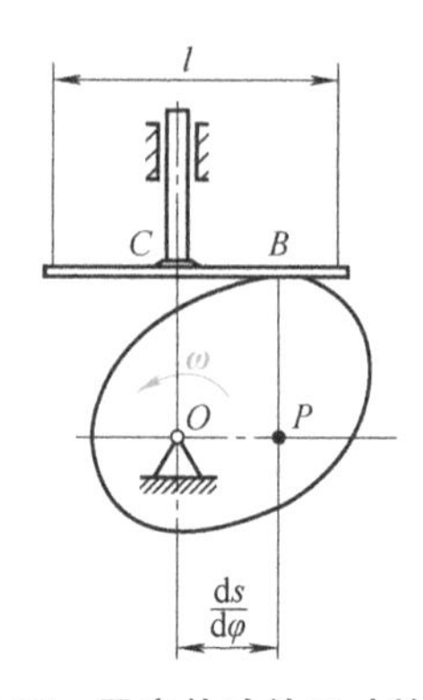

图 4-35　平底从动件尺寸的确定

6. 从动件偏置方向的确定

由式（4-21）可知，在直动从动件盘形凸轮机构中，从动件的偏置方位可直接影响凸轮机构压力角的大小。因此，工程中常采用从动件偏置的方法，来达到改善传力性能或减小机构尺寸的目的。即通过选取从动件适当的偏置方位来获得较小的推程压力角，但从动件导路的偏置方位与凸轮的转向有关。因此，从动件偏置方向选择的原则是：若凸轮逆时针回转，则应使从动件轴线偏于凸轮轴心右侧；若凸轮顺时针回转，则应使从动件轴线偏于凸轮轴心左侧。在这两种情况下，凸轮机构压力角的表达式均为

$$\tan\alpha=\frac{|\overline{OP}-e|}{s_0+s}=\frac{|\mathrm{d}s/\mathrm{d}\varphi-e|}{\sqrt{r_\mathrm{b}^2-e^2}+s} \tag{4-28}$$

由式（4-28）可知，为了减小凸轮机构推程的压力角，应使从动件导路的偏置方位与推程时的相对速度瞬心 P 位于凸轮轴心的同一侧，参见图 4-31。

思考题与习题

4-1 对于直动推杆盘形凸轮机构，已知推程时凸轮的转角 $\Phi=\pi/2$，行程 $h=50\text{mm}$。求当凸轮旋转角速度 $\omega=10\text{rad/s}$ 时，等速、等加速等减速、余弦加速度、正弦加速度和 3-4-5 次多项式五种常用的基本运动规律的最大速度 $v_{\max}$、最大加速度 $a_{\max}$，以及所对应的凸轮转角 δ。

4-2 图 4-36 给出了某直动推杆盘形凸轮机构的推杆（从动件）的速度线图，要求：

1）定性地画出其加速度和位移线图。

2）说明此种运动规律的名称及特点（v、a 的大小及冲击的性质）。

3）说明此种运动规律的适用场合。

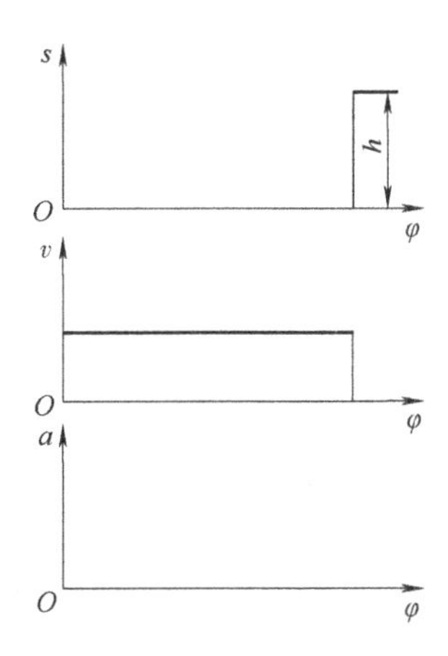

图 4-36 从动件的运动规律

4-3 图 4-37 所示为直动平底从动件盘形凸轮机构，凸轮为 $R=30\text{mm}$ 的偏心圆盘，$\overline{AO}=20\text{mm}$，试求：

1）基圆半径和行程。

2）推程运动角 Φ、远休止角 Φ_s、回程运动角 Φ' 和近休止角 Φ'_s。

3）凸轮机构的最大压力角和最小压力角。

4）推杆的位移 s、速度 v 和加速度 a 方程。

5）若凸轮以 $\omega=10\text{rad/s}$ 回转，当 AO 在水平位置时推杆的速度。

4-4 图 4-38 所示为偏置滚子直动从动件盘形凸轮机构，已知半径 $r_0=20\text{mm}$，当凸轮等速回转 180°时，推杆等速移动 40mm。求当凸轮转角 φ 分别为 60°、120°和 180°时凸轮机构的压力角。

4-5 欲设计图 4-39 所示的直动从动件盘形凸轮机构，要求在凸轮转角为 0°～90°时，从动件以余弦加速度运动规律上升 $h=20\text{mm}$，且取 $r_0=25\text{mm}$，$e=10\text{mm}$，$r_r=5\text{mm}$，试求：

1）选定凸轮的转向，并简要说明选定的原因。

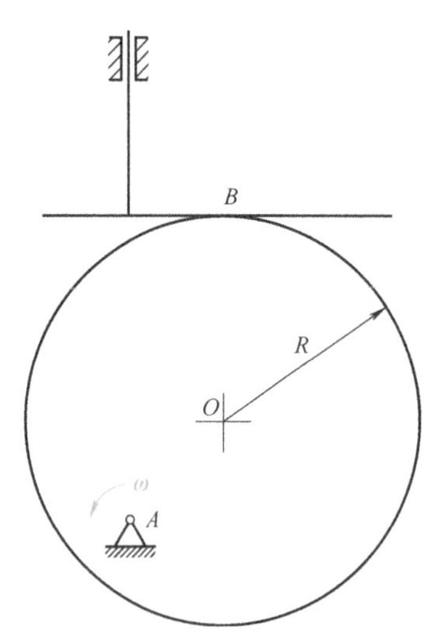

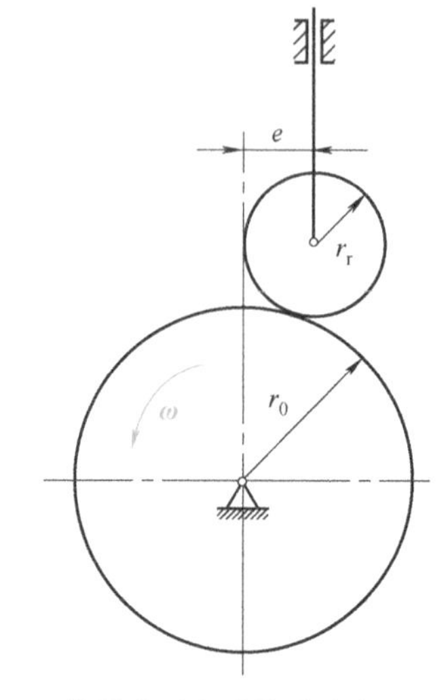

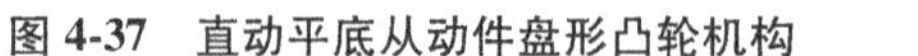

图 4-37　直动平底从动件盘形凸轮机构　　图 4-38　偏置滚子直动从动件盘形凸轮机构

2）用反转法给出当凸轮转角 $\delta=0°\sim90°$时凸轮的实际廓线（画图的分度要求小于或等于 15°）。

3）在图上标注出 $\varphi=45°$时凸轮机构的压力角 α。

4-6　如图 4-40 所示的凸轮为偏心圆盘，其圆心为 O，半径 $R=30\text{mm}$，偏心距 $l_{OA}=10\text{mm}$，$r_r=10\text{mm}$，偏距 $e=10\text{mm}$，试求（均在图上标注出）：

1）推杆的行程 h 和凸轮的基圆半径 r_b。

2）推程运动角 Φ、远休止角 Φ_s、回程运动角 Φ'和近休止角 Φ'_s。

3）最大压力角 α_{max}的数值及发生的位置。

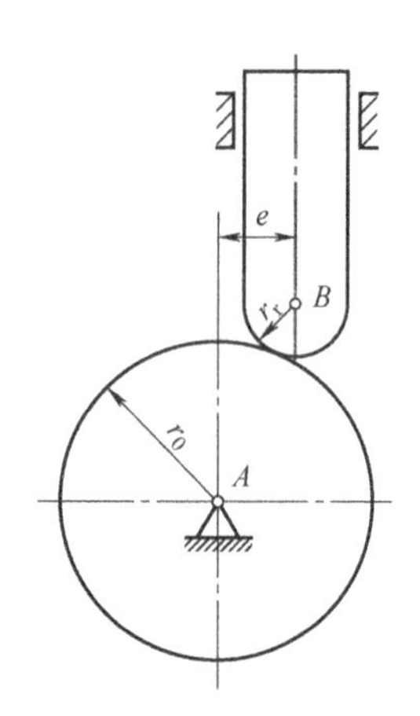

图 4-39　直动从动件盘形凸轮机构

4-7　试用作图法设计凸轮的实际廓线。已知基圆半径 $r_b=40\text{mm}$，推杆长 $l_{AB}=80\text{mm}$，滚子半径 $r_r=10\text{mm}$，推程运动角 $\Phi=180°$，回程运动角 $\Phi'=180°$，推程回程均采用余弦加速度运动规律，从动件初始位置 AB 与 OB 垂直（图 4-41 所示），推杆最大摆角 $\psi_{max}=30°$，凸轮顺时针转动。

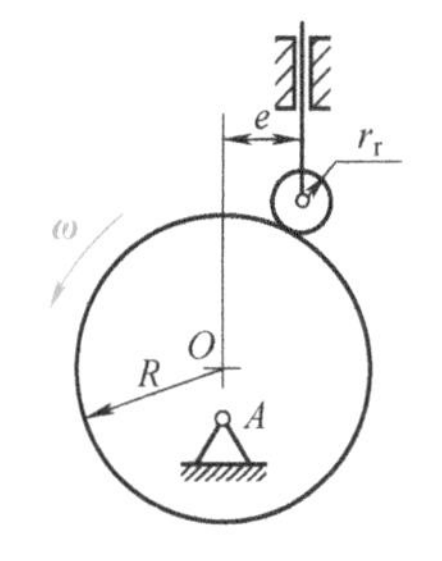

图 4-40　直动平底从动件盘形凸轮机构

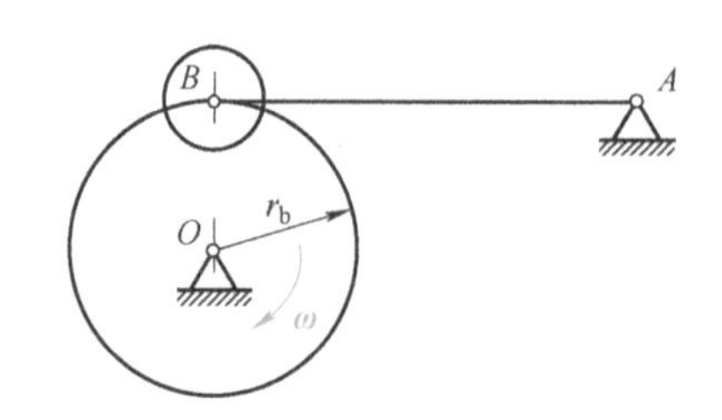

图 4-41　摆动平底从动件盘形凸轮机构

第 5 章 齿轮机构

本章的知识结构图

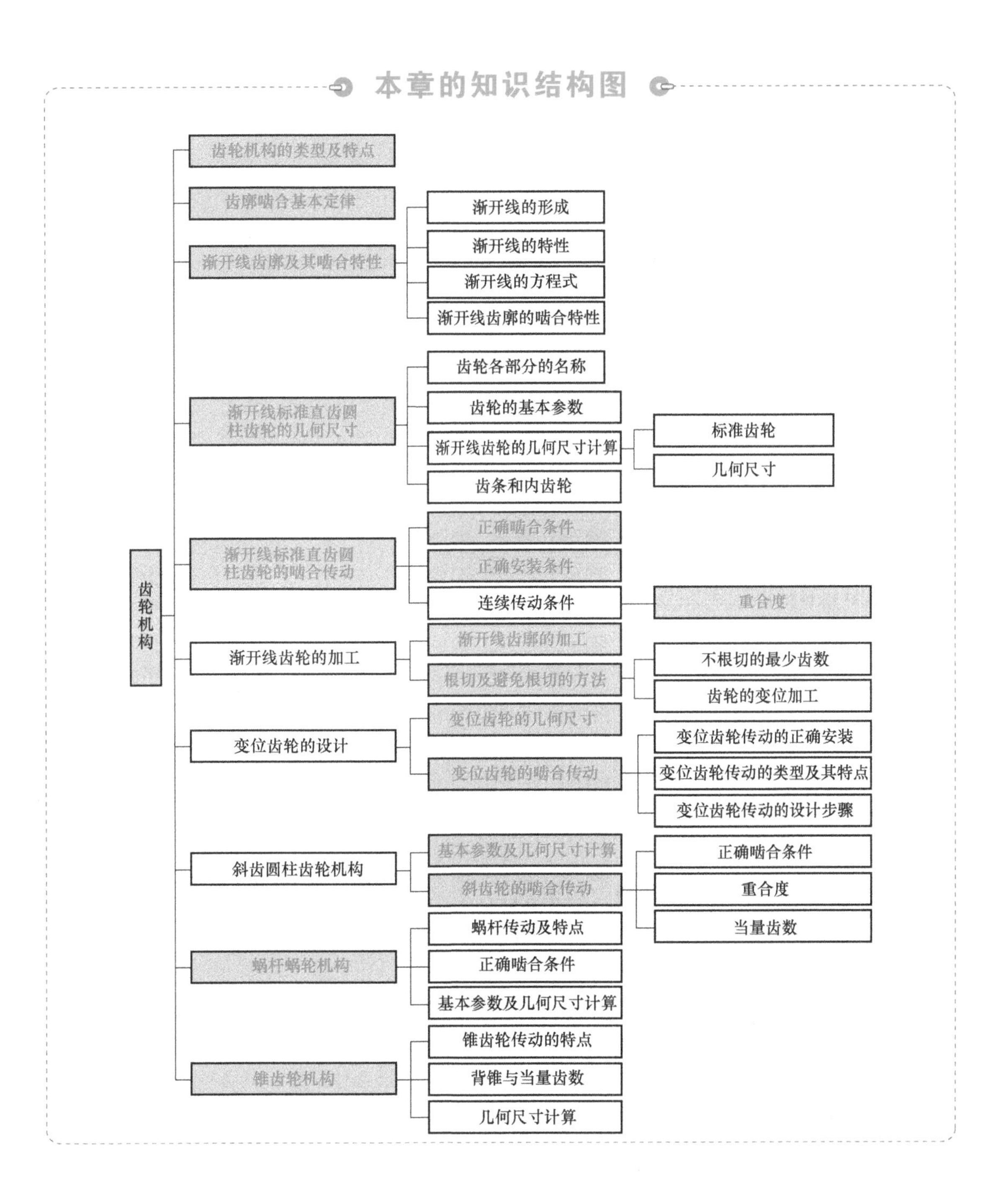

5.0 引言

本章学习的主要任务如下：

- 齿轮机构的类型及特点
- 齿廓啮合基本定律与共轭齿廓
- 渐开线齿廓及其啮合特性
- 渐开线标准直齿圆柱齿轮的几何尺寸计算及其啮合传动
- 渐开线齿廓的切削加工
- 变位齿轮和变位齿轮的设计及传动
- 斜齿圆柱齿轮机构
- 蜗杆蜗轮机构
- 锥齿轮机构

5.1 齿轮机构的类型及特点

知识点：
齿轮机构的类型及特点

齿轮机构是一种高副机构，它通过轮齿的直接接触来传递空间任意两轴间的运动和动力。

齿轮机构的优点：传递功率的范围和圆周速度的范围大、传动效率高、传动比准确、使用寿命长、工作可靠，因此，它是应用最为广泛的传动机构之一。

齿轮机构的缺点：制造和安装精度高，故成本较高。

根据齿轮传递运动和动力时两轴间的相对位置，齿轮机构可以分为平面齿轮机构和空间齿轮机构。

5.1.1 平面齿轮机构

平面齿轮机构用于两平行轴间的运动和动力的传递，两齿轮间的相对运动为平面运动，齿轮的外形呈圆柱形，故又称圆柱齿轮机构。

平面齿轮机构又可以分为外啮合齿轮机构、内啮合齿轮机构和齿轮齿条机构。

外啮合齿轮机构由两个轮齿分布在外圆柱表面的齿轮相互啮合，两齿轮的转动方向相反，如图 5-1a 所示。

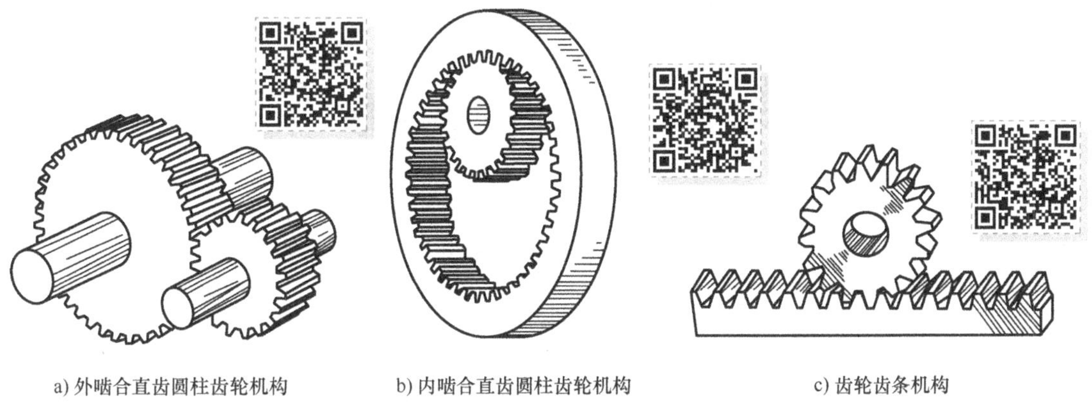

a) 外啮合直齿圆柱齿轮机构　b) 内啮合直齿圆柱齿轮机构　c) 齿轮齿条机构

图 5-1　直齿圆柱齿轮机构

内啮合齿轮机构由一个小外齿轮与一个轮齿分布在内圆柱表面的大齿轮相互啮合，两齿轮的转动方向相同，如图 5-1b 所示。

齿轮齿条机构由一个外齿轮与齿条相互啮合，可以实现转动与直线运动的相互转换，如图 5-1c 所示。

如果齿轮的轮齿方向与齿轮的轴线平行，则称为直齿轮，如图 5-1 所示。

如果齿轮的轮齿方向与齿轮的轴线倾斜了一定的角度，称为斜齿轮，如图 5-2a 所示。

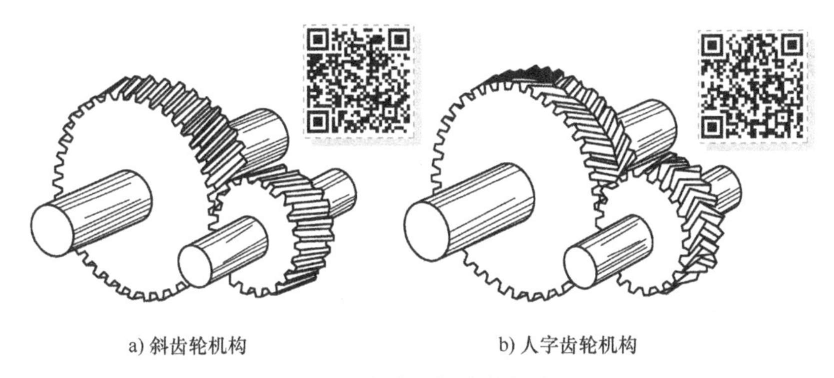

a) 斜齿轮机构　b) 人字齿轮机构

图 5-2　斜齿圆柱齿轮机构

当齿轮是由轮齿方向相反的两部分构成时，称为人字齿轮，如图 5-2b 所示。

5.1.2 空间齿轮机构

空间齿轮机构用于两相交轴或相互交错轴间的运动和动力的传递，两齿轮间的相对运动为空间运动。

用于两相交轴间的运动和动力传递的齿轮外形呈圆锥形，故又称为锥齿轮机构。它有直齿和曲线齿两种，如图 5-3 所示。

a) 直齿锥齿轮机构　　b) 曲线齿锥齿轮机构

图 5-3　空间齿轮机构

用于两交错轴间的运动和动力传递的齿轮机构有交错轴斜齿轮机构、蜗杆蜗轮机构和准双曲面齿轮机构，如图 5-4 所示。

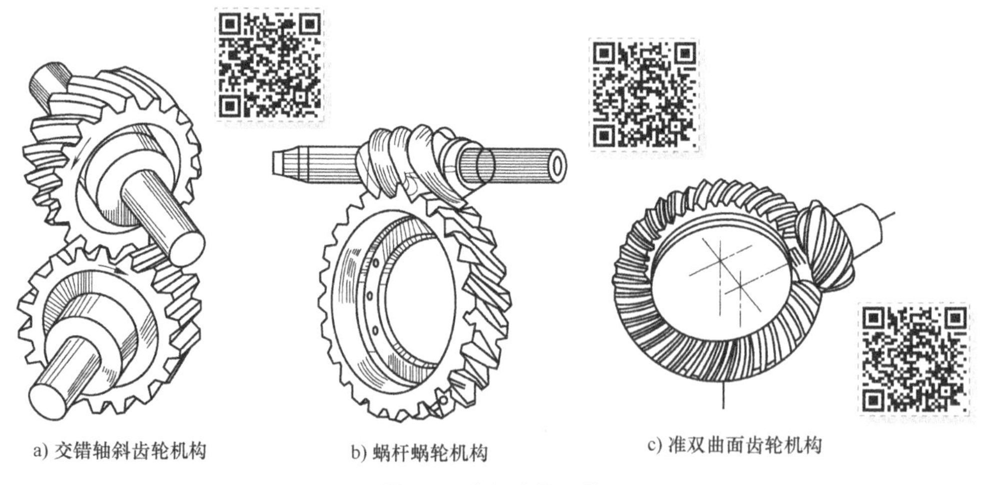

a) 交错轴斜齿轮机构　　b) 蜗杆蜗轮机构　　c) 准双曲面齿轮机构

图 5-4　空间齿轮机构

若上述各种齿轮机构的瞬时传动比是不变的$\left(i_{12}=\dfrac{\omega_1}{\omega_2}=\text{常数}\right)$，则称为定传动比齿轮机构；若齿轮机构的瞬时传动比是变化的$\left(i_{12}=\dfrac{\omega_1}{\omega_2}\neq\text{常数}\right)$，则称为变传动比齿轮机构，此时齿轮的外形为非圆形，如图 5-5 所示。

本章只介绍定传动比齿轮机构。

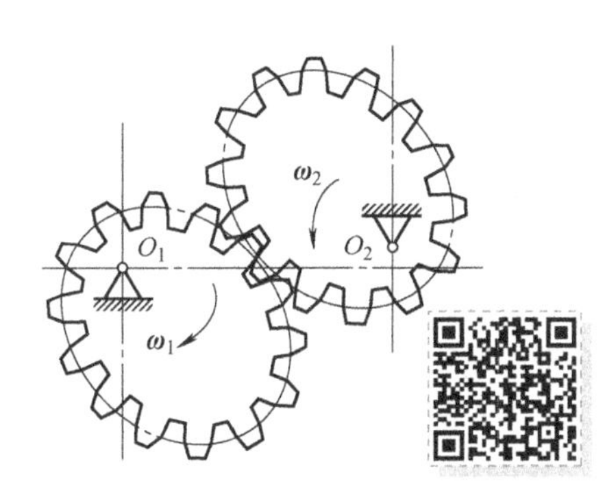

图 5-5　非圆齿轮

5.2 齿廓啮合基本定律

齿轮是通过齿廓表面的接触来传递运动和动力的，齿廓表面可以由各种曲线构成。无论两齿轮齿廓形状如何，其平均传动比总是等于齿数的反比，即

$$i_{12}=\frac{n_1}{n_2}=\frac{z_2}{z_1} \tag{5-1}$$

齿轮机构的瞬时传动比是两齿轮的瞬时角速度之比，即

$$i_{12}=\frac{\omega_1}{\omega_2} \tag{5-2}$$

而齿轮的瞬时传动比与齿廓表面曲线形状有关，这一规律可以由齿廓啮合基本定律进行描述。

设图 5-6 中 λ_1 和 λ_2 是一对分别绕 O_1 和 O_2 转动的平面齿轮的齿廓曲线，它们在点 K 处相接触，K 称为啮合点。过啮合点 K 作两齿廓的公法线 $n—n$，$n—n$ 与两齿轮的连心线 O_1O_2 交于点 C。

根据瞬心概念可知，交点 C 是两齿轮的相对瞬心 P_{12}。此时 λ_1 和 λ_2 在 C 点的速度相等，即

$$v_C=\overline{O_1C}\omega_1=\overline{O_2C}\omega_2$$

故两轮的瞬时传动比为

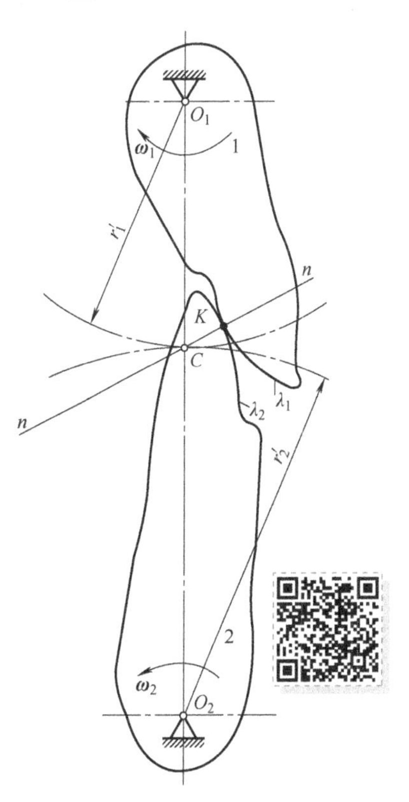

图 5-6　齿廓啮合基本定律

$$i_{12}=\frac{\omega_1}{\omega_2}=\frac{\overline{O_2C}}{\overline{O_1C}} \tag{5-3}$$

由以上分析可以得出齿廓啮合基本定律：相互啮合的一对齿轮，在任一位置时的传动比都与其连心线 O_1O_2 被啮合点处的公法线所分成的两段长度成反比。

满足齿廓啮合基本定律的一对齿廓称为共轭齿廓。

齿廓啮合基本定律描述了两个齿轮齿廓（两个几何要素）与两轮的角速度（两个运动要素）之间的关系，当已知任意三个要素即可求出第四个。如齿轮传动中已知的是两个齿轮齿廓及主动轮的角速度 $\boldsymbol{\omega}_1$，即可求出从动轮的角速度 $\boldsymbol{\omega}_2$；又如用展成法加工齿轮时，当刀具与轮坯按一定的传动比 ω_1/ω_2 运动时，且已知刀具齿廓形状，则刀具齿廓就在齿坯上加工出所需的共轭齿廓。这说明齿轮的瞬时传动比与齿廓形状有关，可根据齿廓曲线确定齿轮传动比；反之，也可以按照给定的传动比来确定齿廓曲线。

齿廓啮合基本定律即适用于定传动比的齿轮机构，也适用于变传动比的齿轮机构。

机械中对齿轮机构的基本要求：瞬时传动比必须为常数，这样可以减小由于机构转速变化所带来的机械系统的惯性力、振动、冲击和噪声。由式（5-3）可知，若要求两齿轮的传动比为常数，则应使$\overline{O_2C}/\overline{O_1C}$为常数；而由于在两齿轮的传动过程中，其轴心 O_1 和 O_2 均为定点，因此，欲使$\overline{O_2C}/\overline{O_1C}$为常数，则必须使 C 点在连心线上为一定点。

由此可得出齿轮机构定传动比传动条件：不论两轮齿廓在何位置啮合，过啮合点所作的两齿廓公法线必须与两齿轮的连心线相交于一定点。

点 C 称为两轮的啮合节点（简称节点）。

分别以两轮的回转中心 O_1 和 O_2 为圆心，以 $r_1'=\overline{O_1C}$、$r_2'=\overline{O_2C}$为半径作圆，称为两齿轮的节圆。这两个圆相切于节点 C，因此，两齿轮的啮合传动可以看成两个节圆做纯滚动；两轮在节圆上的圆周速度相等；节圆是节点在两齿轮运动平面上的轨迹。

同理，由式（5-3）可知，当要求两齿轮做变传动比传动时，则节点 C 就不再是连心线上的一个定点，而应是按传动比的变化规律在连心线上移动的。这时，C 点在轮 1、轮 2 运动平面上的轨迹也就不再是圆，而是一条非圆曲线，称为节曲线。如图 5-7 所示的两个椭圆即为该对非圆齿轮的节曲线。

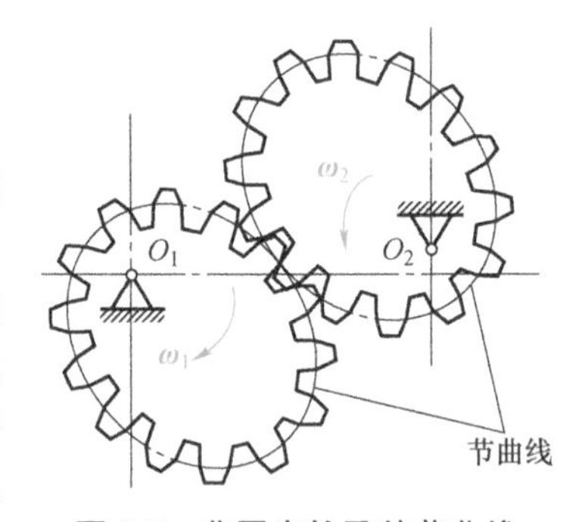

图 5-7 非圆齿轮及其节曲线

5.3 渐开线齿廓及其啮合特性

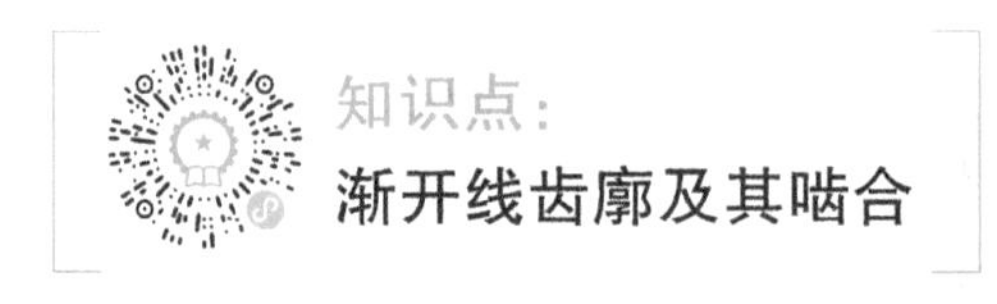

齿轮的齿廓曲线必须满足齿廓啮合基本定律，现代工业中应用最多的齿廓曲线是渐开线。

5.3.1 渐开线的形成及其特性

1. 渐开线的形成

如图 5-8 所示，当直线 NK 沿一圆周做纯滚动时，直线上任意点 K 的轨迹 AK 就是该圆的渐开线。该圆称为渐开线的基圆，其半径用 r_b 表示；直线 NK 称为渐开线的发生线；角 θ_K 称为渐开线上 K 点的展角。

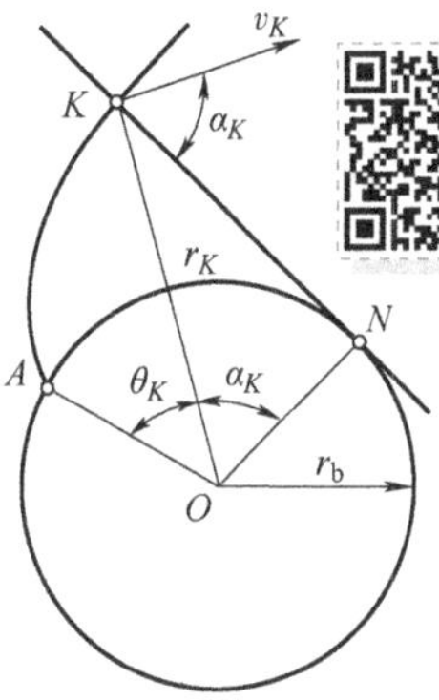

图 5-8 渐开线的形成

2. 渐开线的特性

渐开线具有下列特性：

1）发生线沿基圆滚过的直线长度等于基圆上被滚过的圆弧长度，即

$$\overline{NK} = \widehat{NA}$$

2）由于发生线在基圆上做纯滚动，因此发生线与基圆的切点 N 即为其速度瞬心，发生线 NK 即为渐开线在点 K 的法线。故可得出结论：渐开线上任意点的法线必与基圆相切。

3）发生线与基圆的切点 N 也是渐开线在点 K 处的曲率中心，而线段 NK 的长度就是渐开线在点 K 处的曲率半径。又由图 5-8 可见，在基圆上的曲率半径最小，其值为零。渐开线越远离基圆，其曲率半径越大。

4）渐开线的形状取决于基圆的大小。如图 5-9 所示，在展角 θ_K 相同的条件下，基圆半径越大，其曲率半径越大，渐开线的形状越平直。当基圆半径为无穷大时，其渐开线就变成一条直线，故齿条的齿廓曲线为直线。

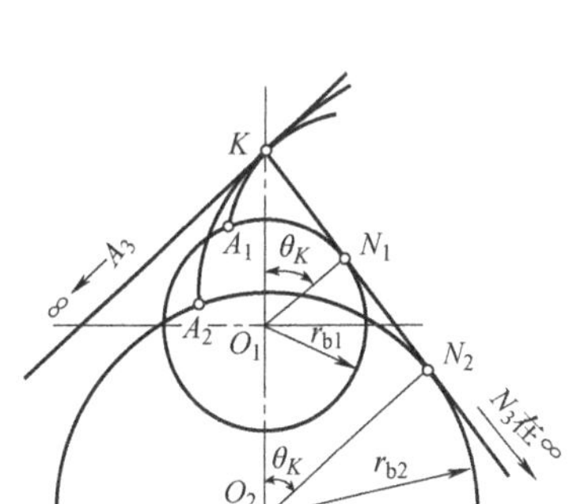

图 5-9 渐开线的形状取决于基圆的大小

5）基圆以内无渐开线。

5.3.2 渐开线方程式

如图 5-8 所示，以 O 为极点，以 OA 为极坐标轴，渐开线上任一点 K 的极坐标可以用向径 r_K 和展角 θ_K 来确定。当以此渐开线作为齿轮的齿廓，并与其共轭齿廓在点 K 啮合时，则此齿廓在该点所受正压力的方向（即法线 NK 方向）与该点速度方向（垂直于直线 OK 方向）之间所夹的锐角 α_K，称为渐开线在该点的压力角，用 α_K 表示。

由图 5-8 可见，$\alpha_K = \angle NOK$，且

$$\cos\alpha_K = \frac{r_b}{r_K} \tag{5-4}$$

因

$$\tan\alpha_K=\frac{\overline{NK}}{\overline{ON}}=\frac{\widehat{AN}}{r_b}=\frac{r_b(\alpha_K+\theta_K)}{r_b}=\alpha_K+\theta_K$$

故

$$\theta_K=\tan\alpha_K-\alpha_K \tag{5-5}$$

式（5-5）说明，展角 θ_K 是压力角 α_K 的函数。由于该函数是根据渐开线的特性推导出来的，故称其为渐开线函数。工程上常用 $\mathrm{inv}\alpha_K$ 来表示，即

$$\mathrm{inv}\alpha_K=\theta_K=\tan\alpha_K-\alpha_K$$

综上所述，可得渐开线的方程式为

$$\begin{cases}r_K=r_b/\cos\alpha_K\\ \theta_K=\mathrm{inv}\alpha_K=\tan\alpha_K-\alpha_K\end{cases} \tag{5-6}$$

5.3.3 渐开线齿廓的啮合特性

一对渐开线齿廓在啮合传动中，具有以下几个特点：

1. 渐开线齿廓能保证定传动比传动

现设 λ_1 和 λ_2 为两齿轮上相互啮合的一对渐开线齿廓（图 5-10），它们的基圆半径分别为 r_{b1}、r_{b2}。当 λ_1 和 λ_2 在任一点 K 啮合时，过点 K 所作这对齿廓的公法线为 N_1N_2。根据渐开线的特性可知，此公法线必同时与两轮的基圆相切，即 N_1N_2 为两基圆的一条内公切线。由于两轮的基圆为定圆，其在同一方向的内公切线只有一条，故不论该对齿廓在何处啮合，过啮合点 K 所作两齿廓的公法线必为一条固定的直线，它与连心线 O_1O_2 的交点 C 必为一定点。因此，两个以渐开线作为齿廓曲线的齿轮，其瞬时传动比为常数，即

$$i_{12}=\frac{\omega_1}{\omega_2}=\frac{\overline{O_2C}}{\overline{O_1C}}=\text{常数}$$

机械传动中为保证机械系统运转的平稳性，要求齿轮能做定传动比传动，渐开线齿廓能满足此要求，故任意两个渐开线齿廓都是共轭齿廓。

2. 渐开线齿廓传动具有可分性

由图 5-10 可知，因 $\triangle O_1N_1C\backsim\triangle O_2N_2C$，故两轮的传动比又可写成

$$i_{12}=\frac{\omega_1}{\omega_2}=\frac{\overline{O_2C}}{\overline{O_1C}}=\frac{r_2'}{r_1'}=\frac{r_{b2}}{r_{b1}} \tag{5-7}$$

式（5-7）说明，一对渐开线齿轮的传动比等于两轮基圆半径的反比。对于渐开线齿轮来说，齿轮加工完成后，其基圆的大小就已经完全确定了，因此两轮传动比也已完全确定，故即使两齿轮的实际安装中心距与设计中心距略有偏差，也不会影响两轮的传动比。渐开线齿廓传动

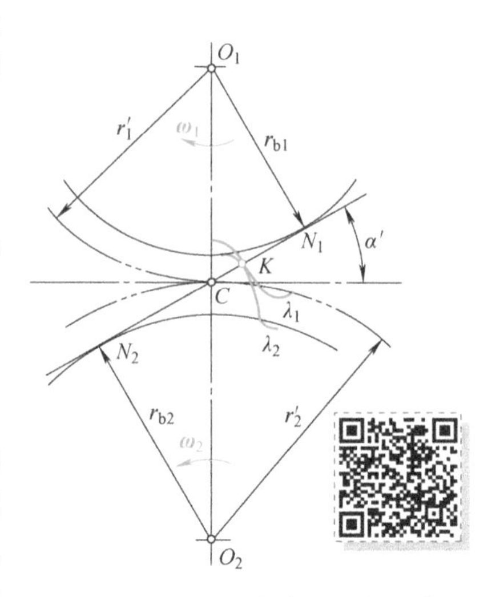

图 5-10 渐开线齿廓的啮合特性

的这一特性称为传动的可分性，该特性对于渐开线齿轮的加工、制造、装配、调整、使用和维修都十分有利。

3. 渐开线齿廓之间的正压力方向不变

既然一对渐开线齿廓在任何位置啮合时，过接触点的公法线都是同一条直线 N_1N_2，这就说明一对渐开线齿廓从开始啮合到脱离接触，所有的啮合点均在直线 N_1N_2 上，即直线 N_1N_2 是两齿廓接触点的轨迹，它称为渐开线齿轮传动的啮合线。由于在齿轮传动中两啮合齿廓间的正压力沿其接触点的公法线方向，因此对于渐开线齿廓啮合传动来说，该公法线与啮合线是同一直线 N_1N_2，故可知渐开线齿轮在传动过程中，两啮合齿廓之间的正压力方向是始终不变的，这对提高齿轮传动的平稳性十分有利。

正是由于渐开线齿廓具有上述这些特点，才使得渐开线齿轮在机械工程中获得了广泛的应用。

5.4 渐开线标准直齿圆柱齿轮的几何尺寸

知识点：

渐开线标准直齿圆柱齿轮的几何尺寸计算

5.4.1 齿轮各部分的名称

图 5-11 所示为一标准直齿圆柱外齿轮的一部分。

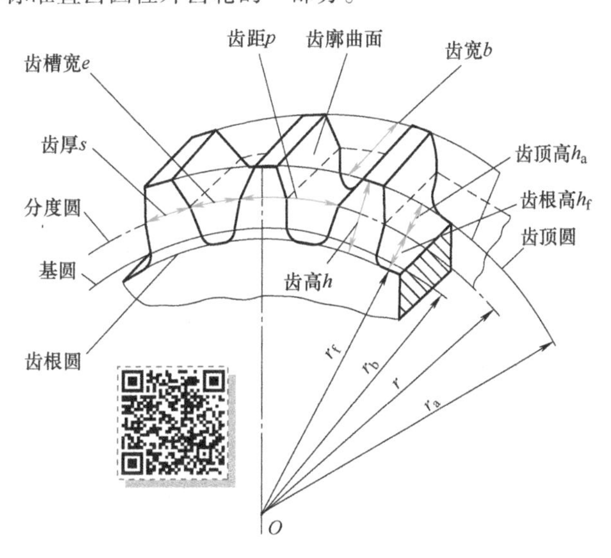

图 5-11 标准直齿圆柱齿轮各部分的名称

（1）齿顶圆　过所有轮齿顶端的圆称为齿顶圆，其半径用 r_a 表示。

（2）齿根圆　过所有轮齿槽底的圆称为齿根圆，其半径用 r_f 表示。

（3）分度圆　设计齿轮的基准圆称为分度圆，其半径用 r 表示。

（4）基圆　生成渐开线的圆称为基圆，其半径用 r_b 表示。

（5）齿厚、齿槽宽和齿距　沿任意圆周，同一轮齿左右两侧齿廓间的弧长称为该圆周上的齿厚，以 s_i 表示；相邻两轮齿，任意圆周上齿槽的弧线长度，称为该圆周上的齿槽宽，以 e_i 表示；沿任意圆周，相邻两齿同侧齿廓之间的弧长称为该圆周上的齿距，以 p_i 表示。在同一圆周上，齿距等于齿厚与齿槽宽之和，即

$$p_i = s_i + e_i \tag{5-8}$$

分度圆上的齿厚、齿槽宽和齿距分别以 s、e 和 p 表示。

（6）齿顶高、齿根高和齿高　轮齿介于分度圆与齿顶圆之间的部分称为齿顶，其径向高度称为齿顶高，以 h_a 表示；介于分度圆与齿根圆之间的部分称为齿根，其径向高度称为齿根高，以 h_f 表示；齿顶高与齿根高之和称为齿高，以 h 表示，则

$$h = h_a + h_f \tag{5-9}$$

5.4.2 齿轮的基本参数

（1）齿数 z　在齿轮整个圆周上轮齿的总数称为齿数，用 z 表示。

（2）模数 m　由于齿轮分度圆的周长等于 zp，故分度圆的直径 d 可表示为

$$d = \frac{zp}{\pi}$$

为了便于设计、计算、制造和检验，现令

$$m = \frac{p}{\pi}$$

m 称为齿轮的模数，其单位为 mm，于是得

$$d = mz \tag{5-10}$$

模数 m 已经标准化了，表 5-1 为 GB/T 1357—2008 所规定的圆柱齿轮标准模数系列。齿数相同的齿轮，若模数不同，则其尺寸也不同（图 5-12）。

表 5-1　圆柱齿轮标准模数系列（GB/T 1357—2008）　　（单位：mm）

系列									
第一系列	1	1.25	1.5	2	2.5	3	4	5	6
	8	10	12	16	20	25	32	40	50
第二系列	1.125	1.375	1.75	2.25	2.75	3.5	4.5	5.5	(6.5)
	7	9	11	14	18	22	28	36	45

注：选用模数时，应优先采用第一系列，其次是第二系列，括号内的模数尽可能不用。

（3）分度圆压力角 α（简称压力角）　由式（5-4）可知，同一渐开线齿廓上各点的压力角不同。通常所说的齿轮压力角是指在分度圆上的压力角，以 α 表示。根据式（5-4）有

$$\alpha = \arccos(r_b / r)$$

或

$$r_b = r\cos\alpha = \frac{1}{2}zm\cos\alpha \tag{5-11}$$

GB/T 1356—2001 中规定，分度圆压力角的标准值 $\alpha = 20°$。在某些特殊场合，α 也有采用其他值的情况，如 $\alpha = 15°$等。

（4）齿顶高系数 h_a^* 和顶隙系数 c^* 齿顶高系数和顶隙系数分别用 h_a^* 和 c^* 表示。

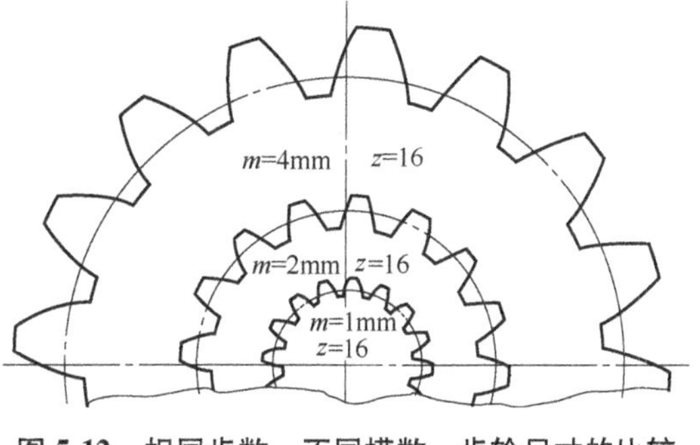

图 5-12 相同齿数，不同模数，齿轮尺寸的比较

齿轮的齿顶高

$$h_a = h_a^* m \tag{5-12}$$

齿根高

$$h_f = (h_a^* + c^*)m \tag{5-13}$$

齿根高略大于齿顶高，这样在一个齿轮的齿顶到另一个齿轮的齿根的径向就形成顶隙 c

$$c = c^* m \tag{5-14}$$

顶隙既可以存储润滑油，也可以防止轮齿干涉。

齿顶高系数 h_a^* 和顶隙系数 c^* 也已经标准化了，见表 5-2。

表 5-2 齿顶高系数和顶隙系数

	正常齿制	短齿制
齿顶高系数 h_a^*	1	0.8
顶隙系数 c^*	0.25	0.3

5.4.3 渐开线齿轮的尺寸计算公式

标准齿轮：满足基本参数 m、α、h_a^*、c^* 均为标准值，且满足 $e=s$ 条件的齿轮。

表 5-3 是渐开线标准直齿圆柱齿轮传动几何尺寸的计算公式。

表 5-3 渐开线标准直齿圆柱齿轮传动几何尺寸的计算公式

名称	代号	计算公式	
		小齿轮	大齿轮
模数	m	（根据齿轮受力情况和结构需要确定，选取标准值）	
压力角	α	选取标准值	
分度圆直径	d	$d_1 = mz_1$	$d_2 = mz_2$
齿顶高	h_a	$h_{a1} = h_{a2} = h_a^* m$	
齿根高	h_f	$h_{f1} = h_{f2} = (h_a^* + c^*)m$	
齿高	h	$h_1 = h_2 = (2h_a^* + c^*)m$	
齿顶圆直径	d_a	$d_{a1} = (z_1 + 2h_a^*)m$	$d_{a2} = (z_2 + 2h_a^*)m$
齿根圆直径	d_f	$d_{f1} = (z_1 - 2h_a^* - 2c^*)m$	$d_{f2} = (z_2 - 2h_a^* - 2c^*)m$
基圆直径	d_b	$d_{b1} = d_1\cos\alpha$	$d_{b2} = d_2\cos\alpha$

（续）

名称	代号	计算公式	
		小齿轮	大齿轮
齿距	p	$p=\pi m$	
基圆齿距	p_b	$p_b=p\cos\alpha$	
齿厚	s	$s=\pi m/2$	
齿槽宽	e	$e=\pi m/2$	
顶隙	c	$c=c^* m$	
标准中心距	a	$a=m(z_1+z_2)/2$	
节圆直径	d'	$d'=d$（当中心距为标准中心距 a 时）	
传动比	i	$i_{12}=\omega_1/\omega_2=d_2'/d_1'=d_{b2}/d_{b1}=d_2/d_1=z_2/z_1$	

5.4.4 齿条和内齿轮

1. 齿条

标准齿条如图 5-13 所示。齿条与齿轮相比有以下两个主要特点：

1）由于齿条的齿廓是直线，因此齿廓上各点的法线是平行的，而且由于在传动时齿条是做直线移动的，故齿条齿廓上各点的压力角相同，其大小等于齿廓直线的齿形角 α。

2）由于齿条上各齿同侧的齿廓是平行的，因此不论在分度线上或与其平行的其他直线上，其齿距都相等，即 $p_i=p=\pi m$。

齿条的部分基本尺寸（如 h_a、h_f、s、e、p、p_b 等）可参照外齿轮几何尺寸的计算公式进行计算。

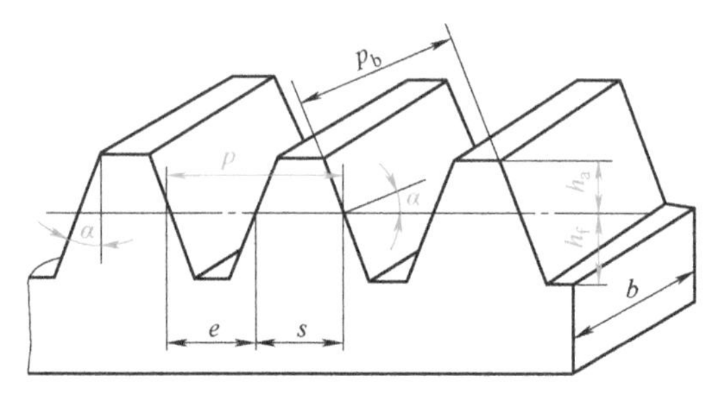

图 5-13　标准齿条

2. 内齿轮

图 5-14 所示为内齿圆柱齿轮。

由于内齿轮的轮齿分布在空心圆柱体的内表面上，因此它与外齿轮相比较有下列不同点：

1）内齿轮的齿根圆大于齿顶圆。

2）内齿轮的轮齿相当于外齿轮的齿槽，内齿轮的齿槽相当于外齿轮的轮齿，故内齿轮的齿廓是内凹的。

3）为了使内齿轮齿顶的齿廓全部为渐开

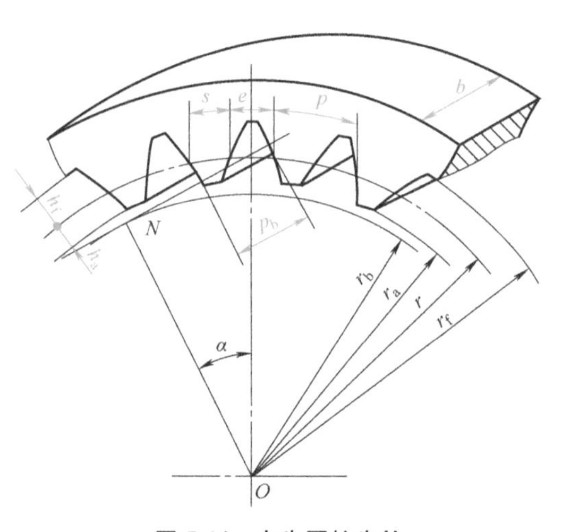

图 5-14　内齿圆柱齿轮

线，则其齿顶圆必须大于基圆。

基于内齿轮与外齿轮的不同，其部分基本尺寸的计算公式也就不同，如齿顶圆直径 $d_a=d+2h_a$，齿根圆直径 $d_f=d+2h_f$ 等。

5.5 渐开线标准直齿圆柱齿轮的啮合传动

渐开线齿廓虽然能够满足定传动比传动条件，但要实现一对渐开线齿轮的正常工作，还需要满足正确啮合条件、正确安装条件和连续传动条件。

如果两个齿轮能够一起啮合，则必须使一个齿轮的轮齿能够正常进入另一轮的齿槽中，否则将无法进行啮合传动。现就图5-15所示加以说明。

一对渐开线齿轮在传动时，它们的齿廓啮合点都应位于啮合线 N_1N_2 上，因此若要齿轮能正确啮合传动，应使处于啮合线上的各对轮齿都能同时进入啮合，为此两齿轮相邻两齿同侧齿廓的法向距离（法向齿距 p_n）应相等，即

$$p_{n1}=\overline{K_1K_1'}=\overline{K_2K_2'}=p_{n2}$$

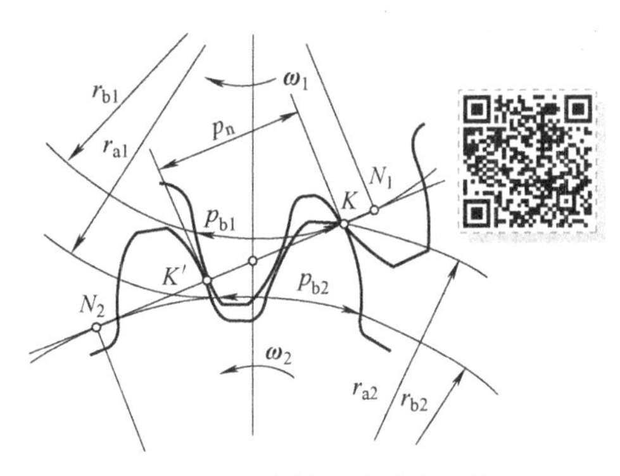

图 5-15 齿轮正确啮合条件

根据渐开线的特性1，法向齿距 p_n 应等于基圆上的齿距 p_b，故有

$$p_{b1}=p_{b2}$$

$$m_1\cos\alpha_1=m_2\cos\alpha_2$$

对于标准齿轮，由于模数和压力角均已标准化，为满足上式，应使

$$m_1=m_2=m,\quad \alpha_1=\alpha_2=\alpha \tag{5-15}$$

故一对渐开线标准直齿圆柱齿轮正确啮合条件：两轮的模数和压力角应分别相等。

一对齿轮应满足的正确安装条件：①顶隙为标准值；②两轮的齿侧间隙为零。

一对渐开线齿廓在啮合传动中具有可分性，即虽然齿轮传动的中心距的变化不影响传动比，但会改变齿轮传动的顶隙和齿侧间隙的大小。

1. 两齿轮的顶隙为标准值

在一对齿轮传动时，为了避免一齿轮的齿顶与另一齿轮的齿槽底部及齿根过渡曲线部分相抵触，并且为了有一些空隙以便储存润滑油，故在一齿轮的齿顶圆与另一齿轮的齿根圆之间留有一定的间隙，称为顶隙，顶隙的标准值 $c=c^*m$。由图 5-16a 可见，两齿轮的顶隙大小与两齿轮的中心距有关。

当顶隙为标准值时，设两齿轮的中心距为 a，则

$$\begin{aligned} a &= r_{a1}+c+r_{f2}=(r_1+h_a^* m)+c^* m+(r_2-h_a^* m-c^* m) \\ &= r_1+r_2=m(z_1+z_2)/2 \end{aligned} \tag{5-16}$$

即两齿轮的中心距等于两齿轮分度圆的半径之和，这种中心距又称为标准中心距。

一对齿轮啮合时两齿轮的节圆总是相切的，当两齿轮按标准中心距安装时，两齿轮的分度圆也是相切的，即 $r_1'+r_2'=r_1+r_2$。又因 $i_{12}=r_2'/r_1'=r_2/r_1$，故两齿轮按标准中心距安装时，两齿轮的节圆分别与其分度圆相重合。

2. 两齿轮的齿侧间隙为零

由图 5-16 可见，一对轮齿侧隙的大小显然也与中心距的大小有关。虽然在实际齿轮传动中，在两轮齿的非工作齿侧间总要留有一定的间隙，但为了减小或避免轮齿间的反向冲撞和空程，这种齿侧间隙一般都很小，并由制造公差来保证。而在计算齿轮的公称尺寸和中心距时，都是按齿侧间隙为零来考虑的。

若一对齿轮在传动时其齿侧间隙为零，需使一个齿轮在节圆上的齿厚等于另一个齿轮在节圆上的齿槽宽，即齿侧间隙为零的条件：$s_1'=e_2'$，$s_2'=e_1'$。

当一对标准直齿圆柱齿轮按标准中心距安装时，两齿轮的节圆与其分度圆重合，而分度圆上的齿厚与齿槽宽相等，因此有 $s_1'=e_2'=s_2'=e_1'=\pi m/2$。标准齿轮在按标准中心距安装时，其无齿侧间隙的要求也能得到满足。

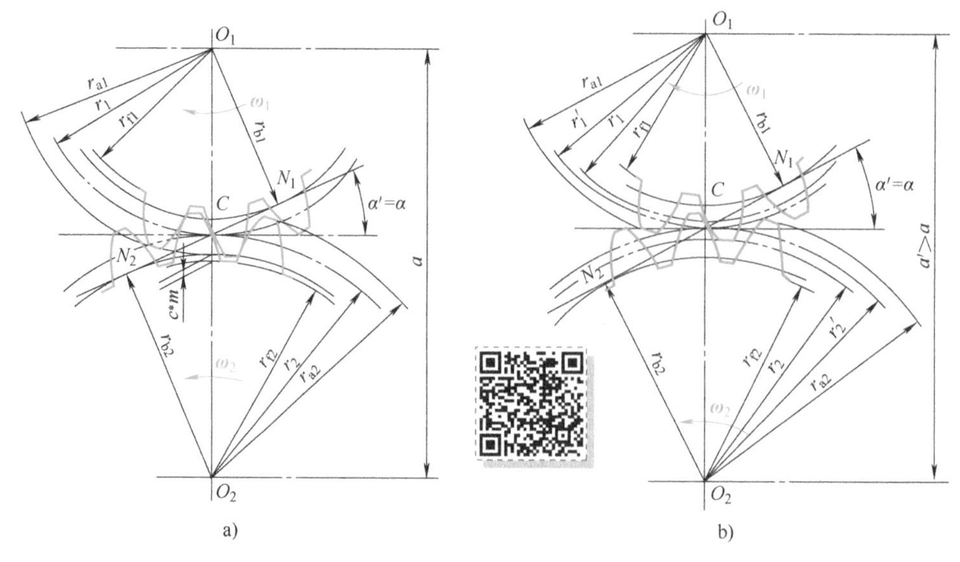

图 5-16 齿轮正确安装条件

一对齿轮在啮合时，其节点 C 的速度方向与啮合线 $\overline{N_1N_2}$ 之间所夹的锐角称为啮合角，用 α' 表示。由此定义可知，啮合角 α' 总是等于节圆压力角。

当两齿轮按标准中心距安装时，齿轮的节圆与其分度圆重合，啮合角 α' 等于齿轮的分度圆压力角 α。

当两齿轮的实际中心距 a' 与标准中心距 a 不相同时，两齿轮的分度圆将不再相切。设将原来的中心距 a 增大，如图 5-16b 所示，这时两齿轮的分度圆不再相切，而是相互分离开一段距离。两齿轮的节圆半径将大于各自的分度圆半径，其啮合角 α' 也将大于分度圆的压力角 α。因 $r_b = r\cos\alpha = r'\cos\alpha'$，故有 $r_{b1}+r_{b2}=(r_1+r_2)\cos\alpha=(r_1'+r_2')\cos\alpha'$，则齿轮的中心距与啮合角的关系式为

$$a'\cos\alpha' = a\text{cso}\alpha \tag{5-17}$$

对于图 5-17 所示的齿轮齿条传动，由于齿条的渐开线齿廓变为直线，而且不论齿轮与齿条是标准安装（此时齿轮的分度圆与齿条的分度线相切），还是齿条沿径向线 O_1C 远离或靠近齿轮（相当于中心距改变），齿条的直线齿廓总是保持原始方向不变，因此使啮合线 N_1N_2 及节点 C 的位置也始终保持不变。这说明，对于齿轮和齿条传动，不论两者是否为标准安装，齿轮的节圆始终与其分度圆重合，其啮合角 α' 始终等于齿轮的分度圆压力角 α。只是在非标准安装时，齿条的节线与其分度线将不再重合。

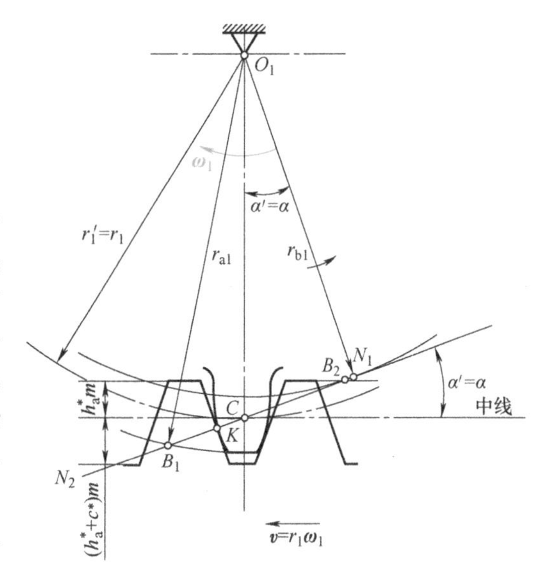

图 5-17 齿轮齿条的正确安装

图 5-18 所示为一对满足正确啮合条件的渐开线标准直齿圆柱齿轮的啮合传动。设齿轮 1 为主动轮，以角速度 $\boldsymbol{\omega}_1$ 做顺时针方向回转；齿轮 2 为从动轮，以角速度 $\boldsymbol{\omega}_2$ 做逆时针方向回转。直线 N_1N_2 为这对齿轮传动的啮合线。现分析轮齿的啮合过程：

1）两齿轮轮齿在 B_2 点进入啮合，B_2 称为起始啮合点。B_2 点是从动轮 2 的齿顶圆与啮合线 N_1N_2 的交点。

2）随着传动的进行，两齿廓的啮合点将沿着主动轮的齿廓，由齿根逐渐移向齿顶；而该啮合点也将沿着从动轮的齿廓，由齿顶逐渐移向齿根。

3）两齿轮轮齿到达 B_1 点即将退出啮合，B_1 称之为终止啮合点。B_1 点是主动轮 1 的齿顶圆与啮合线 N_1N_2 的交点。

从一对轮齿的啮合过程来看，啮合点实际所走过的轨迹只是啮合线 N_1N_2 上的 B_1B_2 段，故把 B_1B_2 称为实际啮合线段。啮合线 N_1N_2 是理论上可能达到的最长啮合线段，称为理论啮合线段，而点 N_1、N_2 则称为啮合极限点。

由此可见，一对轮齿啮合传动的区间是有限的。因此，为了两齿轮能够连续地传动，必须保证在前一对轮齿尚未脱离啮合时，后一对轮齿就要及时进入啮合。而为了达到这一目的，则实际啮合线段$\overline{B_1B_2}$应大于或至少等于齿轮的法向齿距 p_b，如图 5-19 所示。

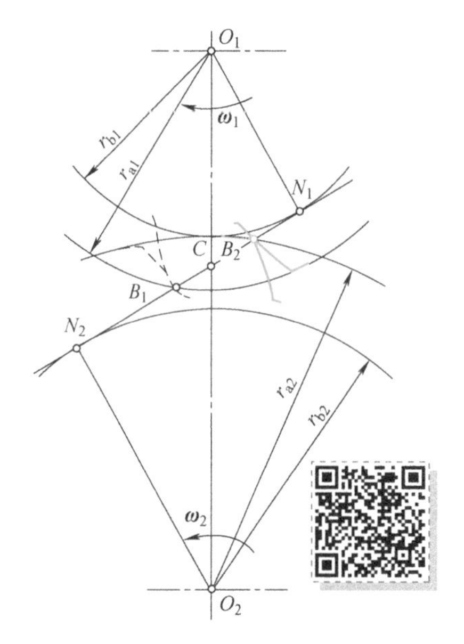

图 5-18　轮齿的啮合过程

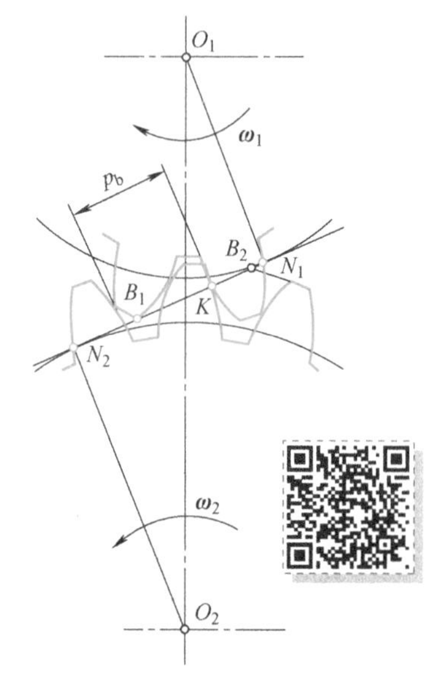

图 5-19　连续传动条件

因此，渐开线直齿圆柱齿轮的连续传动条件为

$$\overline{B_1B_2} \geqslant p_b \tag{5-18}$$

通常把$\overline{B_1B_2}$与 p_b 的比值 ε_α 称为齿轮传动的重合度。于是，可得到齿轮连续传动的条件为

$$\varepsilon_\alpha = \frac{\overline{B_1B_2}}{p_b} \geqslant [\varepsilon_\alpha] \tag{5-19}$$

式（5-19）中，$[\varepsilon_\alpha]$ 为重合度 ε_α 的许用值。

$[\varepsilon_\alpha]$ 值是随齿轮传动的使用要求和制造精度而定的，$[\varepsilon_\alpha]$ 的推荐值见表 5-4。

表 5-4　$[\varepsilon_\alpha]$ 的推荐值

使用场合	一般机械制造业	汽车拖拉机	金属切削机床
$[\varepsilon_\alpha]$	1.4	1.1~1.2	1.3

重合度 ε_α 的计算公式可以由图 5-20a 得出：

$$\overline{B_1B_2} = \overline{CB_1} + \overline{CB_2}$$

$$
\begin{aligned}
\overline{CB_1} &= \overline{N_1B_1} - \overline{N_1C} \\
&= r_{b1}(\tan\alpha_{a1} - \tan\alpha') \\
&= \frac{mz_1}{2}\cos\alpha(\tan\alpha_{a1} - \tan\alpha')
\end{aligned}
$$

同理

$$
\overline{CB_2} = \frac{mz_2}{2}\cos\alpha(\tan\alpha_{a2} - \tan\alpha')
$$

将$\overline{B_1B_2}$的表达式及 $p_b = \pi m\cos\alpha$ 代入式（5-19），可得重合度的计算公式为

$$
\varepsilon_\alpha = \frac{1}{2\pi}[z_1(\tan\alpha_{a1} - \tan\alpha') + z_2(\tan\alpha_{a2} - \tan\alpha')] \tag{5-20}
$$

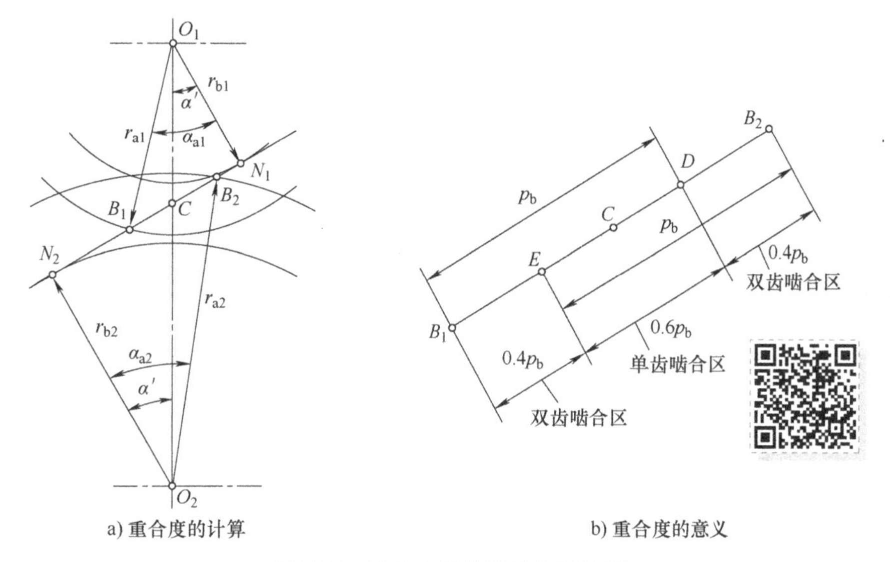

a) 重合度的计算　　b) 重合度的意义

图 5-20　外啮合齿轮的重合度计算

重合度 ε_α 的含义：ε_α 的大小表示了同时参与啮合的轮齿对数的平均值。

当 $\varepsilon_\alpha = 1$ 时，表示前面一对轮齿即将在 B_1 点脱离啮合，后一对轮齿恰好在 B_2 点进入啮合，啮合过程中始终仅有一对轮齿参与啮合。

当 $\varepsilon_\alpha = 1.4$ 时，表示实际啮合线B_1B_2是法向齿距 p_b 的 1.4 倍；DE 段为单齿啮合区［长度为（$2-\varepsilon_\alpha$）p_b］，当轮齿在此段啮合时，只有一对轮齿相啮合；B_2D 段和 B_1E 段为双齿啮合区［长度为（$\varepsilon_\alpha - 1$）p_b］，当轮齿在其任一段啮合时，必有相邻的一对轮齿在另一段上啮合，如图 5-20b 所示。

由式（5-19）可见，重合度 ε_α 与模数 m 无关，且随着齿数 z 的增多而加大。对于按标准中心距安装的标准齿轮传动，当两齿轮的齿数趋于无穷大时的极限重合度 $\varepsilon_{\alpha\max} = 1.981$。此外，重合度 ε_α 还随啮合角 α'的减小和齿顶高系数 h_a^* 的增大而增大。齿轮传动的重合度 ε_α 越大，意味着同时参与啮合的轮齿对数越多或双齿啮合区越长，这对于提高齿轮传动的平稳性，提高承载能力都有重要的意义。

5.6 渐开线齿轮的加工

知识点：
渐开线齿廓的加工

齿轮的加工可采用铸造法、冲压法、冷轧法、热轧法和切削加工法等，一般机械中使用的齿轮通常采用切削加工法。根据加工原理的不同，切削加工法可以分为仿形法和展成法。

1. 仿形法

仿形法是用切削刃形状与齿轮的齿槽形状相同的铣刀，在普通铣床上逐个将齿轮齿槽切出的方法。齿轮铣刀分为盘形齿轮铣刀（图 5-21a）和指形齿轮铣刀（图 5-21b）。理论上，用仿形法一把齿轮铣刀只能精确地加工出模数和压力角与刀具相同的一种齿数的齿轮，该齿轮被称为精确齿轮。而实际生产中，为减少刀具的数量，通常同一模数和压力角的齿轮铣刀只配备数种刀具，因此，每把齿轮铣刀要加工出与精确齿轮齿数接近的一定范围的齿数。因此，这种方法所加工的齿轮精度低，生产率低，只适合单件、小批且精度要求不高的使用对象。仿形法加工齿轮的主要运动有铣刀转动所形成的切削运动，以及为加工出全部齿轮宽度和齿数所需的进给运动和分度运动。

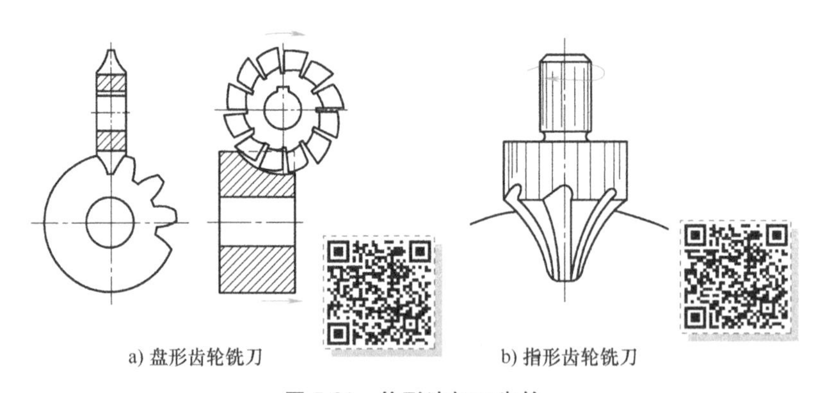
a) 盘形齿轮铣刀　　b) 指形齿轮铣刀

图 5-21　仿形法加工齿轮

2. 展成法

根据齿廓啮合基本定律，当刀具与轮坯按给定的传动比 $i=\omega_{刀}/\omega_{坯}=z_{坯}/z_{刀}$ 运动，且刀具齿廓为渐开线或直线形状时，则刀具齿廓就可以在齿坯上加工出与其共轭的渐开线齿廓。齿轮加工中的插齿、滚齿、磨齿等方法都应用了这种原理。

图 5-22a 所示是在插齿机上用齿轮插刀切制齿轮的情形。齿轮插刀相当于有 $z_{刀}$ 个齿且有切削刃的外齿轮。加工时，插刀沿轮坯轴线方向做往复切削运动，同时插刀与轮坯按给定的传动比 $i=\omega_{刀}/\omega_{坯}=z_{坯}/z_{刀}$ 做展成运动（图 5-22b）。

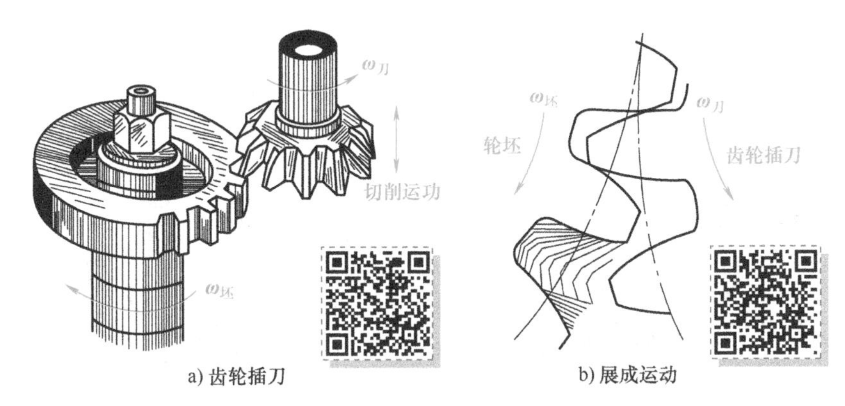

a) 齿轮插刀　　b) 展成运动

图 5-22 用齿轮插刀加工齿轮

为逐步加工出齿轮的全部高度，插刀要向轮坯中心方向做慢速径向进给运动；为防止刀具向上退刀时擦伤已加工好的齿面，轮坯还需做微量让刀运动。这样，刀具的渐开线齿廓就可在轮坯上切出与其共轭的渐开线齿廓。

图 5-23a 所示是用齿条插刀切制齿轮的情形。加工时，轮坯以角速度 $\boldsymbol{\omega}_{坯}$ 转动，齿条插刀沿轮坯切向的圆周速度和轮坯分度圆的线速度 $v=\dfrac{mz}{2}\omega_{坯}$ 相等，形成展成运动（图 5-23b）。其他运动与齿轮插刀切齿时的情况类似。

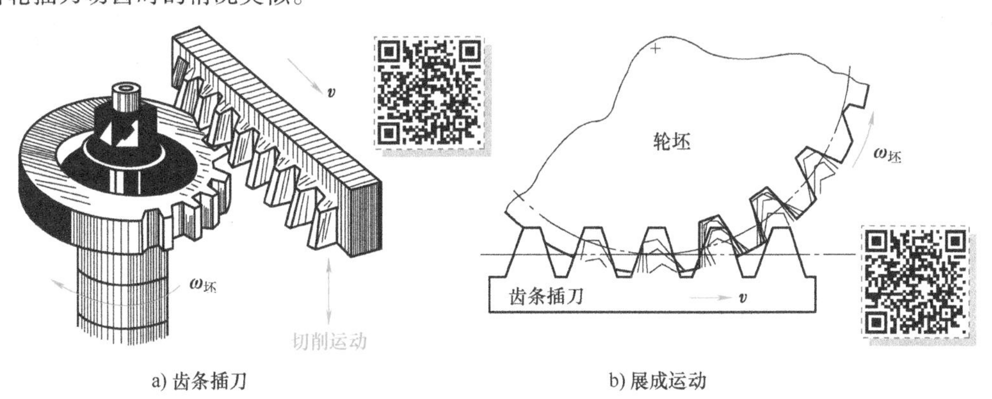

a) 齿条插刀　　b) 展成运动

图 5-23 用齿条插刀加工齿轮

在插齿机上加工齿轮时，由于切削运动不连续，故生产率不高。因此，在生产中更广泛地采用在滚齿机上用齿轮滚刀加工齿轮的方法（图 5-24a）。

滚刀的形状像个螺杆，在与螺旋线垂直的方向上开有若干个槽，从而形成切削刃（图 5-24b）。加工齿轮时，滚刀的轴线与齿轮轮坯端面的夹角等于滚刀的导程角 γ（图 5-24c）。这样，在轮坯被切削点上，滚刀螺纹的切线方向与轮坯的齿向相同，滚刀在轮坯端面上的投影相当于齿条。滚刀转动时，即完成了对轮坯的切削运动，同时在轮坯端面上的投影相当于齿条在移动，从而与轮坯的转动一起形成了展成运动（图 5-24d）。因此，滚刀与齿条插刀切制齿轮的工作原理相似，都属于齿条型刀具。只是滚刀用连续的旋转运动代替了插齿刀的切削运动和展成运动。在齿条型刀具上，平行于齿顶线且齿厚与齿槽宽相等的直线称为中线，它相当于普通齿条的分度线。加工标准齿轮时，刀具的中线与被加工齿轮的分度圆相切，并做纯滚动（展成运动）。此外，为了切制具有一定轴向宽度的齿轮，滚刀还需沿轮坯轴线方向做慢速进给运动。在滚齿机上加工齿轮，因为切削运动连续，所以生产率较插齿法要高。

理论上用展成法可以用一把刀具加工出模数和压力角与刀具相同的任意齿数的齿轮。

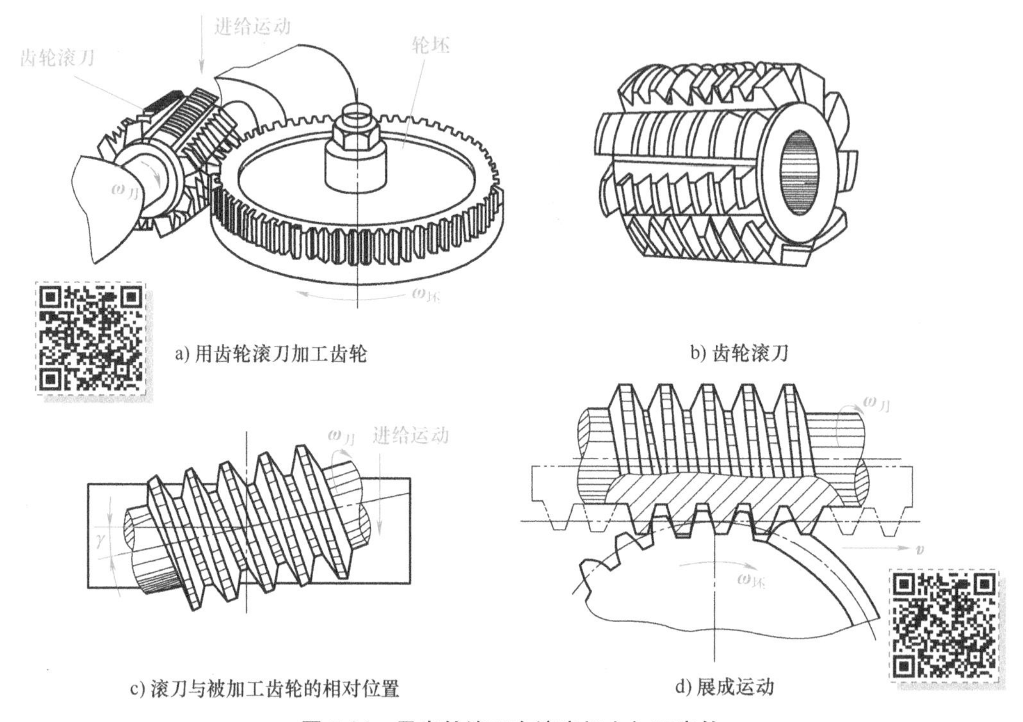

a) 用齿轮滚刀加工齿轮　　b) 齿轮滚刀

c) 滚刀与被加工齿轮的相对位置　　d) 展成运动

图 5-24　用齿轮滚刀在滚齿机上加工齿轮

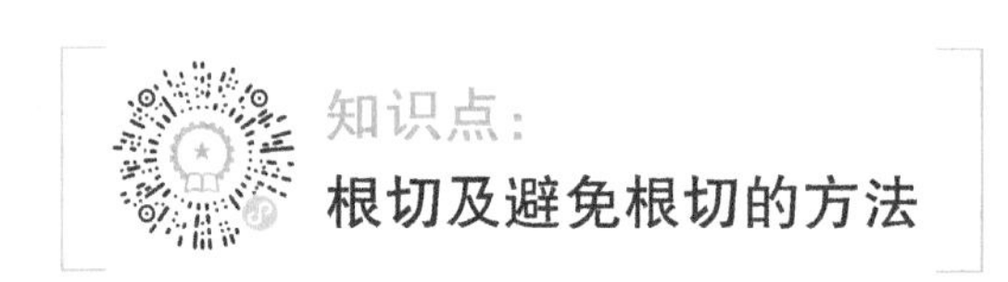

1. 根切现象

用展成法加工渐开线齿轮时，当被加工齿轮的基本参数选择得不合适时，被加工齿轮齿根的齿廓会被切去一部分，这种现象称为“根切”，如图 5-25 所示。

根切会降低齿根强度，甚至会减小传动的重合度，减少使用寿命，影响传动质量，因此应尽量避免。

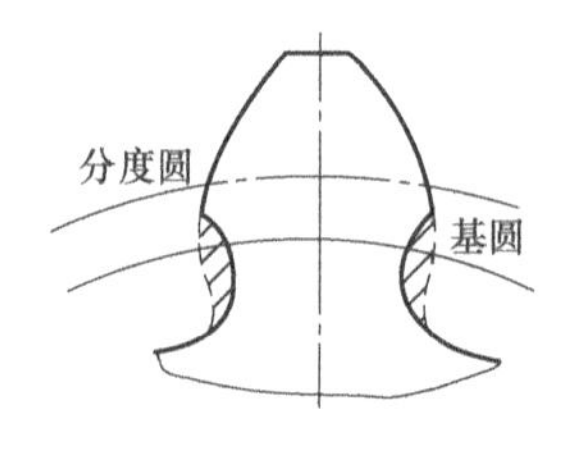

图 5-25　齿轮的根切现象

2. 根切原因

用展成法加工渐开线齿轮时，当刀具的齿顶线或齿顶圆与啮合线的交点超过被切齿轮的啮合极限点时，就会产生根切。

图 5-26 所示是用标准齿条型刀具切制标准齿轮的情况。这里只考虑轮齿根部渐开线段齿廓被切掉的情况，因此将刀具等同于齿条，即刀具的齿顶高为 $h_a^* m$，而不是实际刀具的齿顶高 $(h_a^* + c^*)m$。下面通过该图说明根切产生的原因。

图中刀具的中线（分度线）与被加工齿轮（轮坯）分度圆相切。点 N_1 是轮坯的基圆与啮合线的切点，即啮合极限点。被加工齿轮分度圆与齿条刀具的中线做纯滚动。刀具的切削刃与被切齿廓在位置Ⅰ进入啮合，从啮合线上的 B_1 点开始切削齿轮齿廓，切削刃与轮坯逐点在啮合线上接触，把齿廓切制出来。到位置Ⅱ时切削刃已把渐开线齿廓全部切出。如果刀具的齿顶线刚好通过点 N_1，则展成运动继续进行时，切削刃与加工好的渐开线将退出啮合，不会产生根切。如果刀具的齿顶线超过了啮合极限点 N_1，如图所示，当刀具由位置Ⅱ运动到位置Ⅲ时，刀具移动了 s 距离，轮坯分度圆转过了 s 弧长，对应转过了 φ 角，此时切削刃与啮合线交于点 K。易知

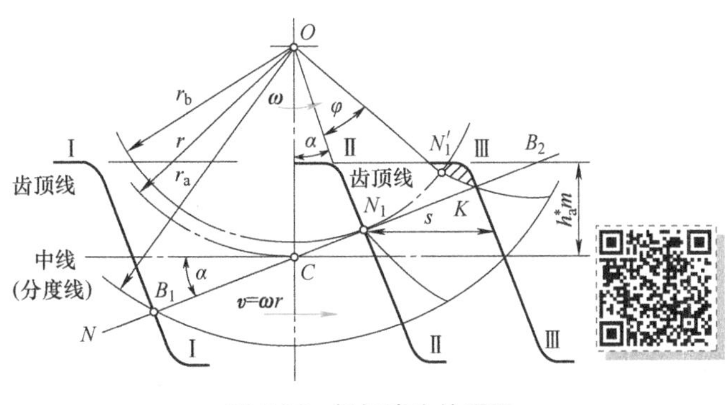

图 5-26 根切产生的原因

$$\overline{N_1K}=s\cos\alpha=r\varphi\cos\alpha=\varphi r_b=\widehat{N_1N_1'}$$

自同一点 N_1 出发的线段 N_1K 为刀具两位置Ⅱ和Ⅲ之间的法向距离，而 $\widehat{N_1N_1'}$ 则为齿轮基圆上转过的弧长。因为它们的长度相等，所以渐开线齿廓上的 N_1' 点必落在切削刃上 K 点的后面，即 N_1' 点附近的渐开线必然被切削刃切掉而产生根切（如图所示的阴影部分）。

用展成法加工渐开线齿轮时，对于某一刀具，其模数 m、压力角 α、齿顶高系数 h_a^* 和齿数 z 为定值，故其齿顶圆的位置就确定了。这时若被切齿轮的基圆越小，则啮合极限点 N 越接近节点 C，也就越容易发生根切现象。又因为基圆半径 $r_b=\frac{mz}{2}\cos\alpha$，而模数 m 和压力角 α 为定值，所以被切齿轮齿数越少，越容易发生根切。

3. 避免根切的措施

(1) 标准齿轮无根切的最少齿数 为避免产生根切现象，则啮合极限点 N_1 必须位于刀具齿顶线之上（图5-26），即应使

$$\overline{CN_1}\sin\alpha \geqslant h_a^* m$$

而

$$\overline{CN_1}=r\sin\alpha=\frac{1}{2}mz\sin\alpha$$

由此可以求出齿轮无根切的最小齿数

$$z_{min}=\frac{2h_a^*}{\sin^2\alpha} \tag{5-21}$$

当 $h_a^*=1$，$\alpha=20°$ 时，$z_{min}=17$。

(2) 齿轮的变位加工 有时需要制造齿数少于最少齿数 z_{min} 而又不产生根切的齿轮。由式（5-21）可见，为了使不产生根切的被切齿轮的齿数更少，可以减小齿顶高系数 h_a^* 及加大压力角 α。由于减小 h_a^* 将使重合度减小，增大 α 将使功率损耗增加，降低传动效率，而且要采用非标准刀具，因此，这两种方法应尽量不采用。

解决上述问题的最好方法是将齿条刀具由切削标准齿轮的位置相对于轮坯中心向外移出一段距离 xm（由图 5-27 中的虚线位置移至实线位置），从而使刀具的齿顶线不超过点 N，这样就不会再发生根切现象了。

这种用改变刀具与轮坯的相对位置来切制齿轮的方法，即所谓的变位修正法。

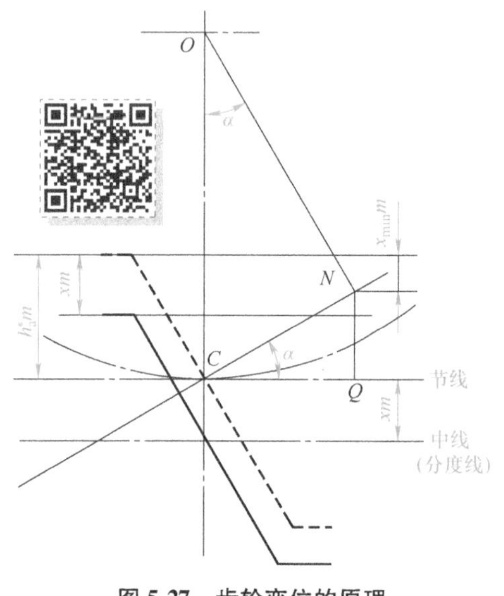

图 5-27　齿轮变位的原理

由于刀具与齿轮轮坯相对位置的改变，使刀具的分度线与齿轮的分度圆不再相切，这样加工出来的齿轮由于 $s \neq e$，已不再是标准齿轮，故称为变位齿轮。齿条刀具分度线与齿轮轮坯分度圆之间的距离 xm 称为径向变位量，其中 m 为模数，x 称为径向变位系数（简称变位系数）。当把刀具向远离齿轮轮坯中心方向移动时，称为正变位，x 为正值（$x>0$），这样加工出来的齿轮称为正变位齿轮；如果被切齿轮的齿数比较多，为了满足齿轮传动的某些要求，有时刀具也可以由标准位置向靠近被切齿轮的中心方向移动，此称为负变位，x 为负值（$x<0$），这样加工出来的齿轮称为负变位齿轮。

如图 5-27 所示，当用展成法加工齿轮的实际齿数 $z<z_{min}$ 时，为避免根切，刀具向远离齿轮中心的方向移动一段距离，使刀具的齿顶线刚好通过轮坯与刀具的啮合极限点 N，齿轮就不会产生根切，此时刀具沿径向方向所需移动的最小位移为 $x_{min}m$，x_{min} 称为最小变位系数，故有

$$\frac{mz}{2}\sin^2\alpha = (h_a^* - x_{min})m \tag{5-22}$$

由式（5-21）有

$$\sin^2\alpha = \frac{2h_a^*}{z_{min}}$$

代入式（5-22），有

$$x_{min} = h_a^* \frac{z_{min} - z}{z_{min}} \tag{5-23}$$

由式（5-23）可以看出，当被加工齿轮的齿数 $z<z_{min}$ 时，$x_{min}>0$，故必须采用正变位，才能消除根切；当所加工齿轮的齿数 $z>z_{min}$ 时，$x_{min}<0$，这说明加工齿轮时刀具向轮坯轮心方向移动一段距离（采用负变位）也不会出现根切，移动的最大距离是 $x_{min}m$。

5.7 变位齿轮的设计

渐开线标准齿轮传动具有设计简单、互换性好等一系列优点，但是标准齿轮传动有时也不能满足工程实际的要求。如：

1）当采用展成法加工渐开线齿轮时，如果被加工的齿轮齿数过少，则其齿廓会发生如图5-25所示的根切现象。另外，齿轮传动比 $i=n_1/n_2=z_2/z_1$，由于受到主动齿轮 $z_1 \geqslant z_{min}$ 的限制，这就使得在模数 m 不变且要满足传动比要求时，这对齿轮的中心距 $a=m(z_2+z_1)/2$ 不能减小，这样标准齿轮传动就很难满足某些场合对齿轮机构结构紧凑的要求。

2）标准齿轮的标准中心距等于两齿轮的分度圆半径之和，即 $a=(r_1+r_2)=m(z_2+z_1)/2$，而机器中齿轮传动的实际中心距 a' 不一定总是等于标准中心距 a。此时，标准齿轮就无法满足多种中心距的要求。

3）在一对相互啮合的标准齿轮中，由于小齿轮齿廓渐开线的曲率半径较小，齿根厚度也较薄，而且参与啮合的次数又较多，因而其强度较低，容易损坏。标准齿轮不能满足对两个齿轮基本等寿命的要求。

为了拓展齿轮的应用范围，改善和解决标准齿轮存在的不足，就必须突破标准齿轮的限制，对齿轮进行必要的修正，使其尽可能多地满足工程实际的要求。对齿轮进行修正的方法有多种，现在最为广泛采用的是变位齿轮传动。

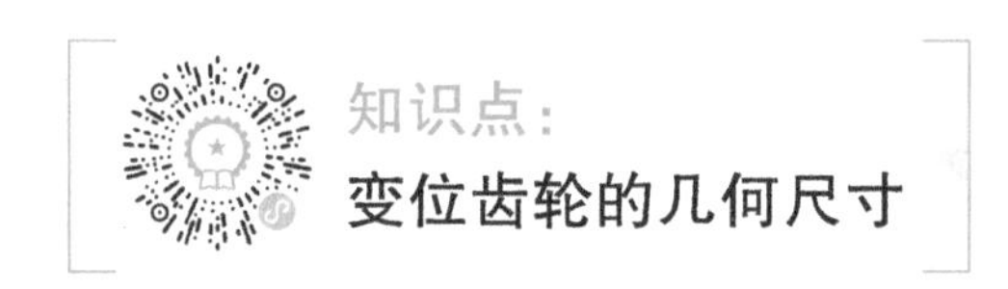

若变位齿轮与标准齿轮的基本参数（z、m、α、h_a^*、c^*）相同，则它们的齿廓曲线都是由同一个基圆所生成的渐开线，只是正、负变位及标准齿轮分别使用了同一渐开线的不同部分（图5-28）。因此，变位齿轮与标准齿轮相比有些几何尺寸相同（如分度圆、基圆、齿距和基圆齿距），而有些几何尺寸则发生了变化（如齿顶圆、齿根圆、齿顶高、齿根高，分度圆的齿厚和齿槽宽）。

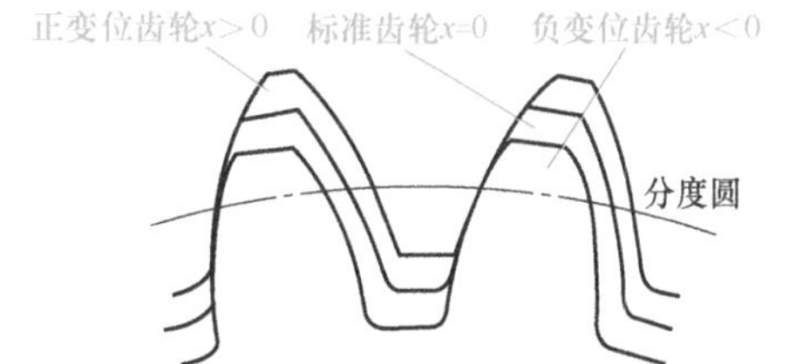

图5-28 变位齿轮与标准齿轮比较

如图5-29所示，对于正变位齿轮，由于与被切齿轮分度圆相切的已不再是刀具的分度线，而是刀具节线，刀具节线上的齿槽宽较分度线上的齿槽宽增大了 $2\overline{KJ}$；由于轮坯分度圆与刀具节线做纯滚动，故轮坯分度圆齿厚也增大了 $2\overline{KJ}$。而由 $\triangle IJK$ 可知，$\overline{KJ}=xm\tan\alpha$。因此，正变位齿轮的齿厚

$$s=\frac{\pi m}{2}+2\overline{KJ}=\left(\frac{\pi}{2}+2x\tan\alpha\right)m \tag{5-24}$$

又由于齿条型刀具的齿距恒等于 πm，故正变位齿轮的齿槽宽

$$e=\frac{\pi m}{2}-2\overline{KJ}=\left(\frac{\pi}{2}-2x\tan\alpha\right)m \tag{5-25}$$

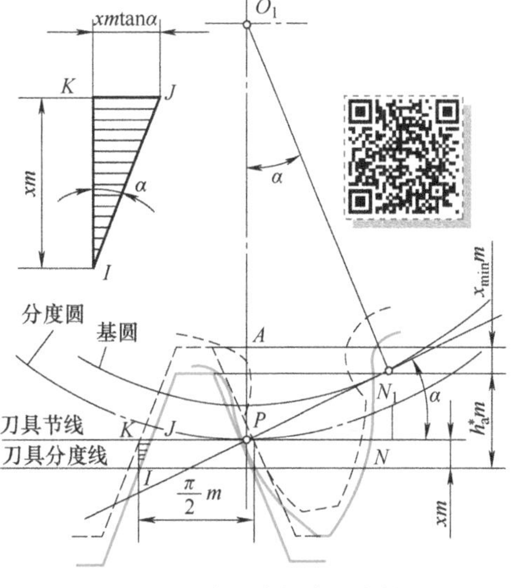

图5-29 变位齿轮齿厚变化

由图5-29可见，当刀具采取正变位 xm 后，这样

切出的正变位齿轮，其齿根高较标准齿轮减小了一段 xm，即

$$h_f = h_a^* m + c^* m - xm = (h_a^* + c^* - x)m \tag{5-26}$$

为了保持齿高不变，其齿顶高应较标准齿轮增大 xm 一段（暂不计它对顶隙的影响），这时齿顶高

$$h_a = h_a^* m + xm = (h_a^* + x)m \tag{5-27}$$

其齿顶圆半径

$$r_a = r + (h_a^* + x)m \tag{5-28}$$

对于负变位齿轮，上述公式同样适用，只需注意到其变位系数 x 为负即可。

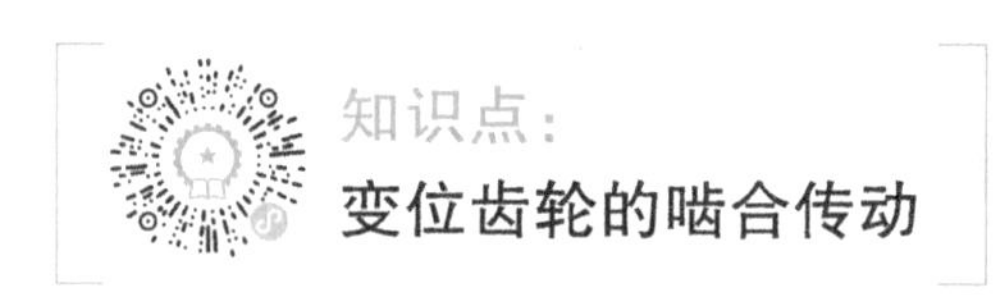

与标准齿轮传动相同，一对变位齿轮相互啮合也需要满足正确啮合条件和连续传动条件。下面主要介绍变位齿轮传动如何满足正确安装条件及其设计问题。

1. 变位齿轮传动的正确安装

与标准齿轮一样，变位齿轮传动的正确安装条件同样是要求同时满足两轮的齿侧间隙为零、顶隙为标准值两个条件。

首先，一对变位齿轮要做无侧隙啮合传动，其中一齿轮在节圆上的齿厚应等于另一齿轮在节圆上的齿槽宽，由此条件即可推得（此处省略了推导过程）

$$\mathrm{inv}\alpha' = \frac{2\tan\alpha(x_1 + x_2)}{z_1 + z_2} + \mathrm{inv}\alpha \tag{5-29}$$

式中，z_1、z_2 为两轮的齿数；α 为分度圆压力角；α' 为啮合角；x_1、x_2 为两轮的变位系数。

式（5-29）称为无侧隙啮合方程。它表明：若两轮变位系数之和不等于零，则其啮合角 α' 将不等于分度圆压力角 α。这就说明此时两轮的实际中心距不等于标准中心距。

设两轮做无侧隙啮合时的实际中心距为 a'，它与标准中心距 a 之差为 ym，y 称为中心距变动系数，则

$$a' = a + ym \tag{5-30}$$

即

$$ym = a' - a = \frac{(r_1 + r_2)\cos\alpha}{\cos\alpha'} - (r_1 + r_2)$$

故

$$y = \frac{z_1 + z_2}{2}\left(\frac{\cos\alpha}{\cos\alpha'} - 1\right) \tag{5-31}$$

此外，为了保证两轮之间具有标准的顶隙 $c = c^* m$，则两轮的中心距 a'' 应为

$$\begin{aligned} a'' &= r_{a1} + c + r_{f2} = r_1 + (h_a^* + x_1)m + c^* m + r_2 - (h_a^* + c^* - x_2)m \\ &= a + (x_1 + x_2)m \end{aligned} \tag{5-32}$$

由式（5-30）和式（5-32）可知，如果 $y = x_1 + x_2$，就可同时满足上述两个条件。但可证明：只要 $x_1 + x_2 \neq 0$，总是有 $x_1 + x_2 > y$，即 $a'' > a'$。工程上为了解决这一矛盾，采用如下办法：两齿轮按

无侧隙中心距 $a'=a+ym$ 安装，而将两齿轮的齿顶高各减小 Δym，以满足标准顶隙要求。Δy 称为齿顶高降低系数，其值为

$$\Delta y=(x_1+x_2)-y \tag{5-33}$$

这时，齿轮的齿顶高为

$$h_a=h_a^* m+xm-\Delta ym=(h_a^*+x-\Delta y)m \tag{5-34}$$

2. 变位齿轮传动的类型及其特点

按照相互啮合的两齿轮的变位系数和（x_1+x_2）的不同，可将变位齿轮传动分为以下三种基本类型：

1）$x_1+x_2=0$，且 $x_1=x_2=0$，此类齿轮传动就是标准齿轮传动。

2）$x_1+x_2=0$，且 $x_1=-x_2\neq 0$，则此类齿轮传动称为等变位齿轮传动（又称高度变位齿轮传动）。根据式（5-29）、式（5-17）、式（5-31）和式（5-33），由于 $x_1+x_2=0$，故

$$\alpha'=\alpha,\quad a'=a,\quad y=0,\quad \Delta y=0$$

即其中心距等于标准中心距，啮合角等于分度圆压力角，节圆与分度圆重合，且齿顶高不需要降低。

等变位齿轮传动的变位系数，既然是一正一负，从强度观点出发，显然小齿轮应采用正变位，而大齿轮应采用负变位，这样可使大、小齿轮的强度趋于接近，从而使一对齿轮的承载能力可以相对地提高。而且，因为采用正变位可以制造 $z_1<z_{min}$ 而无根切的小齿轮，所以可以减少小齿轮的齿数。这样，在模数和传动比不变的情况下，能使整个齿轮机构的尺寸更加紧凑。

3）$x_1+x_2\neq 0$，此类齿轮传动称为不等变位齿轮传动（又称为角度变位齿轮传动）。其中，$x_1+x_2>0$ 时称为正传动，$x_1+x_2<0$ 时称为负传动。

① 正传动时，由于此时 $x_1+x_2>0$，根据式（5-29）、式（5-17）、式（5-31）和式（5-33），可知

$$\alpha'>\alpha\quad a'>a,\quad y>0,\quad \Delta y>0$$

即在正传动中，其啮合角 α' 大于分度圆压力角 α，中心距 a' 大于标准中心距 a，又由于 $\Delta y>0$，故两齿轮的齿高都比标准齿轮减短了 Δym 一段。

正传动的优点：可以减小齿轮机构的尺寸，且由于两齿轮均采用正变位，或小齿轮采用较大的正变位，而大齿轮采用较小的负变位，故能使齿轮机构的承载能力有较大提高。

正传动的缺点：由于啮合角增大和实际啮合线段减短，故使重合度减小较多。

② 负传动时，由于此时 $x_1+x_2<0$，故

$$\alpha'<\alpha,\quad a'<a,\quad y<0,\quad \Delta y>0$$

负传动的优缺点正好与正传动的优缺点相反，虽然其重合度略有增加，但轮齿的强度有所下降，因此负传动只用于配凑中心距这种特殊需要的场合中。

综上所述，采用变位修正法来制造渐开线齿轮，不仅当被切齿轮的齿数 $z_1<z_{min}$ 时可以避免根切，而且与标准齿轮相比，这样切出的齿轮除了分度圆、基圆及齿距不变外，其齿厚、齿槽宽、齿廓曲线的工作段、齿顶高和齿根高等都发生了变化。因此，可以运用这种方法来提高齿轮机构的承载能力、配凑中心距和减小机构的几何尺寸等，而且在切制这种齿轮时，仍使用标准刀具，并不会增加制造的困难。正因如此，变位齿轮传动在各种机构中被广泛地采用。

3. 变位齿轮传动的设计步骤

根据已知条件的不同，变位齿轮的设计可以分为以下两类：

（1）已知中心距的设计　这时的已知条件是z_1、z_2、m、α、a'，其设计步骤如下：

1）由式（5-17）确定啮合角

$$\alpha'=\arccos\left(\frac{a}{a'}\cos\alpha\right)$$

2）由式（5-29）确定变位系数和

$$x_1+x_2=\frac{z_1+z_2}{2\tan\alpha}(\mathrm{inv}\alpha'-\mathrm{inv}\alpha)$$

3）由式（5-30）确定中心距变动系数

$$y=\frac{a'-a}{m}$$

4）由式（5-33）确定齿顶高降低系数

$$\Delta y=(x_1+x_2)-y$$

5）分配变位系数x_1、x_2，并按表5-5计算齿轮的几何尺寸。

（2）已知变位系数的设计　这时的已知条件是z_1、z_2、m、α、x_1、x_2，其设计步骤如下：

1）由式（5-29）确定啮合角

$$\mathrm{inv}\alpha'=\frac{2(x_1+x_2)}{z_1+z_2}\tan\alpha+\mathrm{inv}\alpha$$

2）由式（5-17）确定中心距

$$a'=a\frac{\cos\alpha}{\cos\alpha'}$$

3）由式（5-31）及式（5-33）确定中心距变动系数y及齿顶高降低系数Δy。

4）按表5-5计算变位齿轮的几何尺寸。

表5-5　外啮合直齿圆柱齿轮传动计算公式

名称	代号	计算公式		
		标准齿轮传动	等变位齿轮传动	不等变位齿轮传动
变位系数	x	$x_1+x_2=0$	$x_1=-x_2$ $x_1+x_2=0$	$x_1+x_2\neq0$
节圆直径	d'	$d_i'=d_i=mz_i(i=1,2)$		$d_i'=d_i\cos\alpha/\cos\alpha'$
啮合角	α'	$\alpha'=\alpha$		$\cos\alpha'=(a\cos\alpha)/a'$
齿顶高	h_a	$h_a=h_a^*m$	$h_{ai}=(h_a^*+x_i)m$	$h_{ai}=(h_a^*+x_i-\Delta y)m$
齿根高	h_f	$h_f=(h_a^*+c^*)m$	$h_{fi}=(h_a^*+c^*-x_i)m$	
齿顶圆直径	d_a	$d_{ai}=d_i+2h_{ai}$		
齿根圆直径	d_f	$d_{fi}=d_i+2h_{fi}$		
中心距	a	$a=(d_1+d_2)/2$		$a'=(d_1'+d_2')/2$
中心距变动系数	y	$y=0$		$y=(a'-a)/m$
齿顶高降低系数	Δy	$\Delta y=0$		$\Delta y=x_1+x_2-y$

5.8 斜齿圆柱齿轮机构

斜齿圆柱齿轮的轮齿与轴线倾斜了一定的角度，故简称为斜齿轮，其可用于两平行轴间运动和动力的传递。

知识点：
斜齿圆柱齿轮的几何尺寸计算

由于直齿圆柱齿轮的轮齿与轴线平行，因此，前面在讨论直齿圆柱齿轮时，是在齿轮的端面（垂直于齿轮轴线的平面）上加以研究的。而齿轮是有一定宽度的，在端面上的点和线，实际上代表着齿轮上的线和面。直齿圆柱齿轮上的渐开线齿廓的生成，实际上是发生面 G 在基圆柱上做纯滚动时，发生面 G 上一条与基圆柱轴线相平行的直线 KK 所生成的曲面就是渐开线曲面，即为直齿轮齿面，它是母线平行于齿轮轴线的渐开线柱面，如图 5-30 所示。

斜齿圆柱齿轮齿面的形成原理与直齿圆柱齿轮相似，不同之处是，发生面 G 上的直线 KK 不与基圆柱轴线相平行，而是相对于轴线倾斜了一个角度 β_b，如图 5-31 所示。当发生面 G 在基圆柱上做纯滚动时，发生面 G 上斜直线 KK 所生成的曲面就是斜齿圆柱齿轮齿面，它是渐开线螺旋面。β_b 称为基圆柱上的螺旋角。β_b 越大，轮齿越偏斜；当 $\beta_b=0$ 时，斜齿圆柱齿轮即成为直齿圆柱齿轮。

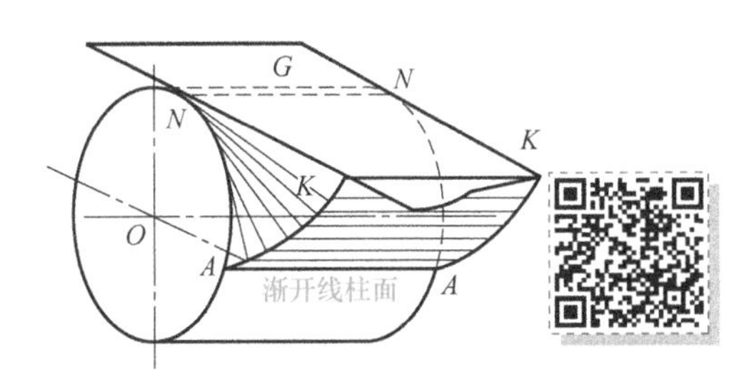

图 5-30　渐开线直齿轮齿面的生成

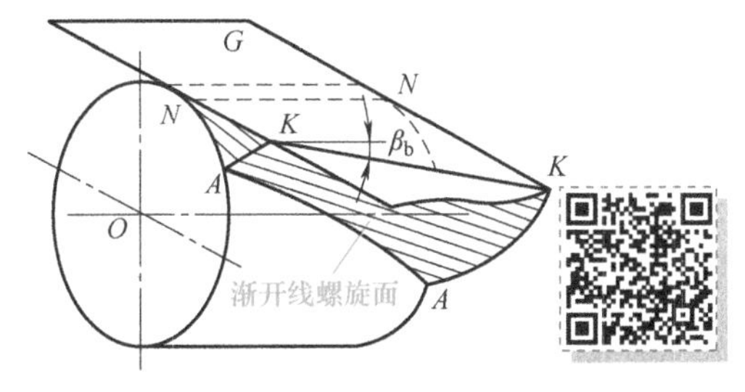

图 5-31　渐开线斜齿轮齿面的生成

在斜齿圆柱齿轮上，垂直于其轴线的平面称为端面，垂直于轮齿螺旋线方向的平面称为法面。在这两个面上齿轮齿形是不相同的，因此两个面的参数也不相同，端面与法向参数分别用下标 t 和 n 表示。又由于在切制斜齿圆柱齿轮的轮齿时，刀具进刀的方向一般是垂直于其法面的，故其法向参数（m_n、α_n、h_{an}^*、c_n^* 等）与刀具的参数相同，因此此法向参数为标准值。由于齿轮在法面内为椭圆，几何尺寸计算较为困难，因此斜齿圆柱齿轮的几何尺寸计算是在端面内进行的，这样就需要建立法向参数与端面参数的换算关系。

1. 螺旋角 β

斜齿圆柱齿轮的齿廓曲面与其分度圆柱面相交的螺旋线的切线与齿轮轴线之间所夹的锐

角（以 β 表示）称为斜齿轮分度圆柱的螺旋角（简称为斜齿轮的螺旋角）。

2. 法向参数与端面参数之间的关系

图 5-32 所示为斜齿圆柱齿轮沿其分度圆柱的展开图。图中阴影线部分为轮齿，空白部分为齿槽。由图 5-32 可见，法向齿距 p_n 与端面齿距 p_t 的关系

$$p_n = p_t\cos\beta$$

即

$$\pi m_n = \pi m_t\cos\beta$$

故得

$$m_n = m_t\cos\beta \tag{5-35}$$

这就是法向模数 m_n 与端面模数 m_t 之间的关系。因为 $\cos\beta<1$，所以 $m_n<m_t$。

图 5-33 所示为斜齿条的一个轮齿，$\triangle a'b'c$ 在法面上，$\triangle abc$ 在端面上。

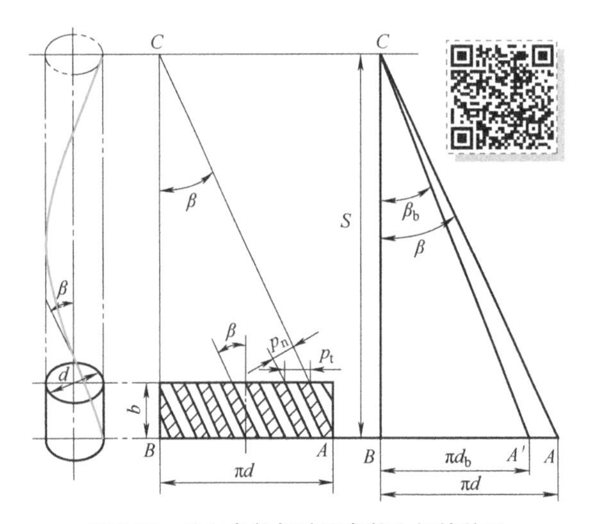

图 5-32　法向参数与端面参数之间的关系

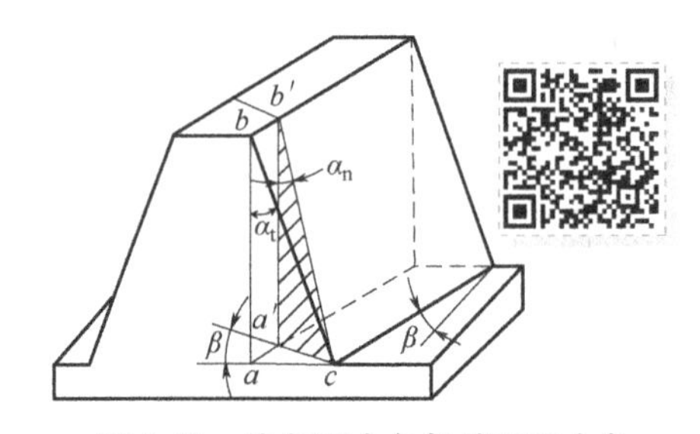

图 5-33　法向压力角与端面压力角

由图 5-33 可见

$$\tan\alpha_n = \tan\angle a'b'c = \overline{a'c}/\overline{a'b'},\quad \tan\alpha_t = \tan\angle abc = \overline{ac}/\overline{ab}$$

由于 $\overline{ab} = \overline{a'b'}$，$\overline{a'c} = \overline{ac}\cos\beta$，故得法向压力角 α_n 与端面压力角 α_t 之间的关系

$$\tan\alpha_n = \tan\alpha_t\cos\beta \tag{5-36}$$

同理，因为 $\cos\beta<1$，所以 $\alpha_n<\alpha_t$。

对斜齿圆柱齿轮无论在端面上还是在法面上，轮齿的齿顶高是相同的，顶隙也是相同的，因此

$$\begin{cases} h_a = h_{an}^* m_n = h_{at}^* m_t \\ c = c_n^* m_n = c_t^* m_t \end{cases} \tag{5-37}$$

将式（5-35）代入式（5-37），可得出法向齿顶高系数 h_{an}^* 和顶隙系数 c_n^* 与端面齿顶高系数 h_{at}^* 和顶隙系数 c_t^* 之间的关系

$$\begin{cases} h_{at}^* = h_{an}^*\cos\beta \\ c_t^* = h_n^*\cos\beta \end{cases} \tag{5-38}$$

由于 $\cos\beta<1$，因此 $h_{at}^*<h_{an}^*$，$c_t^*<c_n^*$。

3. 斜齿圆柱齿轮其他尺寸的计算

斜齿圆柱齿轮在其端面上的分度圆直径

$$d=zm_t=\frac{zm_n}{\cos\beta} \tag{5-39}$$

斜齿圆柱齿轮传动的标准中心距

$$a=\frac{d_1+d_2}{2}=\frac{m_t}{2}(z_1+z_2)=\frac{m_n}{2\cos\beta}(z_1+z_2) \tag{5-40}$$

由式（5-40）可知，在设计斜齿圆柱齿轮传动时，可以用改变螺旋角 β 的办法来调整中心距的大小。斜齿圆柱齿轮的参数及几何尺寸计算公式见表 5-6。

表 5-6　斜齿圆柱齿轮的参数及几何尺寸计算公式

名　称	符　号	计算公式
螺旋角	β	（一般取 8°~20°）
基圆柱螺旋角	β_b	$\tan\beta_b=\tan\beta\cos\alpha_t$
法向模数	m_n	（按表 5-1，取标准值）
端面模数	m_t	$m_t=m_n/\cos\beta$
法向压力角	α_n	$\alpha_n=20°$
端面压力角	α_t	$\tan\alpha_t=\tan\alpha_n/\cos\beta$
法向齿距	p_n	$p_n=\pi m_n$
端面齿距	p_t	$p_t=\pi m_t=p_n/\cos\beta$
法向基圆齿距	p_{bn}	$p_{bn}=p_n\cos\alpha_n$
法向齿顶高系数	h_{an}^*	$h_{an}^*=1$
法向顶隙系数	c_n^*	$c_n^*=0.25$
分度圆直径	d	$d=zm_t=zm_n/\cos\beta$
基圆直径	d_b	$d_b=d\cos\alpha_t$
当量齿数	z_v	$z_v=z/\cos^3\beta$
最少齿数	z_{min}	$z_{min}=z_{vmin}\cos^3\beta$
齿顶高	h_a	$h_a=m_nh_{an}^*$
齿根高	h_f	$h_f=m_n(h_{an}^*+c^*)$
齿顶圆直径	d_a	$d_a=d+2h_a$
齿根圆直径	d_f	$d_f=d-2h_f$
法向齿厚	s_n	$s_n=\pi m_n/2$
端面齿厚	s_t	$s_t=\pi m_t/2$

注：m_t 应计算到小数后第四位，其余长度尺寸应计算到小数后三位。

知识点：

斜齿圆柱齿轮的啮合传动

1. 斜齿圆柱齿轮的正确啮合条件

斜齿圆柱齿轮的正确啮合条件，除了要求两个齿轮分度圆的模数及压力角应分别相等外，为使两轮的轴线能够实现平行，它们的螺旋角还必须相匹配，以保证两轮在啮合处的齿廓螺旋面相切。因此，一对斜齿圆柱齿轮正确啮合条件如下：

1）对外啮合斜齿圆柱齿轮，螺旋角 β 应大小相等、方向相反，即

$$m_{t1}=m_{t2},\quad \alpha_{t1}=\alpha_{t2},\quad \beta_1=-\beta_2$$

2）对内啮合斜齿圆柱齿轮，螺旋角 β 应大小相等、方向相同，即

$$m_{t1}=m_{t2},\quad \alpha_{t1}=\alpha_{t2},\quad \beta_1=\beta_2$$

又因相互啮合的两齿轮的螺旋角的绝对值相等，故其法向模数及压力角也分别相等，即

$$m_{n1}=m_{n2},\quad \alpha_{n1}=\alpha_{n2}$$

2. 斜齿圆柱齿轮传动的重合度

现将一对斜齿轮传动与一对直齿轮传动进行对比。图 5-34 所示为两个端面参数（齿数、模数、压力角及齿顶高系数）完全相同的直齿圆柱齿轮和斜齿圆柱齿轮的分度圆柱面展开图。图 5-34a 所示为直齿轮传动的啮合面，图 5-34b 所示为斜齿轮传动的啮合面。

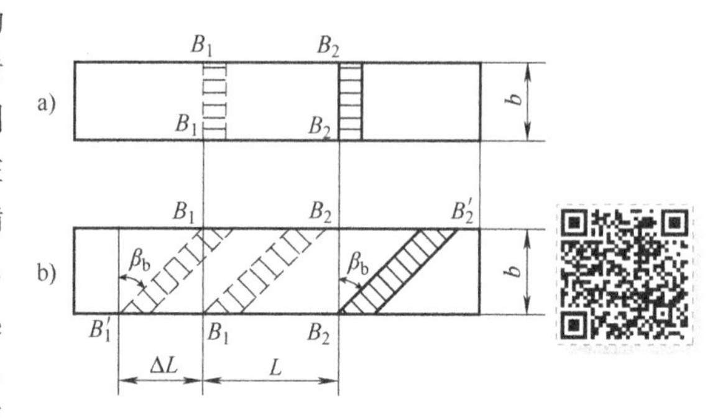

图 5-34　直齿轮和斜齿轮的重合度

对于直齿圆柱齿轮传动，轮齿在 B_2B_2 处进入啮合时，就沿整个齿宽接触，在 B_1B_1 处脱离啮合时，也沿整个齿宽同时分开，故直齿轮传动的重合度

$$\varepsilon_\alpha=L/p_b \tag{5-41}$$

式中，p_b 为端面上的齿距，对于直齿轮而言，也就是它的法向齿距。

对于斜齿圆柱齿轮传动，轮齿也是在 B_2B_2 处进入啮合的，不过它不是沿整个齿宽同时进入啮合，而是由轮齿的一端先进入啮合，在 B_1B_1 处脱离啮合时也是由轮齿的一端先脱离啮合，直到该轮齿转到图中 $B_1'B_1$ 位置时，这个轮齿才完全脱离接触。这样，斜齿圆柱齿轮传动的实际啮合区就比直齿圆柱齿轮传动增大了 $\Delta L=b\tan\beta_b$ 一段，因此斜齿圆柱齿轮传动的重合度也就比直齿轮的重合度大，设其增加的一部分重合度以 ε_β 表示，则

$$\varepsilon_\beta=\frac{\Delta L}{p_{bt}}=\frac{b\tan\beta_b}{p_{bt}} \tag{5-42}$$

式中，β_b 为斜齿轮的基圆柱螺旋角。

由于 ε_β 与斜齿轮的轴向宽度 b 有关，故称 ε_β 为轴向重合度（又称为纵向重合度）。

参考图 5-32，设 S 为螺旋线的导程，有

$$\tan\beta_{b}=\frac{\pi d_{b}}{S}=\frac{\pi d}{S}\cos\alpha=\tan\beta\cos\alpha$$

并注意到

$$p_{bt}=p_{t}\cos\alpha=\pi m_{t}\cos\alpha$$

$$m_{t}=\frac{m_{n}}{\cos\beta}$$

将这些关系代入式（5-42），则有

$$\varepsilon_{\beta}=\frac{b\sin\beta}{\pi m_{n}} \tag{5-43}$$

因此，斜齿圆柱齿轮传动的总重合度 ε_{γ} 为 ε_{α} 与 ε_{β} 两部分之和，即

$$\varepsilon_{\gamma}=\varepsilon_{\alpha}+\varepsilon_{\beta} \tag{5-44}$$

其中，ε_{α} 为端面重合度，可将斜齿轮端面参数代入式（5-20）中来求得，即

$$\varepsilon_{\alpha}=\frac{1}{2\pi}[z_{1}(\tan\alpha_{at1}-\tan\alpha_{t}')+z_{2}(\tan\alpha_{at2}-\tan\alpha_{t}')]$$

由上述分析可见，斜齿轮在其他参数相同的情况下，比直齿轮增加了轴向重合度 ε_{β}，并且轴向重合度随齿宽和螺旋角 β 的增大而增大，因此，斜齿轮比直齿轮工作更加平稳，传动性能更加可靠，适用于高速重载的传动中。

3. 斜齿圆柱齿轮的当量齿数

为了切制和简化斜齿圆柱齿轮的强度计算方法，需要进一步了解斜齿圆柱齿轮的法向齿形。根据渐开线的特性，渐开线的形状取决于基圆半径 $r_{b}=mz\cos\alpha/2$ 的大小。而在模数、压力角为一定的情况下，基圆的大小取决于齿数，即齿形与齿数有关。

为了确定斜齿圆柱齿轮的当量齿数，如图 5-35 所示，过斜齿圆柱齿轮分度圆柱表面上的一点 P 作轮齿的法面，将此斜齿圆柱齿轮的分度圆柱剖开，其剖面为一椭圆。在此剖面上，点 P 附近的齿形可视为斜齿圆柱齿轮法面上的齿形。现以椭圆上点 P 的曲率半径 ρ 为半径作一圆，作为虚拟直齿轮的分度圆，并设此虚拟直齿轮的模数和压力角分别等于该斜齿圆柱齿轮的法向模数和法向压力角。该虚拟直齿轮的齿形与上述斜齿圆柱齿轮的法向齿形十分相近，故此虚拟直齿轮即为该斜齿圆柱齿轮的当量齿轮，而其齿数即为当量齿数 z_{v}。

由图 5-35 可知，椭圆的长半轴长度 a 为和短半轴长度 b 分别为

$$a=\frac{d}{2\cos\beta}$$

$$b=\frac{d}{2}$$

而

$$\rho=\frac{a^{2}}{b}=\frac{d}{2\cos^{2}\beta}$$

故得

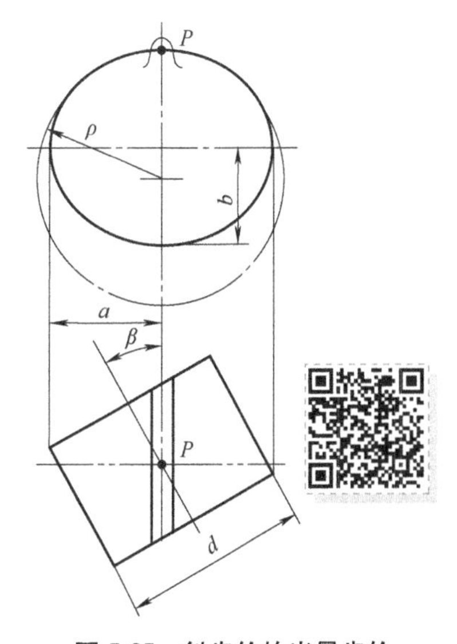

图 5-35 斜齿轮的当量齿轮

$$z_v = \frac{2\rho}{m_n} = \frac{d}{m_n \cos^2\beta} = \frac{zm_t}{m_n \cos^2\beta} = \frac{z}{\cos^3\beta} \quad (5\text{-}45)$$

斜齿圆柱齿轮不发生根切的最少齿数为

$$z_{min} = z_{vmin} \cos^3\beta \quad (5\text{-}46)$$

式中，z_{vmin}为当量直齿标准齿轮不发生根切的最少齿数。

4. 斜齿圆柱齿轮传动的特点

与直齿圆柱齿轮传动比较，斜齿圆柱齿轮传动的主要优点：①啮合性能好，传动平稳。与直齿轮传动每对轮齿都是同时进入啮合和同时脱离啮合不同，在斜齿轮传动中，每对轮齿是逐渐进入啮合和逐渐脱离啮合的（图 5-36），因此振动、冲击和噪声小；②重合度大。在其他参数相同的条件下，由于增加了轴向重合度 ε_β，因而降低了每对轮齿的载荷，提高了齿轮的承载能力，延长了齿轮的使用寿命；③结构紧凑。由式（5-46）可知，斜齿标准齿轮不产生根切的最少齿数较直齿轮少，因此，采用斜齿轮传动可以得到更加紧凑的结构；④制造成本与直齿轮相同。用展成法加工斜齿轮时，所使用的设备、刀具和方法与制造直齿轮基本相同，并不会增加加工的成本。

斜齿圆柱齿轮传动的主要缺点：在运转时会产生轴向力，并且轴向力也随螺旋角 β 的增大而增大。为了不使斜齿轮传动产生过大的轴向力，设计时一般取 $\beta = 8° \sim 20°$。若要消除传动中轴向力对轴承的作用，可采用齿向左右对称的人字齿轮。因为人字齿轮的轮齿左右对称，所产生的轴向力可相互抵消，故其螺旋角 β 可达 $25° \sim 40°$。但人字齿轮对加工、制造、安装等技术要求都较高。人字齿轮常用于高速重载传动中。

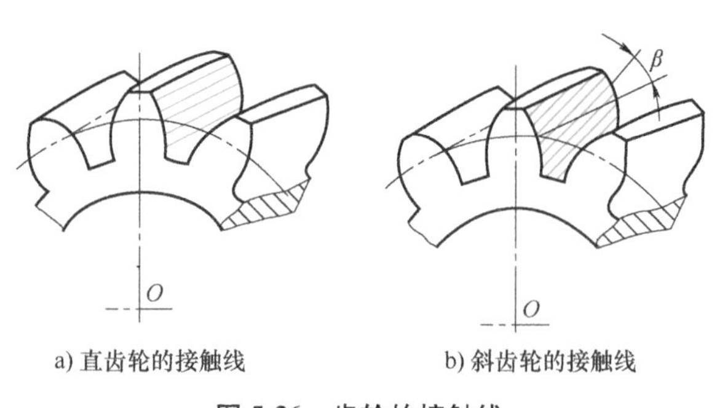

a) 直齿轮的接触线　　b) 斜齿轮的接触线

图 5-36　齿轮的接触线

5.9 蜗杆蜗轮机构

1. 蜗杆传动及特点

蜗杆传动也是用来传递空间交错轴之间的运动和动力的。最常用的是两轴交错角 $\Sigma = 90°$ 的减速传动。

如图5-37所示，在分度圆柱上具有完整螺旋齿的构件1称为蜗杆，而与蜗杆相啮合的构件2则称为蜗轮。通常以蜗杆为主动件做减速运动。当其反行程不自锁时，也可以蜗轮为主动件做增速运动。

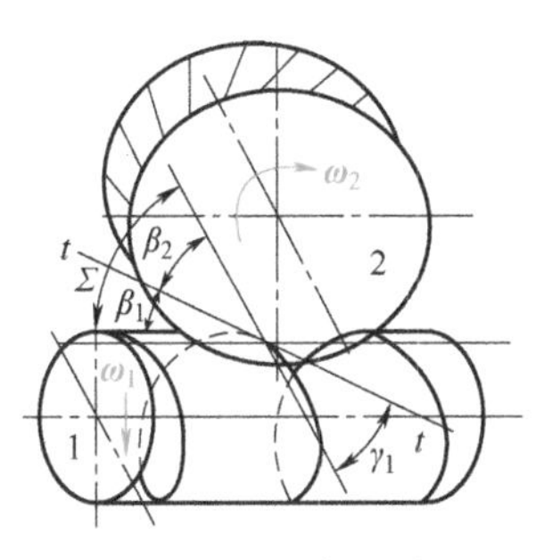

图5-37 蜗杆传动

蜗杆与螺旋相似，也有右旋与左旋之分。

蜗杆传动的主要特点如下：

1）由于蜗杆的轮齿是连续的螺旋齿，故蜗杆传动平稳，振动、冲击和噪声均较小。

2）单级传动比较大，结构比较紧凑。在用作减速动力传动时，传动比 $i_{12}=5\sim70$，最常用的 $i_{12}=15\sim50$；在用作增速时，传动比 $i_{21}=1/5\sim1/15$。

3）由于蜗杆蜗轮啮合时，轮齿间的相对滑动速度较大，使得摩擦损耗较大，因此传动效率较低，易出现发热和温升过高的现象，磨损也较严重，故常需用减摩耐磨的材料（如锡青铜等）来制造蜗轮，因而成本较高。

4）当蜗杆的导程角 γ_1 小于啮合轮齿间的当量摩擦角 φ_v 时，机构反行程具有自锁性。在此情况下，只能由蜗杆带动蜗轮，而不能由蜗轮带动蜗杆。

蜗杆传动的类型较多，下面仅就阿基米德蜗杆传动做简单介绍。

2. 蜗杆蜗轮正确啮合条件

图5-38所示为蜗轮与阿基米德蜗杆啮合的情况。过蜗杆的轴线作一平面垂直于蜗轮的轴线，该平面对于蜗杆是轴面，对于蜗轮是端面。这个平面称为蜗杆传动的中间平面。在此平面内，蜗轮与蜗杆的啮合就相当于齿轮与齿条的啮合。因此蜗杆蜗轮正确啮合的条件为蜗轮的端面模数 m_{t2} 和压力角 α_{t2} 分别等于蜗杆的轴向模数 m_{x1} 和压力角 α_{x1}，且均取为标准值 m 和 α，即

$$m_{t2}=m_{x1}=m,\quad \alpha_{t2}=\alpha_{x1}=\alpha \tag{5-47}$$

又因蜗杆螺旋齿的导程角 $\gamma_1=90°-\beta_1$，而蜗杆与蜗轮的轴线交错角 $\Sigma=\beta_1+\beta_2$，故当 $\Sigma=90°$ 时还需保证 $\gamma_1=\beta_2$，且蜗轮与蜗杆螺旋线的旋向必须相同。

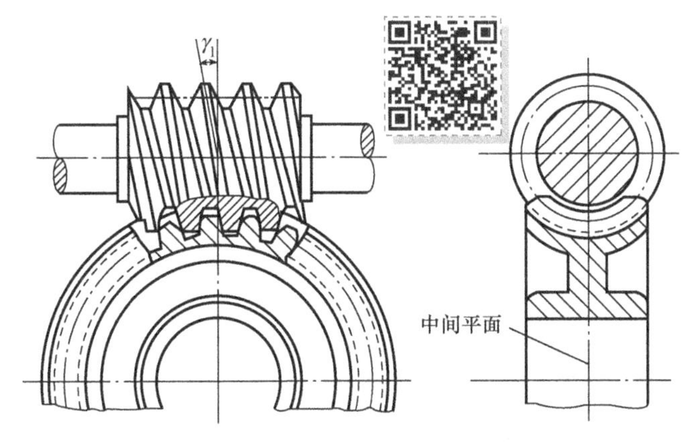

图5-38 蜗轮与阿基米德蜗杆啮合的情况

3. 蜗杆传动的基本参数及几何尺寸计算

（1）齿数 蜗杆的齿数是指其端面上的齿数，也称为蜗杆的头数，用 z_1 表示。一般可取

$z_1=1\sim10$，推荐取 $z_1=1$、2、4、6。当要求传动比大或反行程具有自锁性时，常取 $z_1=1$，即单头蜗杆；当要求具有较高传动效率或传动速度较高时，则 z_1 应取大值。蜗轮的齿数 z_2 则可根据传动比及选定的 z_1 计算而得。对于动力传动，一般推荐 $z_1=29\sim70$。

（2）模数　蜗杆模数系列与齿轮模数系列有所不同。蜗杆模数 m 值见表 5-7。

（3）压力角　GB/T 10087—2018 规定，阿基米德蜗杆的压力角 $\alpha=20°$。在动力传动中，允许增大压力角，推荐用 25°；在分度传动中，允许减小压力角，推荐用 15°或 12°。

表 5-7　**蜗杆模数 m 值**　（单位：mm）

第一系列	0.1，0.12，0.16，0.2，0.25，0.3，0.4，0.5，0.6，0.8，1，1.25，1.6，2，2.5，3.15，4，5，6.3，8，10，12.5，16，20，25，31.5，40
第二系列	0.7，0.9，1.5，3，3.5，4.5，5.5，6，7，12，14

注：摘自 GB/T 10088—2018，优先采用第一系列。

（4）导程角　设蜗杆的头数为 z_1，轴向齿距 $p_{x1}=\pi m$，导程 $S=p_{x1}z_1=\pi mz_1$，分度圆直径为 d，则蜗杆分度圆柱螺旋线的导程角 γ_1 可由下式确定：

$$\tan\gamma_1=\frac{S}{\pi d_1}=\frac{\pi mz_1}{\pi d_1}=\frac{mz_1}{d_1} \tag{5-48}$$

（5）分度圆直径　因为在用蜗轮滚刀切制蜗轮时，滚刀的分度圆直径必须与工作蜗杆的分度圆直径相同，为了限制蜗轮滚刀的数目，国家标准中规定将蜗杆的分度圆直径标准化，且与其模数相匹配。当蜗杆的头数 $z_1=1$ 时，分度圆直径 d_1 与其模数 m 的匹配标准系列见表 5-8。由表 5-8 可根据模数 m 选定蜗杆的分度圆直径 d_1。

表 5-8　**蜗杆分度圆直径与其模数的匹配标准系列**　（单位：mm）

m	d_1	m	d_1	m	d_1	m	d_1
1	18	2.5	(22.4)	4	40	6.3	(80)
1.25	20		28		(50)		112
	22.4		(35.5)		71	8	(63)
1.6	20		45	5	(40)		80
	28	3.15	(28)		50		(100)
2	(18)		35.5		(63)		140
	22.4		(45)		90	10	(71)
	(28)		56	6.3	(50)		90
	35.5	4	(31.5)		63		…

注：摘自 GB/T 10085—2018，括号中的数字尽可能不采用。

蜗轮的分度圆直径的计算公式与齿轮一样，即 $d_2=mz_2$。

（6）中心距　蜗杆传动的中心距为

$$a=\frac{1}{2}(d_1+d_2) \tag{5-49}$$

阿基米德圆柱蜗杆的几何参数及尺寸见表 5-9。

表 5-9 阿基米德圆柱蜗杆的几何参数及尺寸

名称	代号	计算公式	说明
蜗杆头数	z_1		
蜗轮齿数	z_2	$z_2=iz_1$	i 为传动比，z_2 应为整数
模数	m		按强度和表 5-8 选取
压力角	α	$\alpha=20°$	标准值
蜗杆分度圆直径	d_1		按强度和表 5-8 选取
蜗杆轴向齿距	p_{x1}	$p_{x1}=\pi m$	
蜗杆螺旋线导程	S	$S=p_{x1}z_1$	
蜗杆分度圆导程角	γ_1	$\tan\gamma_1=\dfrac{S}{\pi d_1}$	等于蜗轮螺旋角 β_2
蜗杆齿顶圆直径	d_{a1}	$d_{a1}=d_1+2h_a^* m$	$h_a^*=1$（正常齿） $h_a^*=0.8$（短齿）
蜗杆齿根圆直径	d_{f1}	$d_{f1}=d_1-2(h_a^*+c^*)m$	$c^*=0.2$
蜗轮分度圆直径	d_2	$d_2=mz_2$	
蜗轮齿顶圆直径	d_{a2}	$d_{a2}=d_2+2h_a^* m$	中间平面内蜗轮齿顶圆直径
蜗轮齿根圆直径	d_{f2}	$d_{f2}=d_2-2(h_a^*+c^*)m$	
标准中心距	a	$a=\dfrac{1}{2}(d_1+d_2)$	

5.10 锥齿轮机构

1. 锥齿轮传动的特点

锥齿轮传动是来传递两相交轴之间的运动和动力的，如图 5-39 所示。两轴之间的夹角（轴交角）Σ 可以根据结构需要而定，在一般机械中多采用 $\Sigma=90°$ 的传动。由于锥齿轮是一个锥体，因此轮齿是分布在圆锥面上的，与圆柱齿轮相对应，在锥齿轮上有齿顶圆锥、分度圆锥和齿根圆锥等，并且有大端和小端之分。为了计算和测量方便，通常取锥齿轮大端的参数为标准值，即大端的模数按表 5-10 选取，压力角 $\alpha=20°$，齿顶高系数 $h_a^*=1$，顶隙系数 $c^*=0.2$。

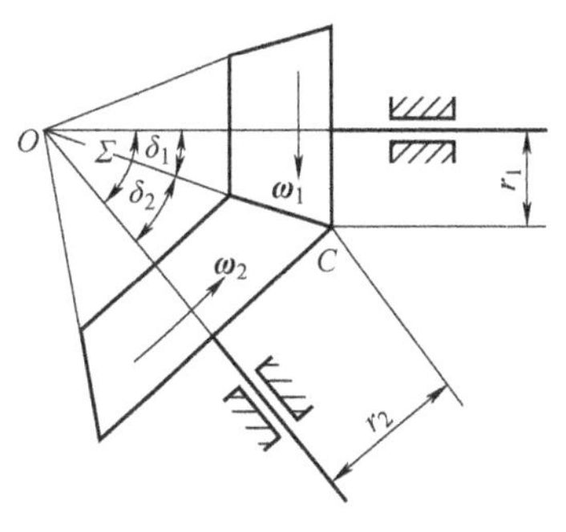

图 5-39 锥齿轮传动

表 5-10 锥齿轮模数（摘自 GB/T 12368—1990） （单位：mm）

…	1	1.125	1.25	1.375	1.5	1.75	2
2.25	2.5	2.75	3	3.25	3.5	3.75	4
4.5	5	5.5	6	6.5	7	8	…

锥齿轮的轮齿有直齿、斜齿及曲齿（圆弧齿、螺旋齿）等多种形式。由于直齿锥齿轮的设计、制造和安装均较简便，故应用最为广泛。由于曲齿锥齿轮传动平稳，承载能力较强，故常用于高速重载传动，如飞机、汽车、拖拉机等的传动机构中。

下面只讨论直齿锥齿轮传动。

2. 锥齿轮的背锥与当量齿数

图 5-40 所示为一对锥齿轮传动。其中齿轮 1 的齿数为 z_1，分度圆半径为 r_1，分度圆锥角为 δ_1；齿轮 2 的齿数为 z_2，分度圆半径为 r_2，分度圆锥角为 δ_2；轴交角 $\Sigma=90°$。

过齿轮 1 大端节点 C，作其分度圆锥母线 OC 的垂线，交其轴线于 O_1 点，再以点 O_1 为锥顶，以 O_1C 为母线，作一圆锥与轮 1 的大端相切，这个圆锥称为齿轮 1 的背锥。同理可作齿轮 2 的背锥。若将两齿轮的背锥展开，则成为两个扇形齿轮，两者相当于一对齿轮的啮合传动。

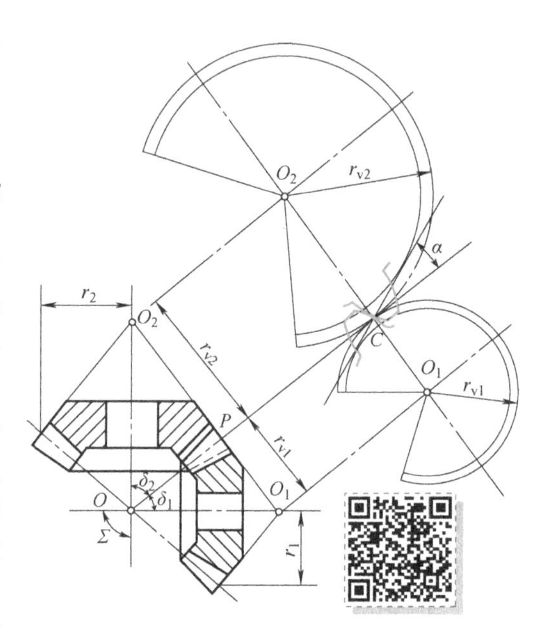

图 5-40 锥齿轮的背锥和当量齿数

现在设想把由锥齿轮背锥展开而形成的扇形齿轮的缺口补满，则将获得一个圆柱齿轮。这个假想的圆柱齿轮称为锥齿轮的当量齿轮，其齿数 z_v 称为锥齿轮的当量齿数。当量齿轮的齿形和锥齿轮在背锥上的齿形是一致的，故当量齿轮的模数和压力角与锥齿轮大端的模数和压力角是一致的。当量齿数 z_v 与其真实齿数 z 的关系可如下求出。

由图 5-40 可见，齿轮 1 的当量齿轮的分度圆半径为

$$r_{v1}=\overline{O_1C}=\frac{r_1}{\cos\delta_1}=\frac{z_1 m}{2\cos\delta_1}$$

故得当量齿数 z_{v1} 与实际齿数 z_1 的关系为

$$z_{v1}=\frac{z_1}{\cos\delta_1}$$

同理，对于任一锥齿轮其当量齿数 z_v 与实际齿数 z 的关系有

$$z_v=\frac{z}{\cos\delta} \tag{5-50}$$

借助锥齿轮当量齿轮的概念，可以将圆柱齿轮传动研究结论直接应用于锥齿轮传动。例如：一对锥齿轮的正确啮合条件：两轮大端的模数和压力角分别相等。即

$$m_1=m_2=m,\quad \alpha_1=\alpha_2=\alpha \tag{5-51}$$

一对锥齿轮传动的重合度可以近似地按其当量齿轮传动的重合度来计算。即

$$\varepsilon=\frac{1}{2\pi}[z_{v1}(\tan\alpha_{va1}-\tan\alpha'_{v})+z_{v2}(\tan\alpha_{va2}-\tan\alpha'_{v})] \tag{5-52}$$

锥齿轮不发生根切的最小齿数

$$z_{min}=z_{vmin}\cos\delta \tag{5-53}$$

z_{vmin}为当量齿轮不发生根切的最小齿数，当 $h_a^*=1$，$\alpha=20°$时，$z_{vmin}=17$，故锥齿轮不发生根切的最小齿数 $z_{min}<17$。

3. 锥齿轮的几何尺寸计算

前面已指出，锥齿轮以大端参数为标准值，故在计算其几何尺寸时，也应以大端为准。如图 5-41 所示，两锥齿轮的分度圆直径分别为

$$d_1=2R\sin\delta_1,\quad d_2=2R\sin\delta_2 \tag{5-54}$$

式中，R 为分度圆锥锥顶到大端的距离，称为锥距；δ_1、δ_2 为两锥齿轮的分度圆锥角（简称分锥角）。

两轮的传动比

$$i_{12}=\frac{\omega_1}{\omega_2}=\frac{z_2}{z_1}=\frac{d_2}{d_1}=\frac{\sin\delta_2}{\sin\delta_1} \tag{5-55}$$

当两轮轴间的夹角 $\Sigma=90°$时，则因 $\delta_1+\delta_2=90°$，式（5-55）变为

$$i_{12}=\frac{\omega_1}{\omega_2}=\frac{z_2}{z_1}=\frac{d_2}{d_1}=\cot\delta_1=\tan\delta_2 \tag{5-56}$$

在设计锥齿轮传动时，可根据给定的传动比 i_{12}，按式（5-55）确定两轮分锥角的值。

锥齿轮齿顶圆锥角和齿根圆锥角的大小，则与两锥齿轮啮合传动时对其顶隙的要求有关。根据 GB/T 12369—1990 和 GB/T 12370—1990 的规定，现多采用等顶隙锥齿轮传动，如图 5-41 所示。

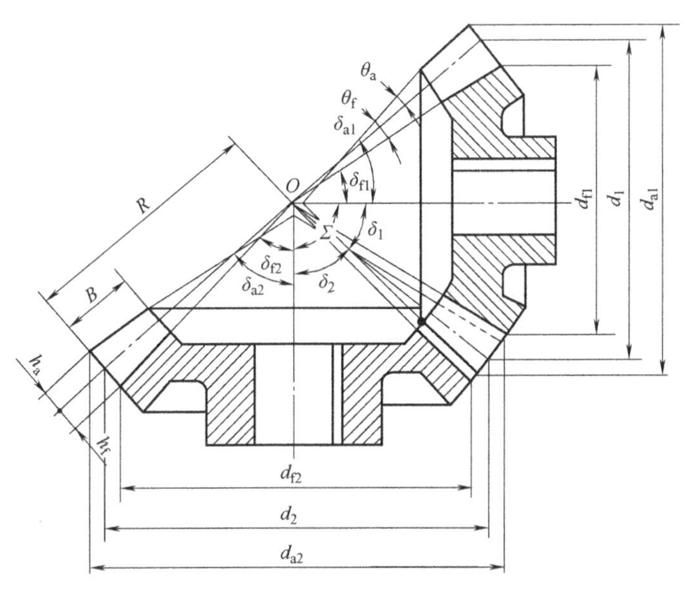

图 5-41 锥齿轮的几何尺寸

在这种传动中，两齿轮的顶隙从轮齿大端到小端是相等的，两齿轮的分度圆锥及齿根圆锥的锥顶重合于一点，但齿顶圆锥的母线与另一锥齿轮的齿根圆锥的母线平行，故其锥顶就不再与分度圆锥锥顶相重合，且这种锥齿轮的强度有所提高。

标准直齿锥齿轮传动的几何参数及尺寸见表5-11。

表5-11　标准直齿锥齿轮传动的几何参数及尺寸（$\Sigma=90°$）

名　称	代　号	计算公式	
		小齿轮	大齿轮
分锥角	δ	$\delta_1=\arctan(z_1/z_2)$	$\delta_2=90°-\delta_1$
齿顶高	h_a	$h_a=h_a^* m=m$	
齿根高	h_f	$h_f=(h_a^*+c^*)m=1.2m$	
分度圆直径	d	$d_1=mz_1$	$d_2=mz_2$
齿顶圆直径	d_a	$d_{a1}=d_1+2h_a\cos\delta_1$	$d_{a2}=d_2+2h_a\cos\delta_2$
齿根圆直径	d_f	$d_{f1}=d_1-2h_f\cos\delta_1$	$d_{f2}=d_2-2h_f\cos\delta_2$
锥距	R	$R=m\sqrt{z_1^2+z_2^2}/2$	
齿根角	θ_f	$\tan\theta_f=h_f/R$	
顶锥角	δ_a	$\delta_{a1}=\delta_1+\theta_f$	$\delta_{a2}=\delta_2+\theta_f$
根锥角	δ_f	$\delta_{f1}=\delta_1-\theta_f$	$\delta_{f2}=\delta_2-\theta_f$
顶隙	c	$c=c^* m$（一般取 $c^*=0.2$）	
分度圆齿厚	s	$s=\pi m/2$	
当量齿数	z_v	$z_{v1}=z_1/\cos\delta_1$	$z_{v2}=z_2/\cos\delta_2$
齿宽	B	$B\leqslant R/3$（取整）	

注：1. 当 $m\leqslant 1$mm 时，$c^*=0.25$，$h_f=1.25m$。

2. 各角度计算应准确到××°××′。

思考题与习题

5-1　为了实现定传动比传动，对齿轮的齿廓曲线有什么要求？渐开线齿廓为什么能够实现定传动比传动？

5-2　渐开线齿廓上任一点的压力角是如何确定的？渐开线齿廓上各点的压力角是否相同？何处的压力角为零？何处的压力角为标准值？

5-3　渐开线标准直齿圆柱齿轮在标准中心距安装条件下具有哪些特性？

5-4　分度圆和节圆有何区别？在什么情况下，分度圆和节圆是重合的？

5-5　啮合角与压力角有什么区别？在什么情况下，啮合角与压力角是相等的？

5-6　何谓根切？它有何危害，如何避免？

5-7　齿轮为什么要进行变位修正？正变位齿轮与标准齿轮比较，其参数和尺寸（m、α、h_a、h_f、d、d_a、d_f、d_b、s、e）哪些变化了？哪些没有变化？

5-8　什么叫正变位？什么叫正传动？

5-9 什么是斜齿轮的当量齿轮？为什么要提出当量齿轮的概念？

5-10 平行轴和交错轴斜齿轮传动有哪些异同点？

5-11 何谓蜗杆蜗轮机构的中间平面？蜗杆蜗轮机构的正确啮合条件是什么？

5-12 什么是直齿锥齿轮的当量齿轮和当量齿数？

5-13 设有一渐开线标准直齿圆柱齿轮，$z=20$，$m=2.5\text{mm}$，$h_a^*=1$，$\alpha=20°$，试求其齿廓曲线在分度圆和齿顶圆上的曲率半径及齿顶圆压力角。

5-14 已知一对正确安装的渐开线标准直齿圆柱齿轮传动机构，中心距 $a=100\text{mm}$，模数 $m=4\text{mm}$，压力角 $\alpha=20°$，传动比 $i=\omega_1/\omega_2=1.5$，试计算齿轮 1 和齿轮 2 的齿数，以及分度圆、基圆、齿顶圆和齿根圆直径。

5-15 有四个渐开线标准直齿圆柱齿轮，$\alpha=20°$，$h_a^*=1$，$c^*=0.25$，且①$m_1=5\text{mm}$，$z_1=20$；②$m_2=4\text{mm}$，$z_2=25$；③$m_3=4\text{mm}$，$z_3=50$；④$m_4=3\text{mm}$，$z_4=60$，试回答下列问题：

1）齿轮 2 和齿轮 3 哪个齿轮齿廓较平直？为什么？

2）哪个齿轮的齿高最大？为什么？

3）哪个齿轮的尺寸最大？为什么？

4）齿轮 1 和齿轮 2 能正确啮合吗？为什么？

5-16 渐开线标准外齿轮的齿根圆一定大于基圆吗？当齿根圆与基圆重合时，其齿数应为多少？当齿数少于以上求得的齿数时，基圆与齿根圆哪个大？

5-17 设有一对外啮合齿轮，$z_1=28$，$z_2=41$，$m=10\text{mm}$，$\alpha=20°$，$h_a^*=1$，求当中心距 $a'=350\text{mm}$ 时，两轮啮合角 α'。又当 $\alpha'=23°$时，求其中心距 a'。

5-18 已知一对标准外啮合直齿圆柱齿轮传动机构，$z_1=19$，$z_2=42$，$m=5\text{mm}$，$\alpha=20°$，$h_a^*=1$，求其重合度 ε_α。

5-19 如图 5-42 所示，试问当有一对轮齿在节点 C 处啮合时，是否还有其他轮齿也处于啮合状态；又当一对轮齿在 B_1 点处啮合时，情况又如何？

5-20 在图 5-43 中，已知一对齿轮的基圆和齿顶圆，齿轮 1 为主动轮。试在图中画出齿轮的啮合线，并标出：极限啮合点 N_1、N_2，实际啮合线的起始点和终止点 B_2、B_1，啮合角 α'，节点 C 和节圆 r_1'、r_2'。

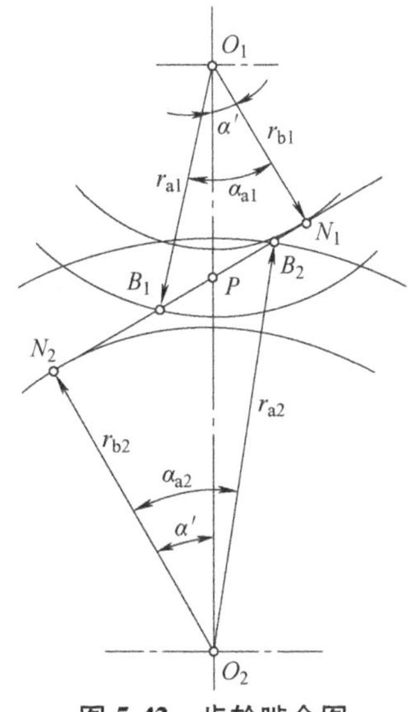

图 5-42 齿轮啮合图

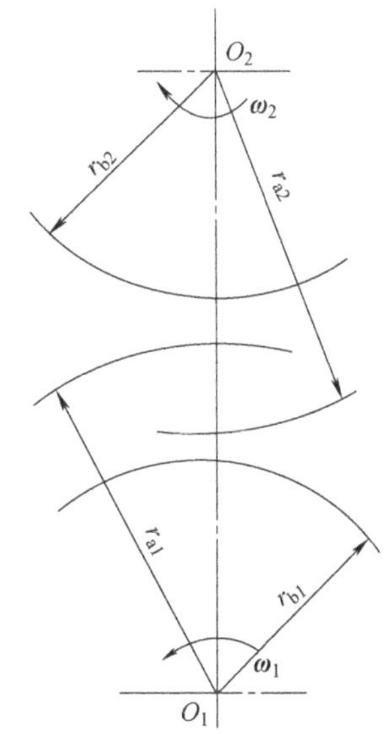

图 5-43 齿轮啮合图中的基圆和齿顶圆

5-21　用展成法加工 $z=12$，$m=12\text{mm}$，$\alpha=20°$的渐开线直齿轮。为避免根切，应采用什么变位方法加工？最小变位量是多少？并计算按最小变位量变位时齿轮分度圆的齿厚和齿槽宽。

5-22　设已知一对标准斜齿轮传动的参数：$z_1=21$，$z_2=37$，$m_n=5\text{mm}$，$\alpha_n=20°$，$h_{an}^*=1$，$c_n^*=0.25$，$b=70\text{mm}$。初选 $\beta=15°$，试求中心距 a（应圆整，并精确重算 β）、总重合度 ε_γ、当量齿数 z_{v1} 及 z_{v2}。

5-23　一蜗轮的齿数 $z_2=40$，$d_2=200\text{mm}$，与一单头蜗杆啮合，$d_1=50\text{mm}$，试求：

1）蜗轮端面模数 m_{t2} 及蜗杆轴向模数 m_{x1}。

2）蜗杆的轴向齿距 p_{x1} 及导程 S。

3）两轮的中心距 a。

5-24　已知一对直齿锥齿轮：$z_1=15$，$z_2=30$，$m=5\text{mm}$，$h_a^*=1$，$c^*=0.2$，$\Sigma=90°$，试确定这对锥齿轮的几何尺寸。

第 6 章 轮　　系

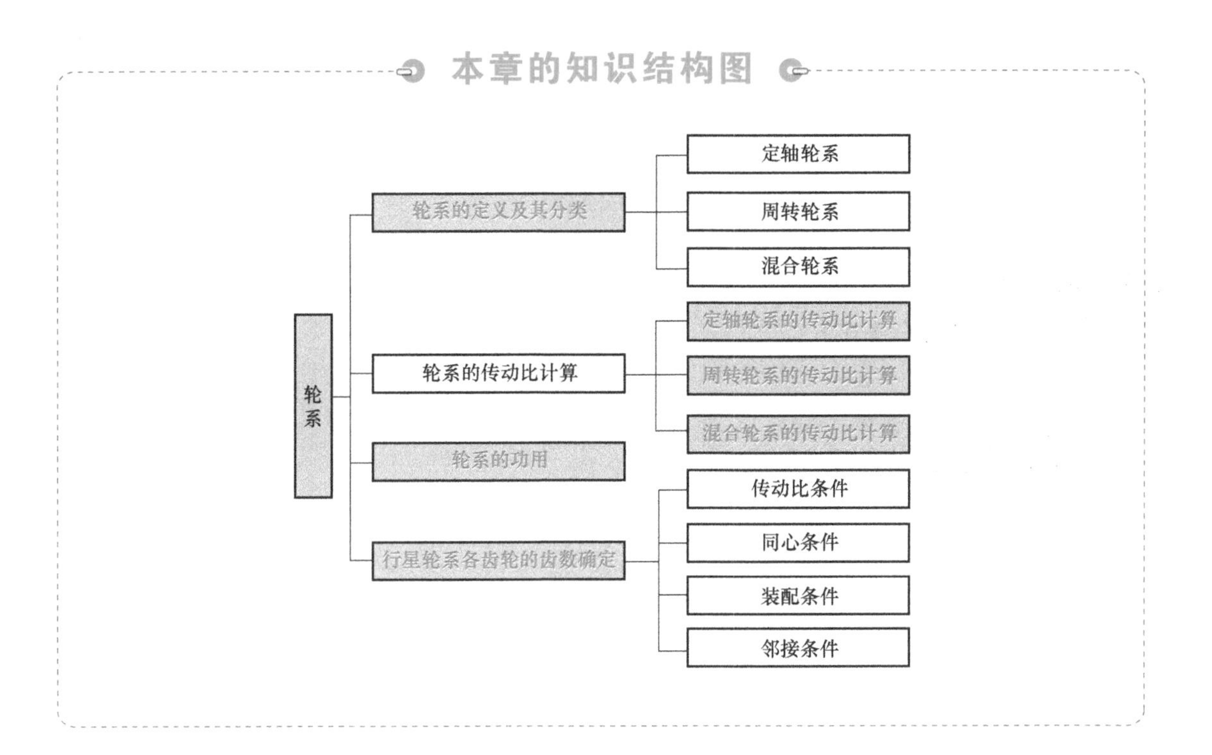

本章的知识结构图
轮系
轮系的定义及其分类
定轴轮系
周转轮系
混合轮系
轮系的传动比计算
定轴轮系的传动比计算
周转轮系的传动比计算
混合轮系的传动比计算
轮系的功用
行星轮系各齿轮的齿数确定
传动比条件
同心条件
装配条件
邻接条件

6.0 引言

本章学习的主要任务如下：

- 轮系的定义及其分类
- 轮系的传动比计算
- 轮系的功用
- 行星轮系各齿轮的齿数确定

6.1 轮系的定义及其分类

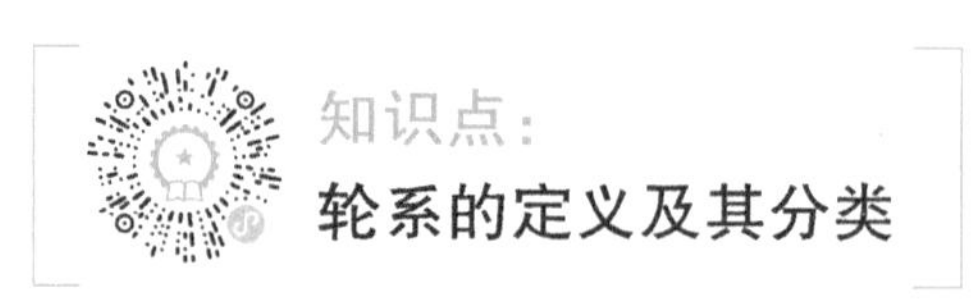

在实际机械中仅用一对齿轮传动往往满足不了工程实际的需要，需采用若干个相互啮合的齿轮将主动轴和从动轴连接起来传递运动和动力。这种由一系列齿轮组成的传动系统称为轮系。

在一个轮系中可以同时包括圆柱齿轮、锥齿轮、蜗杆蜗轮等各种类型的齿轮传动。

根据轮系运转时各个齿轮的轴线相对机架的位置是否固定，轮系可分为三大类：定轴轮系、周转轮系和混合轮系。

6.1.1 定轴轮系

如图 6-1 所示，动力由齿轮 1 输入，经过一系列齿轮传动，带动齿轮 5 转动将运动和动力输出。在轮系传动过程中，各齿轮的回转轴线相对机架的位置都是固定不动的，这种轮系称为定轴轮系。

6.1.2 周转轮系

如图6-2所示的轮系运转时，外齿轮1和内齿轮3都是绕固定的轴线 OO 回转的。齿轮2安装在构件H上，而构件H则是绕 OO 回转的。因此，当轮系运转时，齿轮2一方面绕自己的轴线 O_1O_1 自转，另一方面又随着构件H一起绕着固定轴线 OO 公转，即齿轮2做行星运动。绕固定轴线回转的齿轮称为太阳轮（齿轮1和齿轮3）；绕自身轴线自转同时随轴线公转的齿轮称为行星轮（齿轮2）；支撑行星轮的构件称为行星架（构件H）。轮系运转时，若有一个或几个齿轮几何轴线的位置是绕其他齿轮的固定轴线回转的轮系称为周转轮系。

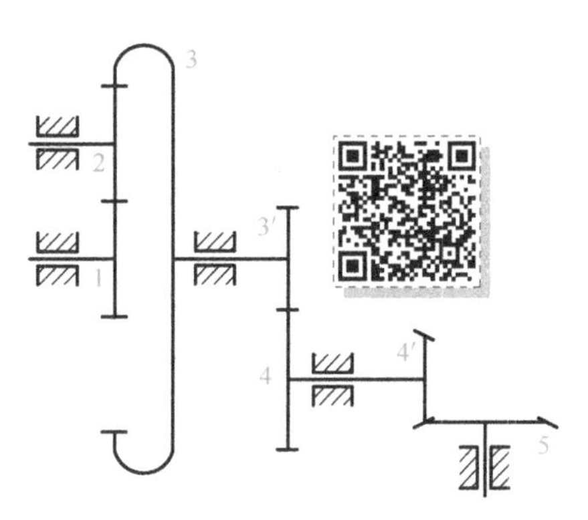

图6-1 定轴轮系

周转轮系由太阳轮、行星轮、行星架及机架组成。

根据周转轮系所具有的自由度不同，周转轮系可进一步分为差动轮系和行星轮系两类。

差动轮系：自由度为2的周转轮系，图6-2a所示。

行星轮系：自由度为1的周转轮系，如图6-2b所示。

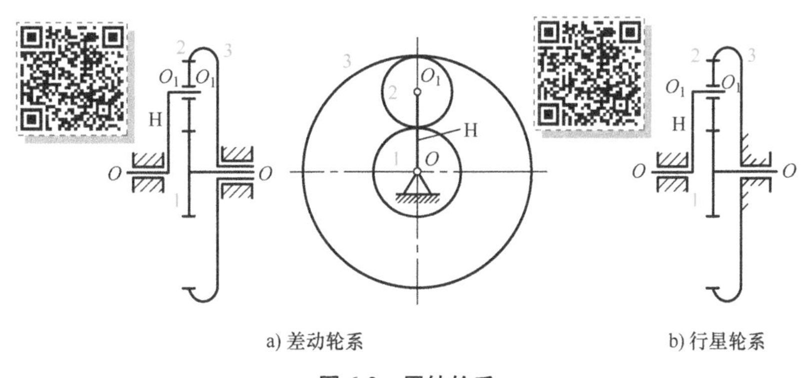

图6-2 周转轮系

此外，周转轮系还常根据其基本构件的不同分为2K-H型和3K型（图6-3）。K表示太阳轮，H表示行星架。

6.1.3 混合轮系

在实际机械中，常用到由周转轮系和定轴轮系（图6-4a）或者是由两个以上的周转轮系（图6-4b）组合而成的复杂轮系，称为混合轮系（或称复合轮系）。

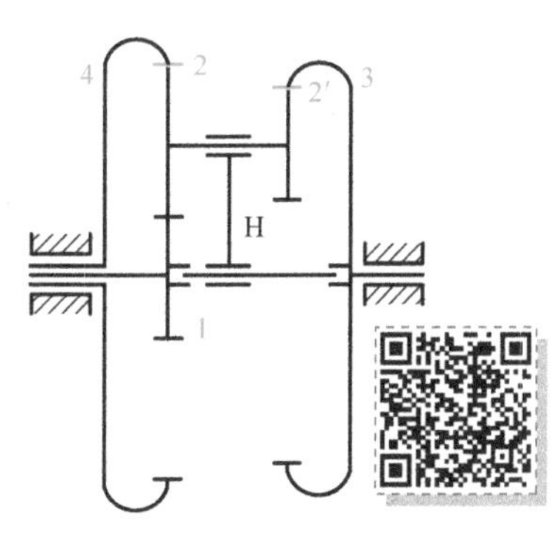

图6-3 3K型周转轮系

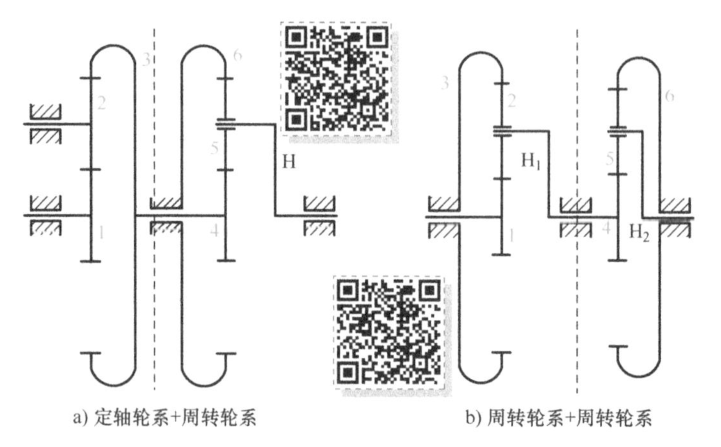

a) 定轴轮系+周转轮系　　b) 周转轮系+周转轮系

图 6-4　混合轮系

6.2 轮系的传动比计算

轮系的传动比是指在轮系中首、末两构件的角速度之比。

轮系传动比的计算包括两方面的内容：一是确定轮系传动比的大小，二是确定首、末构件之间的转向关系。

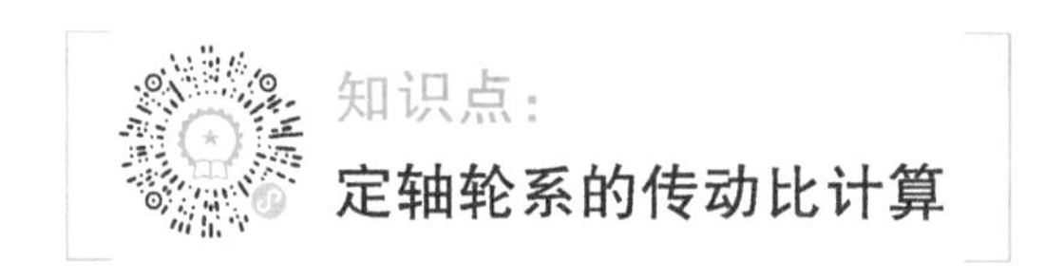

1. 传动比大小的计算

以图 6-5 所示的定轴轮系为例介绍传动比大小的计算方法。该轮系由齿轮对 1-2、2-3、3′-4 和 4′-5 组成，设齿轮 1 为首轮，齿轮 5 为末轮，其轮系的传动比 $i_{15}=\omega_1/\omega_5$。轮系中各对啮合齿轮的传动比的大小为

$$i_{12}=\frac{\omega_1}{\omega_2}=\frac{z_2}{z_1},\quad i_{23}=\frac{\omega_2}{\omega_3}=\frac{z_3}{z_2}$$

$$i_{3'4}=\frac{\omega_3}{\omega_4}=\frac{z_4}{z_{3'}},\quad i_{4'5}=\frac{\omega_4}{\omega_5}=\frac{z_5}{z_{4'}}$$

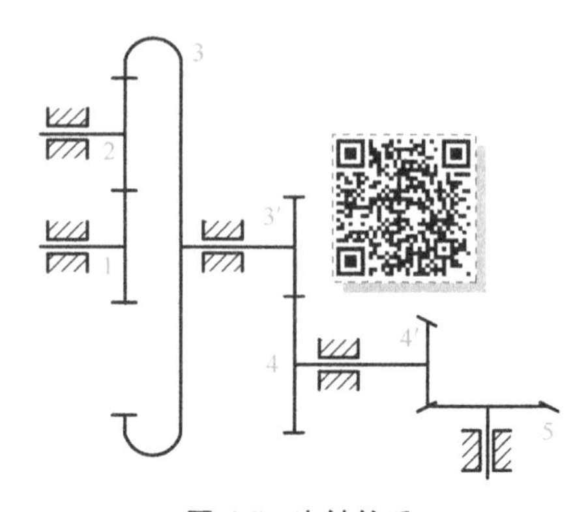

图 6-5　定轴轮系

将上述各级传动比连乘起来，可得

$$i_{15}=\frac{\omega_1}{\omega_5}=i_{12}i_{23}i_{3'4}i_{4'5}=\frac{z_2z_3z_4z_5}{z_1z_2z_{3'}z_4} \tag{6-1}$$

式（6-1）说明：定轴轮系的传动比等于组成该轮系的各对啮合齿轮传动比的连乘积；其大小等于各对啮合齿轮所有从动轮齿数的连乘积与所有主动轮齿数的连乘积之比。即

$$定轴轮系传动比大小=\frac{所有从动轮齿数连乘积}{所有主动轮齿数连乘积} \tag{6-2}$$

2. 首、末轮的转向关系

（1）画箭头法 如图6-6所示，设首轮1的转向已知，如图中箭头所示（箭头代表齿轮可见侧圆周速度方向），则首、末两轮的转向关系可用标注箭头的方法来确定。因为任何一对啮合传动的齿轮，其节点处的圆周速度相同，所以两轮转向的箭头应同时指向节点或同时背离节点。依据此法则，根据首轮1的转向，依次可用箭头标出其余各轮的转向。

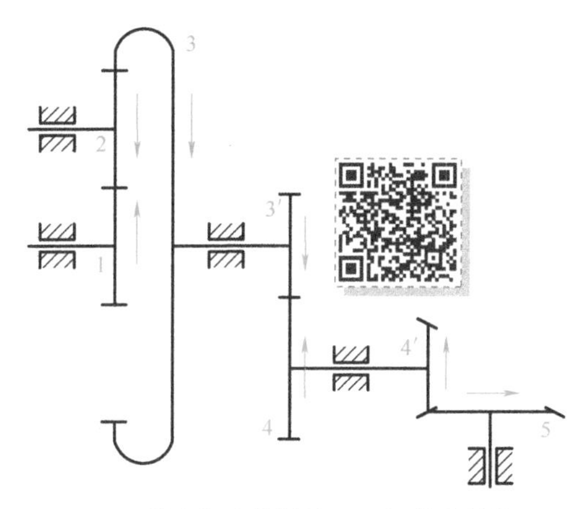

图6-6 首轮与末轮轴线不平行的定轴轮系

定轴轮系中，3个以上互相啮合的齿轮中，中间齿轮（如图6-6中的齿轮2）既是主动轮又是从动轮，它对传动比大小没有影响，而仅改变从动轮的转向，这种齿轮称为惰轮或过轮。

（2）正负号法 当首、末两轮的轴线彼此平行时，两轮的转向不是相同就是相反；当两者的转向相同时，规定其传动比为“+”，反之为“−”。如图6-7所示的定轴轮系，该轮系的传动比

$$i_{15}=\frac{\omega_1}{\omega_5}=+\frac{z_2z_3z_5}{z_1z_2z_4}$$

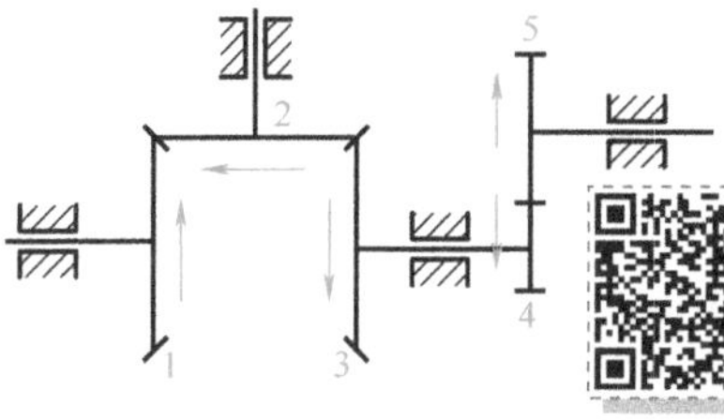

图6-7 首轮与末轮轴线平行的定轴轮系

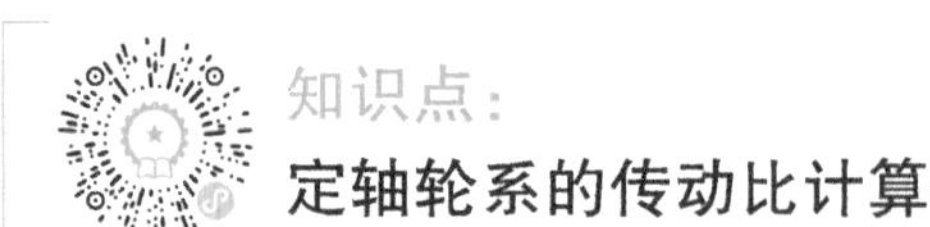

知识点：

定轴轮系的传动比计算——实例

例 6-1　图 6-8 所示为钟表机构，指针 H 为时针，指针 M 为分针，指针 S 为秒针。已知 $z_1=8$，$z_2=60$，$z_3=8$，$z_7=12$，$z_5=15$，各齿轮的模数均相等，求齿轮 4、齿轮 6 和齿轮 8 的齿数。

解：

由秒针 S 到分针 M 的传动路线所确定的定轴轮系为 1(S)-2(3)-4(M)，其传动比

$$i_{SM}=\frac{n_S}{n_M}=\frac{z_2z_4}{z_1z_3}=60 \tag{6-3a}$$

由分针 M 到时针 H 的传动路线所确定的定轴轮系为 5(M)-6(7)-8(H)，其传动比

$$i_{MH}=\frac{n_M}{n_H}=\frac{z_6z_8}{z_5z_7}=12 \tag{6-3b}$$

轮系 5-6-7-8 中，有

$$r_5+r_6=r_7+r_8$$

因为各齿轮的模数相等，所以有

$$z_5+z_6=z_7+z_8 \tag{6-3c}$$

联立式（6-3a）、式（6-3b）和式（6-3c），解得

$$z_4=64,\quad z_6=45,\quad z_8=48$$

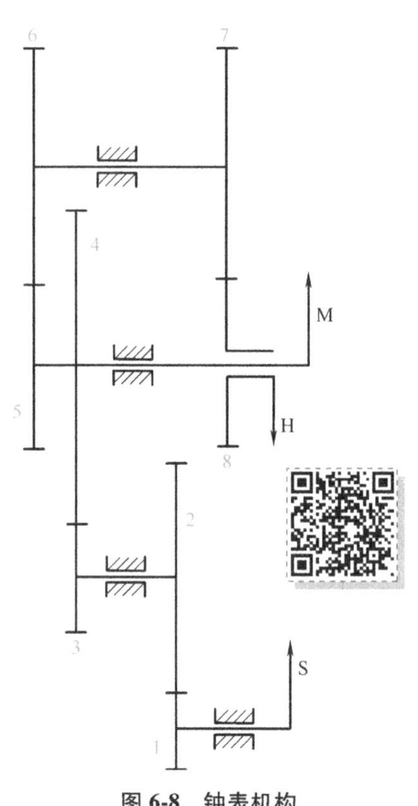

图 6-8　钟表机构

知识点：

周转轮系的传动比计算

如图 6-9 所示的 2K-H 型基本周转轮系，其中太阳轮 1 和太阳轮 3 以及行星架 H 均绕同一固定轴线 OO 回转；行星轮 2 既绕自己的轴线 O_1O_1 回转，又随着构件 H 一起绕着固定轴线 OO 公转。因此，周转轮系不能像定轴轮系那样直接求解传动比。但是，根据相对运动原理，设想对整个周转轮系加上一个绕固定轴线 OO 转动的公共角速度“$-\omega_H$”，显然各构件之间的相对运动关系并没有改变。此时行星架 H 的角速度为 $\omega_H-\omega_H=0$，即行星架 H 相对静止不动，而齿轮 1、齿轮 2 和齿轮 3 则变成了绕定轴转动的齿轮，于是原周转轮系便转化为假想的定轴轮系。这种假想的定轴轮系称为原周转轮系的转化轮系或转化机构。

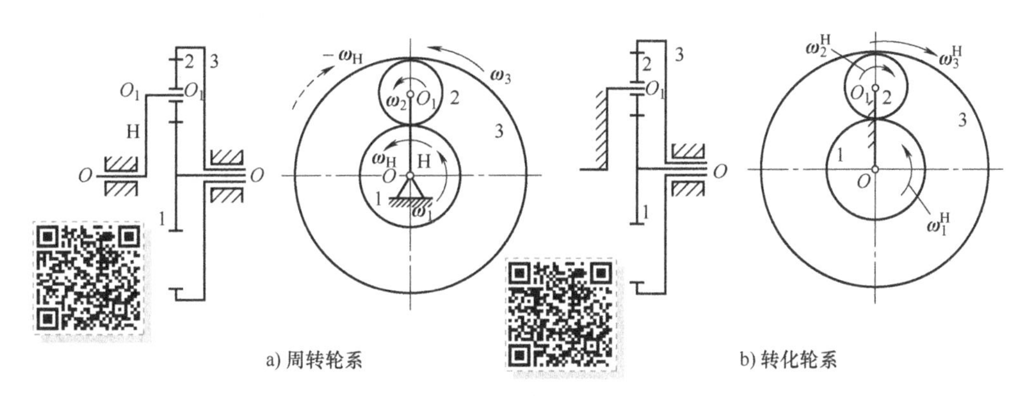

a) 周转轮系　　b) 转化轮系

图 6-9 周转轮系和转化轮系

周转轮系和转化轮系中各构件的角速度见表 6-1。

表 6-1 周转轮系和转化轮系中各构件的角速度

构 件	周转轮系的角速度	转化轮系中的角速度
行星架 H	ω_H	$\omega_H^H=\omega_H-\omega_H=0$
齿轮 1	ω_1	$\omega_1^H=\omega_1-\omega_H$
齿轮 2	ω_2	$\omega_2^H=\omega_2-\omega_H$
齿轮 3	ω_3	$\omega_3^H=\omega_3-\omega_H$

既然周转轮系的转化轮系是一定轴轮系，那么就可以应用求解定轴轮系传动比的方法，求出转化轮系中齿轮 1 与齿轮 3 的传动比

$$i_{13}^H=\frac{\omega_1^H}{\omega_3^H}=\frac{\omega_1-\omega_H}{\omega_3-\omega_H}=-\frac{z_2z_3}{z_1z_2}=-\frac{z_3}{z_1} \tag{6-4}$$

显然，转化轮系的传动比 i_{13}^H 表征了周转轮系基本构件齿轮 1、齿轮 3 和行星架 H 的角速度和齿数间的相对比例关系。在式（6-4）中，当齿轮齿数已知，若 ω_1、ω_3、ω_H 三个参数中有两者已知（包括大小和方向），就可以求出第三者（包括大小和方向）。

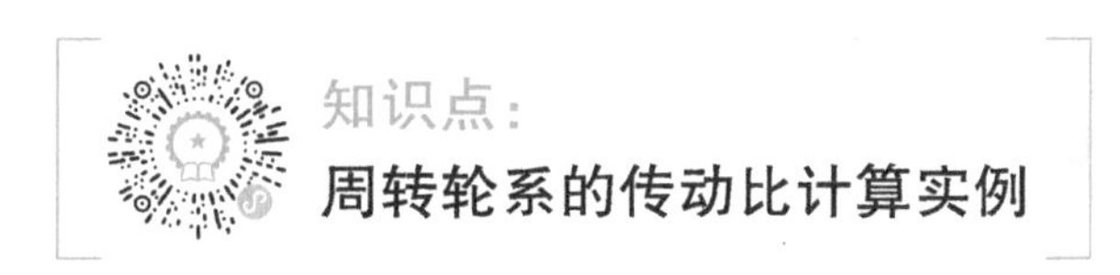

知识点：周转轮系的传动比计算实例

例 6-2 在图 6-10 所示的周转轮系中，已知各轮的齿数 $z_1=30$，$z_2=25$，$z_{2'}=20$，$z_3=75$。齿轮 1 的转速为 210r/min（箭头向上），齿轮 3 的转速为 54r/min（箭头向下），求行星架转速 n_H 的大小和方向。

解：

根据式（6-4），得

$$i_{13}^{\mathrm{H}}=\frac{n_1^{\mathrm{H}}}{n_3^{\mathrm{H}}}=\frac{n_1-n_{\mathrm{H}}}{n_3-n_{\mathrm{H}}}=-\frac{z_2z_3}{z_1z_{2'}}$$

根据题意，齿轮 1 和齿轮 3 的转向相反，若假设 n_1 为正，则应将 n_3 以负值代入上式，得

$$\frac{210-n_{\mathrm{H}}}{-54-n_{\mathrm{H}}}=-\frac{25\times75}{20\times30}$$

解得 $n_{\mathrm{H}}=10\mathrm{r/min}$。因为 n_{H} 为正，故可知 n_{H} 的转向和 n_1 相同。

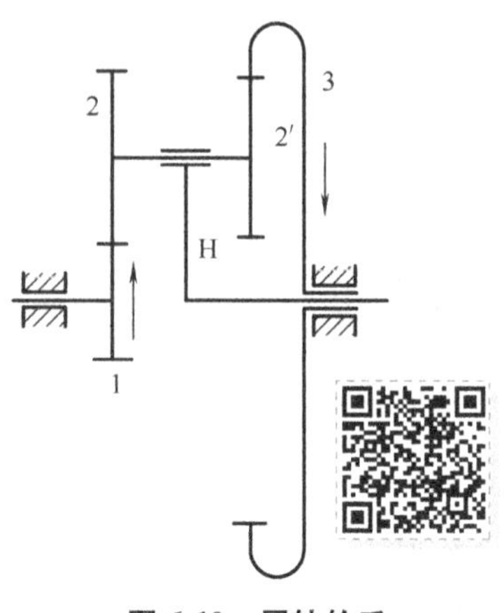

图 6-10　周转轮系

在已知 n_1、n_{H} 或 n_3、n_{H} 的情况下，利用式（6-4）还可容易地算出行星齿轮 2 的转速 n_2。

显然有

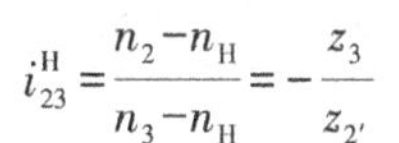

$$i_{23}^{\mathrm{H}}=\frac{n_2-n_{\mathrm{H}}}{n_3-n_{\mathrm{H}}}=-\frac{z_3}{z_{2'}}$$

整理得

$$n_2=\frac{z_3n_3+(z_{2'}-z_3)\ n_{\mathrm{H}}}{z_{2'}}$$

代入已知数值（$n_{\mathrm{H}}=10\mathrm{r/min}$，$n_3=-54\mathrm{r/min}$），可求得

$$n_2=-175\mathrm{r/min}$$

负号表示 n_2 的转向与 n_1 相反。

知识点：混合轮系的传动比计算

如前所述，由于混合轮系中包含各种基本轮系，既不可能单纯地按求定轴轮系传动比的方法来计算其传动比，也不可能单纯地按求周转轮系传动比的方法来计算其传动比。计算混合轮系传动比的方法如下：

1）首先将混合轮系中的各个周转轮系与定轴轮系正确地区分开来。

2）分别列出各定轴轮系与各周转轮系传动比的方程。

3）找出各种轮系之间的联系。

4）联立求解这些方程式，即可求得混合轮系的传动比。

当计算混合轮系传动比时，首要问题是如何正确地划分出混合轮系中定轴轮系部分和周转轮系部分，其中关键是找各个周转轮系。找周转轮系的方法：找出既自转又公转的行星轮；支持行星轮做公转的构件就是行星架；几何轴线与行星架的回转轴线相重合，且与行星轮相啮合的定轴齿轮就是太阳轮。这些构件便组成了一个周转轮系，而且每一个周转轮系只含有一个行星架。若没有行星轮存在，则为定轴轮系。

例 6-3 如图 6-11 所示为串联型混合轮系，已知各齿轮的齿数 z_1、z_2、$z_{2'}$、z_3、$z_{3'}$、z_4、z_5，求传动比 i_{1H}。

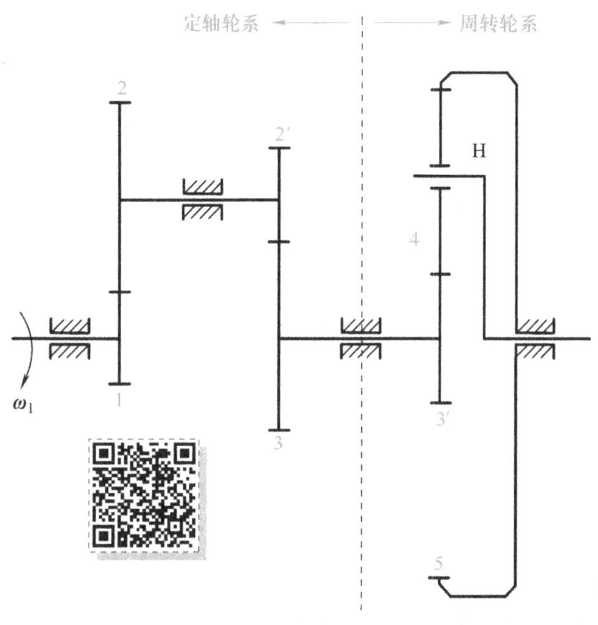

图 6-11 混合轮系

解：

该混合轮系是由定轴轮系 1-2-2′-3 和行星轮系 3′-4-5-H 组成的。定轴轮系的输出构件（齿轮 3）和行星轮系的输入构件（齿轮 3′）为同一个构件。

定轴轮系 1-2-2′-3 的传动比

$$i_{13}=\frac{\omega_1}{\omega_3}=\frac{z_2z_3}{z_1z_{2'}} \tag{6-5a}$$

行星轮系 3′-4-5-H 的传动比

$$i_{3'5}^{H}=\frac{\omega_3^{H}}{\omega_5^{H}}=\frac{\omega_3-\omega_H}{\omega_5-\omega_H}=-\frac{z_5}{z_{3'}} \tag{6-5b}$$

由图 6-11 可知 $\omega_5=0$，代入式（6-5b），得

$$\frac{\omega_3-\omega_H}{0-\omega_H}=-\frac{z_5}{z_{3'}}$$

整理，得

$$\frac{\omega_3}{\omega_H}=1+\frac{z_5}{z_{3'}}$$

最后得

$$i_{1H}=\frac{\omega_1}{\omega_H}=\frac{\omega_1}{\omega_3}\frac{\omega_3}{\omega_H}=\frac{z_2z_3}{z_1z_{2'}}\left(1+\frac{z_5}{z_{3'}}\right)$$

例 6-4　在图 6-12 所示混合轮系中，已知 ω_6 和各轮齿数 $z_1=50$，$z_{1'}=30$，$z_{1''}=60$，$z_2=30$，$z_{2'}=20$，$z_3=100$，$z_4=45$，$z_5=60$，$z_{5'}=45$，$z_6=20$，求 ω_3 的大小和方向。

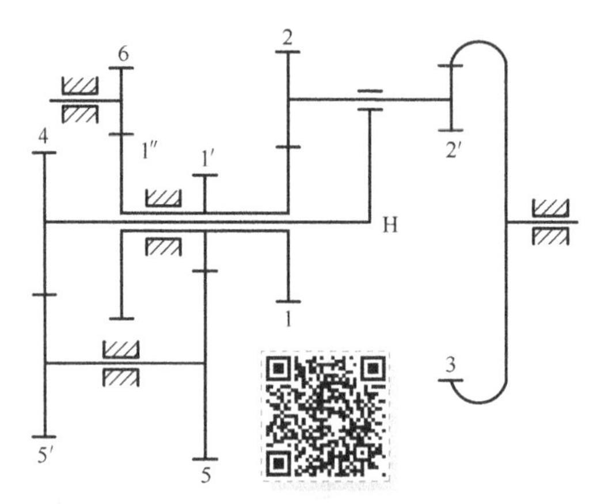

图 6-12　混合轮系

解：

轴线位置不固定的双联齿轮 2-2′是行星轮，与双联齿轮 2-2′啮合的齿轮 1 和齿轮 3 为太阳轮，而支持行星轮的为行星架 H。因此齿轮 1、2-2′、3 和行星架 H 组成一个差动轮系。因为轮系中再没有其他的行星轮，所以其余的齿轮 6、1′-1″、5-5′、4 组成一个定轴轮系。

周转轮系的转化轮系的传动比为

$$i_{13}^{H}=\frac{\omega_1^{H}}{\omega_3^{H}}=\frac{\omega_1-\omega_H}{\omega_3-\omega_H}=-\frac{z_2z_3}{z_1z_{2'}}=-\frac{30\times100}{50\times20}=-3 \tag{6-6}$$

式中，ω_1、ω_H 由定轴轮系求得。

$$\omega_1=\omega_{1''}=\omega_6\left(-\frac{z_6}{z_{1'}}\right)=\omega_6\left(-\frac{20}{60}\right)=-\frac{1}{3}\omega_6$$

$$\omega_H=\omega_4=\omega_6\left(-\frac{z_6z_{1'}z_{5'}}{z_{1''}z_5z_4}\right)=\omega_6\left(-\frac{20\times30\times45}{60\times60\times45}\right)=-\frac{1}{6}\omega_6$$

将 ω_1、ω_H 代入式（6-6），得

$$\frac{\omega_1-\omega_H}{\omega_3-\omega_H}=\frac{-\frac{1}{3}\omega_6-\left(-\frac{1}{6}\omega_6\right)}{\omega_3-\left(-\frac{1}{6}\omega_6\right)}=-3$$

解得 $\omega_3=-\frac{1}{9}\omega_6$，齿轮 3 与齿轮 6 的转向相反。

例 6-5　图 6-13 所示为电动卷扬机的减速器，已知各轮齿数 $z_1=24$，$z_2=48$，$z_{2'}=30$，$z_3=90$，$z_{3'}=20$，$z_4=30$，$z_5=80$，试求传动比 i_{1H}。

解：

这是一个比较复杂的混合轮系。由图6-13可知，2-2′是行星轮，与双联齿轮2-2′啮合的齿轮1和齿轮3为太阳轮，而支持行星轮的为行星架5（H）。因此齿轮1、2-2′、3和行星架5（H）组成一个差动轮系，齿轮3′、齿轮4和齿轮5组成定轴轮系。整个轮系是由一个定轴轮系把一个差动轮系中行星架和太阳轮3封闭起来的封闭差动轮系。其中 $\omega_H=\omega_5$，$\omega_3=\omega_{3'}$。

对于定轴轮系

$$i_{3'5}=\frac{\omega_{3'}}{\omega_5}=\frac{z_5}{z_{3'}}=-\frac{80}{20}=-4$$

对于差动轮系

$$i_{13}^{H}=\frac{\omega_1-\omega_H}{\omega_3-\omega_H}=-\frac{z_2z_3}{z_1z_{2'}}=-\frac{48\times90}{24\times30}=-6$$

联立解得

$$i_{1H}=\frac{\omega_1}{\omega_H}=31$$

正号表明行星架5与齿轮1的转向相同。

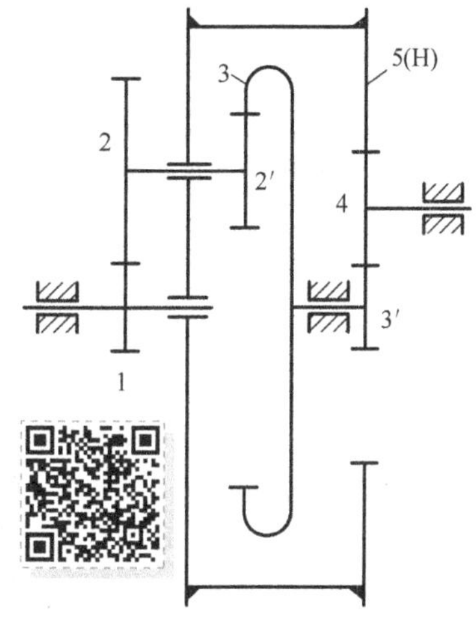

图6-13 混合轮系

6.3 轮系的功用

轮系在各种机械中得到了广泛的应用，其主要功能概括如下：

1. 获得较大的传动比

当输入轴和输出轴之间需要较大的传动比时，由式（6-1）可知，只要适当选择轮系中各对啮合齿轮的齿数，即可满足较大传动比的要求。

适当选择结构或组合形式，周转轮系或混合轮系既能获得较大传动比，而且结构又紧凑，齿轮数目又少。例如，图6-14所示行星轮系，当 $z_1=100$，$z_2=101$，$z_{2'}=100$，$z_3=99$ 时，其传动比 i_{H1} 可达到10000：1的大传动比。

计算过程如下

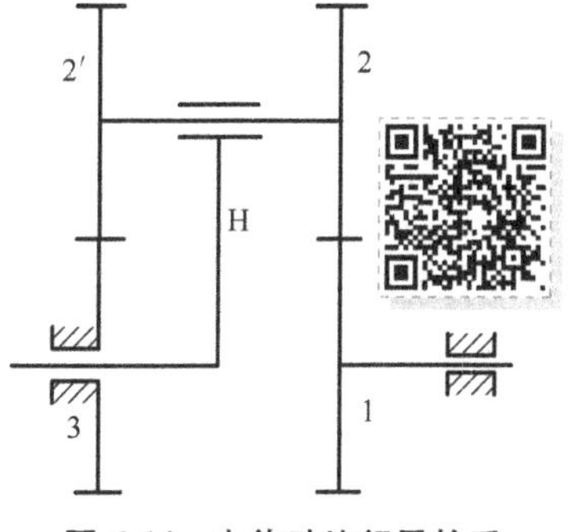

图6-14 大传动比行星轮系

$$i_{13}^{H}=\frac{\omega_1^H}{\omega_3^H}=\frac{\omega_1-\omega_H}{\omega_3-\omega_H}=\frac{z_2 z_3}{z_1 z_{2'}}$$

代入已知数值，得

$$\frac{\omega_1-\omega_H}{0-\omega_H}=\frac{101\times99}{100\times100}$$

解得 $i_{H1}=10000$。

应当指出，这种类型的行星齿轮传动，传动比越大，机械效率越低，故不宜用于传递大功率，只适用于作为辅助装置的减速机构。若将它用作增速传动，甚至可能发生自锁。

2. 实现变速换向传动

在主动轴转速不变的条件下，利用轮系可以使从动轴获得若干种转速或改变输出轴的转向，这种传动称为变速换向传动。汽车、机床、起重设备等都需要这种变速换向传动。

如汽车变速器的换档，使汽车的行驶可获得几种不同的速度，以适应不同的道路和载荷等情况变化的需要。如图 6-15 所示的汽车齿轮变速器，图中轴Ⅰ为动力输入轴，轴Ⅱ为输出轴，4、6 为滑移齿轮，A、B 为牙嵌离合器。该变速器可使轴Ⅱ获得四种转速。

第一档：齿轮 5、6 相啮合，齿轮 3、4 及离合器 A、B 均脱开。

第二档：齿轮 3、4 相啮合，齿轮 5、6 及离合器 A、B 均脱开。

第三档：离合器 A、B 相嵌合，齿轮 5、6 和 3、4 均脱开。

倒档：齿轮 6、8 相啮合，齿轮 5、6 及离合器 A、B 均脱开，此时由于齿轮 8 的作用，使轴Ⅱ反转。

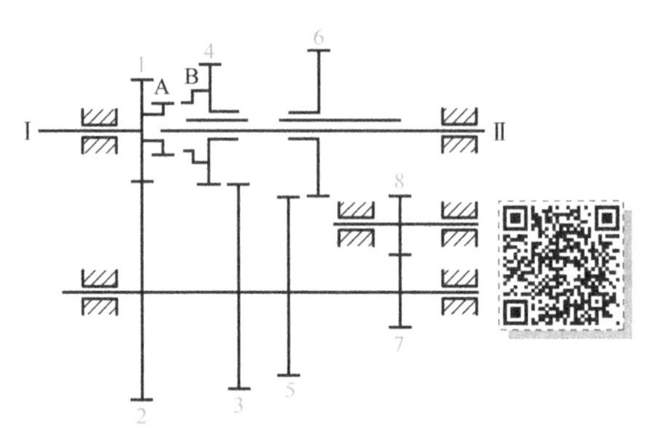

图 6-15　汽车齿轮变速器传动示意图

3. 实现分路传动

当输入轴转速一定时，利用定轴轮系使一个输入转速同时传到若干个输出轴上，获得所需的各种转速，这种传动称为分路传动。图 6-16 所示就是利用定轴轮系把轴Ⅰ的输入运动，通过一系列齿轮传动，分为轴Ⅱ、Ⅲ、Ⅳ的输出运动。

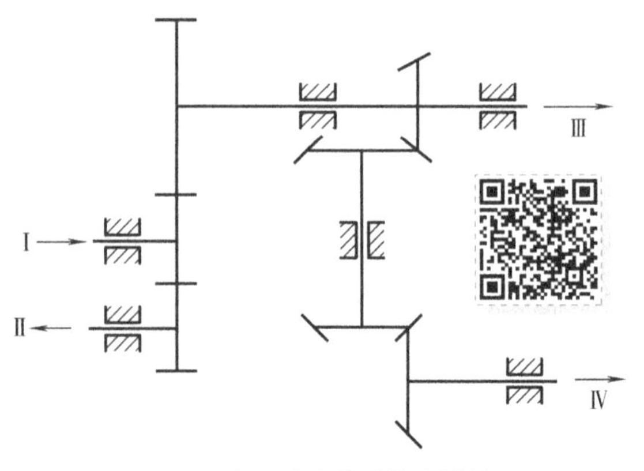

图 6-16　实现分路传动的定轴轮系

4. 可实现运动的合成

合成运动是将两个输入运动合成为一个输出运动。差动轮系有两个自由度，当给定两个基本构件的运动时，第三个基本构件的运动随之确定。这意味着第三个构件的运动是由两个基本构件的运动合成的。图 6-17 所示的由锥齿轮所组成的差动轮系，就常被用来进行运动的合成。其中，$z_1=z_3$，则

$$i_{13}^{H}=\frac{n_1-n_H}{n_3-n_H}=-\frac{z_3}{z_1}=-1$$

因此

$$2n_H=n_1+n_3$$

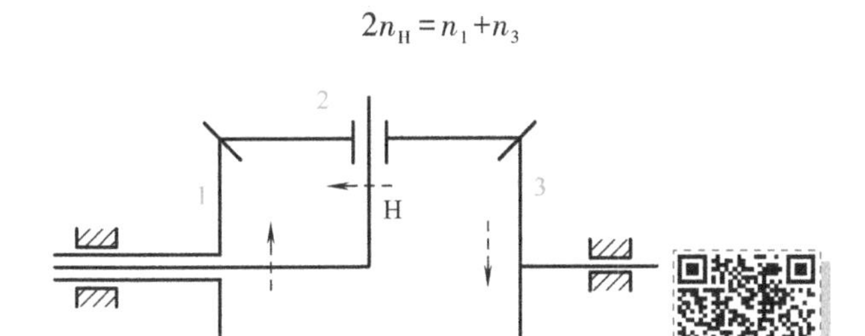

图 6-17　差动轮系用于运动合成

5. 可实现运动的分解

差动轮系不仅能实现运动合成，而且还可以实现运动分解，即将差动轮系中已知的一个独立运动，按所需比例分解成另两个基本构件的不同转动。汽车后桥的差速器就利用了差动轮系的这一特性。

图 6-18 所示为装在汽车后桥上的差速器简图。其中齿轮 1、齿轮 2、齿轮 3 和行星架 4（H）组成一差动轮系。汽车发动机的运动从变速器经传动轴传给齿轮 5，再带动齿轮 4 及固接在齿轮 4 上的行星架 H 转动。当汽车直线行驶时，前轮的转向机构通过地面的约束作用，要求两后轮有相同的转速，即要求齿轮 1 和齿轮 3 转速相等（$n_1=n_3$）。由于在差动轮系中

$$i_{13}^{H}=\frac{n_1-n_H}{n_3-n_H}=-\frac{z_3}{z_1}=-1$$

故

$$n_H=\frac{1}{2}(n_1+n_3)$$

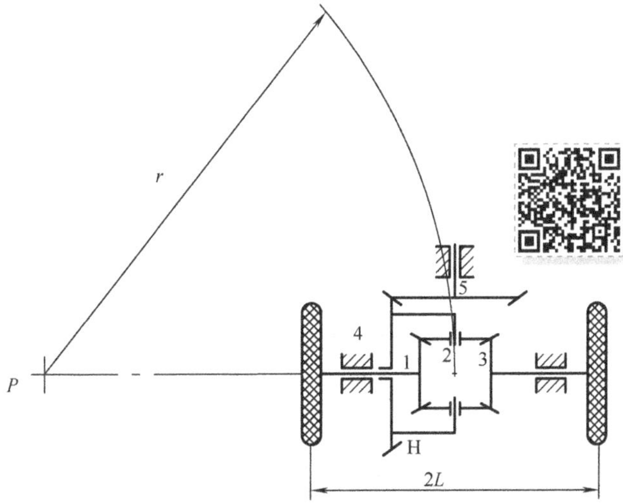

图 6-18　汽车后桥上的差速器简图

将 $n_1=n_3$ 代入上式，得 $n_1=n_3=n_H=n_4$，即齿轮 1、齿轮 3 和行星架 H 之间没有相对运动，整个差动轮系相当于同齿轮 4 固接在一起成为一个刚体，随齿轮 2 一起转动，此时行星轮 2 相对于行星架没有转动。

当汽车向左转弯时，为使车轮和地面间不发生滑动以减少轮胎磨损，就要求右轮比左轮转得快些。这时齿轮 1 和齿轮 3 之间便发生相对转动，齿轮 2 除了随着齿轮 4 绕后轮轴线公转外，还要绕自己的轴线自转。由齿轮 1、齿轮 2、齿轮 3 和行星架 4（H）组成的差动轮系便发挥作用。这个差动轮系和图 6-17 所示的机构完全相同，故有

$$2n_H=n_1+n_3 \tag{6-7a}$$

由图 6-19 可见，当车身绕瞬时转弯中心 P 点转动时，汽车两前轮在梯形转向机构 $ABCD$ 的作用下向左偏转，其轴线与汽车两后轴的轴线相交于 P 点（图 6-19）。在图 6-19 所示左转弯的情况下，要求四个车轮均能绕点 P 做纯滚动，两个左侧车轮转得慢些，两个右侧车轮要转得快些。由于两前轮是浮套在轮轴上的，故可以适应任意转弯半径而与地面保持纯滚动；至于两个后轮，则是通过上述差速器来调整转速的。设两后轮中心距为 $2L$，弯道平均半径为 r，由于两后轮的转速与弯道半径成正比，故由图 6-19 可得

$$\frac{n_1}{n_3}=\frac{r-L}{r+L} \tag{6-7b}$$

联立解式（6-7a）和式（6-7b），可求得此时汽车两后轮的转速分别为

$$n_1=\frac{r-L}{r}n_H$$

$$n_3=\frac{r+L}{r}n_H$$

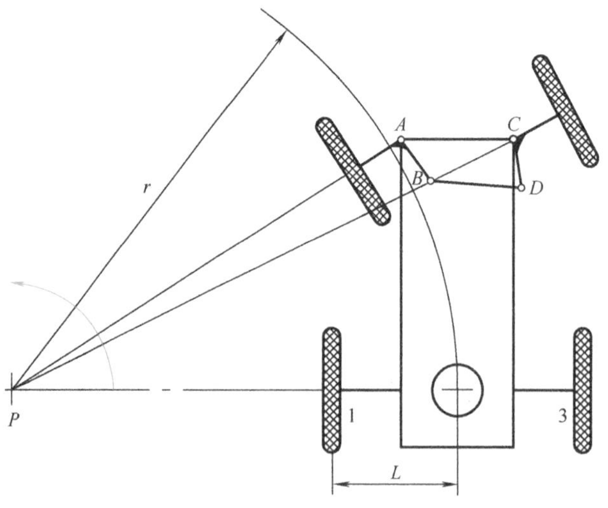

图 6-19 汽车转向机构

这说明当汽车转弯时，可利用上述差速器自动将主轴的转动分解为两个后轮的不同转动。

这里需要特别说明的是，差动轮系可以将一个转动分解成另外两个转动是有前提条件的，其前提条件是这两个转动之间的确定关系是由地面的约束条件确定的。

6.4 行星轮系各齿轮的齿数确定

知识点：

行星轮系各齿轮的齿数确定

周转轮系是一种共轴式的传动装置，即输入轴的轴线与输出轴的轴线重合，并且又采用了几个完全相同的行星轮均匀地分布在太阳轮之间。因此，在设计周转轮系时，各轮齿数的确定除了满足单级齿轮传动齿数选择的原则外，还必须满足传动比条件、同心条件、装配条件以及邻接条件，这样装配起来才能按照给定的传动比正常运转。周转轮系的类型很多，对于不同的周转轮系，满足上述四个条件的具体关系式将有所不同。现以图 6-20 所示的行星轮系为例讨论如下：

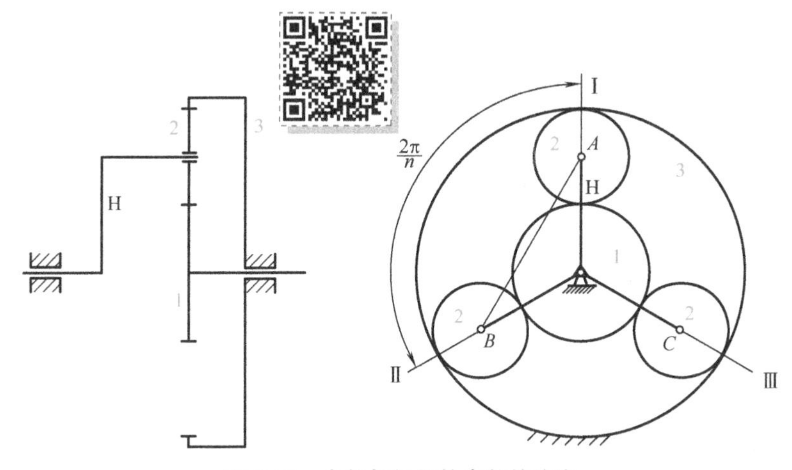

图 6-20　齿数与行星轮齿数的确定

1. 传动比条件

传动比条件是指所设计的行星轮系必须能实现给定的传动比 i_{1H}。如图 6-20 所示的行星轮系，其各齿轮齿数的选择可根据式（6-4）来确定。即

$$i_{1H}=1-i_{13}^{H}=1+\frac{z_3}{z_1}$$

故

$$z_3=z_1(i_{1H}-1) \tag{6-8}$$

2. 同心条件

为了保证装在行星架上的行星轮在传动过程中始终与太阳轮正确啮合，必须使行星架的转轴与太阳轮的轴线重合，这就要求各轮齿数必须满足第二个条件——同心条件。

在图 6-20 所示的行星轮系中，太阳轮 1 和行星轮 2 组成外啮合，太阳轮 3 与行星轮 2 组成内啮合，同心条件就是要求这两组传动的中心距必须相等，即 $a_{12}=a_{23}$。如果齿轮均采用标准齿轮，且三个齿轮的模数相同，则应有

$$\frac{m(z_1+z_2)}{2}=\frac{m(z_3-z_2)}{2}$$

即

$$z_2=\frac{z_3-z_1}{2}$$

该式表明：两太阳轮的齿数应同为奇数或偶数。将式（6-8）代入上式，可得

$$z_2=\frac{z_3-z_1}{2}=\frac{z_1(i_{1H}-2)}{2} \tag{6-9}$$

3. 装配条件

周转轮系中如果只有一个行星轮，则所有载荷将由一对齿轮啮合来承受，功率也由一对齿轮啮合传递。由于轮齿的啮合力和行星轮的离心惯性力都随着行星轮的转动而改变方向，因此轴上所受的是动载荷。为了提高承载能力和解决动载荷问题，通常在实际机械应用中的周转轮系多采用多个行星轮均匀分布在两个太阳轮之间，这样一来载荷由多对齿轮来承受，从而提高了轮系的承载能力。因为行星轮均匀分布，太阳轮上作用力的合力将为零，行星架上所受的行星轮的离心惯性力也将得以平衡，可大大改善受力状况。

为使各个行星轮都能均匀分布在两太阳轮之间，在设计行星轮系时，行星轮的数目和各齿轮的齿数必须有一定的关系。否则，当一个行星轮装好以后，两个太阳轮的相对位置就确定了，且均布的各行星轮的中心位置也就确定了，在一般情况下，其余行星轮的轮齿就可能无法同时装配到内、外两太阳轮的齿槽中。

若需要有 n 个行星轮均匀地分布在太阳轮四周，则相邻两个行星轮之间的夹角为 $2\pi/n$。设行星轮齿数为偶数，参照图 6-20 分析行星轮数目 n 与各轮齿数间应满足的关系。

如图 6-20 所示，现将第一个行星轮 A 在位置Ⅰ装入，使行星架 H 沿着逆时针方向转过 $\varphi_H=2\pi/n$ 到达位置Ⅱ，这时太阳轮 1 转过角 φ_1。

由于

$$i_{1H}=\frac{\omega_1}{\omega_H}=\frac{\varphi_1}{\varphi_H}=\frac{\varphi_1}{2\pi/n}=1-i_{13}^{H}=1+\frac{z_3}{z_1}$$

则

$$\varphi_1=\left(1+\frac{z_3}{z_1}\right)\frac{2\pi}{n}$$

φ_1 必须是 K 个轮齿所对的中心角，即刚好包含 K 个齿距，故

$$\varphi_1=\left(1+\frac{z_3}{z_1}\right)\frac{2\pi}{n}=\frac{2\pi}{z_1}K$$

整理后得

$$K=\frac{z_1+z_3}{n} \tag{6-10}$$

当行星轮的个数和两太阳轮的齿数满足式（6-10）的条件时，就可以在位置Ⅰ装入第二个行星轮 B。同理，当第二个行星轮转到位置Ⅱ时，又可以在位置Ⅰ装入第三个行星轮，其余以此类推。

式（6-10）表明，欲将 n 个行星轮均匀地分布安装在太阳轮的四周，则行星轮系中两太阳轮的齿数之和应能被行星轮数 n 整除。

4. 邻接条件

均匀分布的行星轮数目越多，每对齿轮所承受的载荷就越小，能够传递的功率也就越大。但行星轮的数量受到一定限制，就是不能让相邻的两个行星轮在运动中齿顶相互碰撞。因此，保证相邻两个行星轮运动时齿顶不发生相互碰撞的条件称为邻接条件。

为满足上述条件，需要使两行星轮中心距 $\overline{AB}$ 大于两行星轮的齿顶圆半径之和。即

$$\overline{AB}>2r_{a2}$$

其中

$$\overline{AB}=2(r_1+r_2)\sin\frac{\pi}{n}=m(z_1+z_2)\sin\frac{\pi}{n}$$

$$2r_{a2}=2(r_2+h_a^* m)=m(z_2+2h_a^*)$$

将以上两式代入邻接条件中可得

$$(z_1+z_2)\sin\frac{\pi}{n}>z_2+2h_a^* \tag{6-11}$$

将式（6-11）整理后得到满足邻接条件的关系式为

$$\frac{z_2+2h_a^*}{z_1+z_2}<\sin\frac{\pi}{n} \tag{6-12}$$

为了设计时便于选择各齿轮的齿数，通常又将前面式（6-8）、式（6-9）和式（6-10）三式合并成一个总的配齿公式，即

$$z_1:z_2:z_3:K=z_1:\frac{z_1(i_{1H}-2)}{2}:z_1(i_{1H}-1):\frac{z_1 i_{1H}}{n} \tag{6-13}$$

确定齿数时，应根据式（6-13）选定 z_1 和 n。所选定的值应使 K、z_2 和 z_3 均为正整数，然后将各齿轮齿数代入式（6-12）验算是否满足邻接条件。如果不满足，则应减少行星轮的个数或增加齿轮的齿数。

例 6-6 如图 6-20 所示的行星轮系，已知输入转速 $n_1=1800\text{r/min}$，工作要求输出转速 $n_H=300\text{r/min}$，均布行星轮的个数 $n=3$，采用标准齿轮，$h_a^*=1$，$\alpha=20°$，试确定各齿轮的齿数 z_1、z_2 和 z_3。

解：

由题意知

$$i_{1H}=\frac{n_1}{n_H}=\frac{1800}{300}=6$$

由式（6-13）得

$$z_1:z_2:z_3:K=z_1:\frac{z_1(6-2)}{2}:z_1(6-1):\frac{z_1 6}{3}=z_1:2z_1:5z_1:2z_1 \tag{6-14}$$

由式（6-14）可知，为使式（6-14）中各项均为正整数及各齿轮的齿数均大于 17。现取 $z_1=20$，则 $z_2=2z_1=40$，$z_3=5z_1=100$。

验算邻接条件，由式（6-12）得

$$\frac{z_2+2h_a^*}{z_1+z_2}=\frac{40+2\times1}{20+40}=0.7<\sin\frac{\pi}{n}=\sin\frac{\pi}{3}=0.866$$

结果表明所选的齿数与行星轮的个数满足邻接条件。

思考题与习题

6-1　何谓轮系？它有哪些类型和功用？

6-2　如何判断定轴轮系首、末轮的转向？

6-3　何谓周转轮系的转化轮系？计算其传动比时有哪些注意事项？

6-4　如何从混合轮系中区别哪些构件组成一个周转轮系，哪些构件组成一个定轴轮系？

6-5　如何确定行星轮系中各轮的齿数？它们应满足哪些条件？

6-6　已知图 6-21 所示的空间定轴轮系中各轮的齿数 $z_1=z_3=15$，$z_2=30$，$z_4=25$，$z_5=20$，$z_6=40$，求传动比 i_{16}，并指出如何改变 i_{16} 的符号。

6-7　图 6-22 所示为手摇提升装置，其中各轮齿数均已知，$z_1=20$，$z_2=50$，$z_{2'}=15$，$z_3=15$，$z_{3'}=1$，$z_4=40$，$z_{4'}=18$，$z_5=54$，试求轮系传动比 i_{15}，并指出当提升重物时手柄的转向。

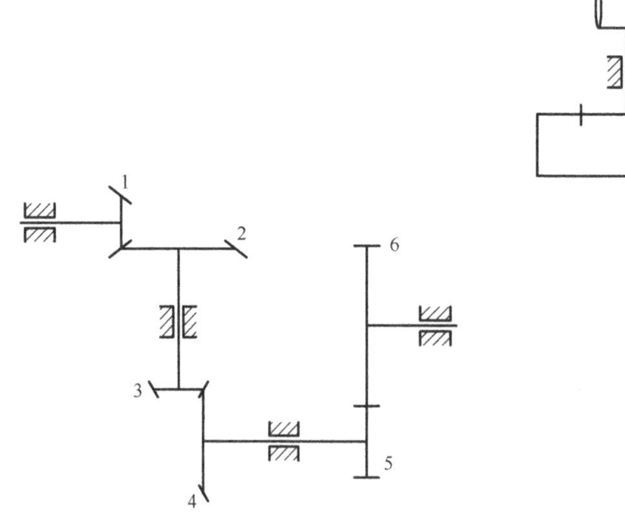

图 6-21　空间定轴轮系

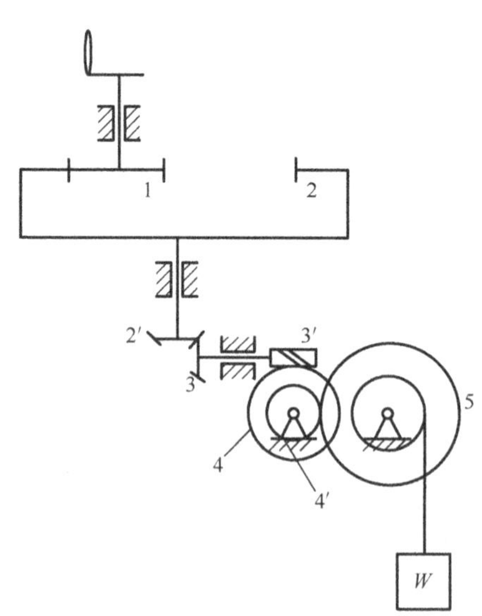

图 6-22　手摇提升装置

6-8　在图 6-23 所示的行星轮系中，已知 $z_1=60$，$z_2=15$，$z_3=18$，各轮均为标准齿轮，且模数相等，试确定 z_4 并计算传动比 i_{1H} 的大小和行星架的转向。

6-9　在图 6-24 所示的混合轮系中，已知 $z_1=12$，$z_2=52$，$z_3=76$，$z_4=49$，$z_5=12$，$z_6=73$，试求 i_{1H}。

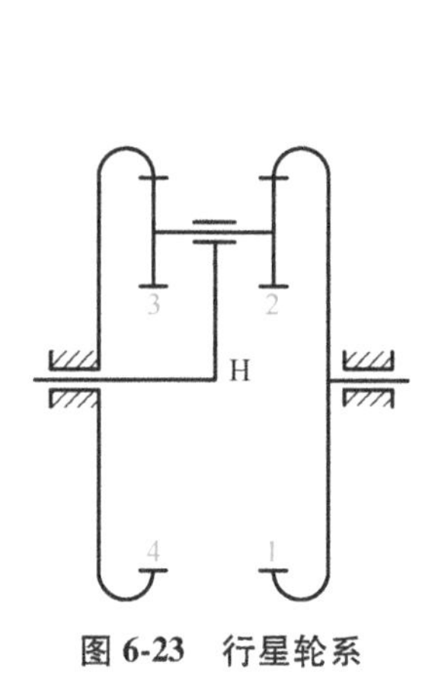

图 6-23 行星轮系

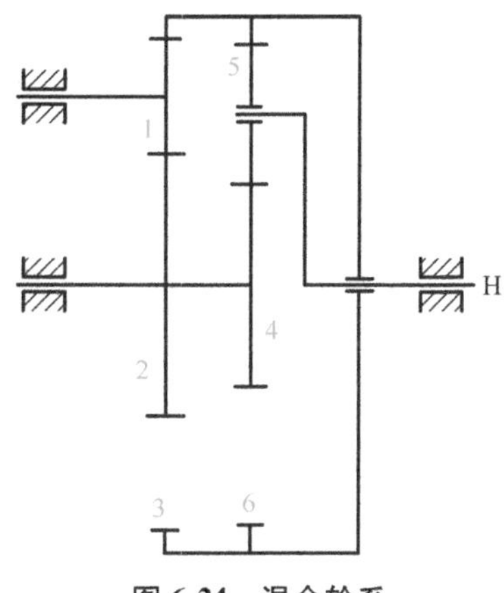

图 6-24 混合轮系

6-10 在图 6-25 所示的混合轮系中，设已知 $n_1 = 3549$ r/min，$z_1 = 36$，$z_2 = 60$，$z_3 = 23$，$z_4 = 46$，$z_{4'} = 69$，$z_5 = 31$，$z_6 = 131$，$z_7 = 91$，$z_8 = 36$，$z_9 = 163$，试求 n_H。

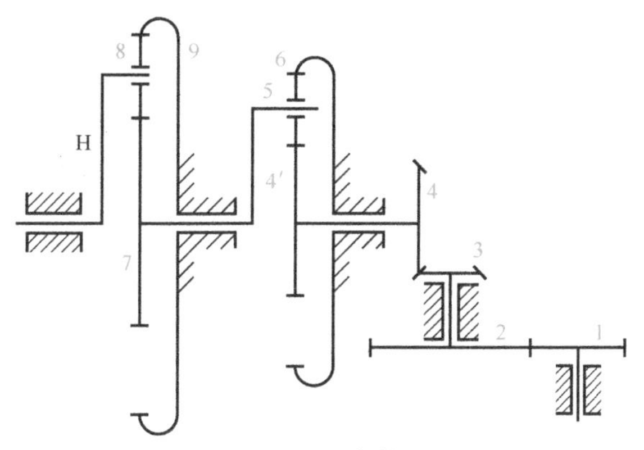

图 6-25 混合轮系

6-11 在图 6-26 所示的混合轮系中，已知各轮齿数 $z_1 = 20$，$z_2 = 30$，$z_3 = z_4 = z_5 = 25$，$z_6 = 75$，$z_7 = 25$，$n_A = 100$r/min，方向如图 6-26 所示，试求 n_B。

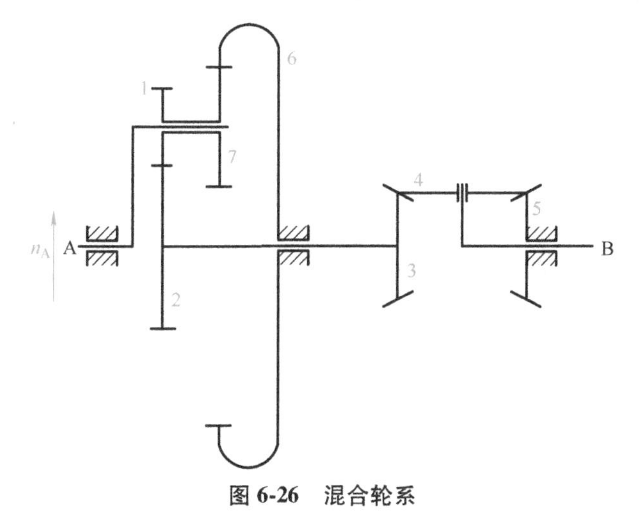

图 6-26 混合轮系

6-12　在图 6-27 所示的混合轮系中，已知各轮齿数 $z_1=99$，$z_2=100$，$z_{2'}=101$，$z_3=100$，$z_{3'}=18$，$z_4=36$，$z_{4'}=28$，$z_5=56$，$n_A=1000\text{r/min}$，转向如图 6-27 所示，试求 B 轴的转速 n_B，并指出其转向。

6-13　图 6-28 所示为一装配用的电动螺钉旋具的传动简图，已知各轮齿数 $z_1=z_4=7$，$z_3=z_6=39$，若 $n_1=3000\text{r/min}$，试求螺钉旋具的转速。

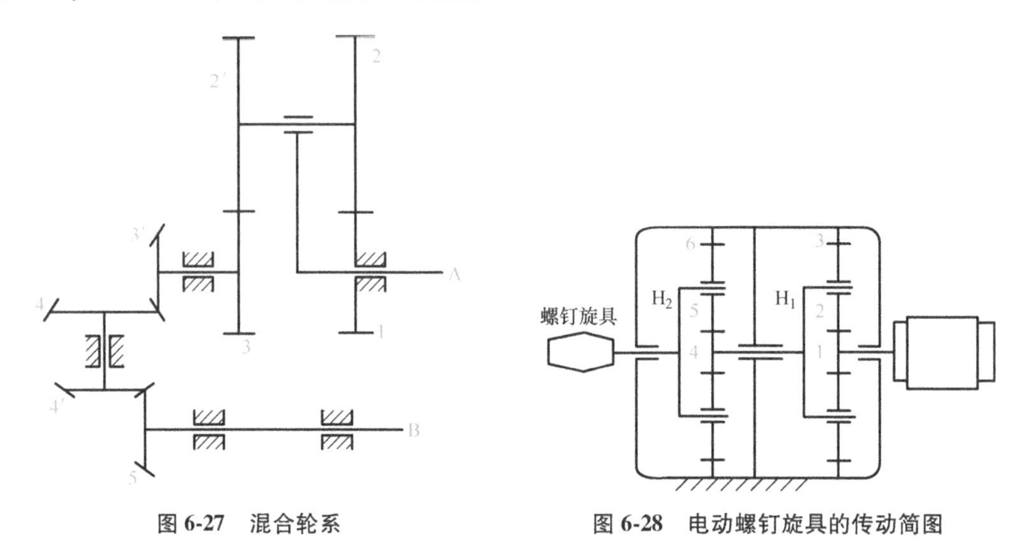

图 6-27　混合轮系　　　图 6-28　电动螺钉旋具的传动简图

6-14　在图 6-29 所示的混合轮系中，已知各轮齿数 $z_1=22$，$z_3=88$，$z_4=z_6$，试求传动比 i_{16}。

6-15　在图 6-30 所示的自定心电动卡盘传动轮系中，已知各轮齿数 $z_1=6$、$z_2=z_{2'}=25$，$z_3=57$、$z_4=56$，试求传动比 i_{14}。

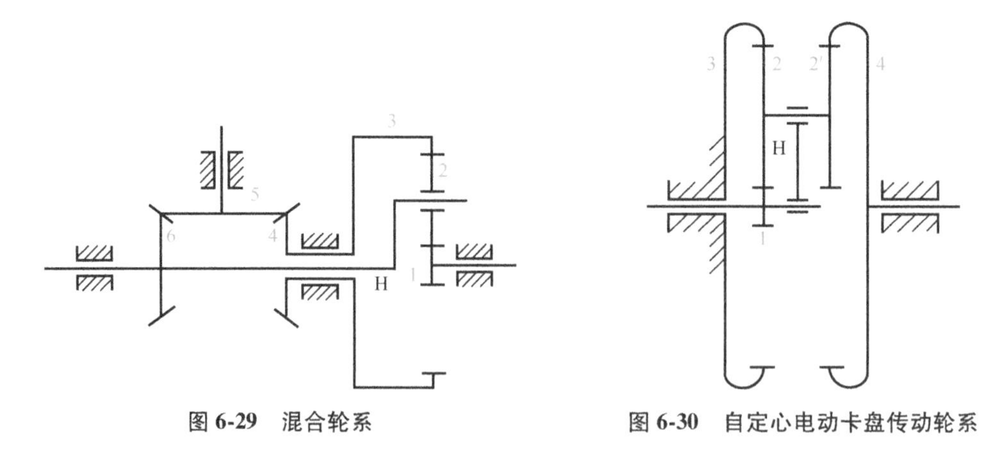

图 6-29　混合轮系　　　图 6-30　自定心电动卡盘传动轮系

6-16　已知图 6-31 所示的混合轮系中各轮齿数 $z_1=18$，$z_2=72$，$z_{2'}=20$，$z_3=85$，$z_4=45$，$z_5=z_{5'}=17$，$z_6=48$，$z_{6'}=24$，$z_7=48$，且各对齿轮模数都相等，齿轮 1、3、4、6 及 6′轴线重合，齿轮 1 转向如图 6-31 所示。试：

1）分析该轮系由哪几个基本轮系组成，并指出都属于什么轮系。

2）计算各基本轮系的传动比和总传动比 i_{17}。

6-17　在图 6-32 所示的混合轮系中，已知轮系中各齿轮的齿数及 n_1，求分别使齿轮 3、6 制

动时行星架的转速 n_H。

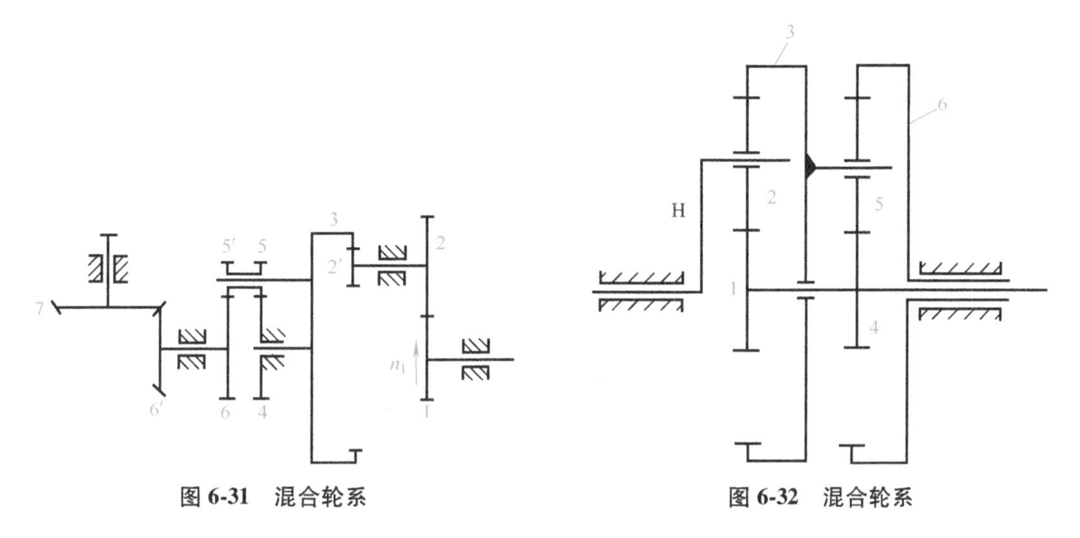

图6-31 混合轮系

图6-32 混合轮系

6-18 在图6-33所示的2K-H行星轮系中，已知 $i_{1H}=6$，行星轮个数 $n=4$，各行星轮均匀对称分布，各齿轮均为标准齿轮，模数相同。试：

1）写出传动比 i_{1H} 的计算公式；若 ω_1 转向如图6-33所示，指出 ω_H 的转向。

2）设传动满足条件 $K=(z_1+z_3)/n$，且 $K=30$，试求齿数 z_1、z_3 及 z_2。

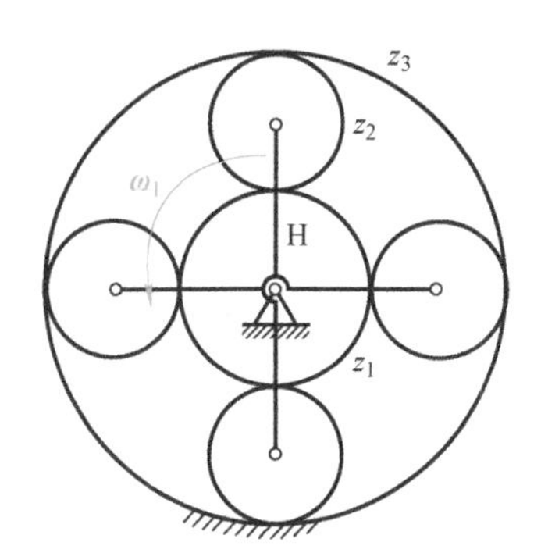

图6-33 2K-H行星轮系

第 7 章 其他常用机构

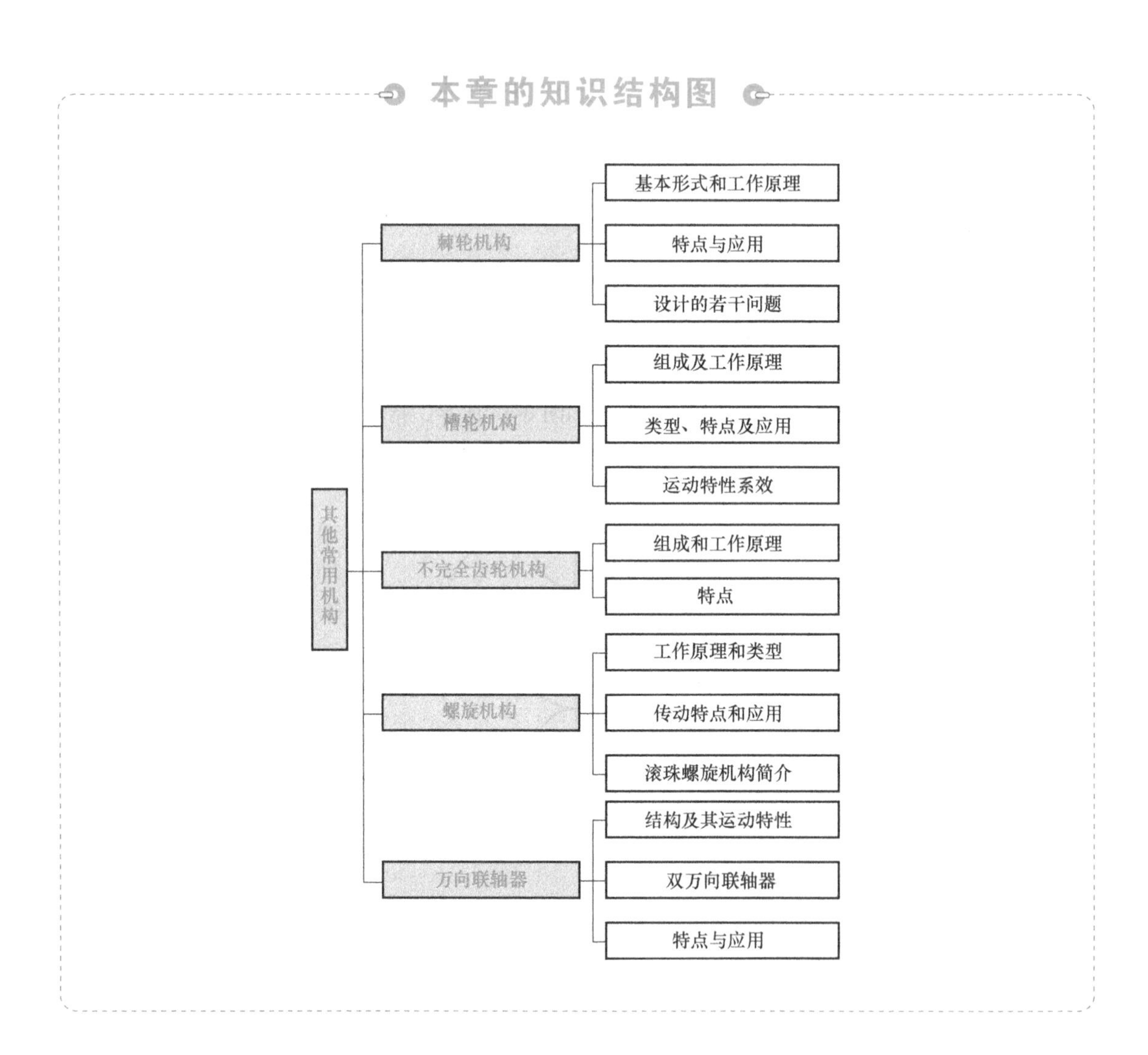

本章的知识结构图
其他常用机构
棘轮机构
基本形式和工作原理
特点与应用
设计的若干问题
槽轮机构
组成及工作原理
类型、特点及应用
运动特性系数
不完全齿轮机构
组成和工作原理
特点
螺旋机构
工作原理和类型
传动特点和应用
滚珠螺旋机构简介
万向联轴器
结构及其运动特性
双万向联轴器
特点与应用

7.0 引言

除了前面学过的连杆机构、凸轮机构、齿轮机构和轮系等机构外，根据生产过程中提出的不同要求，在机械中常常还会采用各种其他类型的机构。一类是要求某些构件实现周期性的运动和停歇，即将主动件的连续运动变换成从动件的间歇运动的间歇机构；另一类是可实现较为特殊的运动传递形式的机构，如螺旋机构和万向联轴器等。

本章的主要内容是介绍一些其他常用机构的工作原理、类型、特点和设计方法，重点阐述这些机构的特点和应用场合。这些机构主要如下：

- 棘轮机构
- 槽轮机构
- 不完全齿轮机构
- 螺旋机构
- 万向联轴器

7.1 棘轮机构

7.1.1 棘轮机构的基本形式和工作原理

棘轮机构是一种间歇运动机构。图 7-1 所示为常见的外啮合齿式棘轮机构，其组成构件有主动摆杆1、驱动棘爪2、棘轮3、止动棘爪4和机架7等。

主动摆杆1空套在与棘轮3固连的从动轴上，并与驱动棘爪2用转动副相连。当主动摆杆1沿逆时针方向摆动时，驱动棘爪2便插入棘轮3的齿槽中，推动棘轮3同向转过一定角度，与此同时，止动棘爪4在棘轮3的齿背上滑动。当主动摆杆1沿顺时针方向转动时，止动棘爪4阻止棘轮3发生反向转动，而驱动棘爪2在棘轮3的齿背上滑过并回到原位，这时棘轮3静止不动。因此，当主动件做连续的往复摆动时，棘轮做单向的间歇运动。为保证棘爪工作可靠，常利用弹簧使棘爪紧压齿面。

棘轮机构有多种类型，其分类方法如下：

1. 按结构分类

（1）齿式棘轮机构　图7-1所示为齿式棘轮机构，其优点是结构简单、制造方便，转角准确、运动可靠，动程可在较大范围内调节、动与停的时间比可通过选择合适的驱动机构实现；其缺点是动程只能做有级调节，棘爪在齿背上的滑行会引起噪声、冲击和磨损，因此它不宜用于高速的场合。

（2）摩擦式棘轮机构　图7-2所示为偏心扇形块摩擦式棘轮机构，该机构用偏心扇形块代替齿式棘轮机构中的棘爪，以无齿摩擦轮代替棘轮。其优点是传动平稳、无噪声，动程可无级调节；其缺点是由于靠摩擦力传动，会出现打滑现象，因此传动精度不高，它适用于低速轻载的场合。

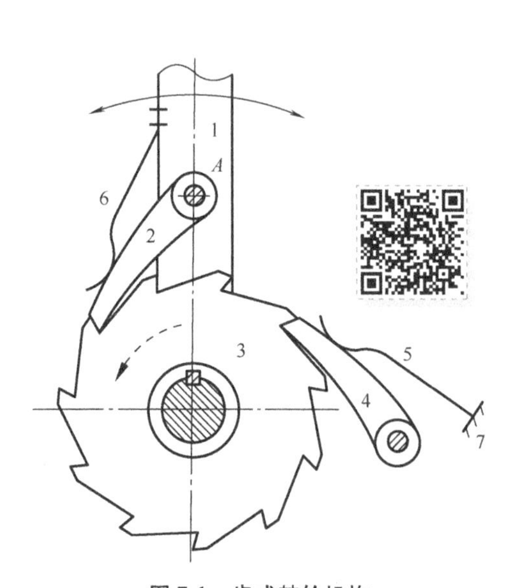

图7-1　齿式棘轮机构

1—主动摆杆　2—驱动棘爪　3—棘轮

4—止动棘爪　5、6—弹簧　7—机架

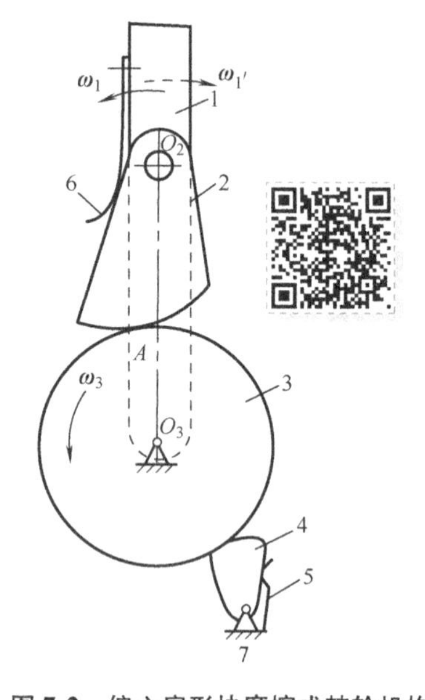

图7-2　偏心扇形块摩擦式棘轮机构

1—摇杆　2—楔块　3—摩擦轮

4—止回楔块　5、6—弹簧　7—机架

2. 按啮合方式分类

（1）外啮合棘轮机构　外啮合棘轮机构如图7-1和图7-2所示，该类机构的棘爪或楔块均安装在棘轮的外部，外啮合棘轮机构由于加工、安装和维修方便，应用较广。

（2）内啮合棘轮机构 内啮合棘轮机构如图 7-3 所示，该类机构的棘爪或楔块均安装在棘轮内部，其特点是结构紧凑，外形尺寸小。

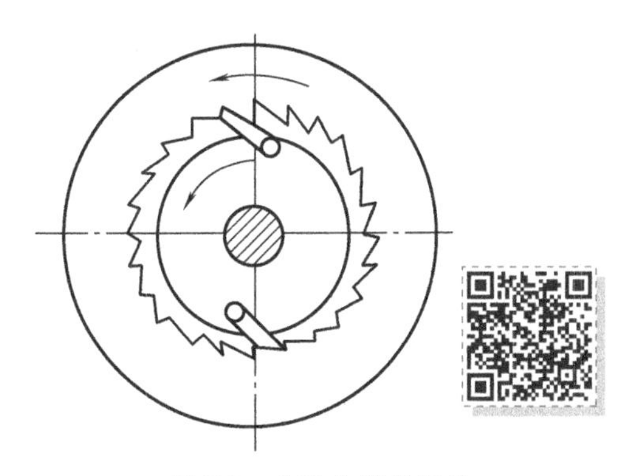

图 7-3 内啮合棘轮机构

3. 按从动件运动形式分类

（1）单动式棘轮机构 单动式棘轮机构如图 7-1 和图 7-4 所示，该类棘轮机构是指当主动件向某一方向运动时，从动件棘轮做单向间歇转动，或从动棘齿条做单向间歇移动。

（2）双动式棘轮机构 图 7-5 所示为双动式棘轮机构，在装有两个主动棘爪 2 和 2′的主动摆杆围绕 O_1 轴向两个方向往复摆动的过程中，分别带动两个棘爪 2 和 2′两次推动棘轮转动。

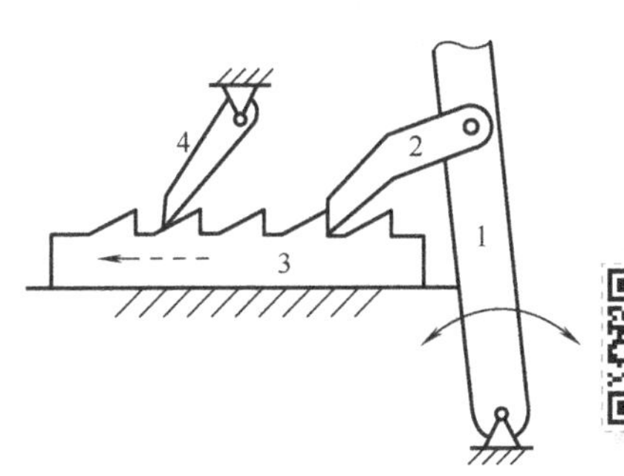

图 7-4 单动式向间歇移动的棘轮机构

1—摇杆 2—棘爪 3—棘条 4—止回棘爪

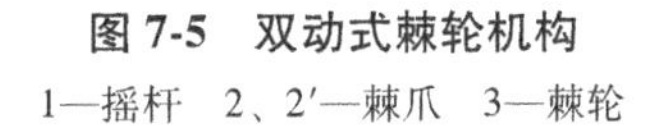

图 7-5 双动式棘轮机构

1—摇杆 2、2′—棘爪 3—棘轮

双动式棘轮机构常用于载荷较大、棘轮尺寸受限、齿数较少且主动摆杆的摆角小于棘轮齿距角的场合。

（3）双向式棘轮机构 图 7-6 所示为两种双向式棘轮机构，双向式棘轮机构可通过改变棘爪的摆动方向来实现棘轮两个方向的转动。

如图 7-6a 所示，当棘爪在实线位置 O_2B 时，棘轮按逆时针方向做间歇运动，当棘爪在双点画线位置 O_2B'时，棘轮按顺时针方向做间歇运动，因此双向式棘轮机构的齿形必须采用对称齿形。

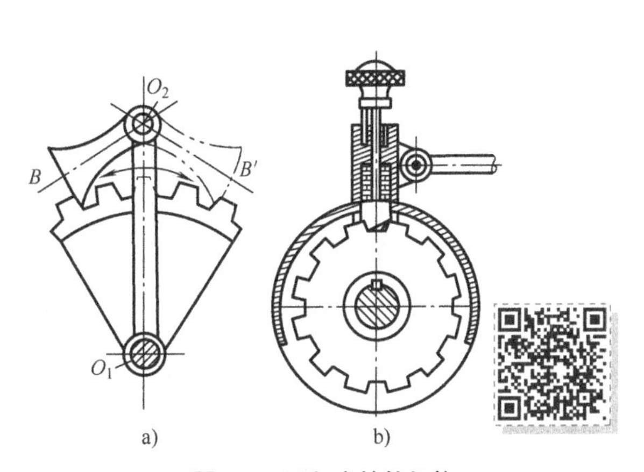

图 7-6 双向式棘轮机构

7.1.2 棘轮机构的特点与应用

1. 棘轮机构的特点

棘轮机构的优点是结构简单、制造方便、运动可靠等，故在各类机械中有广泛的应用。但棘轮机构也有缺点：由于棘爪在棘轮齿面上滑行时引起噪声和齿尖磨损，因此传动平稳性差；同时为使棘爪顺利落入棘轮齿间，摆杆摆动的角度应略大于棘轮的运动角，这样就不可避免地存在空程和冲击；此外，棘轮的运动角必须以棘轮齿数为单位有级地变化。

因此，棘轮机构不宜应用于高速和运动精度要求较高的场合。

2. 棘轮机构的应用

棘轮机构所具有的单向间歇运动特性，在实际应用中可满足如送进、制动、超越和转位、分度等工艺要求。主要用途：

（1）间歇送进　图 7-7 所示为牛头刨床，为了切削工件，刨刀需做连续往复直线运动，而工作台沿进给方向做间歇移动实现双向进给。进给的实现：曲柄 1 转动，经连杆 2 带动摆杆做往复摆动；双向棘轮机构的棘爪 3 装在摆杆上，这样棘爪带动棘轮做单方向间歇转动，棘轮 4 与丝杠固连，从而使螺母（即工作台 5）做间歇进给运动。若改变驱动棘爪的摆角，则可以调节进给量；若改变驱动棘爪的位置（绕自身轴线转过 180°后固定），则可改变进给运动的方向。

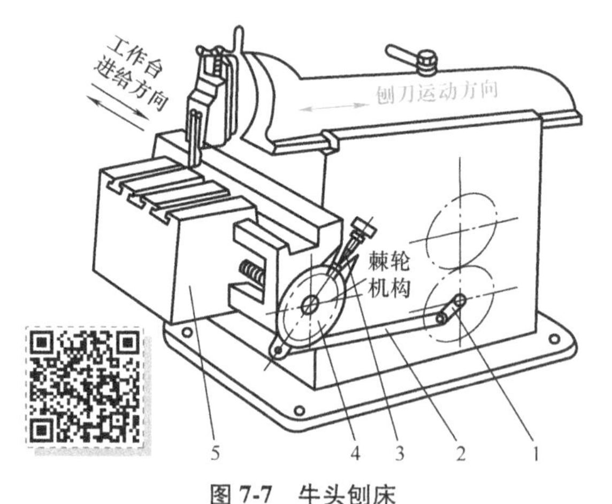

图 7-7　牛头刨床

1—曲柄　2—连杆　3—棘爪　4—棘轮　5—工作台

（2）制动　图 7-8 所示为杠杆控制的带式制动器，制动轮 3 与外棘轮 1 固连，棘爪 2 铰接于制动轮 3 上 *A* 点，制动轮上围绕着由杠杆 4 控制的钢带 5。制动轮 3 按逆时针方向自由转动，棘爪 2 在棘轮 1 齿背上滑动，若该轮向相反方向转动，则制动轮 3 被制动。

（3）转位、分度　图 7-9 所示为手轮盘分度机构。滑块 1 沿导轨 2 向上运动时，棘爪 8 使棘轮 7 转过一个齿距，并使与棘轮固连的手轮盘 6 绕 A 轴转过一个角度，此时挡销 3 上升使棘爪 4 在弹簧 5 的作用下进入手轮盘 6 的槽中使手轮盘静止并防止其反向转动。当滑块 1 向下运动时，棘爪 8 从棘轮 7 的齿背上滑过，在弹簧力的作用下进入下一个齿槽中，同时挡销 3 使棘爪 4 克服弹簧力绕 B 轴逆时针转动，手轮盘 6 解脱止动状态。

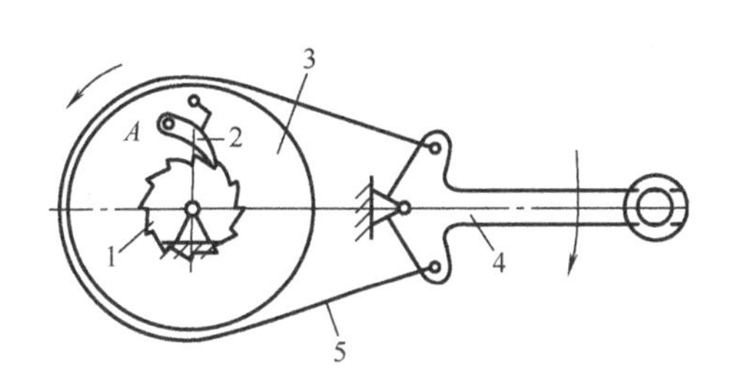

图 7-8　带式制动器

1—棘轮　2—棘爪　3—制动轮

4—杠杆　5—钢带

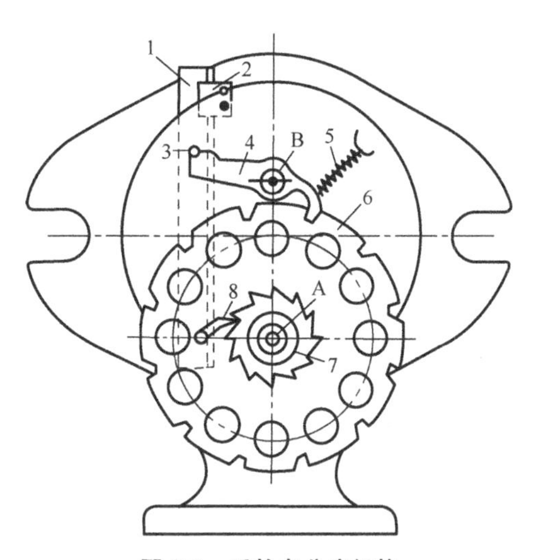

图 7-9　手轮盘分度机构

1—滑块　2—导轨　3—挡销　4、8—棘爪

5—弹簧　6—手轮盘　7—棘轮

(4) 超越　棘轮机构不仅可以实现间歇进给、制动和转位、分度等运动，还能实现超越运动，即从动件可以超越主动件而转动。如图 7-10 所示的自行车后轴上的棘轮机构便是一种超越机构，即利用其超越作用使后轮轴 2 在滑坡时可以超越链轮 1 而转动。

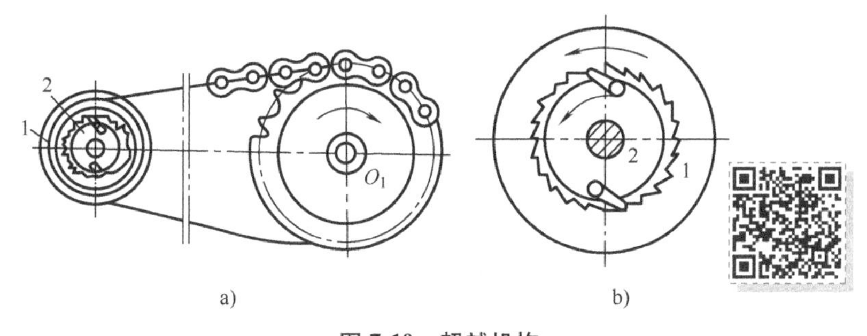

图 7-10　超越机构

1—链轮　2—后轮轴

7.1.3　棘轮机构设计的若干问题

本小节以工程实际中常用的齿式棘轮机构为例，介绍棘轮机构的设计。

1. 几何尺寸设计

(1) 齿形及齿面倾斜角的选取　为保证棘轮机构工作的可靠性，在工作行程中，棘爪应能始终紧压齿面并顺利滑入棘轮齿槽齿根，因此应正确设计齿面倾斜角。如图 7-11 所示，在设计棘轮机构时，为使棘爪受力尽可能小，通常取轴心 O_1、O_2 点的相对位置满足 $O_1A \perp O_2A$。棘轮齿面与棘轮径向线 O_2A 所夹角即为齿面倾斜角 α。如图 7-11 所示，棘轮作用于棘爪的法向反力为 $\boldsymbol{F}_n$，此力可以分解为切向分力 $\boldsymbol{F}_t$ 和径向分力 $\boldsymbol{F}_r$，径向分力可以把棘爪推向棘轮齿根。当棘爪沿着齿面下滑时，棘轮对棘爪将产生一个向上的摩擦阻力 $F=fF_n$，该力阻止棘爪滑入棘轮齿槽。如果要使棘爪克服摩擦阻力 $\boldsymbol{F}$ 而顺利滑入棘轮齿槽，则应使法向反力 $\boldsymbol{F}_n$ 对 O_1 轴的力矩大于摩擦阻力 $\boldsymbol{F}$ 对 O_1 轴的力矩，即

$$F_n\overline{O_1A}\sin\alpha>F\overline{O_1A}\cos\alpha$$

即

$$\tan\alpha>\frac{F}{F_n}$$

而

$$\frac{F}{F_n}=f=\tan\varphi$$

故

$$\alpha>\varphi \tag{7-1}$$

式中，f 和 φ 分别为棘爪与棘轮齿面间的摩擦系数和摩擦角。

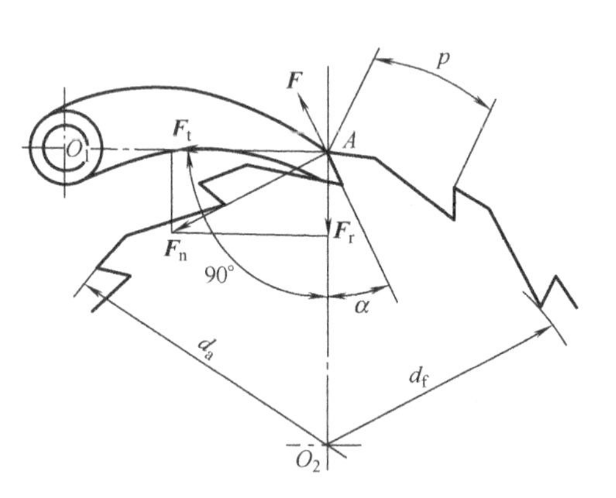

图 7-11　棘轮机构

由此可见，棘爪能顺利滑入棘轮齿槽并自动压紧齿根不滑落的条件是倾斜角 α 必须大于摩擦角 φ。

常用的几种棘轮齿形如图 7-12 所示。单向驱动的棘轮机构一般采用不对称梯形齿（图 7-12a）；负荷较小时也可选用直线形三角齿（图 7-12b）和圆弧形三角齿（图 7-12c）；双向驱动的棘轮常选用对称梯形齿（图 7-12d）。

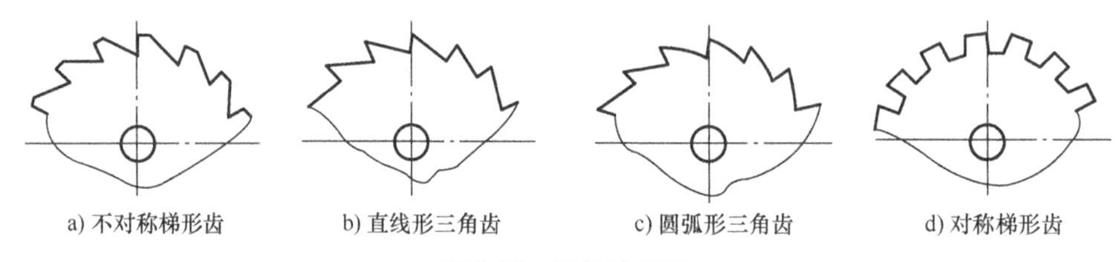

a) 不对称梯形齿　b) 直线形三角齿　c) 圆弧形三角齿　d) 对称梯形齿

图 7-12　棘轮的齿形

（2）棘轮模数 m　与齿轮一样，棘轮大小也可以用模数来衡量。将棘轮顶圆直径 d_a 与齿数 z 之比称为棘轮的模数，即 $m=d_a/z$。当棘轮机构承受的载荷较大或用于重要场合时，应按轮齿的弯曲强度设计或验算模数。棘轮的标准模数见表 7-1。

表 7-1　棘轮的标准模数　（单位：mm）

0.6	0.8	1	1.25	1.5	2	2.5	3	4	5	6	8	10	12	14	16	18	20	22	24	26	30

（3）棘轮齿数 z　棘轮齿数 z 可根据棘轮最小转角 θ_{min} 来确定，棘轮的齿距角应小于或等于棘轮最小转角 θ_{min}，即

$$\frac{2\pi}{z}\leqslant\theta_{min}$$

则

$$z\geqslant\frac{2\pi}{\theta_{min}} \tag{7-2}$$

棘爪每往复移动或摆动一次，棘轮转动的角度一般小于 45°。选择齿数 z 时，也应兼顾到齿

距 p 不能太小，否则棘齿的强度将受影响。为增大齿距 p 的值，可同时增加齿数 z 和棘轮直径 d_a。一般情况下可取 $z=8\sim30$，对于某些起重运输机械中棘轮的齿数 z 可参考表7-2选取，对于传递转矩不大的小模数棘轮的齿数可参考表7-3选取。

表7-2 齿数选取（一）

类型	齿数 z
齿条式起重机	6~8
蜗杆蜗轮滑车	6~8
棘轮停止器	12~20
带棘轮的制动器	16~25

表7-3 齿数选取（二）

齿数 z	模数 m/mm						
	0.6	0.8	1.0	1.25	1.5	2	2.5
	齿顶圆直径 d_a/mm						
24							60
30						60	75
32						64	80
36						72	90
40					60	80	100
45			45	56.2	67.5	90	112.5
48			48	60	72	96	120
50	30	40	50	62.5	75	100	125
55	33	44	55	68.75	82.5	110	137.5
60	36	48	60	75	90	120	150
70	42	56	70	87.5	105	140	175
72	43.2	57.6	72	90	108	144	180
80	48	64	80	100	120	160	200
90	54	72	90	112.5	135	180	
100	60	80	100	125	150		
120	72	96	120	150	180		
144	86.4	115.2	144	180			
180	108	144	180				
200	120	160	200				

（4）棘轮齿距 p 相邻两齿在顶圆上两个对应点间的弧线长度，称为棘轮的齿距 p，其计算公式为

$$p=\pi m \tag{7-3}$$

（5）棘轮的径向尺寸 棘轮的顶圆直径 d_a 与根圆直径 d_f 的计算公式为

$$d_a=mz \tag{7-4}$$

$$d_f=d_a-2h \tag{7-5}$$

关于棘轮机构的其他参数和几何尺寸计算请查阅有关文献。

2. 棘轮机构转角和动停比的调节方法

（1）棘轮转角的调节 可通过由电、液、气等驱动的机构来控制棘爪的位移，从而达到调节棘轮转角的目的。对于由连杆机构驱动并安装在摇杆上的棘爪，常用以下两种较简单的方法

调节棘轮转角。

1）改变摇杆摆角大小。

2）利用遮罩调节棘轮转角。

图 7-13 所示为带遮罩的棘轮机构。遮罩的弧长应能把摇杆摆角内的棘齿全部遮住。由于棘轮的实际转角等于摇杆摆角范围内未被遮住的齿形所对应的角度，因此通过改变遮罩与棘轮的相对位置即可随意调节棘轮被遮部分的范围，进而达到调节棘轮实际转角大小的目的。

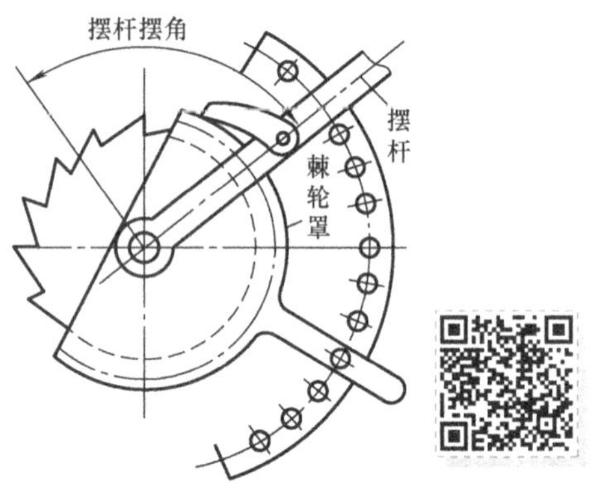

图 7-13 带遮罩的棘轮机构

（2）棘轮机构的动停比 棘轮转位时间和停歇时间之比称为机构的动停比，它由工艺要求确定。如图 7-14 所示的动停比可调棘轮机构，可通过调节连杆 4 的长度，在一定范围内改变动停时间比，若要求动停比的数值较大，则可采用凸轮机构或其他组合机构来实现。

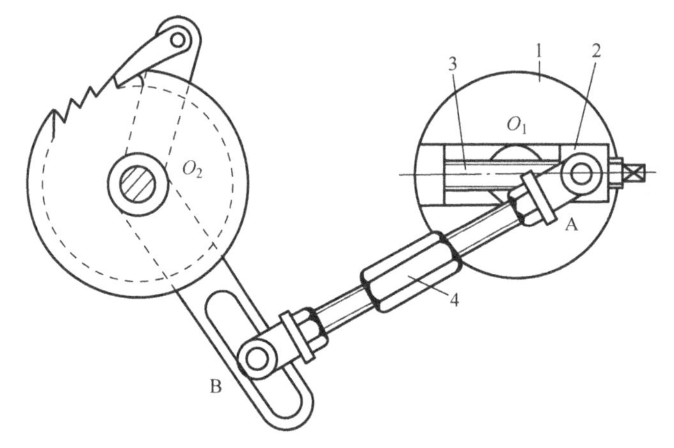

图 7-14 动停比可调棘轮机构

1—曲柄 2—螺母 3—螺杆 4—调节连杆

7.1.4 摩擦式棘轮机构简介

摩擦式棘轮机构主要有偏心扇形块式（图 7-15）及滚子式（图 7-16）等不同的机构形式。偏心扇形块摩擦式棘轮机构包括外接式（图 7-2）和内接式（图 7-15）。如图 7-15 所示，偏心扇形块摩擦式棘轮机构的工作原理：当主动件 1 沿逆时针方向转动时，通过凸块 2 与从动轮 3 间的摩擦力推动从动轮 3 做间歇转动。

如图 7-16 所示的滚子楔紧式棘轮机构，它可以看成是内接摩擦式棘轮机构。其工作原理：当凸轮 1 沿逆时针方向转动（或棘轮 3 沿顺时针转动）时，在摩擦力作用下能使滚子 2 楔紧在凸轮 1 和棘轮 3 形成的收敛狭隙处，则凸轮 1 和棘轮 3 成一体，一起转动；当凸轮 1 沿顺时针方向转动运动时，凸轮 1 和棘轮 3 成脱离状态，滚子松开，棘轮 3 停止不动。

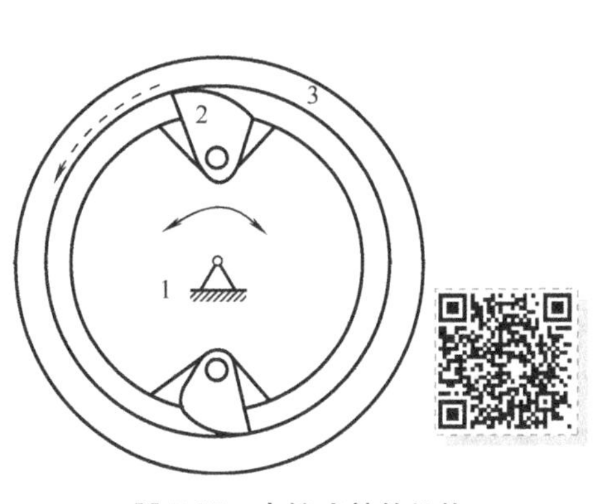

图 7-15　内接式棘轮机构

1—主动件　2—凸块　3—从动轮

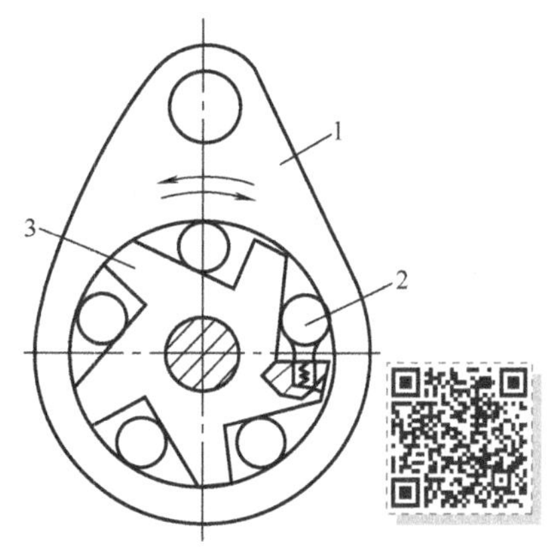

图 7-16　滚子式棘轮机构

1—凸轮　2—滚子　3—棘轮

7.2 槽轮机构

槽轮机构在各种自动机械中应用很广泛，如在轻工、食品机械中常用槽轮机构实现分度、转位动作。

7.2.1 槽轮机构的组成及工作原理

槽轮机构由主动拨盘、从动槽轮及机架组成，将主动拨盘的连续转动变换为槽轮的间歇转动。

如图 7-17 所示的外啮合槽轮机构由具有圆销的主动拨盘 1 和具有若干径向槽的从动槽轮 2 以及机架组成。主动拨盘 1 以等角速度做连续回转，当拨盘上的圆销 A 未进入径向槽时，从动槽轮 2 因其内凹的锁止弧 nn 被主动拨盘 1 的外凸锁止弧 mm 卡住而静止不动。图示为圆销开始进入槽轮径向槽时的位置，此时外凸圆弧的终点 m 正好在中心连线上，因而失去锁止作用，锁止弧 nn 也刚被松开，因而槽轮在圆销的驱动下转动。当圆销在另一边离开径向槽时，槽轮因下一个锁止弧又被卡住而静止不动，又重复上述的运动，从而实现从动槽轮的单向间歇转动。

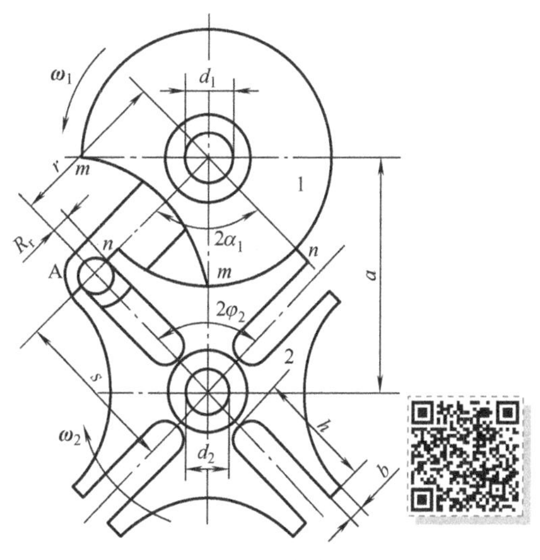

图 7-17　外啮合槽轮机构

1—主动拨盘　2—从动槽轮

为避免从动槽轮在起动和停歇时发生刚性冲击，圆销开始进入和离开轮槽时，轮槽的中心线应和运动圆周相切。

7.2.2 槽轮机构的类型、特点及应用

1. 槽轮机构的类型

槽轮机构主要分为传递平行轴运动的平面槽轮机构和传递相交轴运动的空间槽轮机构两大类。

平面槽轮机构有外啮合（图 7-17）和内啮合（图 7-18）两种形式。外啮合槽轮机构主动拨盘与从动槽轮转向相反，内啮合槽轮机构主动拨盘与从动槽轮转向相同。内啮合槽轮机构结构紧凑，传动较平稳，从动槽轮停歇时间较短。

如图 7-19 所示的球面槽轮机构是空间槽轮机构。从动槽轮 2 呈半球形，槽 a 和锁止弧 mm 均匀分布在球面上，主动件 1 的轴线、销 A 和轴线都与从动槽轮 2 的回转轴线汇交于槽轮球心 O，故又称为球面槽轮机构。主动件 1 连续转动，从动槽轮 2 做间歇运动。

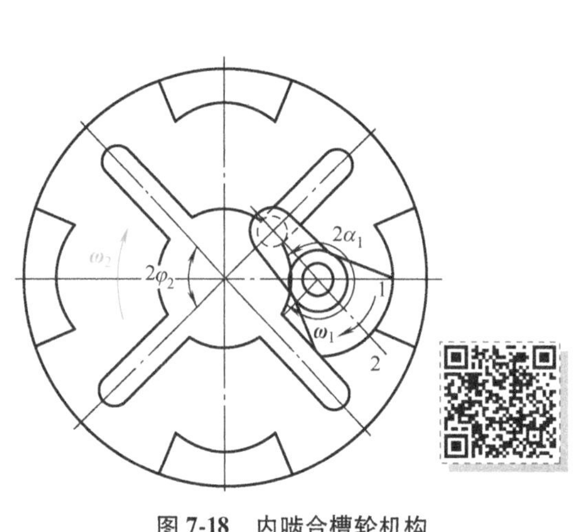

图 7-18　内啮合槽轮机构

1—主动拨盘　2—从动槽轮

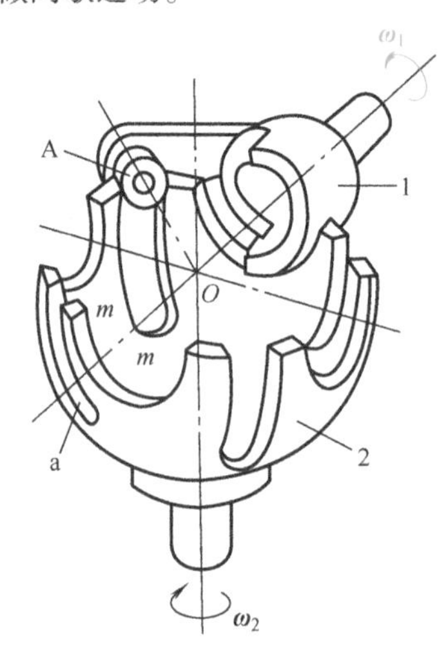

图 7-19　空间槽轮机构

1—主动件　2—从动槽轮

另外，在某些机械中还用到一些特殊形式的槽轮机构，如不等臂长的多销槽轮机构等。

2. 槽轮机构的特点

槽轮机构的优点：结构简单、制造容易、工作可靠、机械效率较高；在设计合理的前提下，在圆销进入和退出啮合时，槽轮能较平稳地、间歇地进行转位。

槽轮机构的缺点：槽轮转角大小不能调节，要改变转角，需要改变槽轮的槽数，重新设计槽轮机构，而且由于制造工艺、机构尺寸等条件的限制，槽轮的槽数不宜过多，故槽轮机构每次的转角较大；另外，在槽轮转动的始末位置加速度变化较大，运动过程中存在柔性冲击。

槽轮机构一般用于转速不高、不需要经常调整转动角度的分度装置中。

3. 槽轮机构的应用

图 7-20 所示为外啮合槽轮机构在冷霜自动灌装机中的应用情况，工作台 2 与槽轮 6 装于

同一轴上，拨盘 5 拨动槽轮 6，从而带动工作台 2 做间歇转动。当工作台停歇时，对冷霜罐进行灌装、贴锡纸、压平锡纸和盖合等工艺动作，最后由输送带 3 将冷霜罐 4 运走。在该机构中，槽轮 6 的槽数等于工作台 2 的工位数。若两者不相等，则可利用齿轮机构进行增速或减速。例如，当用八槽的槽轮传动四工位时，可用一对传动比 $i=2$ 的齿轮增速来实现；又如用六槽的槽轮传动 48 工位的工作台，则可用两对齿轮（$i_1:i_2=1:8$），使工作台降速来实现。

图 7-21 所示为外啮合槽轮机构在电影放映机中的应用情况。由槽轮带动胶片做有停歇的送进，从而形成动态画面。而图 7-22 所示为槽轮机构在单轴转塔车床刀架的转位机构中的应用情况。

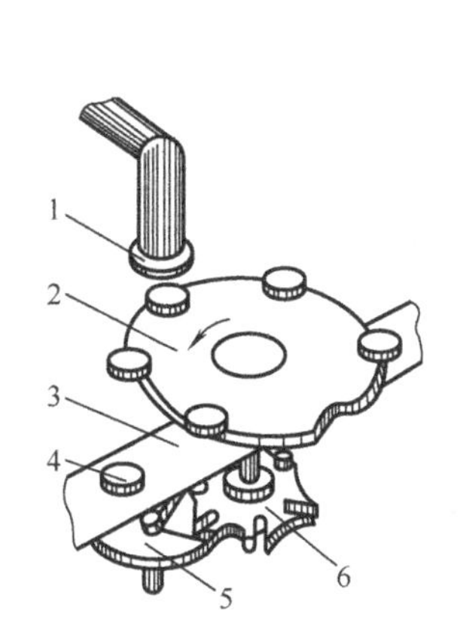

图 7-20　冷霜自动灌装机

1—灌装装置　2—工作台　3—输送带
4—冷霜罐　5—拨盘　6—槽轮

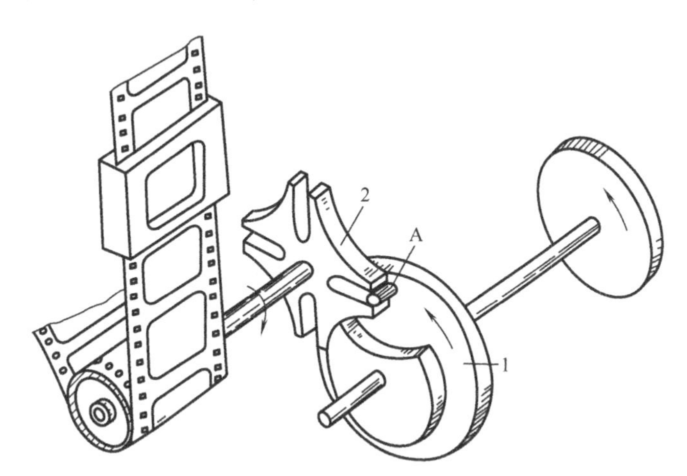

图 7-21　电影放映机

1—拨盘　2—槽轮

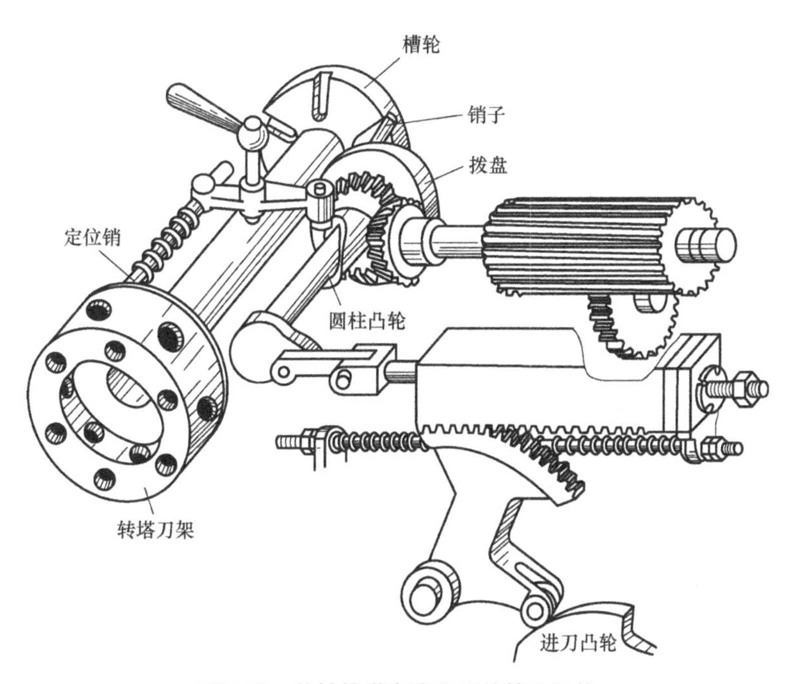

图 7-22　单轴转塔车床刀架的转位机构

7.2.3 槽轮机构的运动特性系数

现以图 7-17 所示的单圆销外啮合槽轮机构为例讨论其运动特性系数。

当主动拨盘 1 回转一周时，从动槽轮 2 的运动时间 t_2 与主动拨盘 1 的运动时间 t_1 之比称为该槽轮机构的运动特性系数，并用 k 表示。当主动拨盘 1 为等速转动时，上述时间的比值可用从动拨盘转角的比值来表示。对于图 7-17 所示的单圆销外啮合槽轮机构，时间 t_2 与 t_1 所对应的从动拨盘转角分别为 $2\alpha_1$ 与 2π，为了避免圆销 A 和径向槽发生刚性冲击，圆销开始进入或退出径向槽的瞬时，其线速度方向应沿着径向槽的中心线。

由图 7-17 可知，$2\alpha_1=\pi-2\varphi_2$，其中 $2\varphi_2$ 为槽轮槽间角。设槽轮有 z 个均布槽，则 $2\varphi_2=2\pi/z$，因此有

$$k=\frac{t_2}{t_1}=\frac{2\alpha_1}{2\pi}=\frac{\pi-2\varphi_2}{2\pi}=\frac{\pi-(2\pi/z)}{2\pi}=\frac{1}{2}-\frac{1}{z} \tag{7-6}$$

由于运动特性系数应大于零，因此外槽轮的槽数 z 应大于或等于 3。由式（7-6）可知，其运动特性系数总小于 0.5，故这种单圆销外啮合槽轮机构的运动时间总小于静止时间。

如果在主动拨盘 1 上均匀地分布 n 个圆销，则当拨盘转动一周时，槽轮将被拨动 n 次，故运动特性系数是单销的 n 倍，即

$$k=n\left(\frac{1}{2}-\frac{1}{z}\right) \tag{7-7}$$

又因 k 值应小于或等于 1，即

$$n\left(\frac{1}{2}-\frac{1}{z}\right)\leqslant 1$$

由此得

$$n\leqslant\frac{2z}{z-2} \tag{7-8}$$

由式（7-8）可知，当 $z=3$ 时，圆销数目可取 $n=1\sim5$；当 $z=4$ 或 5 时，圆销数目可取 $n=1\sim3$；当 $z\geqslant6$ 时，可取 $n=1\sim2$。

如果要使槽轮机构的运动时间与静止时间相等，只需令式（7-7）中的 $k=0.5$，于是可得 $n=2$，$z=4$ 的外啮合槽轮机构，如图 7-23 所示。

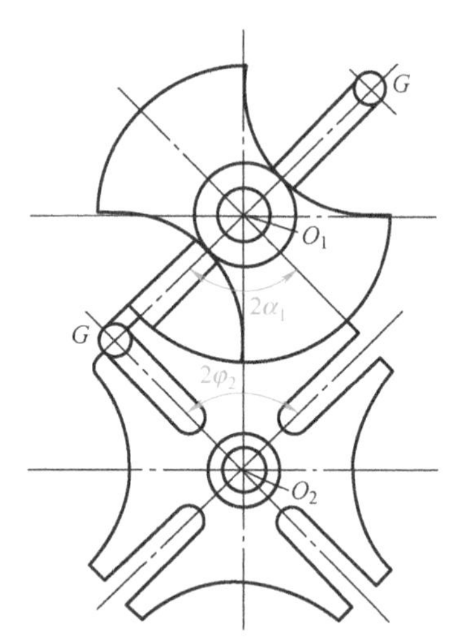

图 7-23　动停时间相等的外啮合槽轮机构

7.2.4 槽轮机构的运动和动力特性

图 7-24 所示的外啮合槽轮机构，在运动过程的任一瞬时，槽轮 2 的转角 φ_2 和构件 1 的转角 α_1 间的关系为

$$\tan\varphi_2=\frac{\overline{PQ}}{\overline{O_2Q}}=\frac{r\sin\alpha_1}{a-r\cos\alpha_1} \tag{7-9}$$

令 $\lambda=\dfrac{r}{a}$ 并代入式（7-9），得

$$\varphi_2=\arctan\frac{\lambda\sin\alpha_1}{1-\lambda\cos\alpha_1} \tag{7-10}$$

槽轮的角速度 ω_2 为 φ_2 对时间的一次求导，即

$$\omega_2=\frac{\mathrm{d}\varphi_2}{\mathrm{d}t}=\frac{\lambda(\cos\alpha_1-\lambda)}{1-2\lambda\cos\alpha_1+\lambda^2}\omega_1 \tag{7-11}$$

当构件 1 的角速度 ω_1 为常数时，槽轮的角加速度 ε_2 为

$$\varepsilon_2=\frac{\mathrm{d}\omega_2}{\mathrm{d}t}=\frac{\lambda(\lambda^2-1)\sin\alpha_1}{(1-2\lambda\cos\alpha_1+\lambda^2)^2}\omega_1^2 \tag{7-12}$$

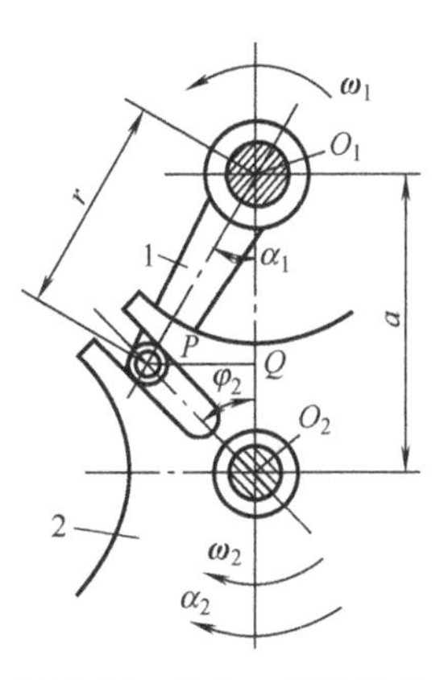

图 7-24　外啮合槽轮机构

1—构件　2—槽轮

由图 7-24 可得 $\lambda=r/a=\sin\pi/z$，因此从式（7-11）和式（7-12）中可以看出，当 ω_1 一定时，槽轮机构的角速度和角加速度随槽数 z 而变化。

表 7-4 中给出了外槽轮的运动和动力特性。

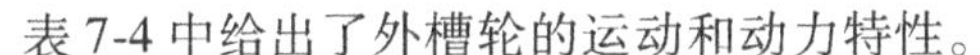

表 7-4　外槽轮的运动和动力特性

z	$\frac{\omega_{2\max}}{\omega_1}$	$\frac{\omega_{2\max}}{\omega_1^2}$	$\frac{\varepsilon_{02}}{\omega_1^2}$
3	7.46	31.44	1.73
4	2.41	5.41	1.00
5	1.43	2.30	0.73
6	1.00	1.35	0.58
7	0.62	0.70	0.41

将外啮合槽轮机构的动力特性以曲线的形式给出，如图 7-25 所示。

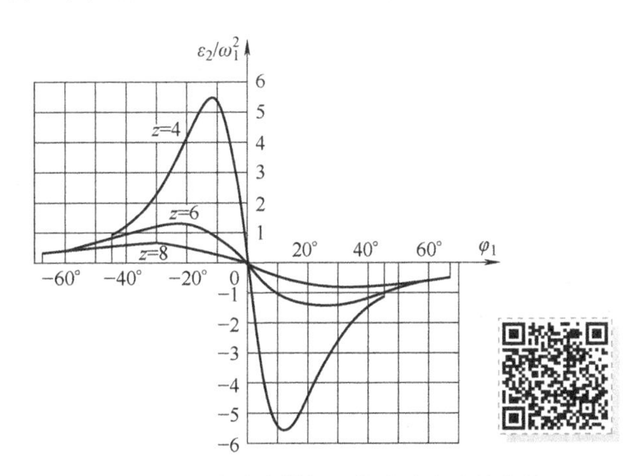

图 7-25　外啮合槽轮机构的动力特性曲线

槽轮机构的运动和动力特性通常用 ω_2/ω_1 和 ε_2/ω_1^2 来衡量。图 7-25 和表 7-4 分别给出了外啮合槽轮机构的动力特性曲线和数值。

图 7-25 所示为不同槽数的槽轮的角加速度曲线。在槽轮运动的前半段，ω_2 是增加的，因此，ε_2 为正；在槽轮运动的后半段，ω_2 是减少的，因此，ε_2 为负。

表 7-4 列出了不同槽数的外槽轮的最大角速度 ω_{max}、最大角加速度 ε_{2max} 和转位始末的角加速度 ε_{20}（因为构件 1 进槽和出槽位置是对称于中心连线的，所以槽轮转位始末的角加速度数值相同）。

由图 7-25 和表 7-4 可知，随着槽数 z 的增加，加速度变化较小，运动趋于平稳，动力特性也将得到改善。因此，设计时槽轮的槽数不应选得太少，但槽数也不宜过多，槽数过多，将使槽轮尺寸过大，产生较大的惯性力矩。因此，为了保证性能，在一般设计中，槽数的正常选择用值是 4~8。槽轮机构中的锁止弧能使槽轮在停歇过程中保持静止，但定位精度不高。为精确定位，自动化机床、精密机械和仪表中应设计专门的精确定位装置。

7.3 不完全齿轮机构

7.3.1 不完全齿轮机构的组成和工作原理

不完全齿轮机构是从普通齿轮机构演变而得到的一种间歇运动机构。它将主动轮的连续回转运动转化为从动轮的间歇回转运动。它与一般齿轮机构相比，最大的区别在于主动轮上的轮齿未布满整个圆周，而是有一个或几个轮齿，其余部分为外凸锁止弧，从动轮上有与主动轮轮齿相应的齿间和内凹锁止弧相间布置。当主动轮做连续回转运动时，从动轮做间歇回转运动。在从动轮停歇期间内，两轮轮缘的锁止弧起定位作用，以防止从动轮的游动。不完全齿轮机构的主要形式有外啮合（图 7-26）与内啮合（图 7-27）两种形式。在图 7-26 中，主动轮 1 上有 3 个齿，从动轮 2 上有 6 个运动段和 6 个停歇段，因此主动轮转一转时，从动轮只转 1/6 转。在图 7-27 中，主动轮 1 上只有 1 个齿，从动轮 2 上有 12 个齿，故主动轮转一转时，从动轮转 1/12 转。

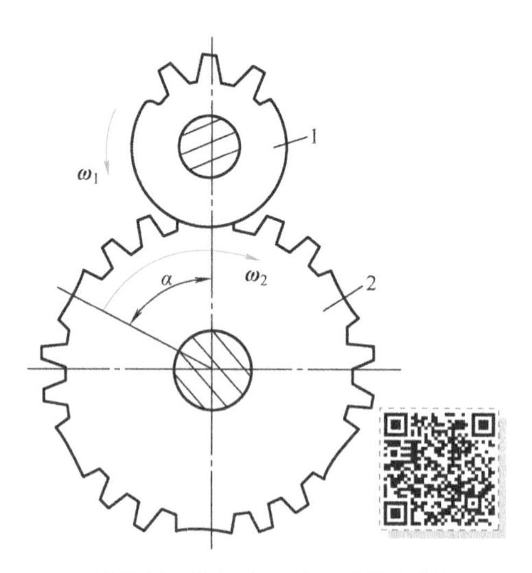

图 7-26　外啮合不完全齿轮机构

值得注意的是，在不完全齿轮机构中，为了保证主动轮的首齿能顺利地进入啮合状态而不与从动轮的齿顶相碰，需将首齿齿顶高做适当的消减。同时，为了保证从动轮停歇在预定的位置，主动轮的末齿齿顶高也需要适当的修改。其余各齿保持标准齿高。

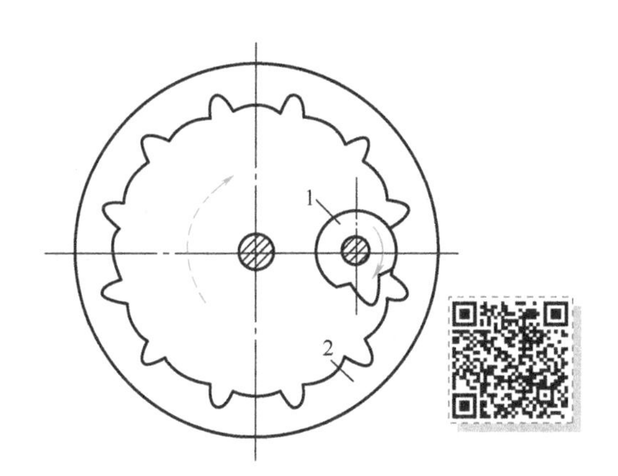

图 7-27　内啮合不完全齿轮机构

7.3.2　不完全齿轮机构的特点

与槽轮机构相比，不完全齿轮机构主要有以下特点：

1）较易满足不同停歇规律的要求。因为不完全齿轮机构可选取的参数较多，如两轮圆周上设想布满齿时的齿数 z_1、z_2，主、从动轮上锁止弧的数目 M 和 N，以及锁止弧间的齿数 $z_{1'}$ 和 $z_{2'}$ 等均可在相当宽广的范围内自由选取。因此标志间歇运动特性的各参数，如从动轮每转一周停歇的次数、每次运动转过的角度、每次停歇的时间长短等，允许调整的幅度比槽轮机构大得多，故设计比较灵活。

2）从动轮在运动全过程中并非完全等速，运动开始和终止时存在刚性冲击。因此，不完全齿轮机构不宜用于高速传动，只适应于低速和轻载场合。不完全齿轮机构和普通齿轮机构的区别，不仅在轮齿的分布上，而且在啮合传动中，当首齿进入啮合及末齿退出啮合过程中，轮齿并非在实际啮合线上啮合，故在此期间不能保证定传动比传动。

为了减小冲击从而改善不完全齿轮机构的受力情况，可在两轮上加装两对瞬心线附加板。如图 7-28 所示，瞬心线附加板分别固定在轮 1 和轮 2 上。瞬心线附加板的作用：在首齿接触传动之前，让 K 板和 L 板先行接触，使从动轮的角速度从一个尽可能小的角速度逐渐过渡到所需的等角速度值。在设计 K 板和 L 板时，要保证它们的接触点 F' 总位于中心线 O_1O_2 上，从而成为轮 1 和轮 2 的瞬心 P_{12}，且点 P 将随着瞬心线附加板的运动沿着中心线 O_1O_2 逐渐远离中心 O_1 向两轮的节点移动。同样，又可借助于另一对瞬心线附加板的作用，使主动轮末齿在啮合线上退出啮

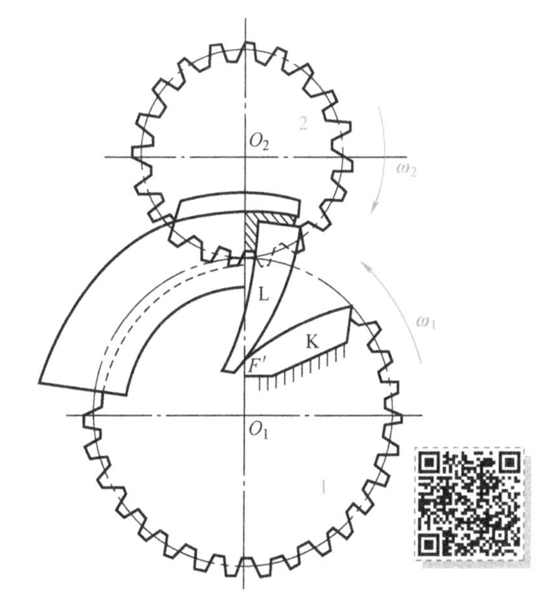

图 7-28　带有瞬心线附加板的不完全齿轮机构

合时从动轮的角速度由常数 ω_2 逐渐减小，从而减小冲击。由于从动轮开始啮合时的冲击比终止啮合时严重，因此有时只在开始啮合处加装一对瞬心线附加板，图 7-28 所示不完全齿轮机构即是如此。

图 7-29 所示为蜂窝煤压制机工作台五个工位的间歇转位机构示意图。该机构完成煤粉的装填、压制、退煤等五个动作，因此工作台需间歇转动，每次转动 1/5 周需要停歇一次。当不完全齿轮 3 做连续转动时，通过齿轮 6 使工作台 7（其外周是一个大齿圈）获得预期的间歇运动。此外，为使工作比较平稳，在齿轮 3 和齿轮 6 上加装了一对瞬心线附加板 4 和 5，还分别装设了凸形和凹形的圆弧板，以起到锁止弧的作用。

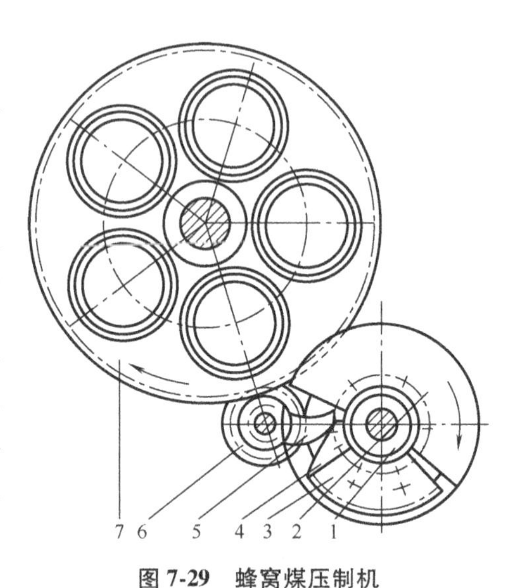

图 7-29　蜂窝煤压制机

1—转轴　2—圆弧板　3—不完全齿轮　4、5—瞬心线附加板　6—齿轮　7—工作台

3）主、从动轮不能互换。

基于以上特点，不完全齿轮机构常用于低速多工位、多工序的自动机械或生产线上，实现工作台的间歇转位和进给运动。

7.4 螺旋机构

7.4.1 螺旋机构的工作原理和类型

螺旋机构是一种利用螺旋副传递运动和动力的常用机构，它是由螺旋副、移动副、转动副将各构件组合在一起的。一般情况下，它可将旋转运动转换成直线运动。

图 7-30 所示为最简单的三构件螺旋机构，它由螺杆 1、螺母 2 和机架 3 组成。在图 7-30 中，A 为转动副，C 为移动副，B 为螺旋副，螺旋的导程为 l，当螺杆 1 转过 φ 角时，螺母 2 将沿螺杆的轴向移动一段距离 s，其值为

$$s=\frac{l\varphi}{2\pi} \tag{7-13}$$

如果将图 7-30a 中的转动副 A 改为螺旋副，且螺旋方向与另一螺旋副 B 相同，则得到图 7-30b 所示的螺旋机构。在该机构中，设两段的导程分别为 l_A、l_B，则当螺杆 1 转过 φ 角时，螺母 2 的移动距离 s 为

$$s=\frac{l_A-l_B}{2\pi}\varphi \tag{7-14}$$

由式（7-14）可知，当两螺旋旋向相同时，若 l_A 和 l_B 相差很小，则螺母2的位移 s 可以很小，这种螺旋机构称为微动螺旋机构，常用于测微计、分度机构及调节机构中。

当两螺旋旋向相反时，螺母2可产生快速移动，产生的位移为

$$s=\frac{l_A+l_B}{2\pi}\varphi \tag{7-15}$$

这种螺旋机构称为复式螺旋机构。

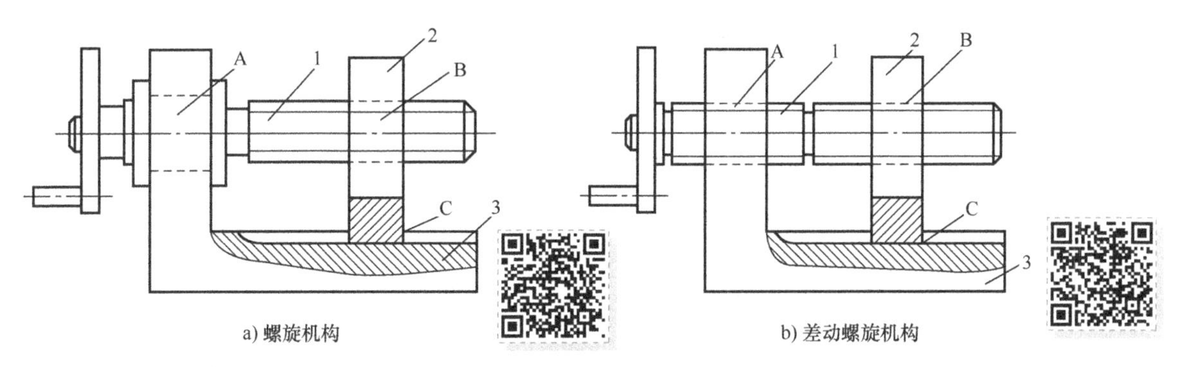

图 7-30　三构件螺旋机构

1—螺杆　2—螺母　3—机架

按螺杆与螺母之间的摩擦状态，螺旋机构可分为滑动螺旋机构和滚动螺旋机构。滑动螺旋机构中的螺杆与螺母的螺旋面直接接触，摩擦状态为滑动摩擦。

7.4.2　螺旋机构的传动特点和应用

螺旋机构结构简单，制造方便，运动准确，可获得很大的减速比和力的增益等；此外，当螺旋导程角选择合适时，机构将具有自锁功能，其传动效率一般低于50%。因此，螺旋机构主要应用于起重机、压力机以及功率不大的进给系统和微调装置中。

图7-31所示为应用于调节镗刀进给量的微动螺旋机构。当转动调整螺杆1时，镗刀3在外套2内移动，可以实现微调，螺钉4是定位用的。

图7-32所示为复式螺旋机构用于夹紧装置中的实例。当转动螺杆5时，便可以使螺母2和螺母4向相反方向移动，同时带动夹爪3绕指定轴 O 转动，可迅速夹紧或放松工件。

螺旋机构还常用于将回转运动变换为直线运动及进行机构的调整。

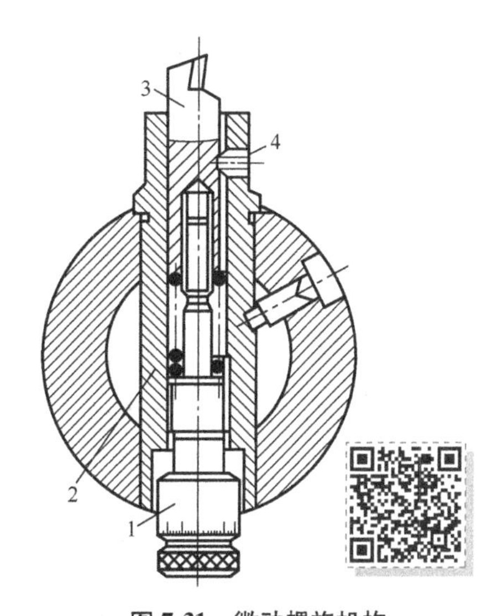

图 7-31　微动螺旋机构

1—调整螺杆　2—外套　3—镗刀　4—螺钉

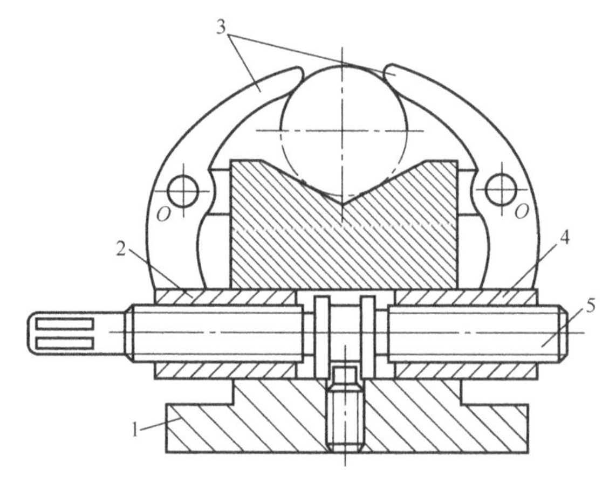

图 7-32 用于夹紧装置中的复式螺旋机构

1—底座 2、4—螺母 3—夹爪 5—螺杆

7.4.3 滚珠螺旋机构简介

滚珠螺旋机构是在螺杆与螺母的螺纹滚道间装有滚动体。当螺杆或螺母转动时，滚动体在螺纹滚道内滚动，这样使螺杆和螺母不直接接触，而且将原来接触表面间的滑动摩擦变为滚动摩擦，提高了传动效率和传动精度，这种传动机构又称为滚珠丝杠。滚珠螺旋机构按其滚动体的循环方式不同，分为外循环（图 7-33a）和内循环（图 7-33b）两种形式。

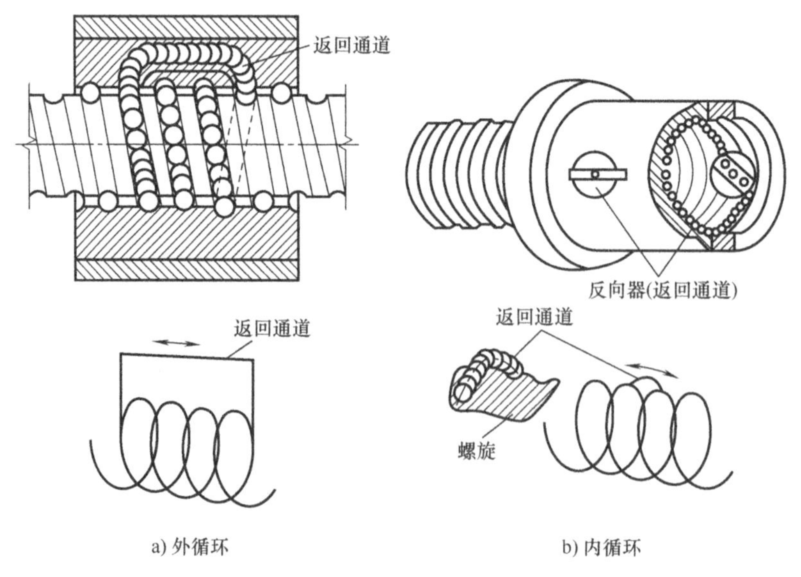

图 7-33 滚珠螺旋机构

所谓外循环是指滚珠在回程时脱离螺杆的滚道，而在螺旋滚道外进行循环。所谓内循环是指滚珠在循环过程中始终和螺杆接触，内循环螺母上开有侧孔，孔内装有反向器，将相邻的滚道连通，滚珠越过螺纹顶部进入相邻滚道，形成封闭循环回路。一个循环回路里只有一圈滚珠，设

置有一个反向器。一个螺母常装配 2~4 个反向器，这些反向器均匀分布在圆周上。外循环螺母只需前后各设置一个反向器。

滚珠丝杠按用途分类，有定位滚珠丝杠和传动滚珠丝杠；按预加负载形式分类，有单螺母无预紧滚珠丝杠、单螺母变位导程预紧滚珠丝杠、单螺母加大钢球径向预紧滚珠丝杠、双螺母垫片预紧滚珠丝杠、双螺母差齿预紧滚珠丝杠和双螺母螺纹预紧滚珠丝杠。

1. 滚珠丝杠的优点

1）滚动摩擦系数小，传动效率高。

2）启动转矩接近运转转矩，工作较平稳。

3）磨损小且寿命长，可用调整装置调整间隙，传动精度与刚度均得到提高。

4）不具有自锁性，可将直线运动变为回转运动。

2. 滚珠丝杠的缺点

1）结构复杂，制造困难。

2）在需要防止逆转的机构中，要加自锁机构。

3）承载能力不如滑动螺旋传动机构大。

滚珠丝杠多用在车辆转向机构及对传动精度要求较高的场合。随着数控机床的发展，滚珠螺旋传动在航空航天、汽车工业、模具制造、光电工程和仪器仪表等行业中获得了越来越广泛的应用。

7.5 万向联轴器

万向联轴器主要用于传递两相交轴之间的运动和动力，而且在传动过程中两轴之间的夹角可以变动，是一种常用的变角传动机构。它广泛用于汽车、机床、冶金机械等传动系统中。

7.5.1 万向联轴器的结构及其运动特性

图 7-34 所示为单万向联轴器的机构示意图，主动轴 1 和从动轴 2 端部都有叉，两叉与十字头 3 组成转动副 B、C。轴 1 和轴 2 与机架 4 组成转动副 A、D。转动副 A 和 B、B 和 C 及 C 和 D 的轴线分别互相垂直，并且均相交于十字头的中心点 O，而轴 1 和轴 2 所夹的锐角为 α。故单万向联轴器为一种特殊的球面四杆机构。

由图 7-34 可见，当轴 1 转一转时，轴 2 也必然转一转，但是两轴的瞬时角速度却并不时时相等，即轴 1 以等角速度 $\boldsymbol{\omega}_1$ 转动时，轴 2 做变角速度转动，根据理论推导，可得两轴瞬时传

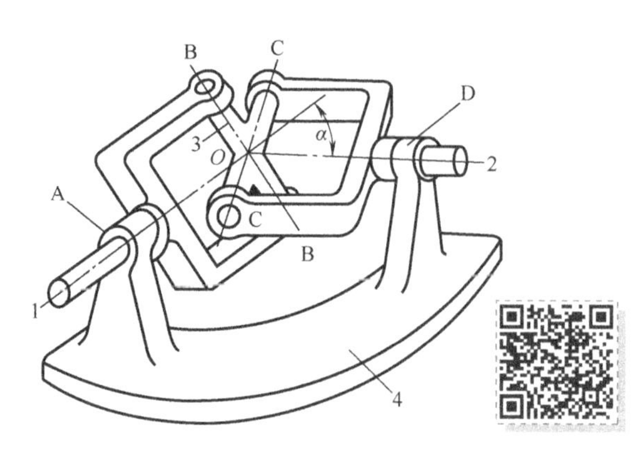

图 7-34　单万向联轴器的机构示意图

动比

$$i_{21}=\frac{\omega_2}{\omega_1}=\frac{\cos\alpha}{1-\sin^2\alpha\cos^2\varphi_1} \tag{7-16}$$

式中，φ_1 为轴 1 的转角。

由式（7-16）可见，传动比是两轴夹角 α 和主轴转角 φ_1 的函数。当 $\alpha=0°$时，传动比恒为 1，它相当于两轴刚性连接；当 $\alpha=90°$时，传动比恒为 0，两轴不能进行传动。

若两轴夹角 α 值不变，则当 $\varphi_1=0°$ 或 180°时，传动比最大，$\omega_{2\max}=\omega_1/\cos\alpha$；当 $\varphi_1=90°$ 或 270°时，传动比最小，$\omega_{2\min}=\omega_1\cos\alpha$。

7.5.2　双万向联轴器

由于单万向联轴器从动轴的角速度做周期性变化，因此在传动中将会产生附加动载荷，使轴发生振动。为了消除从动轴变速转动的缺点，常将单万向联轴器成对使用，如图 7-35 所示，这便是双万向联轴器。其构成可看作是用一个中间轴 2 的两部分采用滑键连接，以允许两轴的轴向距离有所变动。至于双万向联轴器所连接的输入轴 1 和输出轴 3，既可相交，也可平行。因此，双万向联轴器常用来传递平行轴或相交轴的转动。

为保证主、从动轴的角速度相等，双万向联轴器还必须满足以下两个条件：

1）主动轴 1、从动轴 3 的轴线与中间轴 2 的轴线之间的夹角相等。

2）中间轴 2 两端的叉面应位于同一平面内。

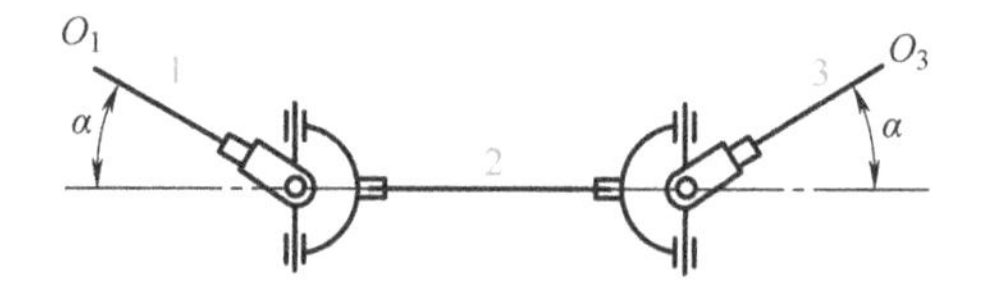

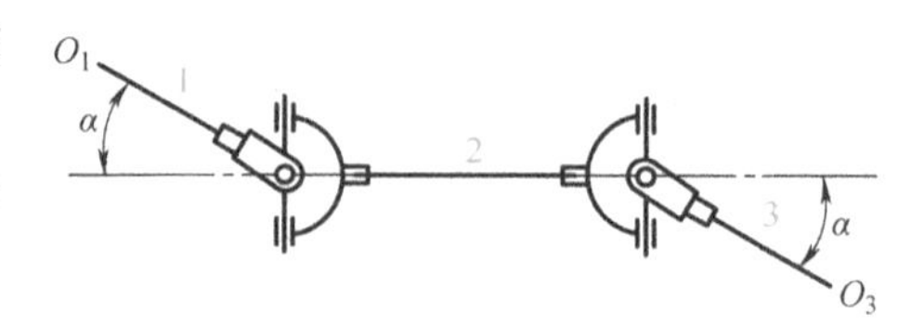

图 7-35　双万向联轴器

7.5.3　万向联轴器的特点与应用

同传递平行轴或相交轴运动的齿轮机构比较，万向联轴器有以下显著特点：

1）单万向联轴器的特点：当两轴夹角有所变化时，仍可继续工作，而只影响其瞬时传动比的大小。

2）双万向联轴器的特点：当两轴间的夹角变化时，不但可以继续工作，而且在满足一定安装条件时，还能保证等传动比。

万向联轴器结构紧凑，径向尺寸小，对制造和安装的精度要求不高，尤其适用于在工作过程中，主、从动轴间夹角和轴间距发生变化的场合。因此，万向联轴器被广泛地应用于各种机械设备的传动系统中。

图 7-36 所示为轧钢机轧辊传动中的双万向联轴器。由于在轧钢过程中，需要经常调节轧辊的上下位置，因此齿轮座轴线与轧辊轴线之间的距离要经常变化，这就需要用双万向联轴器来作为齿轮与轧辊之间的中间传动装置。

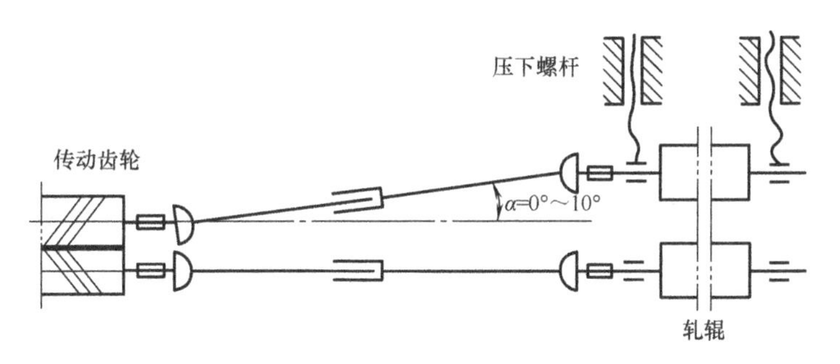

图 7-36　轧钢机轧辊传动中的双万向联轴器

图 7-37 所示的汽车传动轴也是双万向联轴器的典型应用实例。装在汽车底盘前部的发动机变速器，通过双万向联轴器带动后桥中的差速器，驱动后轮转动。在底盘和后桥间装有减振钢板弹簧。汽车行驶中，由于道路等原因引起钢板弹簧变形，从而使变速器输出轴的相对位置时时有变动，这时双万向联轴器的中间轴（也称传动轴）与它们的倾角虽然也有相应的变化，但传动并不中断，汽车仍然继续行驶。

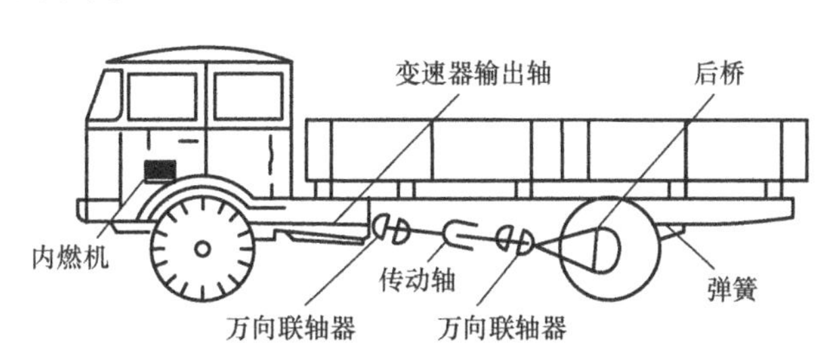

图 7-37　双万向联轴器在汽车传动轴中的应用

思考题与习题

7-1　齿式棘轮机构的棘轮转角容易实现________的调节，而摩擦式棘轮机构的棘轮转角可做________调节。齿式棘轮机构棘轮转角大小的调节方法有________和________两种。

7-2　槽轮机构是由________、________和________组成的。对于单圆销外啮合槽轮机构来说，槽轮的槽数应大于________。

7-3　在单万向联轴器中，当主动轴转过一周时，从动轴转过________周，而从动轴的角速度是________的。

7-4　双万向联轴器中要使主、从动轴的角速度相等，必须满足如下条件：________与________的夹角等于从动轴与中间轴的夹角，中间轴两端的叉面位于________。

7-5　单万向联轴器中，当主动轴1以匀角速度 ω_1 回转时，若两轴间的夹角为 α，则从动轴2的角速度 ω_2 的变化范围为________。

7-6　将主动件的匀速转动变为间歇的旋转运动，可以采用________、________和________等。

7-7　某外啮合槽轮机构，槽数 $z=4$，拨盘上有一个圆销，则该机构的运动特性系数 $k=$________。

7-8　棘轮机构除常用来实现间歇运动的功能外，还常用来实现什么功能？

7-9　某牛头刨床工作台的横向进给丝杠的导程 $l=5\text{mm}$，与丝杠轴联动的棘轮齿数 $z=40$，棘爪与棘轮之间的摩擦系数为 $f=0.15$，试求：

1）棘轮的最小传动角度。

2）该刨床的最小横向进给量。

3）棘轮齿面倾斜角。

7-10　为什么槽轮机构的运动特性系数 k 不能大于1?

7-11　为什么不完全齿轮机构主动轮首、末两轮齿的齿高一般需要削减？不完全齿轮机构加上瞬心线附加板的目的是什么？

7-12　在机电产品中，一般均采用电动机作为动力源，为了满足产品的动作需要，经常需要把电动机输出的旋转运动进行变换（例如，改变转速的大小，或改变运动形式），以实现产品所要求的运动形式。现要求把电动机的旋转运动变换为直线运动，请列出5种可以实现运动变换的传动形式，并画出机构示意图。若要求机构的输出件能实现复杂的直线运动规律，则该采用何种传动形式？

7-13　能使执行构件获得间歇运动的机构有哪些？试从各自的工作特点、运动及动力性能分析它们各自的适用场合。

7-14　双万向联轴器中，为保证其主、从动轴间的传动比为常数，应满足哪些条件？

7-15　如图7-38所示的单万向联轴器，轴1以1000r/min的转速匀速回转，轴3以变速回转，轴1和轴3两轴线的夹角 $\alpha=30°$。

1）求轴3的最高转速 $n_{3\max}$ 和最低转速 $n_{3\min}$。

2）在轴1转一转的过程中，两轴转速瞬时相等，有四个位置，求这些位置的 φ_1 值。

7-16　某自动机床上装有一六槽外接槽轮机构，已知槽轮停歇时进行工艺工作，所需工艺时间为30s，试确定主动轮的转速。

7-17　某加工自动线上有一工作台要求有5个转动工位。为了完成加工任务，要求每个工位停歇的时间 $t_{2t}=12\text{s}$。如果设计者选用单销外啮合槽轮机构来实现工作台的转位，试求：①槽轮机构的运动特性系数 k；②拨盘的转速 n_1；③槽轮的运动时间 t_{2d}。

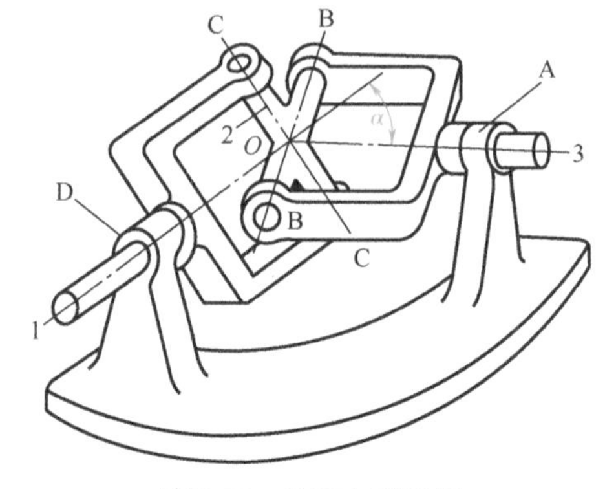

图7-38　单万向联轴器

第8章 机械中的摩擦与机械效率

本章的知识结构图

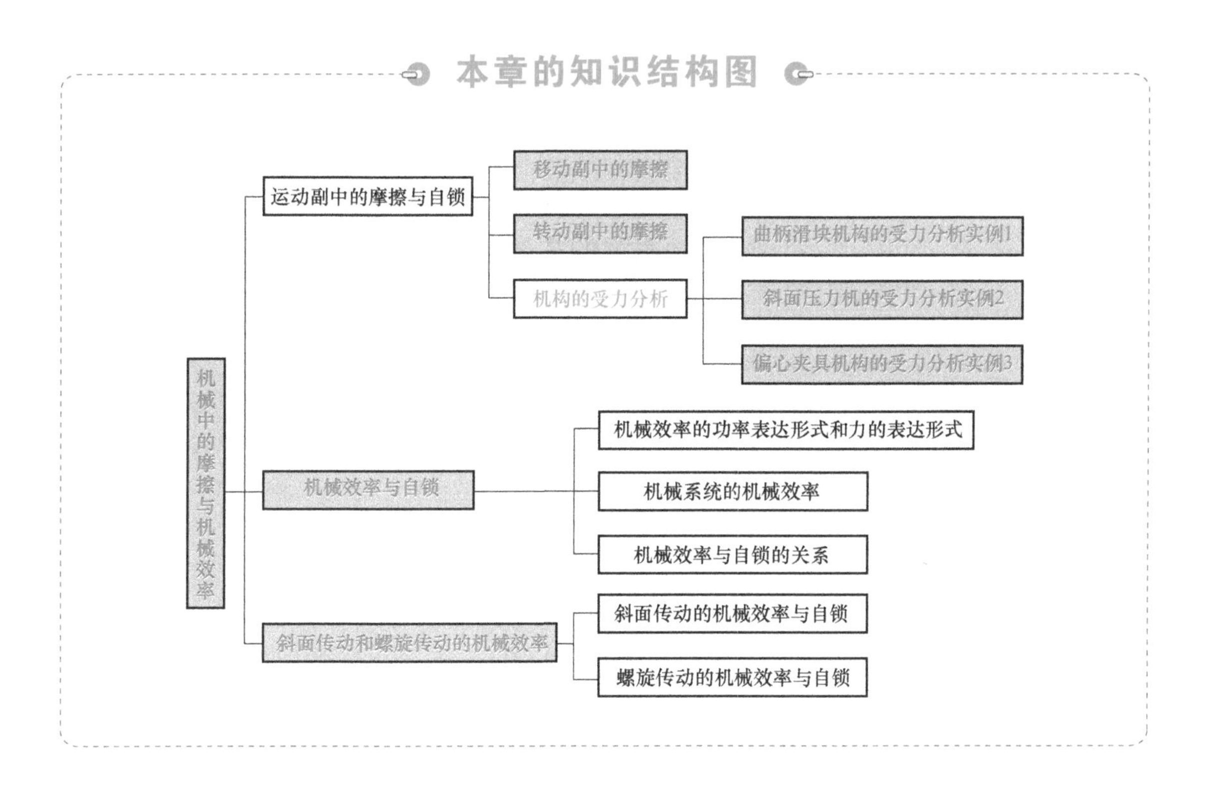

8.0 引言

本章学习的主要任务如下：

- 移动副中的摩擦
- 转动副中的摩擦
- 考虑摩擦的机构力分析
- 机械效率与自锁
- 斜面传动和螺旋传动的机械效率

8.1 运动副中的摩擦与自锁

8.1.1 研究运动副中摩擦的目的和基本力学原理

在相互接触的两个构件之间，只要存在正压力和相对运动或有相对运动的趋势就会产生摩擦。因此，在机械中，也即在由两构件既接触又保持相对运动的运动副中存在着摩擦。运动副中的摩擦力一般来说是一种有害阻力，它不仅会造成动力的浪费，降低机械效率，而且会使运动副元素磨损，从而削弱零件的强度，影响其使用寿命，降低运动精度和工作可靠性。而在某些情况下机械中的摩擦又是有用的，在一些机械中正是利用摩擦来工作的，例如，常见的带传动、夹紧机构、摩擦离合器和制动器等。因此，不论是为了尽可能地减小其不利的影响，通过合理设计改善机械运转性能和提高机械效率，还是为了在需要时更充分地发挥其有用的方面，都必须研究运动副中的摩擦。

在平面机构中，常见的运动副有移动副、转动副和高副三种。其中属于低副的移动副和转动副中只有滑动摩擦产生，而高副中既有滑动摩擦，又有滚动摩擦。由于滚动摩擦较滑动摩擦小很多，故常常忽略不计，因此对高副中的摩擦分析同移动副中的摩擦一样。

研究运动副中的摩擦，重要的工作就是确定运动副中全反力的大小、方向及作用点位置，从而可以方便地判断对构件运动和受力的影响。

如图 8-1 所示的曲柄滑块机构，设在驱动力矩 $\boldsymbol{M}$ 作用下曲柄 AB 沿顺时针转动。滑块为从动件，即输出运动构件，它受到连杆 BC 的作用力而运动。显然考虑和不考虑运动副中的摩擦，滑块的受力的情况是不同的，从而对滑块的运动产生不同的影响。

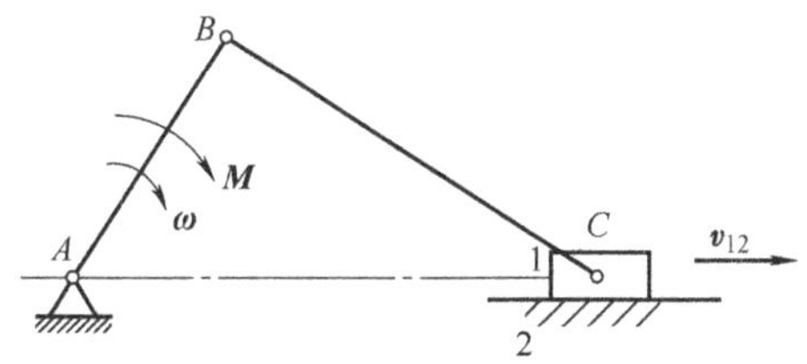

图 8-1　曲柄滑块机构

在考虑摩擦的情况下，对机构进行受力分析所涉及的基本力学原理：

1）摩擦库仑定律：在常规速度范围内，做相对运动的两物体间的摩擦力 F_f 为

$$F_f=fN$$

式中，f 为摩擦系数，$f=\tan\varphi=F_f/N$，φ 为摩擦角；N 为两物体间的法向压力。

2）若一个物体只受两个力（该物体称为二力构件），则此两力共线。

3）若一个物体只受三个力，则此三力汇交于一点。

4）一个物体所受的驱动力（或力矩）与其运动方向一致；一个物体所受的摩擦力（或力矩）与其运动方向相反。

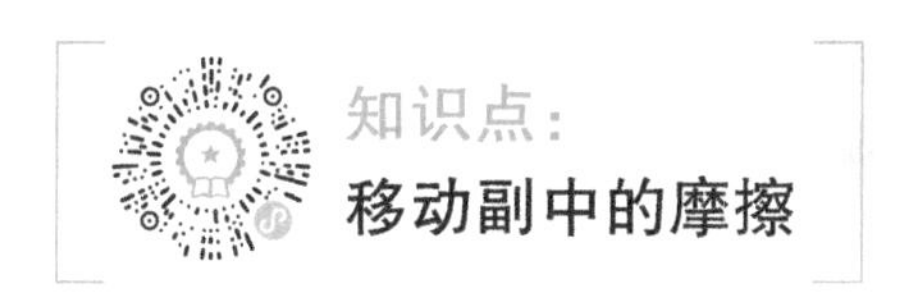

1. 平面摩擦

在图 8-2 所示的曲柄滑块机构中，滑块与机架组成移动副，不计转动副 C 中的摩擦，滑块受到连杆的推动力 $\boldsymbol{T}$ 沿着 BC 方向。

将力 $\boldsymbol{T}$ 分解成两个分力 $\boldsymbol{F}$ 和 $\boldsymbol{Q}$，则有

$$\boldsymbol{T}=\boldsymbol{F}+\boldsymbol{Q}$$

式中，$\boldsymbol{F}$ 为沿着滑块速度方向 $\boldsymbol{v}_{12}$ 的分力；$\boldsymbol{Q}$ 为垂直于滑块速度方向 $\boldsymbol{v}_{12}$ 的分力。

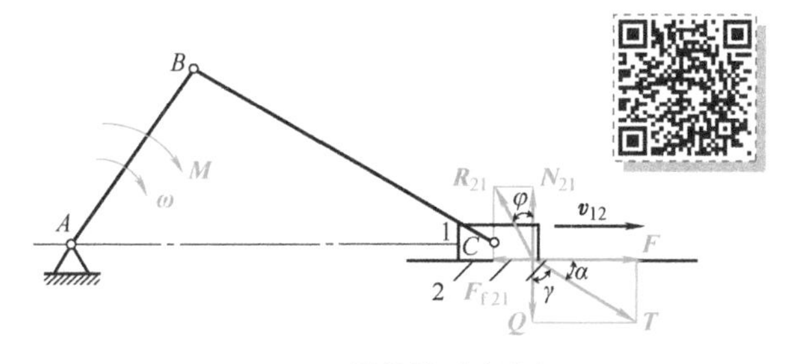

图 8-2　滑块的受力分析

在力 $\boldsymbol{T}$ 的作用下，滑块向右运动，并受到机架的反作用力 $\boldsymbol{N}_{21}$ 和 $\boldsymbol{F}_{f21}$：$\boldsymbol{N}_{21}$ 为法向反力；$\boldsymbol{F}_{f21}$ 为机架作用于滑块的摩擦力。由于 $\boldsymbol{N}_{21}$ 及 $\boldsymbol{F}_{f21}$ 都是机架 2 作用于滑块 1 的反力，可将它们合成

为一个全反力 $\boldsymbol{R}_{21}$，即有

$$\boldsymbol{R}_{21}=\boldsymbol{N}_{21}+\boldsymbol{F}_{f21}$$

全反力 $\boldsymbol{R}_{21}$与法向反力 $\boldsymbol{N}_{21}$之间的夹角 φ 为摩擦角。由图 8-2 可知

$$\tan\varphi=\frac{F_{f21}}{N_{21}}=\frac{fN_{21}}{N_{21}}=f \tag{8-1}$$

故

$$\varphi=\arctan f$$

由图 8-2 可知，$\boldsymbol{R}_{21}$与 $\boldsymbol{v}_{12}$间的夹角总是一个钝角，因此在分析移动副中的摩擦时，可利用这一规律来确定全反力的方向，即滑块 1 所受的全反力 $\boldsymbol{R}_{21}$与其对平面 2 的相对运动速度 $\boldsymbol{v}_{12}$间的夹角总是钝角（$90°+\varphi$）。

由于滑块与机架始终保持接触而组成移动副，因此在接触面的法线方向上，滑块受力平衡，由此可知

$$N_{21}=Q$$

因此

$$F_{f21}=fN_{21}=fQ=Q\tan\varphi \tag{8-2}$$

又有

$$F=Q\tan\gamma \tag{8-3}$$

由式（8-2）可知，当两构件的材料及接触表面的润滑情况确定后，摩擦系数 f（或摩擦角 φ）为定值，故当 $\boldsymbol{Q}$ 的大小给定后，就可求得最大静摩擦力 $\boldsymbol{F}_{f21}$的大小。

由式（8-3）可知，当 $\boldsymbol{Q}$ 的大小给定后，分力 $\boldsymbol{F}$ 的大小还取决于传动角 γ。

当 $\boldsymbol{Q}$ 值相同，比较 γ 和 φ，可以看出：

$\gamma>\varphi$ 时，$F>F_{f21}$，滑块做加速运动，如图 8-3a 所示。

$\gamma=\varphi$ 时，$F=F_{f21}$，滑块做等速运动或静止不动，如图 8-3b 所示。

$\gamma<\varphi$ 时，$F<F_{f21}$，滑块做减速运动或静止不动，如图 8-3c 所示。

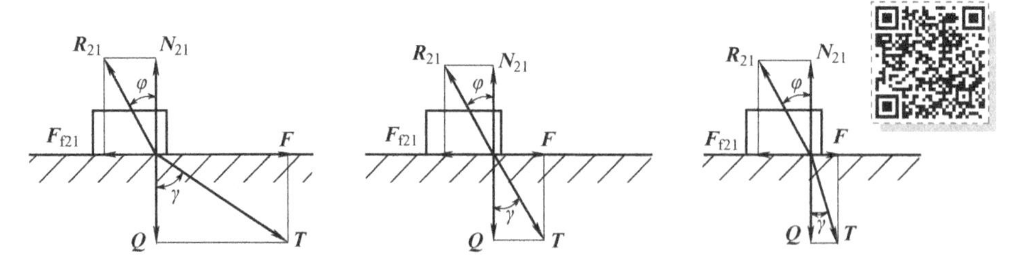

a) $\gamma>\varphi$，滑块加速运动　b) $\gamma=\varphi$，滑块等速运动或静止　c) $\gamma<\varphi$，滑块减速运动或静止

图 8-3　滑块的运动状态分析

在图 8-3c 所示的情况（即 $\gamma<\varphi$）下，无论怎样加大 $\boldsymbol{T}$ 力，滑块 1 也不会运动。因此可以得出：

1）无论推动力 $\boldsymbol{T}$ 有多大，都无法使滑块运动，这种现象称为自锁。

2）自锁现象的力学本质：推动力 $\boldsymbol{T}$ 在滑块运动方向的分力 $\boldsymbol{F}$ 始终小于滑块所受的摩擦力 $\boldsymbol{F}_{f21}$。

3）出现自锁现象的几何条件称为自锁条件。显然滑块的自锁条件：$\gamma<\varphi$（即传动角小于摩

擦角），或者说推动力 $\boldsymbol{T}$ 的作用线位于摩擦角（或摩擦锥）内，如图 8-4 所示。

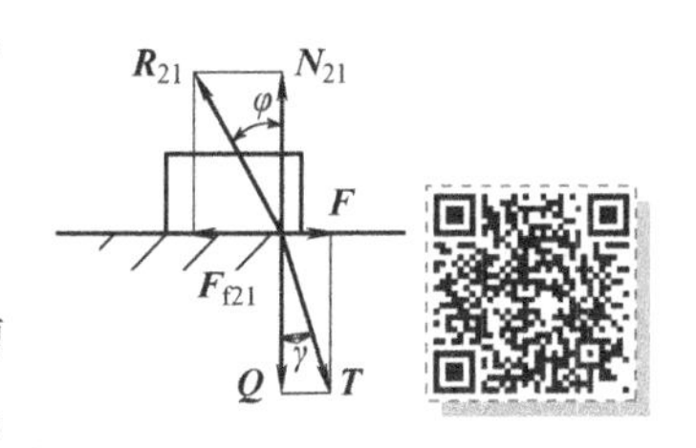

图 8-4　滑块自锁状态

2. 槽面摩擦

在实际机械设备应用中，移动副的结构有时采用"V"形槽的形式，如图 8-5a 所示为对称型 V 形槽面。滑块 1 所受的力：铅垂载荷（包含滑块的重力）$\boldsymbol{Q}$；槽的每个侧面对滑块的法向反力 $\boldsymbol{N}$；水平推动力 $\boldsymbol{F}$，它使滑块 1 沿槽面等速向后移动。

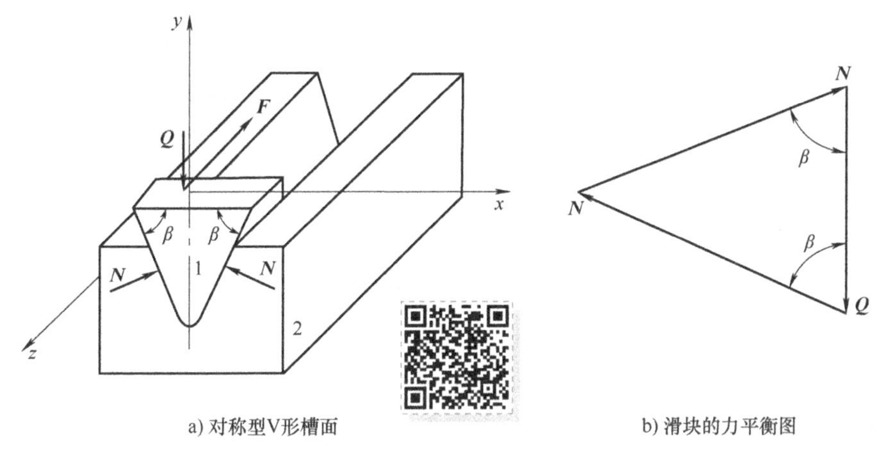

a) 对称型V形槽面　　b) 滑块的力平衡图

图 8-5　对称型 V 形槽面和滑块力平衡图

根据滑块 1 在 xy 平面内的力平衡条件，可得图 8-5b 的力平衡图。由此可知

$$N=\frac{Q}{2\cos\beta} \tag{8-4}$$

式中，β 为 V 形槽接触面与水平面 x 方向间的夹角。

设接触面间的摩擦系数为 f，如图 8-6 所示，则滑块两侧面受到的总摩擦力 $\boldsymbol{F}_{\mathrm{f}}$ 的大小为

$$F_{\mathrm{f}}=2F_{\mathrm{f}}'=2fN=\frac{f}{\cos\beta}Q \tag{8-5}$$

比较式（8-5）和式（8-2），也可写成相似的形式，只需令

$$f_{\mathrm{v}}=\frac{f}{\cos\beta} \tag{8-6}$$

便可得

$$F_{\mathrm{f}}=f_{\mathrm{v}}Q \tag{8-7}$$

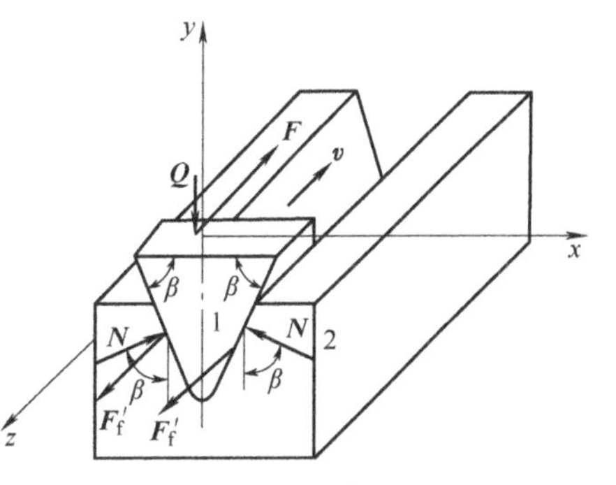

图 8-6　楔形滑块的受力

按式（8-7）计算槽面摩擦力同计算平面摩擦力一样，只是摩擦系数取为 f_{v}，而不是 f，故 f_{v} 称为当量摩擦系数，与 f_{v} 相应的摩擦角 $\varphi_{\mathrm{v}}=\arctan f_{\mathrm{v}}$ 称为当量摩擦角。

引入当量摩擦系数 f_{v} 和当量摩擦角 φ_{v} 的目的是为了使问题简化。前面导出的平面滑块摩擦问题的某些结论也适用于槽面摩擦，如当推动力 $\boldsymbol{T}$ 与滑块速度 $\boldsymbol{v}$ 垂直方向的夹角 $\gamma<\varphi_{\mathrm{v}}$ 时，槽面滑块将自锁。

在两接触面间的实际摩擦系数f确定后，当量摩擦系数f_v值取决于槽面的几何形状，是对称型还是非对称型，以及β角的大小，应根据具体的槽面几何形状计算确定。

例 8-1 如图 8-7 所示，机床滑板的运动方向垂直于纸面。经测定接触面间的滑动摩擦系数$f=0.1$，试求滑板的当量摩擦系数f_v的大小。

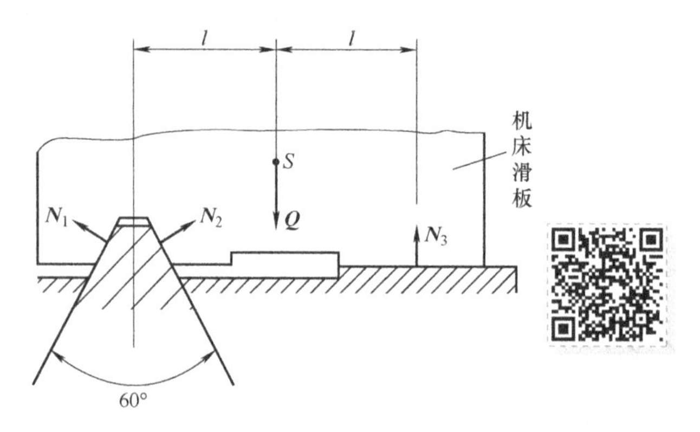

图 8-7 机床滑板及其受力分析

解：

画出机床滑板接触面间所受法向反力图，如图 8-7 所示。

由平面力系平衡条件可列出三个力平衡方程式

$$\begin{cases}N_1=N_2\\(N_1+N_2)\sin30°+N_3=Q\\l(N_1+N_2)\sin30°=lN_3\end{cases}$$

解得

$$N_1=N_2=N_3=\frac{Q}{2}$$

机床滑板所受的摩擦力

$$F=f(N_1+N_2+N_3)=\frac{3}{2}fQ$$

由式（8-2）和式（8-7）比较可知，当量摩擦系数

$$f_v=\frac{3}{2}f=0.15$$

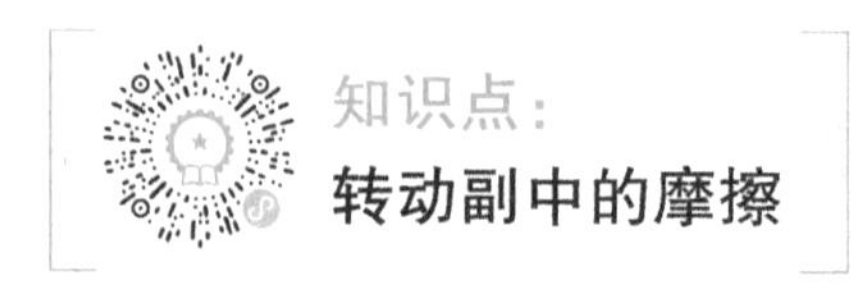

在实际机械应用中，转动副的结构形式有很多种，现以典型的轴与滑动轴承组成的转动副为例，来研究转动副中的摩擦问题。轴安装在轴承中的部分称为轴颈。如图 8-8a 所示，半径为r

的轴颈上作用有径向载荷 $\boldsymbol{Q}$。在轴上未加驱动力矩时，轴不转动，轴颈与轴承在底部 C 点接触。

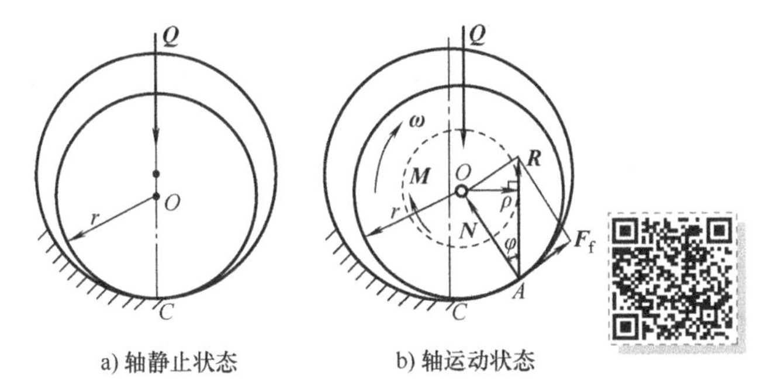

a) 轴静止状态　　b) 轴运动状态

图 8-8　转动副中的摩擦

在轴上施加驱动力矩 $\boldsymbol{M}$ 后，轴颈在轴承中瞬间先做纯滚动（滚动摩擦远小于滑动摩擦），接触点由 C 点移至 A 点，然后在 A 点轴颈相对轴承产生滑动摩擦，其摩擦力为 $\boldsymbol{F}_f$，轴承在 A 处给轴颈的正压力为 $\boldsymbol{N}$。轴在各力 $\boldsymbol{M}$、$\boldsymbol{Q}$、$\boldsymbol{N}$ 和 $\boldsymbol{F}_f$ 的作用下绕轴心 O 转动，如图 8-8b 所示。

滑动摩擦力 F_f 对中心 O 产生的摩擦力矩 $\boldsymbol{M}_f$ 的大小为

$$M_f = F_f r \tag{8-8}$$

摩擦力矩 $\boldsymbol{M}_f$ 的大小也可以用全反力 $\boldsymbol{R}$（$\boldsymbol{N}$ 和 $\boldsymbol{F}_f$ 的合力）对轴心 O 的力矩表示

$$M_f = R\rho = Rr\sin\varphi \tag{8-9}$$

式中，ρ 为 $\boldsymbol{R}$ 到轴心 O 的距离，如图 8-8b 所示；φ 为摩擦角。

因为通常 φ 角很小，故可近似取为 $\sin\varphi \approx f$，于是

$$\rho = rf \tag{8-10}$$

根据轴力平衡条件可知，全反力 $\boldsymbol{R}$ 与径向载荷 $\boldsymbol{Q}$ 大小相等、方向相反，因此有

$$M_f = R\rho = Q\rho \tag{8-11}$$

对于一个实际的轴颈，由于 r 和 f 均为定值，因此 ρ 也为常值。现以轴心 O 为圆心，以 ρ 为半径所作的圆为一个定圆，称为摩擦圆，如图 8-8b 所示。

由此可得重要结论：转动副中全反力 $\boldsymbol{R}$ 必切于摩擦圆。

由于轴承对轴颈的全反力 $\boldsymbol{R}$ 切于摩擦圆，它对轴心的力矩即为阻止轴转动的摩擦力矩 $\boldsymbol{M}_f$，其方向一定与轴的转动角速度 $\boldsymbol{\omega}$ 方向相反，由此来确定全反力作用点的位置和作用线方位。

为了便于分析，将图 8-8 所示的轴所受外力（驱动力偶矩 $\boldsymbol{M}$ 和径向载荷 $\boldsymbol{Q}$）合成为一个力 $\boldsymbol{Q}'$，并使其大小仍为 Q（注意全反力 $R=Q$，故 R 不变），合成的结果是将 $\boldsymbol{Q}$ 力作用线平移一距离 $h=M/Q$。显然随着 M 大小的不同，平移的距离 h 也不同，如图 8-9 所示。

1）当合力 $\boldsymbol{Q}$ 恰好与全反力 $\boldsymbol{R}$ 共线时，如图 8-9a 所示，此时 $M=M_f$，轴做等速转动或静止不动。

2）当合力 $\boldsymbol{Q}'$平移距离 h 变大至 $\boldsymbol{R}$ 的右侧位置（在增大 M 时出现此种情况），如图 8-9b 所示，此时 $M>M_f$，轴做加速转动。

3）当合力 $\boldsymbol{Q}'$平移距离 h 变小至 $\boldsymbol{R}$ 的左侧位置（在减小 M 时出现此种情况），如图 8-9c 所示，此时 $M<M_f$，轴做减速转动或静止不动。

由此可以得出转动副的自锁条件：当外力的合力作用在转动副的摩擦圆内（$h<\rho$）时，轴自锁。

上述是在轴颈和轴承存在较大的间隙情况下进行摩擦分析的。但是实际上轴颈和轴承间的

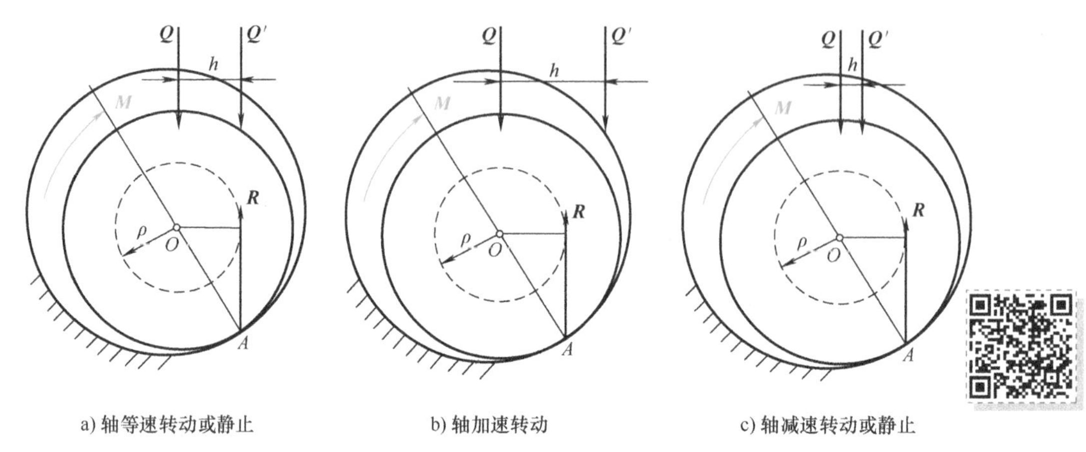

图 8-9　轴的运动状态分析

间隙及表面粗糙度与润滑等情况是随着不同机器及同一机器经过不同的工作时间而不同的。摩擦力矩仍可按式（8-11）和式（8-10）计算，只是其中摩擦系数 f 应做相应假设，其值由理论计算得出，或由查阅有关实用手册确定，或直接通过试验测定。

8.1.2　考虑运动副摩擦的机构力分析与摩擦的应用

掌握了对运动副中的摩擦进行分析的方法后，就可以考虑在有摩擦条件下，对机构进行力分析。下面通过几个例题加以说明。

例 8-2　在图 8-10 所示曲柄滑块机构中，已知各构件的尺寸，各转动副的半径及其相应的摩擦系数。在曲柄 AB 上作用有驱动力偶矩 $\boldsymbol{M}_1$，滑块上作用有工作阻力 $\boldsymbol{F}$。在不计各构件质量的情况下，确定机构在图示位置各运动副中全反力作用线的位置。

解：

1. 连杆 2 的受力分析

当不考虑摩擦时，曲柄与滑块分别作用于连杆的反力 $\boldsymbol{N}_{12}$ 和 $\boldsymbol{N}_{32}$ 应通过转动副中心，并沿着连杆 BC 方向。

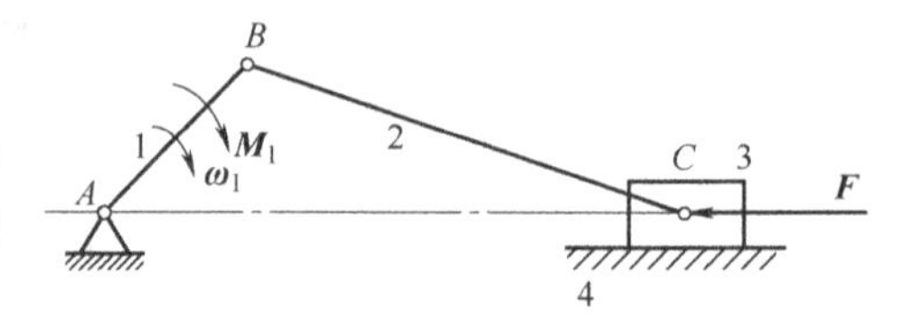

图 8-10　曲柄滑块机构的受力分析

当考虑摩擦时，确定全反力必须注意以下两点：

1）全反力必切于摩擦圆，且对转动副中心产生的摩擦力矩一定与相对转动方向相反。

2）连杆 2 仍为二力构件，因此全反力 $\boldsymbol{R}_{12}$ 和 $\boldsymbol{R}_{32}$ 共线。

为此，首先按给定条件确定摩擦圆半径 ρ，在转动副 B 和转动副 C 处画出摩擦圆，则全反力 $\boldsymbol{R}_{12}$ 和 $\boldsymbol{R}_{32}$ 一定是两摩擦圆的公切线，然后根据 $\boldsymbol{R}_{12}$ 和 $\boldsymbol{R}_{32}$ 的大致方向（同反力 $\boldsymbol{N}_{12}$ 和 $\boldsymbol{N}_{32}$ 只夹一个摩擦角 φ 大小）和相对转动角速度 $\boldsymbol{\omega}_{21}$ 和 $\boldsymbol{\omega}_{23}$ 方向确定 $\boldsymbol{R}_{12}$ 和 $\boldsymbol{R}_{32}$，如图 8-11a 所示位于两摩擦圆的内公切线上。

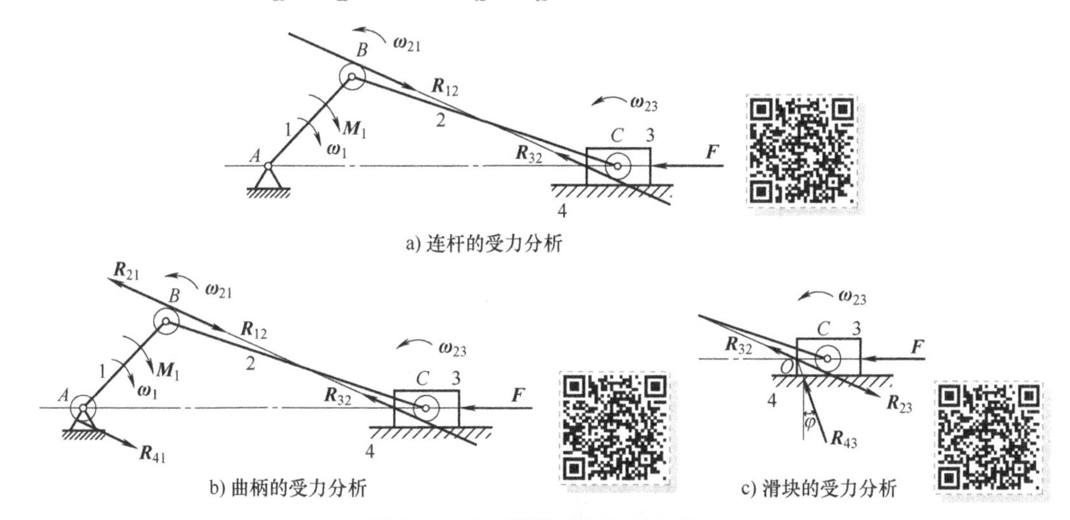

a) 连杆的受力分析

b) 曲柄的受力分析

c) 滑块的受力分析

图 8-11　曲柄滑块机构的受力分析

2. 曲柄 1 的受力分析

以曲柄 1 为研究对象，在转动副 A 和转动副 B 处作用有机架 4 和连杆 2 给予的全反力 $\boldsymbol{R}_{41}$ 和 $\boldsymbol{R}_{21}$。根据作用力与反作用力原理，即可确定 $\boldsymbol{R}_{21}$ 的位置和方向。曲柄 1 上只受有两个全反力 $\boldsymbol{R}_{21}$ 和 $\boldsymbol{R}_{41}$ 以及一个驱动力矩 $\boldsymbol{M}_1$，因此可知 $\boldsymbol{R}_{41}$ 一定与 $\boldsymbol{R}_{21}$ 平行且反向，从而组成一个阻转力矩，并同驱动力矩 $\boldsymbol{M}_1$ 平衡。为此，在转动副 A 处画出摩擦圆，根据 $\boldsymbol{R}_{41}$ 对中心 A 产生的摩擦力矩一定与曲柄相对机架的转动角速度 $\boldsymbol{\omega}_{14}$（与 $\boldsymbol{\omega}_1$ 大小相等）方向相反，从而确定 $\boldsymbol{R}_{41}$ 位于摩擦圆的下方，如图 8-11b 所示。

3. 滑块 3 的受力分析

滑块 3 受三个力作用，除工作阻力 $\boldsymbol{F}$ 外，还有连杆 2 给予的全反力 $\boldsymbol{R}_{23}$，同理 $\boldsymbol{R}_{23}$ 同 $\boldsymbol{R}_{32}$ 大小相等、方向相反。现确定移动副 C 中机架 4 给予滑块 3 的全反力 $\boldsymbol{R}_{43}$ 的方位及作用点位置。根据滑块 3 向右移动的相对速度方向，$\boldsymbol{R}_{43}$ 应由法线方向逆时针偏转一摩擦角，其作用点位置应根据三力平衡的原则，即三力平衡汇交于一点的原则确定。先由 $\boldsymbol{F}$ 和 $\boldsymbol{R}_{23}$ 的作用线确定汇交点 O，然后由汇交点 O 作出 $\boldsymbol{R}_{23}$ 的方位线，从而确定 $\boldsymbol{R}_{23}$ 的作用点位置，如图 8-11c 所示。

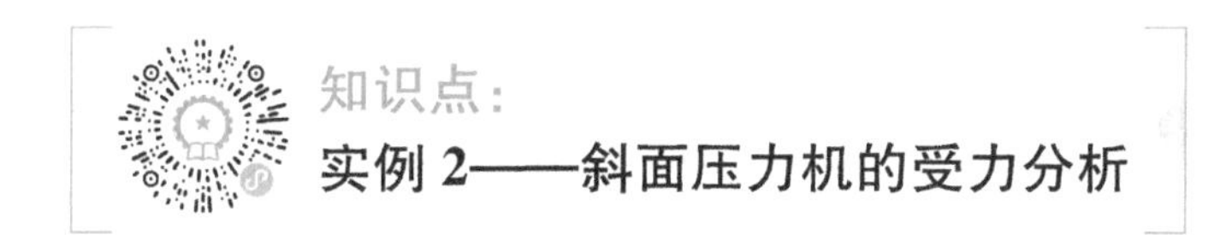

例 8-3　图 8-12a、b 所示为两台同类型的斜面压力机，当在滑块 1 上施加向左的推动力 $\boldsymbol{F}$

时，滑块 2 上升并将物件 4 压紧，由此产生压紧力 $\boldsymbol{Q}$；当物件 4 被压紧达到要求后，撤去 $\boldsymbol{F}$ 力，该机构应该具有自锁性，试分析两台压力机是否满足工作要求。

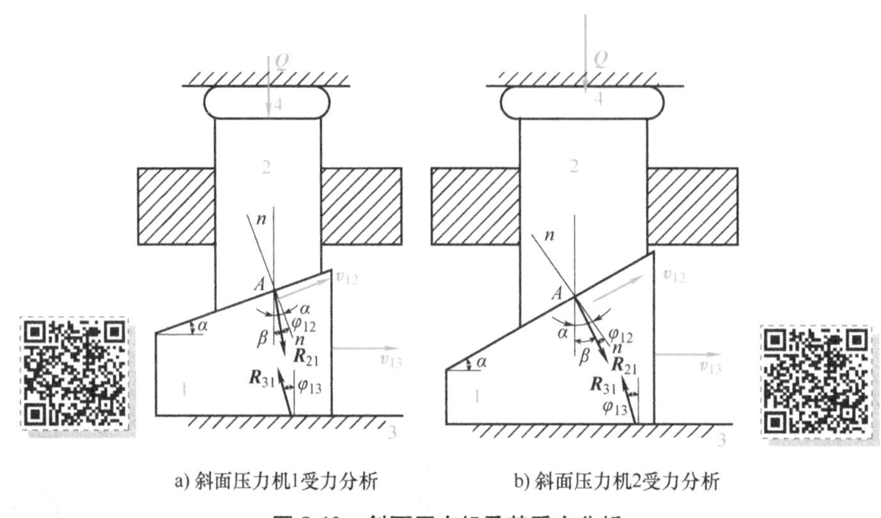

a) 斜面压力机1受力分析　　b) 斜面压力机2受力分析

图 8-12　斜面压力机及其受力分析

解：

机构是否自锁的关键在于物件被压紧后，滑块 1 是否会向右移动，而这取决于滑块 1 所受滑块 2 给予的推动力是否能克服滑块 1 在底面机架给予的摩擦力。若滑块 1 所受的推动力作用线位于滑块 1 底面的摩擦角内时，滑块 1 就能自锁，从而得到压力机的自锁条件。为此作出滑块 1 和滑块 2 接触面间的受力图，如图 8-12a、b 所示。

假设两接触面间的作用点为 A，摩擦角为 φ_{12}（可由摩擦系数 f_{12} 得到）。过 A 点作两接触面的法线 nn，而法线与铅垂线的夹角即为斜面倾角 α，此时滑块 2 给予滑块 1 的全反力 $\boldsymbol{R}_{21}$ 就是推动滑块向右运动的推动力。因为滑块 2 给予滑块 1 的摩擦力 $\boldsymbol{F}_{21}$ 应同滑块 1 相对滑块 2 的滑动速度（或趋势）$\boldsymbol{v}_{12}$ 的方向相反，所以，全反力 $\boldsymbol{R}_{21}$ 应自法线方向顺时针偏转一个摩擦角 φ_{12}。根据滑块 1 有向右滑动的趋势，故机架给予滑块 1 的全反力 $\boldsymbol{R}_{31}$ 应自法线方向向左偏转一个摩擦角 φ_{13}。

从图 8-12a 上可判断出，为使 $\boldsymbol{R}_{21}$ 作用于摩擦角 φ_{13} 内，应满足

$$\alpha-\varphi_{12}=\beta\leqslant\varphi_{13}$$

即

$$\alpha\leqslant\varphi_{12}+\varphi_{13}$$

这就是斜面压力机的自锁条件。

图 8-12a 所示的斜面压力机中，由于 α 较小，$\boldsymbol{R}_{21}$ 作用在摩擦角 φ_{13} 之内，满足上述自锁条件，故压力机具有自锁性。

图 8-12b 所示的斜面压力机中，由于 α 较大，$\boldsymbol{R}_{21}$ 作用在摩擦角 φ_{13} 之外，不满足上述自锁条件，故压力机没有自锁性。

例 8-4　图 8-13a 所示为偏心夹具，其工作原理：当偏心轮手柄上加驱动力后，偏心轮绕偏心轴逆时针方向转动，从而偏心轮压紧工件。同样要求压紧工件后，撤去偏心轮手柄上的驱动力，被压紧的工件不能松掉。

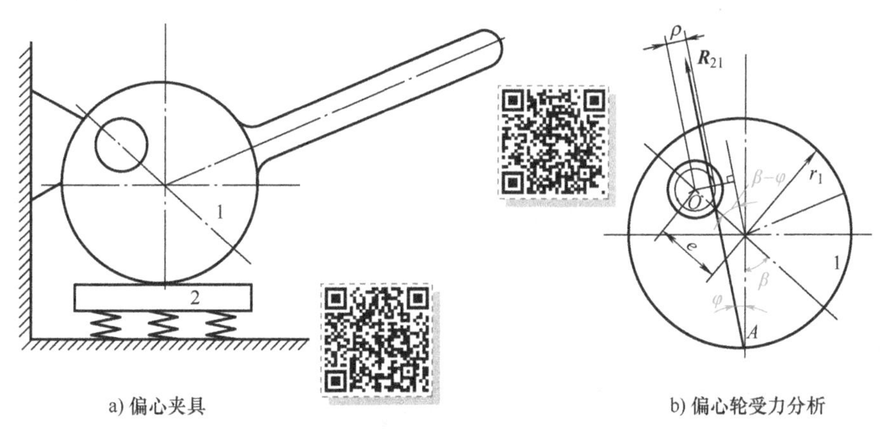

a) 偏心夹具　　b) 偏心轮受力分析

图 8-13　偏心夹具及自锁性分析

1—偏心轮　2—工件

解：

分析偏心夹具具有自锁性应满足的条件。是否自锁的关键在于工件被压紧后，工件的反力是否会使偏心轮逆时针转动。如果压紧力作用在转轴的摩擦圆内，则夹具具有自锁性，否则就没有自锁性。为此，根据轴颈半径 r_0 及摩擦系数 f 计算出摩擦圆半径 ρ，并画出摩擦圆，如图 8-13b 所示。

判断工件 2 给予偏心轮的压紧力（反力）$\boldsymbol{R}_{21}$ 作用线方位。若不计工件与偏心轮间的摩擦，则压紧力位于过接触点 A 的法线方向；若考虑摩擦，则压紧力即为全反力 $\boldsymbol{R}_{21}$ 自法线方向偏转一个摩擦角 φ。

在压紧力作用下，偏心轮有逆时针转动的趋势，因此在接触点 A 处偏心轮相对工件的滑动速度方向向右，此时工件 2 给予偏心轮 1 的摩擦力的方向向左，故全反力 $\boldsymbol{R}_{21}$ 自法线方向是向左偏转一个摩擦角 φ。由图 8-13b 可看出，压紧力 $\boldsymbol{R}_{21}$ 的作用线位于转动副中的摩擦圆内，因此偏心轮 1 不能逆时针方向转动，夹具具有自锁性。

根据上述偏心轮夹具能否自锁的原因，可推导出自锁的几何条件。如图 8-13b 所示，设偏心轮半径为 r_1，转轴中心 O 的偏心距为 e，转轴方位角为 β。

由图 8-13b 中几何关系可得压紧力 $\boldsymbol{R}_{21}$ 的作用线位于摩擦圆内的几何条件为

$$e\sin(\beta-\varphi)-r_1\sin\varphi\leqslant\rho$$

由此可得

$$\beta \leqslant \arcsin\left(\frac{r_1 \sin\varphi + \rho}{e}\right) + \varphi$$

综上所述，设计具有自锁性的偏心夹具，关键是合理地确定转轴中心 O 在偏心轮上的相对位置，也即 e 和 β 的选择。

8.2 机械效率与自锁

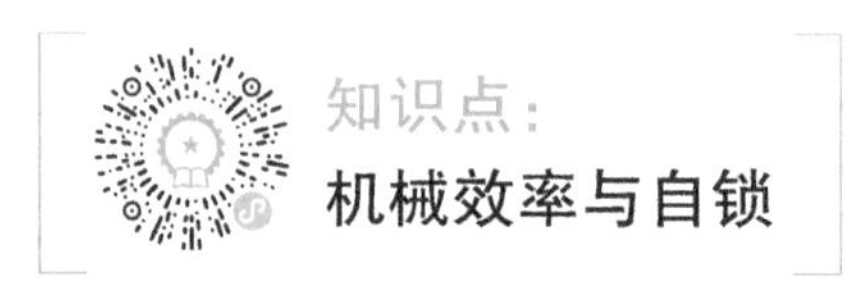

8.2.1 机械效率的功率表达形式和力表达形式

所有作用在机械上做功的力分为驱动力、工作阻力和有害阻力三种。通常把驱动力所做的功称为输入功，用 W_d 表示，克服工作阻力所做的功称为输出功，用 W_r 表示，而克服有害阻力所做的功称为损耗功，用 W_f 表示。

机械在稳定运转时，一个运动循环内，显然有

$$W_d = W_r + W_f$$

输出功 W_r 与输入功 W_d 的比值称为机械效率。它表示机械对能量的有效利用程度，通常用 η 表示机械效率。

1. 机械效率的功率表达形式

根据机械效率的定义

$$\eta = \frac{W_r}{W_d} = 1 - \frac{W_f}{W_d} \tag{8-12}$$

将式（8-12）除以做功的时间，则得

$$\eta = \frac{P_r}{P_d} = 1 - \frac{P_f}{P_d} \tag{8-13}$$

式中，P_d、P_r、P_f 分别为输入功率、输出功率和损耗功率。

对于连续、长期工作的机械，常采用机械效率的表达形式来评价其能量有效利用的程度。此时机械效率是一个总体的、平均的概念。

2. 机械效率的力（或力矩）表达形式

在匀速运转或忽略动能变化的条件下，也可用驱动力和工作阻力或力矩的比值来表示机械

效率。

在图 8-14 所示的匀速运转起重机减速器示意图中，设 $\boldsymbol{F}$ 为实际驱动力，$\boldsymbol{Q}$ 为相应的实际工作阻力。而 $\boldsymbol{v}_F$ 和 $\boldsymbol{v}_Q$ 分别为 $\boldsymbol{F}$ 和 $\boldsymbol{Q}$ 的作用点沿力作用线方向的速度。

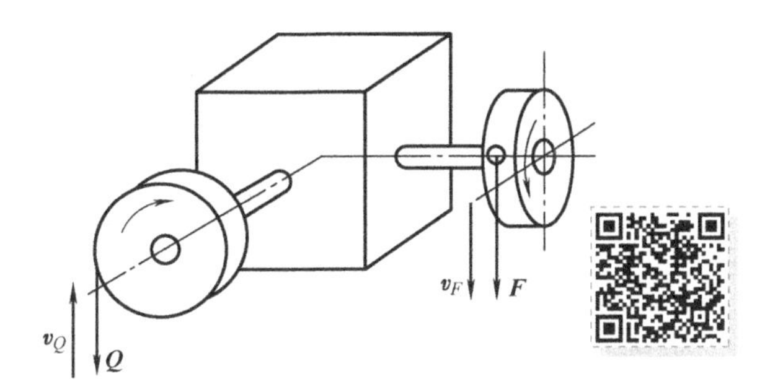

图 8-14　起重机减速器示意图

根据式（8-13）可得

$$\eta=\frac{P_{\mathrm{r}}}{P_{\mathrm{d}}}=\frac{Qv_Q}{Fv_F} \tag{8-14}$$

现设想该装置不存在摩擦等有害阻力做功的损耗，称为理想机械。这时克服同样的工作阻力 $\boldsymbol{Q}$ 所需的驱动力为 $\boldsymbol{F}_0$，称为理想驱动力（显然 $F_0<F$）。此时对于理想机械来说，其效率 $\eta_0=1$，故根据式（8-14）有

$$\eta_0=\frac{Qv_Q}{F_0v_F}=1$$

由此得 $Qv_Q=F_0v_F$，将其代入式（8-14）可得

$$\eta=\frac{F_0}{F} \tag{8-15}$$

式（8-15）说明，机械效率也等于不计摩擦时，克服工作阻力所需的理想驱动力 $\boldsymbol{F}_0$ 与克服同样工作阻力（连同克服摩擦阻力）时该机械实际所需驱动力 $\boldsymbol{F}$ 之比值。

同理，如果用 $\boldsymbol{M}_0$ 表示理想驱动力矩，$\boldsymbol{M}$ 表示实际驱动力矩，此时机械效率

$$\eta=\frac{M_0}{M} \tag{8-16}$$

用类似的推理方法，设同一个驱动力 F 所能克服的理想机械的工作阻力为 $\boldsymbol{Q}_0$，实际机械的工作阻力为 $\boldsymbol{Q}$（显然 $Q_0>Q$），则机械效率

$$\eta=\frac{Q}{Q_0} \tag{8-17}$$

对于做变速运动的机械，在忽略动能变化的情况下，若用式（8-15）~式（8-17）计算机械效率，所得结果应为机械的瞬时机械效率。在一个运动循环内，不同时刻的瞬时机械效率是不同的。用力或力矩之比来表达的瞬时机械效率，通常在对机构或机构系统进行效率分析时较为方便。

8.2.2　机械系统的机械效率

对于由许多机构或机器组成的机械系统的机械效率及其计算，常用下面的方法来估算。因

为各种机械系统都是由常用机构组合而成的，而这些常用机构的机械效率已经通过实践积累了资料（见表 8-1）。根据这些机构的机械效率，可以通过计算确定机械系统的机械效率。机械系统一般按串联、并联和混联三种方式组合，故其机械效率也相应有三种计算方法。

表 8-1　简单传动机械和运动副的机械效率

名称	传动形式	机械效率	备注
圆柱齿轮传动	6~7 级精度齿轮传动	0.98~0.99	良好磨合、稀油润滑
	8 级精度齿轮传动	0.97	稀油润滑
	9 级精度齿轮传动	0.96	稀油润滑
	切制齿开式齿轮传动	0.94~0.96	干油润滑
	铸造齿开式齿轮传动	0.90~0.93	
锥齿轮传动	6~7 级精度齿轮传动	0.97~0.99	良好磨合、稀油润滑
	8 级精度齿轮传动	0.94~0.97	稀油润滑
	切制齿开式齿轮传动	0.92~0.95	干油润滑
	铸造齿开式齿轮传动	0.88~0.92	
蜗杆传动	自锁蜗杆	0.40~0.45	润滑良好
	单头蜗杆	0.70~0.75	
	双头蜗杆	0.75~0.82	
	三头和四头蜗杆	0.80~0.92	
	圆弧面蜗杆	0.85~0.95	
带传动	平带传动	0.90~0.98	
	V 带传动	0.94~0.96	
	同步带传动	0.98~0.99	
链传动	套筒滚子链	0.96	润滑良好
	无声链	0.97	
摩擦轮传动	平摩擦轮传动	0.85~0.92	
	槽摩擦轮传动	0.88~0.90	
滑动轴承		0.94	润滑不良
		0.97	润滑正常
		0.99	液体润滑
滚动轴承	球轴承	0.99	稀油润滑
	滚子轴承	0.98	稀油润滑
螺旋传动	滑动螺旋	0.30~0.80	
	滚动螺旋	0.85~0.95	

1. 串联

图 8-15 所示为 k 台机器组成的串联机械系统。

设系统输入功率为 P_d，输出功率为 P_r，各机械的机械效率分别为 η_1、η_2、…、η_k。这种串

联系统传递的特点是前一台机器的输出功率为后一台机器的输入功率，因此，串联系统的机械效率

$$\eta=\frac{P_r}{P_d}=\frac{P_1}{P_d}\frac{P_2}{P_1}\cdots\frac{P_k}{P_{k-1}}=\eta_1\eta_2\cdots\eta_k \tag{8-18}$$

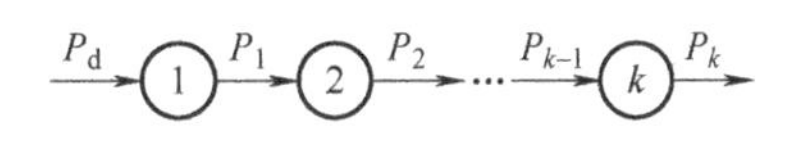

图 8-15　串联机械系统

即串联系统的总机械效率等于组成该系统的各个机器的机械效率的连乘积。可以看出，串联系统中任一台机器的机械效率很低，就会使得整个系统的效率极低；且串联机器数量越多，机械效率越低。

2. 并联

图 8-16 所示为 k 台机器组成的并联机械系统。

设各个机器的输入功率分别为 P_1、P_2、…、P_k，输出功率分别为 $P_{1'}$、$P_{2'}$、…、$P_{k'}$。由于总输入功率

$$P_d=P_1+P_2+\cdots+P_k$$

总输出功率

$$P_r=P_{1'}+P_{2'}+\cdots+P_{k'}=P_1\eta_1+P_2\eta_2+\cdots+P_k\eta_k$$

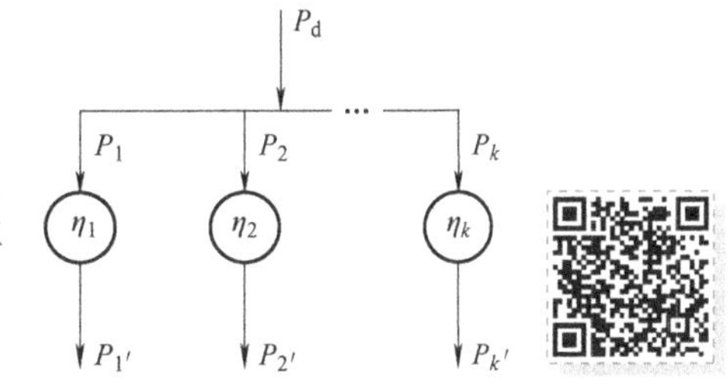

图 8-16　并联机械系统

因此，总机械效率 η

$$\eta=\frac{P_r}{P_d}=\frac{P_1\eta_1+P_2\eta_2+\cdots+P_k\eta_k}{P_1+P_2+\cdots+P_k} \tag{8-19}$$

式（8-19）表明，并联系统的总机械效率 η 不仅与各台机器的机械效率有关，而且也与各台机器所传递的功率有关。设在各机器中机械效率的最大值和最小值分别为 η_{max} 及 η_{min}，则 $\eta_{max}>\eta>\eta_{min}$。

若各台机器的输入功率相等，即 $P_d=P_1=P_2=\cdots=P_k$，那么

$$\eta=\frac{P_1\eta_1+P_2\eta_2+\cdots+P_k\eta_k}{P_1+P_2+\cdots+P_k}=\frac{(\eta_1+\eta_2+\cdots+\eta_k)P_1}{kP_1}=\frac{\eta_1+\eta_2+\cdots+\eta_k}{k} \tag{8-20}$$

式（8-20）表明，当并联系统中各台机器的输入功率相等时，总机械效率等于各台机器机械效率的平均值。

若各台机器的机械效率相等，即 $\eta_1=\eta_2=\cdots=\eta_k$，那么

$$\eta=\frac{P_1\eta_1+P_2\eta_2+\cdots+P_k\eta_k}{P_1+P_2+\cdots+P_k}=\frac{\eta_1(P_1+P_2+\cdots+P_k)}{P_1+P_2+\cdots+P_k}=\eta_1(=\eta_2=\cdots=\eta_k) \tag{8-21}$$

式（8-21）表明，并联系统中各台机器的机械效率相等时，总机械效率等于任一台机器的机械效率。

3. 混联

图 8-17 所示为兼有串联和并联的混联机械系统，其总机械效率的求法按具体组合方式而定。

可先将输入功率和输出功率的路线弄清，然后分别按各部分的连接方式，参照式（8-18）和式（8-19）的总机械效率计算方法。若系统

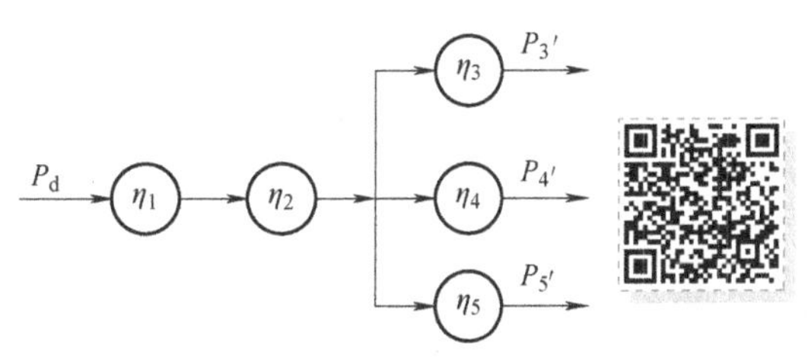

图 8-17　混联机械系统

串联部分的机械效率为 η'，并联部分的机械效率为 η''，如图 8-17 所示，则系统的总机械效率

$$\eta=\eta'\eta'' \tag{8-22}$$

8.2.3 机械效率与自锁的关系

下面从机械效率的角度来研究机械或机构的自锁问题。由式（8-12）可得出以下几个重要结论：

1）在实际机械中，因为 $W_f\neq 0$，所以 $\eta<1$。

2）如果 $W_f=W_d$，则 $\eta=0$，说明驱动力所做的功完全被无用地消耗掉了。若机械原来正在运动，则仍能维持其运动状态；若机械原来是静止的，则无论驱动力有多大（仍保持 $W_f=W_d$），机械都不能运动，即发生自锁。

3）如果 $W_f>W_d$，则 $\eta<0$，说明此时驱动力所做的功尚不足克服有害阻力做的损耗功。若机械原来正在运动，则必将减速直至停止不动；若机械原来是静止的，则仍静止不动，也即发生自锁。

由上所述，从机械效率的角度可得机械发生自锁的条件：

$$\eta\leqslant 0$$

需要说明的是，$\eta\leqslant 0$ 是一种计算机械效率，已不是原来含义的机械效率。实际上 η 不会为负值，因为在计算时，都假设机械做等速运动，则各运动副中摩擦力都达到最大值（$F_f=fN$，$M=R\rho$），在此条件下计算出 $\eta<0$。实际上机械自锁不能运动，此时摩擦力并未达到最大值。

通常每个机械都有正、反两个行程。

正行程：驱动力作用在主动件上，运动从主动件传递至从动件并克服其上的工作阻力。

反行程：工作阻力作用在从动件上，在某种条件下（例如驱动力减小）欲使运动向相反方向传递。

8.3 斜面传动和螺旋传动的机械效率

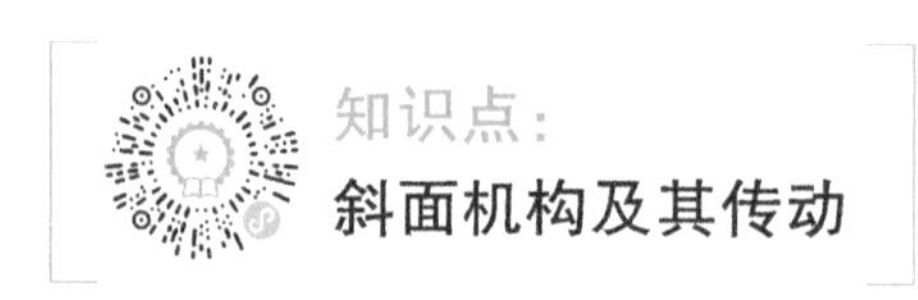

8.3.1 斜面传动的机械效率与自锁

如图 8-18a 所示，滑块 1 位于具有倾角 λ 的斜面上，已知滑块与斜面间的摩擦系数 f 及滑块 1 上的铅垂载荷 $\boldsymbol{Q}$（包含滑块自重），现分析滑块在外力作用下等速沿斜面上升或下降时的机械效率及自锁问题。

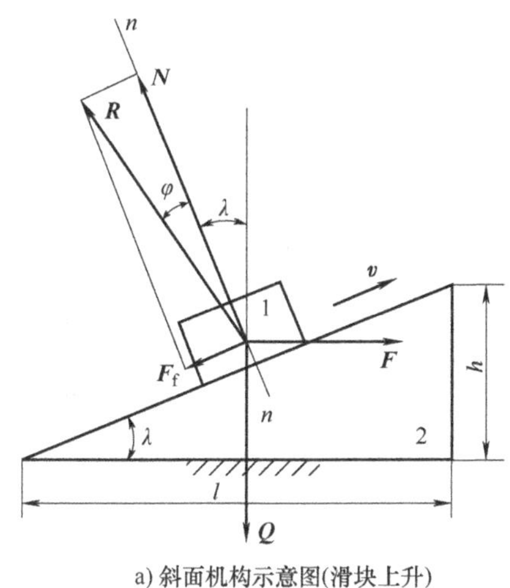

a) 斜面机构示意图(滑块上升)

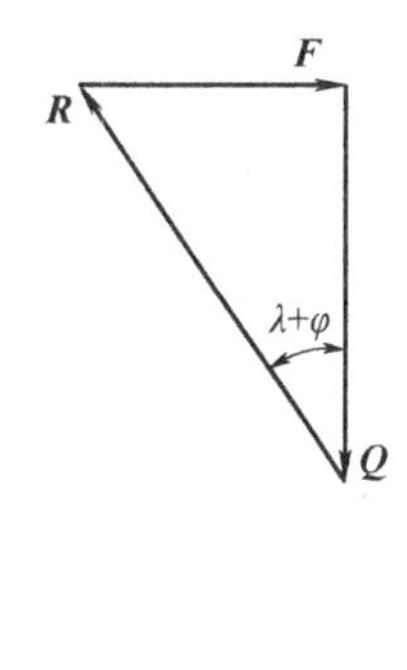

b) 滑块的力平衡三角形

图 8-18　斜面传动（一）

1. 滑块等速上升

滑块在水平驱动力 $\boldsymbol{F}$ 作用下，克服载荷 $\boldsymbol{Q}$ 沿斜面等速上升，如图 8-18a 所示。滑块 1 除受到水平驱动力 $\boldsymbol{F}$ 和铅垂载荷 $\boldsymbol{Q}$ 作用外，还受到斜面给它的全反力 $\boldsymbol{R}$ 的作用。滑块 1 受力平衡，即满足平衡方程

$$\boldsymbol{F}+\boldsymbol{Q}+\boldsymbol{R}=0 \tag{8-23}$$

其对应的力封闭三角形如图 8-18b 所示，由此可得所需驱动力 $\boldsymbol{F}$ 的大小为

$$F=Q\tan(\lambda+\varphi) \tag{8-24}$$

如果滑块与斜面间无摩擦（即为理想机械），即 $\varphi=0$，可得理想的水平驱动力 $\boldsymbol{F}_0$ 为

$$\boldsymbol{F}_0=\boldsymbol{Q}\tan\lambda$$

由此按式（8-15）可得滑块等速上升时斜面的机械效率

$$\eta=\frac{F_0}{F}=\frac{\tan\lambda}{\tan(\lambda+\varphi)} \tag{8-25}$$

2. 滑块等速下降

如图 8-19a 所示，滑块在载荷 $\boldsymbol{Q}$ 的作用下沿斜面下滑，此时载荷 $\boldsymbol{Q}$ 为驱动力。滑块 1 在下滑过程中，受到来自斜面的全反力 $\boldsymbol{R}'$ 的作用。为使滑块沿斜面等速下滑，还必须给滑块 1 加上一个水平工作阻力 $\boldsymbol{F}'$。滑块 1 受力平衡，即满足平衡方程

$$\boldsymbol{Q}+\boldsymbol{F}'+\boldsymbol{R}'=0 \tag{8-26}$$

其对应的力封闭三角形如图 8-19b 所示，由此可得所需工作阻力 $\boldsymbol{F}'$ 的大小为

$$F'=Q\tan(\lambda-\varphi) \tag{8-27}$$

同理，如果滑块与斜面间无摩擦（为理想机械），即 $\varphi=0$，可得理想的工作阻力 $\boldsymbol{F}_0'$ 的大小为

$$F_0'=Q\tan\lambda$$

由此按式（8-17）可得滑块等速下滑时斜面的机械效率

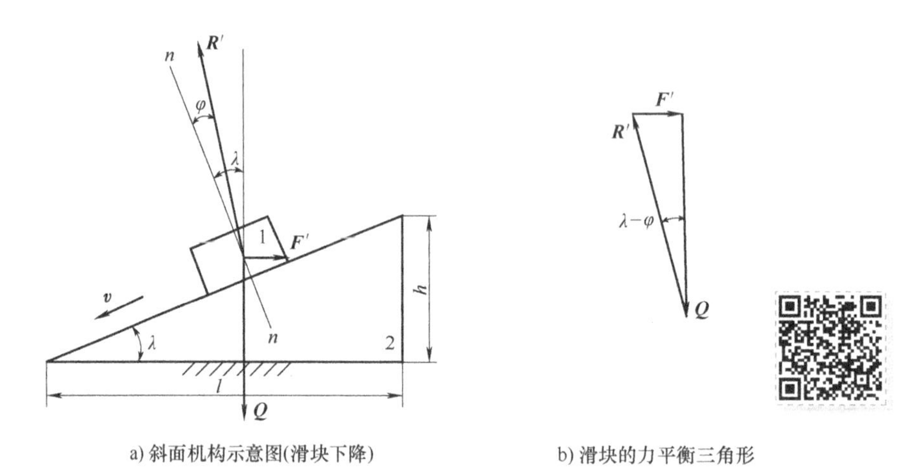

a) 斜面机构示意图(滑块下降)　　b) 滑块的力平衡三角形

图 8-19　斜面传动（二）

$$\eta'=\frac{F'}{F'_0}=\frac{\tan(\lambda-\varphi)}{\tan\lambda} \tag{8-28}$$

斜面传动在应用时，通常滑块上升为正行程，滑块下降为反行程。由式（8-25）和式（8-28）可以看出，正、反行程的机械效率不等。若要求反行程自锁，即滑块 1 在 $\boldsymbol{Q}$ 力作用下，无论 $\boldsymbol{Q}$ 力多大，滑块都不能下滑，必须使 $\eta'\leqslant 0$。由式（8-28）可得，斜面机构的自锁条件为

$$\lambda\leqslant\varphi$$

8.3.2　螺旋传动的机械效率与自锁

螺旋机构是机械设备中常用的机构之一，它通过螺旋副（螺纹牙）间的力作用，将转动变为直线移动。

螺纹牙的剖面形状有多种，但从研究其摩擦的角度去看，它们可分为矩形和三角形两种，如图 8-20 所示。通常矩形螺纹（图 8-20a）用于机构传动，三角形螺纹（图 8-20b）用于螺纹连接。前者要求有一定的传动效率，后者要求连接可靠，自锁性好。

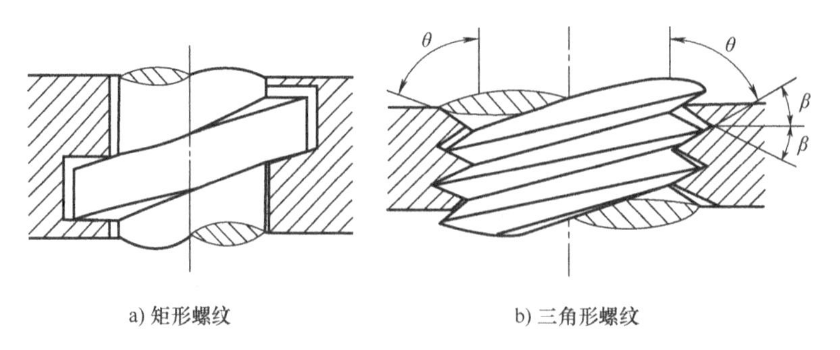

a) 矩形螺纹　　b) 三角形螺纹

图 8-20　螺旋传动机构

本小节着重研究矩形螺纹的传动效率及自锁问题。

图 8-21 所示为一起重装置的矩形螺旋传动。与机架相连的螺母 1 固定不动，通过手柄 3 转动螺杆 2，使螺杆 2 既转动又移动，然后顶起托盘 4 中的重物。

螺旋副为空间运动副，组成螺旋副的两构件接触表面为空间螺旋面。要确定接触面间真实的压力分布规律是十分困难的。因此，工程实际中常采用简化方法，将螺旋副中的空间受力问题简化为平面受力问题来研究。

将起重装置中的矩形螺纹牙单独取出，如图 8-22a 所示。现做以下近似假设：

1）螺纹牙间的压力均匀分布，其合力是沿着螺旋面的平均直径 d 的圆柱面内作用的，也即合力作用在直径为 d 的螺旋线上。

2）忽略不同直径圆柱面上螺旋升角的差异，并认为均等于平均直径圆柱面上的螺旋升角 λ。

3）在一般情况下，摩擦与接触面的大小无关。

根据假设 1）和 2）可将螺母的空间螺旋面展成倾角为 λ 的斜平面；根据假设 3）可将螺杆牙简化为一滑块，如图 8-22b 所示。

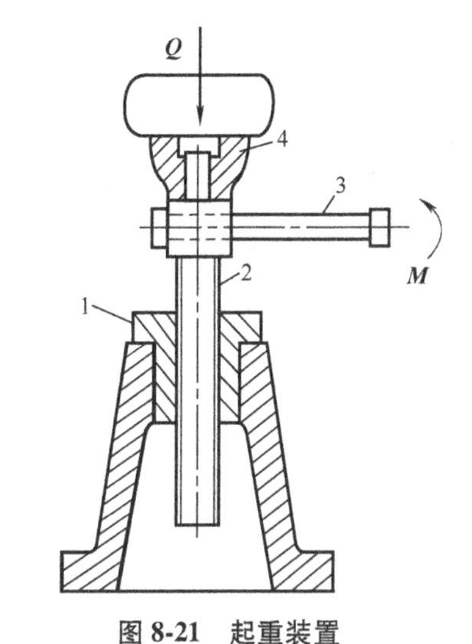

图 8-21　起重装置

1—螺母　2—螺杆　3—手柄　4—托盘

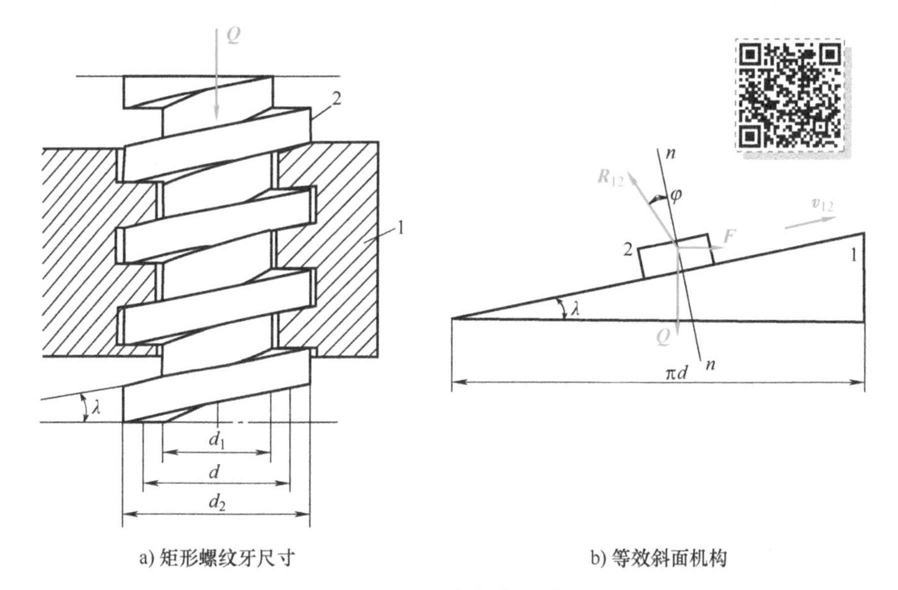

a) 矩形螺纹牙尺寸　　b) 等效斜面机构

图 8-22　矩形螺纹传动及受力分析

1—螺母　2—螺杆

经过如此处理，上述螺旋传动就简化成受有铅垂载荷 $\boldsymbol{Q}$ 的滑块，在驱动力 $\boldsymbol{F}$ 的作用下沿着斜平面等速上升，也即转换成斜面机构传动了。

对用于起重装置的螺旋传动，顶起重物是其正行程，相当于滑块沿斜平面等速上升，此时螺旋传动的机械效率计算公式同式（8-25）。

如果只有反向转动螺杆，才能使顶起的重物下降，否则重物不会自行下落，那么，说明该起重装置的反行程具有自锁性，其自锁条件也为 $\lambda \leqslant \varphi$。

对于三角形螺纹的螺旋传动，同样可以按上述简化原理，转换成滑块沿斜面运动的摩擦问题。但应注意三角形螺纹与矩形螺纹牙间接触力方向有所不同，如图 8-23 所示。

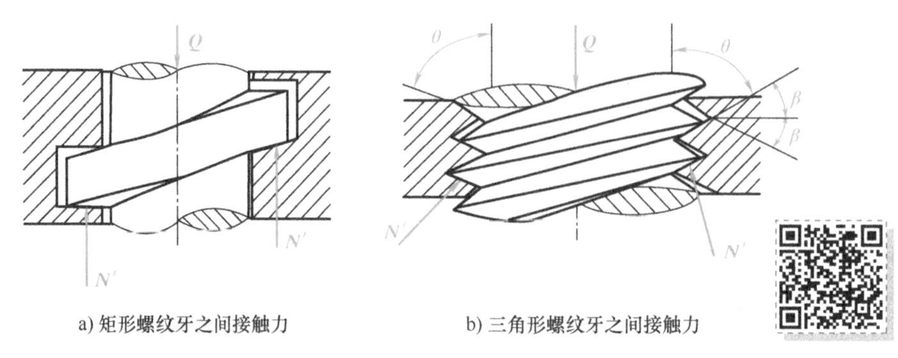

a) 矩形螺纹牙之间接触力　　b) 三角形螺纹牙之间接触力

图 8-23　螺纹传动中螺纹牙的接触力

由图 8-23b 可以看出，在过轴线的剖面内，三角形螺纹牙间正反力方向同轴线成 β 角度（β 称为牙型角）。因此，展开后的斜面不是平面，而是斜槽面，如图 8-24 所示。

这类似于在讨论移动副摩擦时，引入当量摩擦系数 f_v，将槽面摩擦简化成平面摩擦一样。故式（8-25）和式（8-28）等仍可应用，只需将其中的 φ 代以当量摩擦角 φ_v，即可得三角形螺纹螺旋传动的机械效率公式为

$$\eta=\frac{F_0}{F}=\frac{\tan\lambda}{\tan(\lambda+\varphi_v)} \tag{8-29}$$

$$\eta'=\frac{F'}{F_0'}=\frac{\tan(\lambda-\varphi_v)}{\tan\lambda} \tag{8-30}$$

式中，$\varphi_v=\arctan f_v$，$f_v=f/\cos\beta$。

因为当量摩擦系数 f_v 总是大于接触面间的两材料的实际摩擦系数 f，所以三角形螺纹的螺旋传动摩擦大、机械效率低且容易发生自锁。这就是三角形螺纹常应用于连接，而矩形螺纹常用于传动的原因。

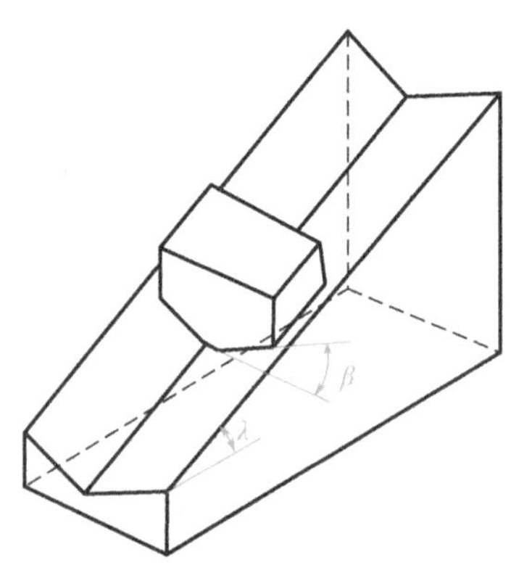

图 8-24　斜槽面传动机构

思考题与习题

8-1　如何确定移动副中全反力 $\boldsymbol{R}$ 的方向？

8-2　什么是移动副槽形滑块的当量摩擦系数和当量摩擦角？为何要引出这两个概念？

8-3　何谓自锁？组成移动副的滑块在什么条件下自锁？滑块处于自锁状态时，其受力是否平衡？

8-4　什么是转动副的摩擦圆？其大小如何确定？如何确定转动副中全反力 $\boldsymbol{R}$ 作用线的位置？

8-5　当轴颈以相同的转速按等速、加速或减速转动时，其上作用的摩擦力矩是否一样？为什么？

8-6　从受力的观点来看，转动副中出现自锁的条件是什么？

8-7　机械效率有几种表达形式？各有什么特点？

8-8　何谓实际机械和理想机械？两者有何区别？

8-9　通过对串联和并联机械系统的机械效率计算，对设计机械传动系统有何启示？

8-10　机械效率小于零的物理意义是什么？此时机械会产生何种现象？

8-11　机械的正行程和反行程有何区别？正、反行程的机械效率是否相等？自锁机械是否就是不能运动的机械？

8-12　为何能将螺旋传动的机械效率计算简化成斜面传动的机械效率计算？做了哪些近似假设？

8-13　矩形螺纹和三角形螺纹的螺旋传动在机械效率计算方面有何异同点？为何矩形螺纹常用于传动而三角形螺纹常用于连接？

8-14　在图 8-25 所示的夹紧装置中，已知载荷 $Q=5000\text{N}$，$G=500\text{N}$，$\alpha=30°$。试求当构件 2 向右等速移动，而构件 1 处于平衡状态时，该两移动副的摩擦系数 f（两移动副接触面的材料相同）及驱动力 $\boldsymbol{F}$ 的大小。

8-15　图 8-26 所示为焊接用的楔形夹具，利用此夹具将两块待焊接的工件 1 和 1′预先夹紧。图中 2 为夹具本体，3 为楔体。若已知各接触面间的摩擦系数均为 f。试确定此夹具的自锁条件（即当工件被压紧后，楔块 3 不会自动松脱的条件）。

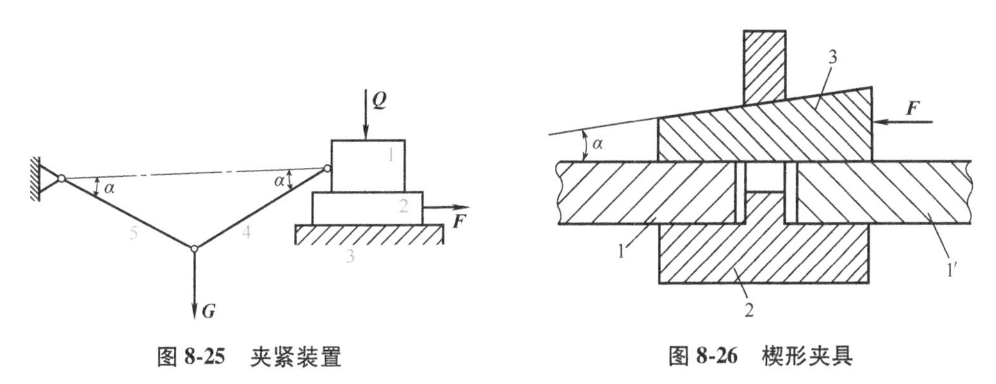

图 8-25　夹紧装置　　图 8-26　楔形夹具

8-16　图 8-27 所示为在轴承中等速转动的轴颈，$\boldsymbol{M}$ 为作用在轴上的驱动力偶矩，$\boldsymbol{Q}$ 为轴上的径向载荷，虚线圆为摩擦圆。试确定全反力 $\boldsymbol{R}$ 的作用位置。

8-17　在图 8-28 所示的曲柄滑块机构中，已知各构件尺寸。曲柄 1 为主动件，且作用有驱动力偶矩 $\boldsymbol{M}_1$，滑块上作用有工作阻力 $\boldsymbol{F}$。在转动副 A、转动副 B 和转动副 C 处画有较大的虚线圆为摩擦圆。试在图 8-28 上画出机构在图示位置曲柄 1 和连杆 2 的受力图。

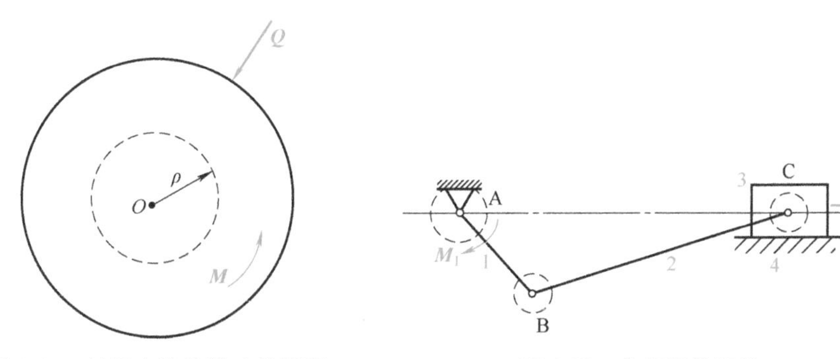

图 8-27　轴承中等速转动的轴颈　　图 8-28　曲柄滑块机构

8-18 在图 8-29 所示的摆动从动件凸轮机构中，已知工作阻力 $\boldsymbol{Q}$ 作用在 BC 杆中点，转动副 A 和转动副 C 处较大的圆为摩擦圆，高副 B 处的摩擦角 φ 大小如图左上角所示。试在题图上画出（并用规定符号标出）各运动副处的全反力作用线位置及方向，并写出确定驱动力矩 $\boldsymbol{M}_1$ 大小的表达式。

8-19 图 8-30 所示为旋转轴，水平轴以 $n=600\mathrm{r/min}$ 回转，其上作用有径向载荷 $Q=3000\mathrm{N}$，轴颈直径 $d=60\mathrm{mm}$，它与轴承间的摩擦系数 $f=0.08$。试确定轴承中由于摩擦所损耗的功率 P_f；又设 $\boldsymbol{Q}$ 作用在 A、B 轴承中间，如图中虚线所示，则 P_f 为多少？

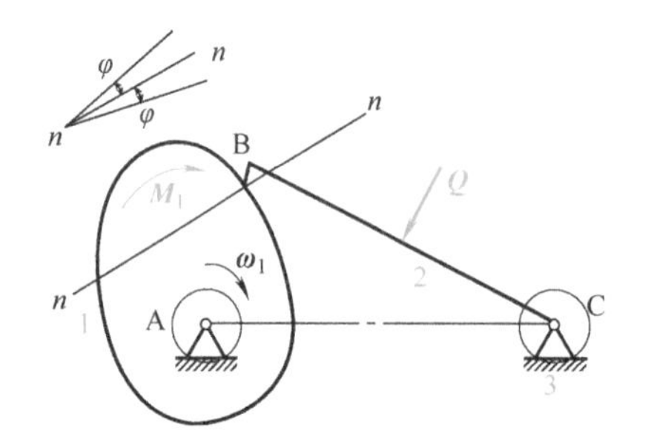

图 8-29 摆动从动件凸轮机构

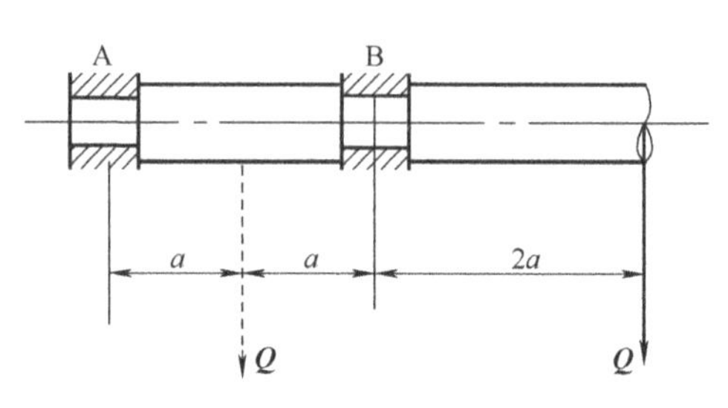

图 8-30 旋转轴

8-20 图 8-31 所示为螺旋起重装置。若手柄长 $l=200\mathrm{mm}$，矩形螺纹外径 $d_2=30\mathrm{mm}$，内径 $d_1=24\mathrm{mm}$，螺距 $P=4\mathrm{mm}$，单线螺纹，螺纹牙间的摩擦系数 $f=0.1$。若在手柄处加驱动力 $R=5\mathrm{N}$，能顶起重物的重量 $\boldsymbol{Q}$ 为多大？并计算该起重装置的效率，判断能否自锁。

8-21 图 8-32 所示为斜槽斜面机构，滑块 2 在斜槽面中滑动。已知滑块重 $Q=100\mathrm{N}$，平面摩擦系数 $f=0.12$，槽面角 $\theta=30°$，斜面倾角 $\lambda=30°$。试求滑块上升时驱动力 $\boldsymbol{F}$（平行于斜面）的大小以及该斜面机构的机械效率 η。

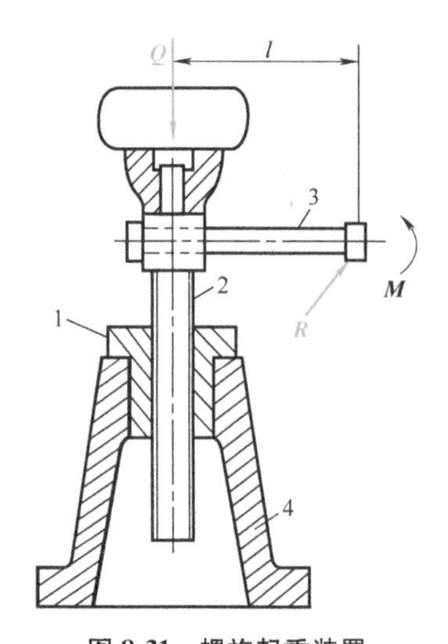

图 8-31 螺旋起重装置

1—螺母 2—螺杆 3—手柄 4—机架

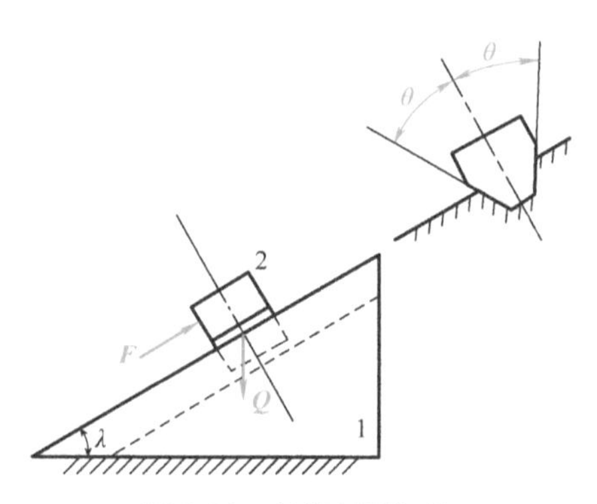

图 8-32 斜槽斜面机构

8-22 在图 8-33 所示的电动卷扬机中，已知每对齿轮的机械效率 η_{12} 和 $\eta_{2'3}$ 以及鼓轮的机械效率 η_4 均为 0.95，滑轮的机械效率 $\eta_5=0.96$，载荷 $Q=50\text{kN}$，以匀速 $v=12\text{m/min}$ 上升。试求电动机的功率 P。

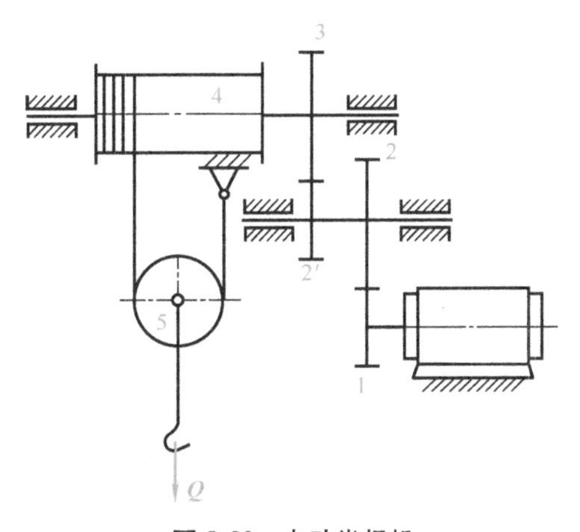

图 8-33 电动卷扬机

1、2、2′、3—齿轮 4—鼓轮 5—滑轮

8-23 在图 8-34 所示的带式运输机中，由电动机 1 经过带传动及两级齿轮减速器，带动运输带 8。设已知运输带 8 所需的曳引力 $F=5.5\text{kN}$，运输带的运送速度 $v=1.2\text{m/s}$，带传动（包括轴承）的机械效率 $\eta_1=0.95$，每对齿轮（包括其轴承）的机械效率 $\eta_2=0.97$，运输带的机械效率 $\eta_3=0.9$。试求该系统的总机械效率 η 及电动机所需的功率 P。

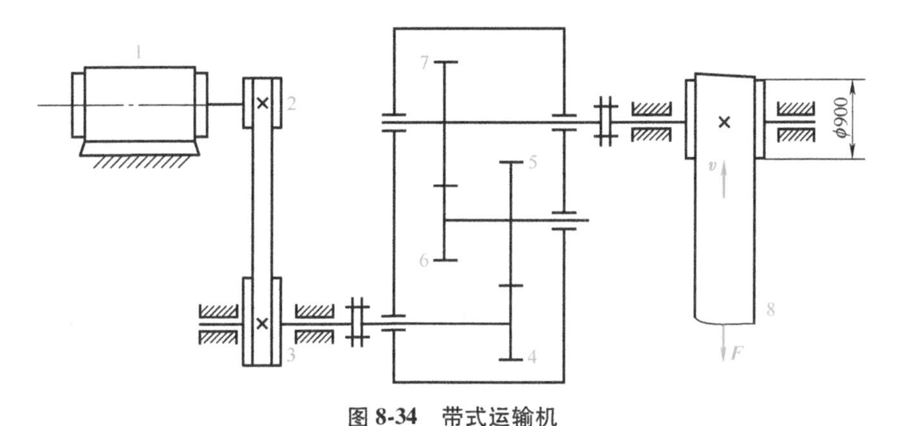

图 8-34 带式运输机

1—电动机 2、3—带轮 4、5、6、7—齿轮 8—运输带

8-24 图 8-35 所示为齿轮传动装置，电动机通过带传动及锥齿轮、圆柱齿轮传动带动工作机 A 及 B。设每对齿轮（包括轴承）的机械效率 $\eta_1=0.97$，带传动的机械效率 $\eta_2=0.92$（包括轴承的机械效率），工作机 A 和 B 的功率分别为 $P_A=5\text{kW}$ 和 $P_B=1\text{kW}$，机械效率分别为 $\eta_A=0.8$ 和 $\eta_B=0.5$。试求电动机所需的功率。

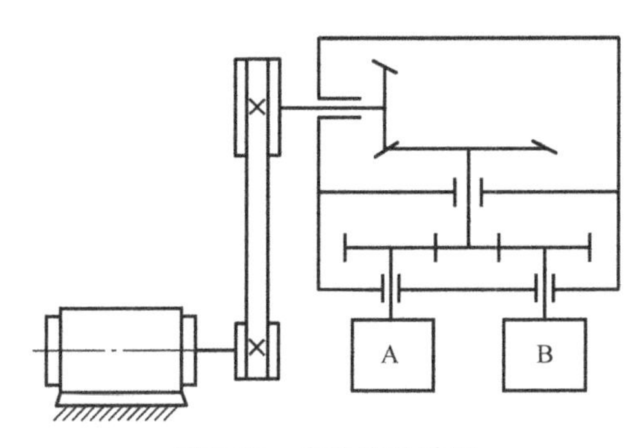

图 8-35 齿轮传动装置

第 9 章 机械系统动力学基础

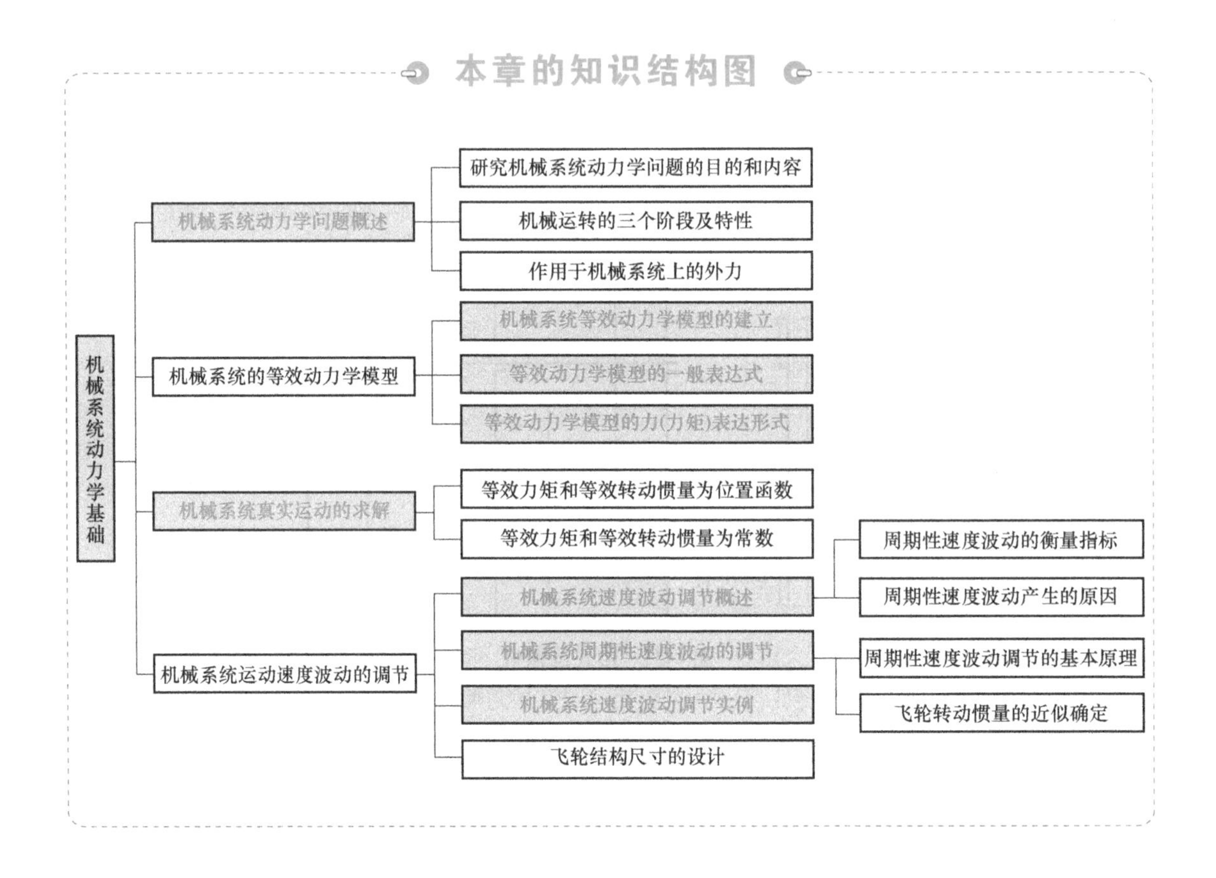

9.0 引言

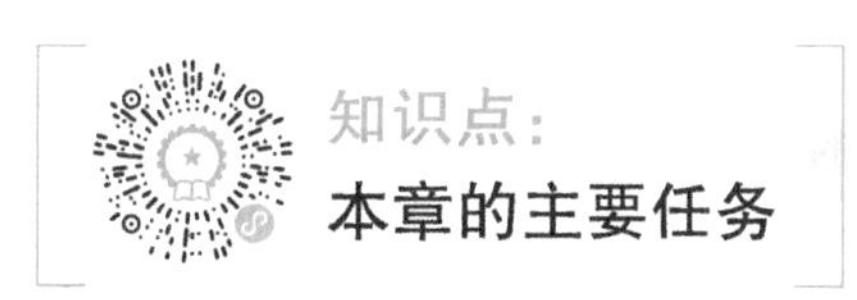

机械系统动力学是机械设计的一个重要方面，它的研究对于高速、重载、高精度和高自动化的机械设计具有十分重要的意义。机械系统动力学涉及范围较广，且比较复杂，这里只研究最基本的单自由度平面机构机械系统动力学的有关问题。本章学习的主要内容如下：

- 机械系统真实运动的求解
- 周期性速度波动的调节

9.1 机械系统动力学问题概述

知识点：
机械系统动力学问题概述

1. 研究机械系统动力学问题的目的和内容

在前面对机构进行运动分析和力分析时，都假定主动件的运动规律已知，且一般假设其做等速运动。实际上，机构主动件的真实运动规律是由作用在机械上的各种力、运动构件的质量和转动惯量以及主动件的位置等决定的，即一般情况下主动件的速度和加速度是变化的。研究机械的真实运动规律，对于机械设计有重要的意义。

1）确定机械在外力作用下的真实运动规律，据此进行真实的运动分析与力分析。

在分析现有机械和设计的新机械的工作性能时，为了对机构进行较精确的运动分析和力分析，例如，为了研究机械的运转过程及其平稳性，确定各个运动构件在运动过程中产生的实际惯性力和运动副中的约束反力，或者确定机械实际的最大速度和最大加速度等，需要首先了解主动件的真实运动规律。这对于分析、改进现有机械和设计新机械都十分重要，特别是高速、重载、高精度和高自动化程度的机械。因此，本章研究的主要内容之一就是研究外力作用下机械的真实运动规律。

2）将机械的速度波动调节在允许范围内，减小速度波动的影响。

机械在运转过程中，其主动件一般情况下并非做等速运动，常常由于外力变化而导致驱动功和阻抗功不等，引起动能的增减，产生运转速度的波动（变化），导致在运动副中产生附加动压力。如果速度波动较大，将影响机械的正常工作，降低其使用寿命、机械效率和工作质量，并且引起机械振动和噪声。这就需要研究机械运转速度的波动及其调节方法，设法将机械运转速度的波动程度限制在许可范围之内。因此，本章研究的另一个主要内容就是研究机械运转速度的波动及其调节方法。

2. 机械运转的三个阶段

机械是在外力作用下运转的，作用于主动件的驱动力（或驱动力矩）所做的功称为驱动功，克服执行构件上工作阻力（或工作阻力矩）所需的功称为阻抗功，克服有害阻力（主要是摩擦力）所消耗的功称为摩擦功，后两者之和称为总耗功。如果驱动功与总耗功不能时时相等，则驱动功大于总耗功的部分称为盈功，驱动功小于总耗功的部分称为亏功，盈功和亏功统称为盈亏功。若存在盈功或亏功，将引起机械动能增大或减小，从而使机械运转的速度发生变化。依据能量守恒定理，列出机械运动的动能方程

$$W_d-(W_r+W_f)=W_d-W_c=E-E_0=\frac{1}{2}\sum_{i=1}^{n}(m_iv_{S_i}^2+J_{S_i}\omega_i^2)-\frac{1}{2}\sum_{i=1}^{n}(m_iv_{S_{i0}}^2+J_{S_i}\omega_{i0}^2) \tag{9-1}$$

式中，W_d 为驱动功，即输入功，指主动机在某时间间隔内所做的功；W_r 为阻抗功，指工作机在某时间间隔内克服工作阻力所需的功；W_f 为摩擦损耗功，指克服有害阻力（主要是摩擦力）所消耗的功；W_c 为总耗功；E、E_0 为机械在某时间间隔终止和开始时的动能；n 为机械中运动构件的数目；m_i 为运动构件 i 的质量；J_{S_i}为运动构件 i 绕其质心 S_i 的转动惯量；v_{S_i}、$v_{S_{i0}}$为运动构件 i 的质心 S_i 在某时间间隔终止和开始时的速度；ω_i、ω_{i0}为运动构件 i 在某时间间隔终止和开始时的角速度。

机械动能的增加或减小表现为机械运转速度的变化，则可以将机械系统从开始运动到停止运转的全过程概括为三个阶段：起动阶段、稳定运转阶段和停机阶段，如图 9-1 所示。

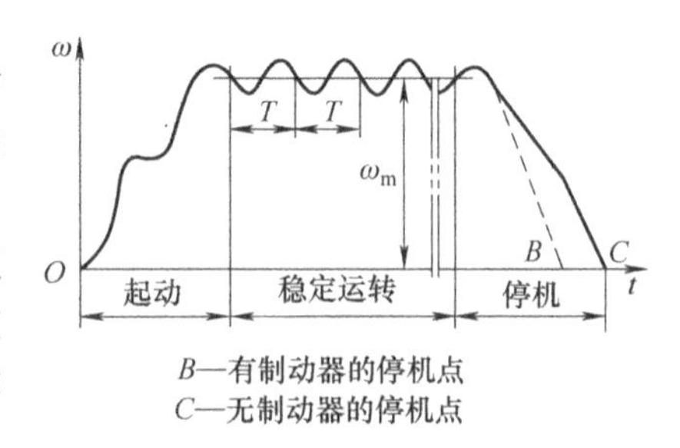

图 9-1 机械的运转过程

（1）起动阶段 如图 9-1 所示，此阶段主动件的速度从零逐渐增大至某正常工作速度，此后机械开始稳定运转。显然，此阶段机械的动能将不断增加。因此，作用于机械的驱动力所做的功必大于总耗功，即出现盈功。此阶段机械系统的动能方程可表示为

$$W_d-W_c=E-E_0=E>0 \tag{9-2}$$

式中，E 和 E_0 为机械在起动阶段的终止和开始时的动能，这里，$E_0=0$。

此阶段驱动功大于总耗功，出现盈功，使机械的动能增加，主动件的速度增大。

在工程实际应用中，为了缩短机械起动所需的时间，常常在空载下起动（$W_r=0$）或另加一个起动电动机。

（2）稳定运转阶段　当起动阶段结束后，机械即进入稳定运转阶段，这通常是机械运转过程中历时最长的阶段，也是机械完成工作的时期。本章研究的机械的真实运动，以及机械的速度波动及其调节方法，主要是针对机械的稳定运转阶段。

在此阶段，机械主动件的速度在某平均值上下做周期性的变化，如图 9-1 所示。图中，T 为循环周期，这个过程称为运动循环，一般对应主动件回转一周或数周。在运动循环起始和终止位置，主动件的速度、加速度相等，故对应每个运动循环的驱动功等于总耗功。稳定运转阶段可视为由无数个运动循环组成，因此，对于稳定运转全阶段，驱动功也等于总耗功，即

$$W_d - W_c = E - E_0 = 0 \tag{9-3}$$

式中，E 和 E_0 为机械在稳定运转阶段每个运动循环的终止和开始时的动能。

在运动循环中的任一时间间隔内都有盈功或亏功出现，导致主动件速度发生变化，盈功时速度增大，亏功时速度减小，即

$$W_d - W_c = E - E_0 \neq 0 \tag{9-4}$$

式中，E 和 E_0 为机械在稳定运转阶段中任一时间间隔内的终止和开始时的动能。

机械在稳定运转阶段有如下两种情况：

1）变速稳定运转（如上所述）：机械主动件的平均速度稳定，但瞬时速度变化，且较大的速度变化会影响机械的工作性能，故需要将其速度波动程度调节在许可范围内。

2）等速稳定运转：主动件的速度为常数。机械等速稳定运转时，在任一时间间隔内驱动功必须等于总耗功，由于该条件不易满足，因此等速稳定运转的情况不多见。

（3）停机阶段　机械停机时通常不加驱动力，即 $W_d = 0$，故驱动功小于总耗功，出现亏功，导致机械动能减小，即

$$W_d - W_c = -W_c = E - E_0 = -E_0 < 0 \tag{9-5}$$

式中，E 和 E_0 为机械在停机阶段终止和开始时的动能，这里，$E = 0$。

停机阶段主动件的速度从某正常工作速度下降至零。通常在这一阶段，工作阻力也已撤去，则机械的动能全部消耗于克服摩擦阻力，故停车阶段往往需要较长时间。为了缩短停机时间，某些机械上还安装制动装置，以增大摩擦阻力。如图 9-1 所示，安装制动器的机械停机时间显著缩短。

机械的起动阶段和停机阶段统称为过渡阶段。一般情况下，过渡阶段不是完成工作的阶段，但过渡阶段将影响机械的生产率和工作质量，尤其对频繁起动和对自动化程度要求较高的机械更为重要。

有些机械没有明显的稳定运转阶段，例如，卷扬机、挖掘机等只有起动阶段和停机阶段。还有一些机械的驱动力和阻抗力不是周期性变化的，例如，发电机组，其阻抗是用户的用电量，其变化没有明显的周期性，这时机械就没有周期性的稳定运转阶段，而是做非周期性的不均匀运转。

3. 作用于机械系统上的外力

由于机械的运转与驱动力所做的驱动功、克服工作阻力所需的阻抗功以及克服摩擦阻力所需的摩擦功有密切的关系。因此，为了研究在外力作用下机械的运动，必须确定作用于机械的外力及其变化规律。

当机械中各个运动构件的重力以及运动副中的摩擦力可以忽略时，作用于机械上的外力将只有主动机发出的驱动力和执行构件完成有用功时所承受的工作阻力，这两种力决定了机械的运动特性。

机械的工作情况不同，或使用不同的主动机，工作阻力和驱动力随之变化。

（1）工作阻力 工作阻力指机械工作时执行构件需要承受的工作负荷，其变化规律取决于机械工艺过程的特性。有些机械的工作阻力在主要工作段近似为常数，如起重机、轧钢机、车床、刨床等；有些机械的工作阻力是执行构件位置的函数，如曲柄压力机、活塞式压缩机和泵、矿井升降机等；有些机械的工作阻力是执行构件速度的函数，如搅拌机、鼓风机、螺旋桨、离心泵等，这些机械的工作阻力随叶片的转速而变化；还有些机械的工作阻力是时间的函数，如碎石机、球磨机、揉面机等。

（2）驱动力 驱动力指主动机发出的驱使主动件运动的力，其变化规律取决于主动机的机械特性。工程中常用电动机、内燃机、蒸汽机、汽轮机、水轮机、风力机等作为主动机，以获得长时间的机械功；也应用电磁铁、弹簧、记忆合金等特殊装置来提供驱动力，用于短时间重复性的工作。例如，在起重机中应用电磁制动器，依靠重锤的下落而实现制动，该重锤事先用电磁铁将其升高。制动时，将电磁铁中的电流切断，则下落的重锤将闸瓦紧压在制动盘上；不制动时，通电的电磁铁将重锤升高，从而使制动盘不受闸瓦压力。

工程中，常用主动机提供的驱动力与一个或几个运动参数（如位移、速度、加速度、时间等）之间的关系来表示主动机的机械特性。机械特性由理论研究或试验研究而确定。驱动力有时为常数，如利用重锤驱动时；有时是位移的函数，如利用弹簧驱动时；有时是速度的函数，如机械中应用广泛的电动机、内燃机等驱动时，其发出的驱动力矩是转子角速度的函数。

当主动机的功率一定时，许多机械在工作过程中要求满足低转速、大转矩，或者高转速、小转矩的工作要求。如直流串励电动机，由其机械特性可知，当工作负荷增大而导致机械转速降低时，它发出的驱动力矩随之加大，适合低转速、大转矩的工作要求；而当工作负荷减小而导致机械转速增大时，其驱动力矩随之减小，适合高转速、小转矩的工作要求。直流串励电动机由于其良好的自调性而用作电力机车的驱动电动机，爬坡时能满足低转速、大转矩的工作要求，下坡时能满足高转速、小转矩的工作要求。

而内燃机的机械特性是，当工作负荷增加而导致机械转速降低时，其驱动力矩变化不大，不能自动平衡外载荷的变化，导致速度持续降低，甚至停车，因此内燃机没有自调性。为了实现低转速、大转矩的工作要求，用内燃机作为主动机时，要使用变速器来调整发动机转速与转矩之间的协调关系。

工作阻力和驱动力变化规律的确定，涉及工艺学和动力学等方面的专业知识，不属于本课程研究范畴。本章讨论机械在外力作用下的运动问题时，假定外力是已知的，并以机械特性的形式给出。

9.2 机械系统的等效动力学模型

知识点：
机械系统的等效动力学模型的建立

机械系统的动力学问题，实质上是已知外力求运动的问题。就机械系统的组成来看，按一般力学分类属于质点系动力学问题，按质点系的动能定理可写出机械的运动方程表达式

$$dW = dE \tag{9-6}$$

式中，dW 为作用于机械上的驱动力和工作阻力所做微功的代数和；dE 为机械中各运动构件动能和微增量（也即动能和的微分）。

现以图 9-2 所示的曲柄滑块机构为例，依据式（9-6）推导其运动方程。

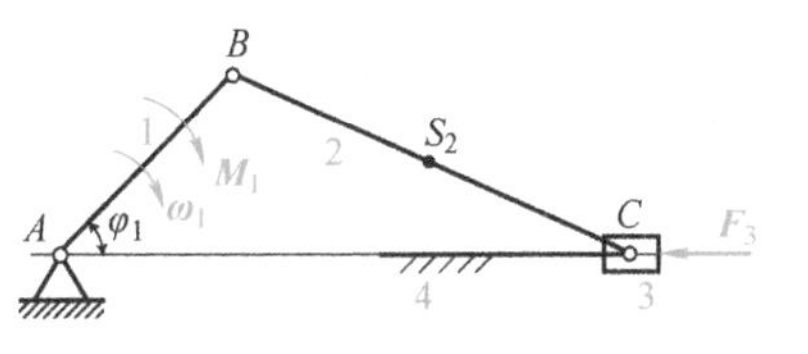

图 9-2　曲柄滑块机构

在该机械系统中，$\boldsymbol{M}_1$ 为作用在主动件 1 上的驱动力矩，$\boldsymbol{F}_3$ 为作用在滑块 3（活塞）上的工作阻力，m_2 和 m_3 分别为连杆 2 和滑块 3 的质量，J_1 为曲柄 1 绕转轴 A 的转动惯量，J_{S_2}为连杆 2 绕质心 S_2 的转动惯量。

依据式（9-6）列出该机械系统的运动方程式：

$$M_1\omega_1 dt - F_3 v_3 dt = d\left(\frac{1}{2}J_1\omega_1^2 + \frac{1}{2}J_{S_2}\omega_2^2 + \frac{1}{2}m_2 v_{S_2}^2 + \frac{1}{2}m_3 v_3^2\right) \tag{9-7}$$

式（9-7）中包含作用于机械系统中的所有力和运动参数，且未知的运动参数分别为 ω_1、ω_2、v_{S_2}、v_3。因为该机械系统具有 1 个自由度，意味着上述四个运动参数（ω_1、ω_2、v_{S_2}、v_3）不是独立的，其中连杆 2 和滑块 3 的运动参数（ω_2、v_{S_2}、v_3）均为主动件角速度 ω_1 的函数。显然要一次性地直接解出 4 个运动参数是十分困难的。

工程上常采用的一种转化方法是，先解出主动件的角速度 ω_1，然后对机械系统进行运动分析，解出其他运动参数（ω_2、v_{S_2}、v_3）。

先将式（9-7）进行变换，得

$$\left(M_1 - F_3\frac{v_3}{\omega_1}\right)\omega_1 dt = d\left\{\frac{1}{2}\omega_1^2\left[J_1 + J_{S_2}\left(\frac{\omega_2}{\omega_1}\right)^2 + m_2\left(\frac{v_{S_2}}{\omega_1}\right)^2 + m_3\left(\frac{v_3}{\omega_1}\right)^2\right]\right\} \tag{9-8}$$

由量纲分析可知，方程左边括号内各项的量纲为力矩量纲，右边方括号内各项的量纲为转动惯量量纲。令

$$M_e = M_1 - F_3\frac{v_3}{\omega_1}$$

$$J_e = J_1 + J_{S_2}\left(\frac{\omega_2}{\omega_1}\right)^2 + m_2\left(\frac{v_{S_2}}{\omega_1}\right)^2 + m_3\left(\frac{v_3}{\omega_1}\right)^2$$

则式（9-8）可以简化为

$$M_e\omega_1 dt = d\left(\frac{1}{2}J_e\omega_1^2\right) \tag{9-9}$$

式（9-9）表示的是一个定轴转动构件的动能方程式。式中，J_e 是该构件的转动惯量；M_e 是作用在该构件上的总外力矩。该构件在 M_e 作用下以等角速度 $\boldsymbol{\omega}_1$ 绕转轴 A 转动，如图 9-3 所示。

显然此构件是假想的，原机构并无这样的构件。但是用式（9-9）来代替式（9-7）是完全等效的，也即是用图 9-3 所示的物理模型来代替原机构模型（图 9-2）也完全是等效的。

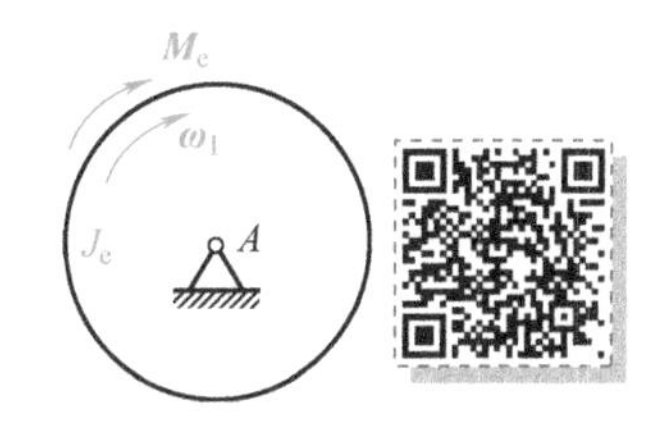

图 9-3　等效构件为转动构件

因此，该假想的构件称为等效构件或转化构件。J_e 称为等效转动惯量，M_e 称为等效力矩。

同理，通过对式（9-7）的变换，还可以得到方程的另外一种表达形式：

$$(F_e v_3)\,dt = d\left(\frac{1}{2}m_e v_3^2\right) \tag{9-10}$$

式中，m_e 为转化构件的等效质量，即

$$m_e = J_1\left(\frac{\omega_1}{v_3}\right)^2 + J_{S_2}\left(\frac{\omega_2}{v_3}\right)^2 + m_2\left(\frac{v_{S_2}}{v_3}\right)^2 + m_3$$

F_e 为作用在转化构件上的等效力，即

$$F_e = M_1\frac{\omega_1}{v_3} - F_3$$

以上将一个机械系统的动力学问题转化成了一个构件（假想的转化构件）的动力学问题，这种方法称为转化法。转化法使解决一个复杂的机械系统的动力学问题的思路大大简化了，物理模型简单、清晰，为这类机械动力学问题的求解创造了有利条件。

利用转化法建立等效动力学模型的基本原理：转化前后系统的动力学效果保持不变，即：

1）等动能：转化构件的等效质量 m_e 或等效转动惯量 J_e 所具有的瞬时动能，与原机械系统的总动能相等。

2）等功率：转化构件上的等效力 F_e 或等效力矩 M_e 所产生的瞬时功率，与原机械系统的所有力和力矩所产生的瞬时功率之和相等。

满足这两个条件的转化构件，即为原机械系统的等效动力学模型。转化构件上的等效质量 m_e 或等效转动惯量 J_e、等效力 F_e 或等效力矩 M_e，统称为等效量。

为了使问题进一步简化，通常选取系统中做简单运动的构件作为转化构件，例如，做定轴转动的连架杆或做直线往复移动的滑块，如图 9-4 所示。

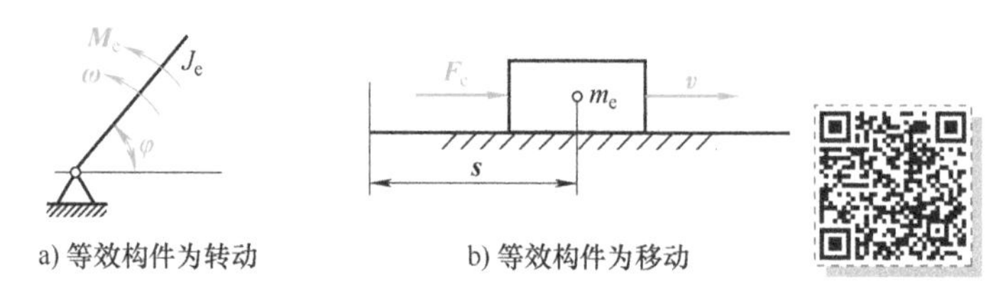

a) 等效构件为转动　　b) 等效构件为移动

图 9-4　转化构件及等效动力学模型

对于两个或两个以上自由度的机械系统，如差动轮系、多自由度机械手等，不能将其转化为几个独立的单自由度转化构件来求解机械的真实运动。这时，要选择与机构自由度数目相等的几个广义坐标来代替转化构件，再应用拉格朗日方程建立机械系统的运动微分方程。多自由度机械系统的运动规律求解已超出本书范畴，在此不阐述。

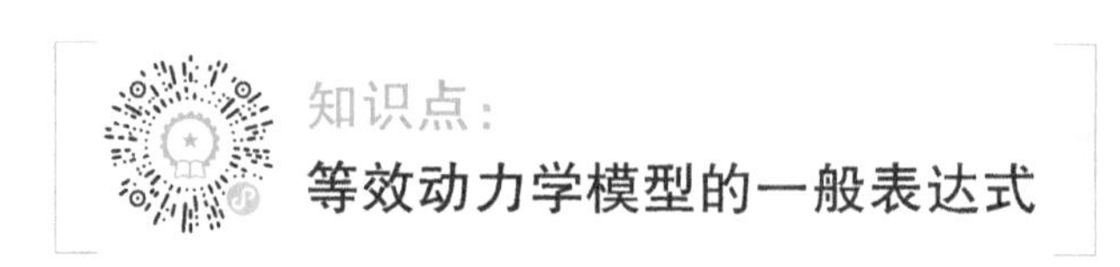

为了建立转化构件的运动方程，必须首先计算转化构件上的等效量：等效转动惯量 J_e 和等效力矩 M_e，或者等效质量 m_e 和等效力 F_e。

1. 根据等动能条件，计算等效转动惯量 J_e 或等效质量 m_e

设机械系统中各运动构件的质量为 $m_i(i=1,2,\cdots,n)$，其质心的速度为 v_{S_i}；各运动构件绕其质心 S_j 的转动惯量为 J_{S_j}（$j=1,2,\cdots,m$），角速度为 ω_j，则机械系统所具有的动能

$$E=\sum_{i=1}^{n}\frac{1}{2}m_iv_{S_i}^2+\sum_{j=1}^{m}\frac{1}{2}J_{S_j}\omega_j^2 \tag{9-11}$$

如图 9-4a 所示，若选取做定轴转动的构件为转化构件建立等效动力学模型，其真实的角速度为 ω，绕转轴的假想的等效转动惯量为 J_e，则根据转化构件所具有的动能应等于原机械系统中各构件所具有的动能之和，可得

$$E=\frac{1}{2}J_e\omega^2=\sum_{i=1}^{n}\frac{1}{2}m_iv_{S_i}^2+\sum_{j=1}^{m}\frac{1}{2}J_{S_j}\omega_j^2$$

于是，其等效转动惯量

$$J_e=\sum_{i=1}^{n}m_i\left(\frac{v_{S_i}}{\omega}\right)^2+\sum_{j=1}^{m}J_{S_j}\left(\frac{\omega_j}{\omega}\right)^2 \tag{9-12}$$

如图 9-4b 所示，若选取做往复直线移动的构件为转化构件，建立等效动力学模型，其真实的速度为 v，假想的等效质量为 m_e，则同理可得其等效质量

$$m_e=\sum_{i=1}^{n}m_i\left(\frac{v_{S_i}}{v}\right)^2+\sum_{j=1}^{m}J_{S_j}\left(\frac{\omega_j}{v}\right)^2 \tag{9-13}$$

2. 根据等功率条件，计算等效力矩 M_e 或等效力 F_e

设机械系统中作用的外力为 $F_i(i=1,2,\cdots,n)$，其作用点的速度为 v_i，F_i 的方向与 v_i 的方向间夹角为 θ_i；机械系统中作用的外力矩为 $M_j(j=1,2,\cdots,m)$，受力矩构件的角速度为 ω_j，则作用在机械中的所有外力和外力矩所产生的瞬时功率

$$P=\sum_{i=1}^{n}F_iv_i\cos\theta_i+\sum_{j=1}^{m}\pm M_j\omega_j \tag{9-14}$$

式中，当 M_j 与 ω_j 同方向时取“+”号，否则取“−”号。

如图 9-4a 所示，若选取做定轴转动的构件为转化构件，建立等效动力学模型，其真实的角速度为 ω，其上作用假想的等效力矩 M_e，则根据转化构件上作用的等效力矩所产生的瞬时功率应等于原系统中所有外力、外力矩所产生的功率之和，可得

$$P=M_e\omega=\sum_{i=1}^{n}F_iv_i\cos\theta_i+\sum_{j=1}^{m}\pm M_j\omega_j$$

于是，其等效力矩

$$M_e=\sum_{i=1}^{n}F_i\frac{v_i\cos\theta_i}{\omega}+\sum_{j=1}^{m}\pm M_j\frac{\omega_j}{\omega} \tag{9-15}$$

有时也按等功率条件，分别将驱动力和工作阻力转化成等效驱动力矩 M_{ed} 和等效阻力矩 M_{er}，这样可得

$$M_e=M_{ed}-M_{er} \tag{9-16}$$

如图 9-4b 所示，若选取做往复直线移动的构件为转化构件，建立等效动力学模型，其真实的速度为 v，其上作用的假想的等效力为 F_e，则同理可得其等效力

$$F_e=\sum_{i=1}^{n}F_i\frac{v_i\cos\theta_i}{v}+\sum_{j=1}^{m}\pm M_j\frac{\omega_j}{v} \tag{9-17}$$

若计算出的 M_e、F_e 为正，则表示 M_e 与 ω、F_e 与 v 的方向一致，否则相反。

由式（9-12）、式（9-13）、式（9-15）和式（9-17）可知，等效量不仅与各运动构件的质量、转动惯量以及作用于机械系统中的力、力矩有关，而且和各构件与转化构件的传动比有关。

由于单自由度系统中运动构件的速度（及构件之间的传动比）是机械位置的函数，故等效量均与机械的位置相关，而与系统中构件的具体运动速度无关。因此，可以在机械真实运动未知的情况下首先计算各等效量，建立等效动力学模型。

例 9-1　图 9-5a 所示为行星轮系，已知各齿轮的齿数分别为 z_1、z_2、z_3；各齿轮和转臂的质心均在其回转中心，它们绕质心的转动惯量分别为 J_1、J_2、J_H；行星轮的质量为 m_2；作用在主动轮 1 上的驱动力矩为 M_1，作用在转臂 H 上的工作阻力矩为 M_H。若取构件 1 为转化构件，求转化到构件 1 上的等效转动惯量 J_{e1} 和等效阻力矩 M_{er1}。

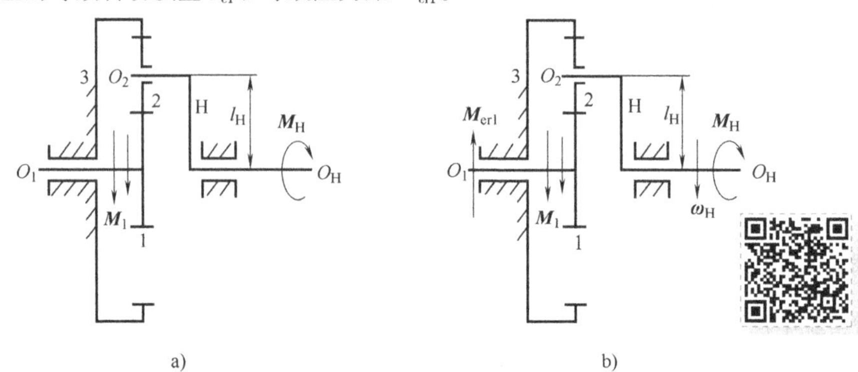

图 9-5　行星轮系

解：

1. 根据等动能条件，计算等效转动惯量 J_{e1}

$$\frac{1}{2}J_{e1}\omega_1^2=\frac{1}{2}J_1\omega_1^2+\frac{1}{2}m_2v_{O_2}^2+\frac{1}{2}J_2\omega_2^2+\frac{1}{2}J_H\omega_H^2$$

则转化构件 1 上假想的等效转动惯量

$$J_{e1}=J_1+m_2\left(\frac{v_{O_2}}{\omega_1}\right)^2+J_2\left(\frac{\omega_2}{\omega_1}\right)^2+J_H\left(\frac{\omega_H}{\omega_1}\right)^2$$

对行星轮系进行运动分析，计算传动比。由

$$i_{13}^H=\frac{\omega_1-\omega_H}{\omega_3-\omega_H}=\frac{\omega_1-\omega_H}{0-\omega_H}=1-\frac{\omega_1}{\omega_H}=(-1)^1\frac{z_2}{z_1}\frac{z_3}{z_2}=-\frac{z_3}{z_1}$$

得

$$\frac{\omega_1}{\omega_H}=1+\frac{z_3}{z_1}$$

则

$$\frac{\omega_H}{\omega_1}=\frac{z_1}{z_1+z_3},\quad \frac{v_{O_2}}{\omega_1}=\frac{\omega_H l_H}{\omega_1}=l_H\frac{z_1}{z_1+z_3}$$

又由

$$i_{23}^H=\frac{\omega_2-\omega_H}{\omega_3-\omega_H}=\frac{\omega_2-\omega_H}{0-\omega_H}=1-\frac{\omega_2}{\omega_H}=(-1)^0\frac{z_3}{z_2}=\frac{z_3}{z_2}$$

得

$$\frac{\omega_2}{\omega_H}=1-\frac{z_3}{z_2}=\frac{z_2-z_3}{z_2}$$

则

$$\frac{\omega_2}{\omega_1}=\frac{\omega_H}{\omega_1}\frac{\omega_2}{\omega_H}=\frac{z_1}{z_1+z_3}\frac{z_2-z_3}{z_2}=\frac{z_1(z_2-z_3)}{z_2(z_1+z_3)}$$

因此，转化构件 1 上假想的等效转动惯量

$$J_{e1}=J_1+m_2\left(\frac{v_{O_2}}{\omega_1}\right)^2+J_2\left(\frac{\omega_2}{\omega_1}\right)^2+J_H\left(\frac{\omega_H}{\omega_1}\right)^2$$

$$=J_1+m_2\left(l_H\frac{z_1}{z_1+z_3}\right)^2+J_2\frac{1}{2}\left[\frac{z_1(z_2-z_3)}{z_2(z_1+z_3)}\right]+J_H\left(\frac{z_1}{z_1+z_3}\right)^2$$

2. 根据等功率条件，计算等效阻力矩 M_{er1}

取构件 1 为转化构件，其等效驱动力矩 M_{ed1} 即等于其上作用的驱动力矩 M_1。

将作用于 H 的工作阻力矩 M_H 转化到转化构件 1 上，有

$$M_{er1}\omega_1=M_H\omega_H$$

则如图 9-5b 所示，转化构件 1 上假想的等效阻力矩

$$M_{er1}=M_H\frac{\omega_H}{\omega_1}=M_H\frac{z_1}{z_1+z_3}$$

由该例可知，假想的等效转动惯量、等效力矩与构件之间的传动比以及转化构件的位置参数有关，与机械系统中构件的实际速度无关。因此，在机械运动速度未知的情况下可以首先计算各等效量，建立等效动力学模型，进而求机械系统的真实运动规律。

本例中，由于轮系的传动比不变，故其等效转动惯量是常数。

例 9-2　图 9-6a 所示为齿轮机构与连杆机构串联组成的组合机构，已知齿轮 1 的齿数为 z_1，绕其质心的转动惯量为 J_1；齿轮 2 的齿数为 z_2，连同 AB 杆对其转动中心 A 的转动惯量是 J_2；滑块 3 的质量为 m_3，质心在 B 点；构件 4 的质量为 m_4；作用在主动齿轮 1 上的驱动力矩为 M_1，作用在构件 4 上的工作阻力为 F_4。若取构件 2 为转化构件，求转化到构件 2 的等效转动惯量 J_{e2}、等效驱动力矩 M_{ed2} 和等效阻力矩 M_{er2}。

解：

1. 根据等动能条件，计算等效转动惯量 J_{e2}

$$\frac{1}{2}J_{e2}\omega_2^2=\frac{1}{2}J_1\omega_1^2+\frac{1}{2}J_2\omega_2^2+\frac{1}{2}m_3v_3^2+\frac{1}{2}m_4v_4^2$$

则转化构件 2 上假想的等效转动惯量

$$J_{e2}=J_1\left(\frac{\omega_1}{\omega_2}\right)^2+J_2+m_3\left(\frac{v_3}{\omega_2}\right)^2+m_4\left(\frac{v_4}{\omega_2}\right)^2$$

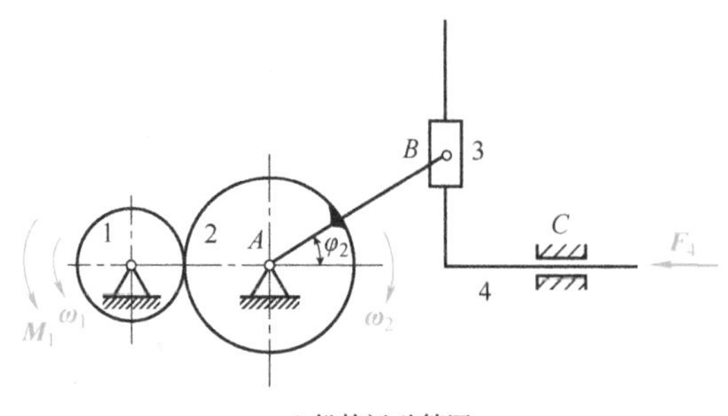

a) 机构运动简图

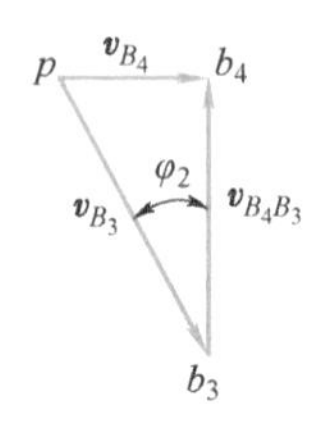

b) 速度多边形

图 9-6　齿轮驱动的连杆机构

下面对机构进行运动分析，计算速比，即

$$\frac{\omega_1}{\omega_2}=\frac{z_2}{z_1}$$

由

$$v_3=v_B=l_{AB}\omega_2$$

得

$$\frac{v_3}{\omega_2}=\frac{v_B}{\omega_2}=l_{AB}$$

又由

$$\boldsymbol{v}_{B_4}=\boldsymbol{v}_{B_3}+\boldsymbol{v}_{B_4B_3}$$

作出速度三角形 pb_3b_4，如图 9-6b 所示，得

$$v_4=v_{B_4}=v_{B_3}\sin\varphi_2=l_{AB}\omega_2\sin\varphi_2$$

则

$$\frac{v_4}{\omega_2}=l_{AB}\sin\varphi_2$$

因此，转化构件 2 上假想的等效转动惯量

$$J_{e2}=J_1\left(\frac{z_2}{z_1}\right)^2+J_2+m_3l_{AB}^2+m_4l_{AB}^2\sin\varphi_2^2$$

2. 根据等功率条件，计算等效驱动力矩 M_{ed2} 和等效阻力矩 M_{er2}

取构件 2 为转化构件，将作用于 1 的驱动力矩 M_1 和作用于 4 的工作阻力 F_4 分别转化到转化构件 2 上，有

$$M_{ed2}\omega_2=M_1\omega_1$$

$$M_{er2}\omega_2=F_4v_4$$

则转化构件 1 上假想的等效驱动力矩 M_{ed2} 和等效阻力矩 M_{er2} 分别为

$$M_{ed2}=M_1\frac{\omega_1}{\omega_2}=M_1\frac{z_2}{z_1}$$

$$M_{er2}=F_4\frac{v_4}{\omega_2}=F_4 l_{AB}\sin\varphi_2$$

以构件 2 为转化构件所建立的等效动力学模型如图 9-7 所示。

本例中的机械系统含有连杆机构，故其等效转动惯量由常量和变量两部分组成。由于工程实际应用中的连杆机构常安装在低速级，因此等效转动惯量的变量部分有时可以忽略不计。

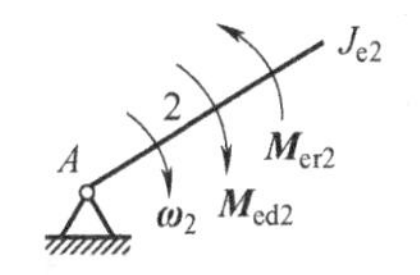

图 9-7　齿轮驱动的连杆机构的等效动力学模型

知识点：

等效动力学模型的力（力矩）表达形式

研究单自由度机械系统在已知外力作用下的真实运动规律时，由于引入了转化构件，将研究复杂的机械系统的运动问题简化为研究转化构件的运动规律问题。因此，只要建立等效动力学模型并求解，就可以得到转化构件的真实运动规律，也就得到机械系统中对应构件的真实运动规律，进而再通过运动分析来确定其他构件的运动规律。

等效动力学模型常有微分方程表示的力（矩）形式和积分方程表示的动能形式两种表达形式。

根据动能定理，在 dt 时间内，转化构件上的动能增量 dE 应等于等效力或等效力矩所做的元功 dW，即 $dE=dW$。

若转化构件做定轴转动，则等效动力学模型为

$$d\left(\frac{1}{2}J_e\omega^2\right)=M_e d\varphi \tag{9-18}$$

若转化构件做往复移动，则等效动力学模型为

$$d\left(\frac{1}{2}m_e v^2\right)=F_e ds \tag{9-19}$$

由式（9-18），得

$$\frac{d\left(\frac{1}{2}J_e\omega^2\right)}{d\varphi}=M_e \tag{9-20}$$

由式（9-19），得

$$\frac{d\left(\frac{1}{2}m_e v^2\right)}{ds}=F_e \tag{9-21}$$

由于等效转动惯量 J_e 或等效质量 m_e、转化构件的角速度 ω 或速度 v 都是机械位置（转化构件位置参数）的函数，即

$$J_e=J_e(\varphi),\quad \omega=\omega(\varphi)$$

或

$$m_e=m_e(s),\quad v=v(s)$$

整理式（9-20），得

$$J_e\frac{\omega d\omega}{d\varphi}+\frac{\omega^2}{2}\frac{dJ_e}{d\varphi}=M_e=M_{ed}-M_{er} \tag{9-22}$$

由于

$$\frac{d\omega}{d\varphi}=\frac{d\omega}{dt}\frac{dt}{d\varphi}=\frac{d\omega}{dt}\frac{1}{\omega}$$

代入式（9-22），得

$$J_e\frac{d\omega}{dt}+\frac{\omega^2}{2}\frac{dJ_e}{d\varphi}=M_e=M_{ed}-M_{er} \tag{9-23}$$

式（9-23）即为做定轴转动的转化构件的等效动力学模型的力矩表达形式。

整理式（9-21），得

$$m_e\frac{v dv}{ds}+\frac{v^2}{2}\frac{dm_e}{ds}=F_e=F_{ed}-F_{er} \tag{9-24}$$

由于

$$\frac{dv}{ds}=\frac{dv}{dt}\frac{dt}{ds}=\frac{dv}{dt}\frac{1}{v}$$

代入式（9-24），得

$$m_e\frac{dv}{dt}+\frac{v^2}{2}\frac{dm_e}{ds}=F_e=F_{ed}-F_{er} \tag{9-25}$$

式（9-25）即为做往复移动的转化构件的等效动力学模型的力表达形式。

当 J_e、m_e 为常数时，式（9-23）和式（9-25）可分别简化为

$$J_e\frac{d\omega}{dt}=M_e=M_{ed}-M_{er} \tag{9-26}$$

$$m_e\frac{dv}{dt}=F_e=F_{ed}-F_{er} \tag{9-27}$$

例 9-3 图 9-8 所示为由齿轮机构 1-2 和曲柄滑块机构 ABC 组成的机械系统。已知：构件 1 和构件 2 对回转轴的转动惯量分别为 $J_1=0.001\text{kg}\cdot\text{m}^2$ 和 $J_2=0.002\text{kg}\cdot\text{m}^2$；滑块 4 的质量 $m_4=0.3\text{kg}$，构件 3 的质量不计；$l_{AB}=100\text{mm}$；两轮齿数 $z_1=20$，$z_2=40$；其余尺寸见图 9-8。作用在齿轮 1 上的驱动力矩 $M_1=3\text{N}\cdot\text{m}$，作用在滑块 4 上的工作阻力 $F_4=25\sqrt{3}\text{N}$。求机械系统在图示位置起动时，曲柄 AB 的瞬时角加速度 ε_2。

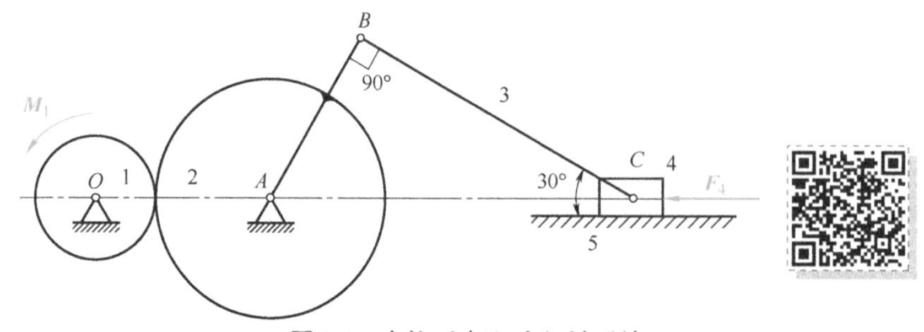

图 9-8　齿轮-连杆组合机械系统

解：

因为需要求解的是构件 2 的角加速度 ε_2，所以考虑以构件 2 为转化构件进行分析。

1. 根据等动能条件，计算等效转动惯量 J_{e2}

$$\frac{1}{2}J_{e2}\omega_2^2=\frac{1}{2}J_1\omega_1^2+\frac{1}{2}J_2\omega_2^2+\frac{1}{2}m_4v_4^2$$

由此得

$$J_{e2}=J_1\left(\frac{\omega_1}{\omega_2}\right)^2+J_2+m_4\left(\frac{v_4}{\omega_2}\right)^2$$

下面来求速比 ω_1/ω_2 和 v_4/ω_2，即

$$\frac{\omega_1}{\omega_2}=\frac{z_2}{z_1}$$

构件 2 和滑块 4 的瞬心为 P_{24}，如图 9-9 所示，因此，速比 v_4/ω_2 为

$$\frac{v_4}{\omega_2}=\frac{l_{AB}}{\cos30°}$$

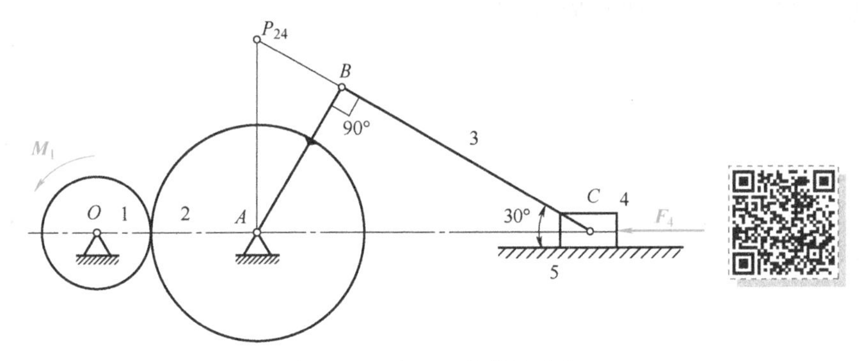

图 9-9　瞬心 P_{24} 位置的确定

最后得到等效转动惯量 J_{e2} 的大小为

$$J_{e2}=J_1\left(\frac{z_2}{z_1}\right)^2+J_2+m_4\left(\frac{l_{AB}}{\cos30°}\right)^2$$

$$=\left[0.001\times2^2+0.002+0.3\times\left(\frac{0.1}{\cos30°}\right)^2\right]\text{kg}\cdot\text{m}^2$$

$$=0.01\text{kg}\cdot\text{m}^2$$

2. 根据等功率条件，计算等效驱动力矩 M_{ed2} 和等效阻力矩 M_{er2}

由 $M_{ed2}\omega_2=M_1\omega_1$，得

$$M_{ed2}=M_1\frac{\omega_1}{\omega_2}=M_1\frac{z_2}{z_1}=3\times2\text{N}\cdot\text{m}=6\text{N}\cdot\text{m}$$

由 $M_{er2}\omega_2=F_4v_4$，得

$$M_{er2}=F_4\frac{v_4}{\omega_2}=F_4\frac{l_{AB}}{\cos30^\circ}=25\sqrt{3}\times\frac{0.1}{\cos30^\circ}\text{N}\cdot\text{m}=5\text{N}\cdot\text{m}$$

3. 计算曲柄 AB 的瞬时角加速度 ε_2

由 $J_e\frac{\mathrm{d}\omega}{\mathrm{d}t}=M_e=M_{ed}-M_{er}$，得

$$\varepsilon_2=\frac{M_{ed2}-M_{er2}}{J_{e2}}=\frac{6-5}{0.01}\text{rad/s}^2=100\text{rad/s}^2$$

9.3 机械系统真实运动的求解

在建立转化构件的等效动力学模型（运动方程）后，便可求出在已知外力作用下转化构件的运动情况，进而求得机械系统的真实运动。

不同的机械系统具有不同的主动机与执行机构，其驱动力和工作阻力的特性也不同，故等效力、等效力矩可能是位置、速度或时间的函数。而等效质量、等效转动惯量是机构位置的函数，特殊情况下是常数。因此，运动方程的求解方法不尽相同。这里只给出等效力矩为位置函数时机械真实运动的求解问题。

另外，工程上常选做定轴转动的构件为转化构件（如主动机的输出轴、工作机的输入轴等），故下面以定轴转动的转化构件为例，讨论机械真实运动的求解。

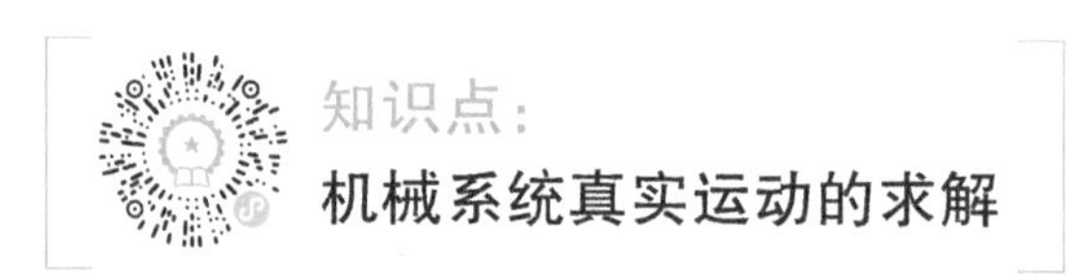

1. 等效转动惯量为转化构件的位置函数，等效力矩也为转化构件的位置函数

当等效力矩也为转化构件的位置函数时，即 $J_e=J_e(\varphi)$，$M_e=M_e(\varphi)$，采用动能形式的积分方程较简便。因此，依据式（9-18），得

$$\frac{1}{2}J_e\omega^2-\frac{1}{2}J_{e0}\omega_0^2=\int_{\varphi_0}^{\varphi}M_e\mathrm{d}\varphi=\int_{\varphi_0}^{\varphi}(M_{ed}-M_{er})\mathrm{d}\varphi \tag{9-28}$$

可得转化构件的角速度

$$\omega=\sqrt{\frac{J_{e0}}{J_e}\omega_0^2+\frac{2}{J_e}\int_{\varphi_0}^{\varphi}(M_{ed}-M_{er})\mathrm{d}\varphi}=\omega(\varphi) \tag{9-29}$$

则转化构件的角加速度

$$\varepsilon=\frac{\mathrm{d}\omega}{\mathrm{d}t}=\frac{\mathrm{d}\omega}{\mathrm{d}\varphi}\frac{\mathrm{d}\varphi}{\mathrm{d}t}=\omega\frac{\mathrm{d}\omega}{\mathrm{d}\varphi}=\varepsilon(\varphi) \tag{9-30}$$

又由于

$$\omega(\varphi)=\frac{\mathrm{d}\varphi}{\mathrm{d}t}$$

则

$$\mathrm{d}t=\frac{\mathrm{d}\varphi}{\omega(\varphi)}$$

积分可得

$$\int_{t_0}^{t}\mathrm{d}t=\int_{\varphi_0}^{\varphi}\frac{\mathrm{d}\varphi}{\omega(\varphi)}$$

则

$$t=t_0+\int_{\varphi_0}^{\varphi}\frac{\mathrm{d}\varphi}{\omega(\varphi)} \tag{9-31}$$

但在很多工程问题中，$M_e=M_e(\varphi)$ 和 $J_e=J_e(\varphi)$ 不能直接以函数表达式的形式给出，而是以线图形式给出，此时采用图解计算法较为直观、形象、简便。

图 9-10a 所示为经转化后分别求得的等效驱动力矩 $M_{ed}=M_{ed}(\varphi)$ 曲线和等效阻力矩 $M_{er}=M_{er}(\varphi)$ 曲线，图 9-10b 所示为等效转动惯量 $J_e=J_e(\varphi)$ 曲线。当已知上述三条变化曲线后，问题是如何应用运动方程求解转化构件的运动，求解的首要目标是转化构件的角速度 $\omega=\omega(\varphi)$。

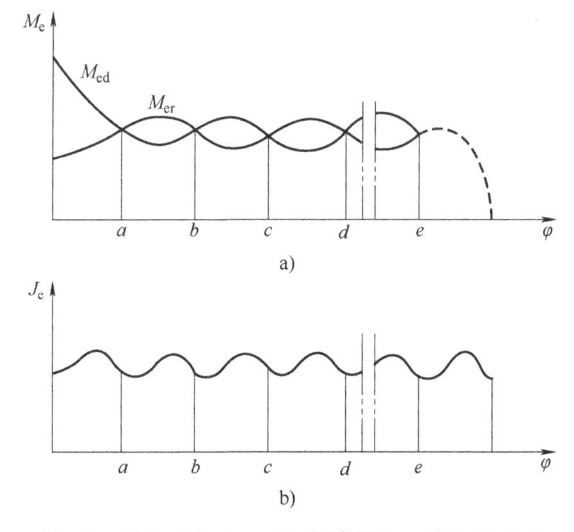

图 9-10　等效力矩 M_e 曲线和等效转动惯量 J_e 曲线

转化构件转角位置由 φ_i 到 φ_k 的等效动力学方程的积分形式为

$$\frac{1}{2}J_{ek}\omega_k^2-\frac{1}{2}J_{ei}\omega_i^2=\int_{\varphi_i}^{\varphi_k}(M_{ed}-M_{er})\mathrm{d}\varphi \tag{9-32}$$

式中，$\frac{1}{2}J_{ei}\omega_i^2$ 和 $\frac{1}{2}J_{ek}\omega_k^2$ 表示转化构件分别在 φ_i 和 φ_k 位置时的动能；$\int_{\varphi_i}^{\varphi_k}(M_{ed}-M_{er})\mathrm{d}\varphi=\int_{\varphi_i}^{\varphi_k}M_{ed}\mathrm{d}\varphi-\int_{\varphi_i}^{\varphi_k}M_{er}\mathrm{d}\varphi=\Delta W$ 是等效力矩在等效构件由 φ_i 到 φ_k 的位置区间所做功的代数和，称为盈亏功，用 ΔW 表示。

盈亏功 ΔW 的大小对应的是等效力矩曲线图中，等效驱动力矩 M_{ed} 曲线与等效阻力矩 M_{er} 曲线

在 φ_i 到 φ_k 区间所围成的面积的代数和，如图 9-11 所示。

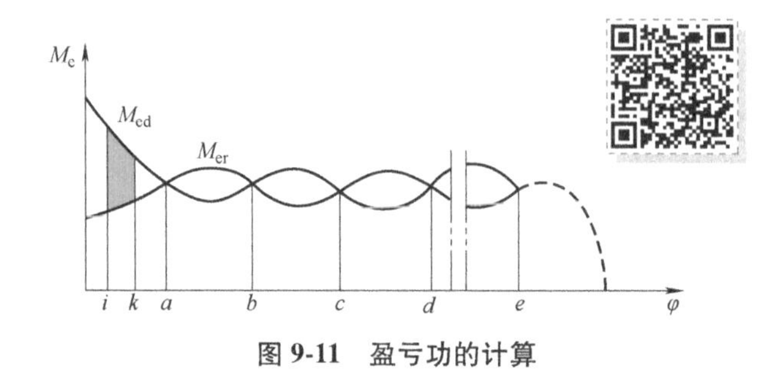

图 9-11　盈亏功的计算

若已知机械系统的初始状态，且 φ_i 取在初始位置，即 $\varphi_i=\varphi_0$，则上述方程变成

$$\frac{1}{2}J_{ek}\omega_k^2-\frac{1}{2}J_{e0}\omega_0^2=\int_{\varphi_0}^{\varphi_k}(M_{ed}-M_{er})\mathrm{d}\varphi$$

因为初始动能 $E_0=\frac{1}{2}J_{e0}\omega_0^2$ 已知，盈亏功 $\Delta W=\int_{\varphi_0}^{\varphi_k}(M_{ed}-M_{er})\mathrm{d}\varphi$ 可从等效力矩曲线中通过求面积获得，所以 φ_k 位置的动能 E_k 即可求得

$$E_k=\frac{1}{2}J_{ek}\omega_k^2=\int_{\varphi_0}^{\varphi_k}(M_{ed}-M_{er})\mathrm{d}\varphi+\frac{1}{2}J_{e0}\omega_0^2$$

由此即可求得 φ_k 位置的运动角速度

$$\omega_k=\sqrt{\frac{2E_k}{J_{ek}}}$$

这样，就可以求出等效构件在各个运动位置的动能和角速度，即获取了等效构件的真实运动规律，如图 9-12 所示。

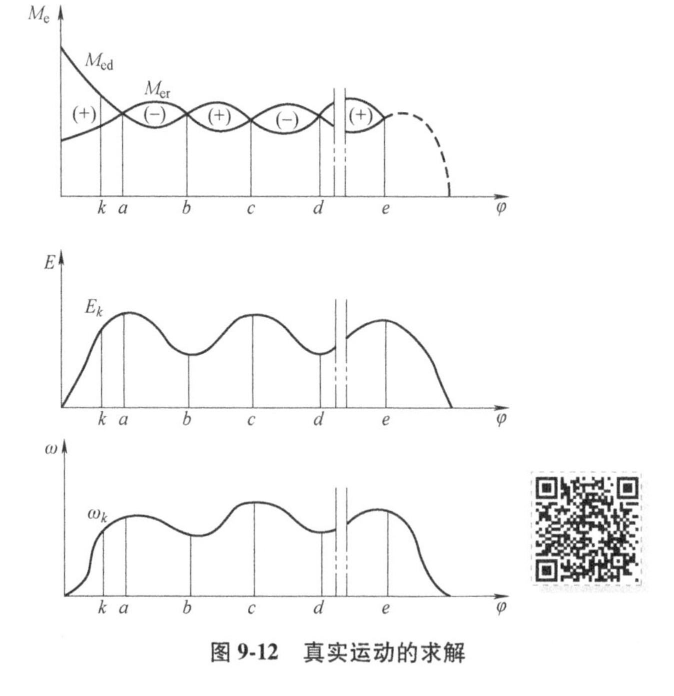

图 9-12　真实运动的求解

例 9-4　已知等效驱动力矩 M_{ed} 和等效阻力矩 M_{er} 变化规律，如图 9-13 所示。$M_{ed}(\varphi)$ 曲线由若干直线段组成，具体数值见图 9-13 上的标注，$M_{er}=160\text{N}\cdot\text{m}$，为常值。又知等效转动惯量 $J_e=0.05\text{kg}\cdot\text{m}^2$ 也为常值，转化构件在初始位置的角速度 $\omega_0=0$，试求：转化构件转角为 φ_a、φ_b 和 φ_c 三个位置时的动能 E 和角速度 ω，并分别画出它们的变化曲线示意图。

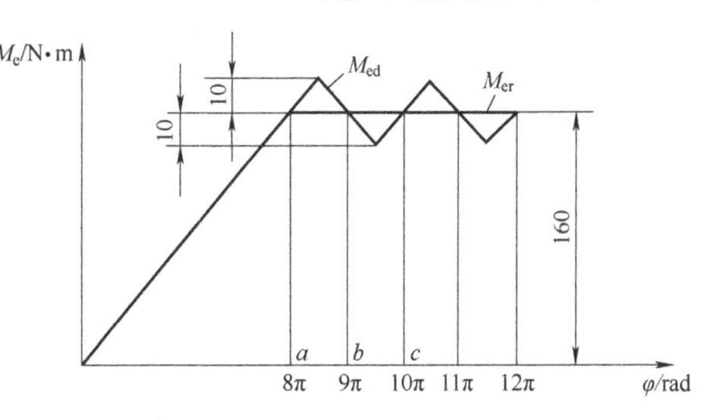

图 9-13　等效力矩变化规律

解：

因为 $\omega_0=0$，所以转化构件的初始动能为 0。

在 $\varphi_a=8\pi$ 位置时，

$$E_a=\int_0^{8\pi}(M_{ed}-M_{er})\,\mathrm{d}\varphi=\int_0^{8\pi}M_{ed}\,\mathrm{d}\varphi=\frac{1}{2}\times 8\pi\times 160\text{J}=2010\text{J}$$

$$\omega_a=\sqrt{\frac{2E_a}{J_e}}=\sqrt{\frac{2\times 2010}{0.05}}\text{rad/s}=284\text{rad/s}$$

在 $\varphi_b=9\pi$ 位置时，

$$E_b=E_a+\int_{8\pi}^{9\pi}(M_{ed}-M_{er})\,\mathrm{d}\varphi$$

$$=\left(2010+\frac{1}{2}\times\pi\times 10\right)\text{J}$$

$$=2026\text{J}$$

$$\omega_b=\sqrt{\frac{2E_b}{J_e}}$$

$$=\sqrt{\frac{2\times 2026}{0.05}}\text{rad/s}$$

$$=285\text{rad/s}$$

在 $\varphi_c=10\pi$ 位置时，

$$E_c=E_a+\int_{8\pi}^{10\pi}(M_{ed}-M_{er})\,\mathrm{d}\varphi$$

$$=2010\text{J}$$

$$\omega_c=\sqrt{\frac{2E_c}{J_e}}=\sqrt{\frac{2\times 2010}{0.05}}\text{rad/s}$$

$$=284\text{rad/s}$$

动能 E 和角速度 ω 的变化规律示意图如图 9-14 所示。

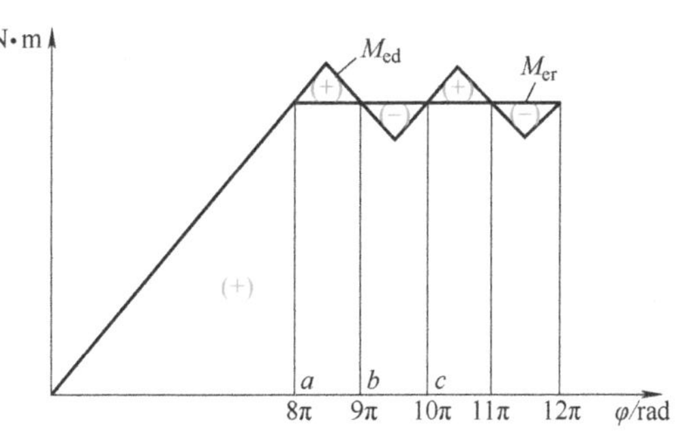

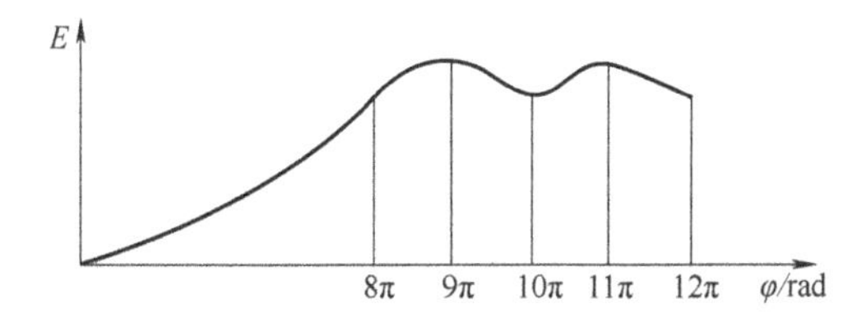

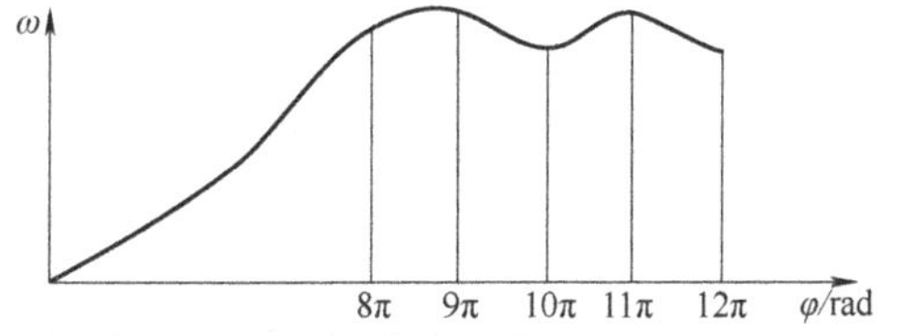

图 9-14　等效力矩变化规律

2. 特例——等效转动惯量、等效力矩均为常数

等效转动惯量、等效力矩均为常数是定传动比机械系统中或机械制动过程中的常见问题。此时，采用力（矩）形式的微分方程比较简便。

由于 J_e、M_e 为常数，故式（9-23）可以简化为

$$J_e \frac{d\omega}{dt} = M_e = M_{ed} - M_{er}$$

则

$$\frac{d\omega}{dt} = \frac{M_e}{J_e} = \frac{M_{ed} - M_{er}}{J_e} = \varepsilon \tag{9-33}$$

对 $d\omega = \varepsilon dt$ 两边积分，得

$$\int_{\omega_0}^{\omega} d\omega = \int_{t_0}^{t} \varepsilon dt$$

则

$$\omega = \omega_0 + \varepsilon(t - t_0) \tag{9-34}$$

两边再积分，得

$$\varphi = \varphi_0 + \omega_0(t - t_0) + \frac{\varepsilon}{2}(t - t_0)^2 \tag{9-35}$$

例 9-5　图 9-15 所示为简单机械系统，已知电动机转速 $n_m = 1440$r/min，减速器的传动比 $i = 2.5$。选 B 轴为转化构件，等效转动惯量 $J_B = 0.5\text{kg} \cdot \text{m}^2$。要求 B 轴制动后不超过 3s 停机，求制动力矩 M_f 至少为多大。

解：

B 轴的角速度

$$\omega_B = \frac{n_m}{i} \frac{2\pi}{60} = \frac{1440}{2.5} \times \frac{2\pi}{60} \text{rad/s} = 60.32\text{rad/s}$$

由式（9-34）得

$$\varepsilon = \frac{\omega - \omega_0}{t - t_0} = \frac{0 - 60.32}{3} \text{rad/s} = -20.1\text{rad/s}^2$$

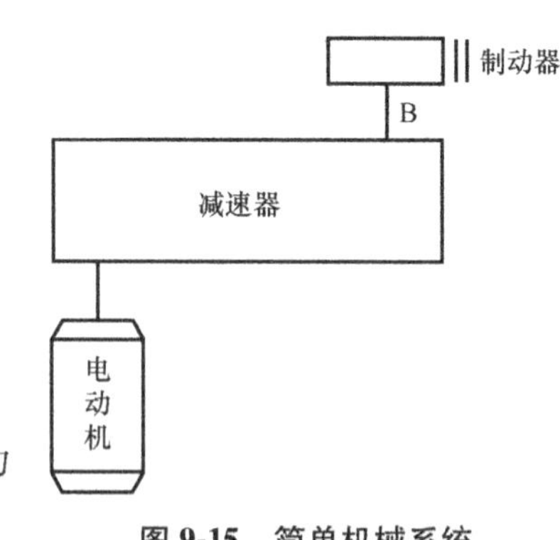

图 9-15　简单机械系统

制动时，要撤去驱动力矩和工作阻力矩，提供制动力矩 M_f（与 B 轴的转动方向相反），即有

$$M_e = M_{ed} - M_{er} - M_f = -M_f$$

则由式（9-33），得

$$\frac{d\omega}{dt} = \frac{M_e}{J_B} = \frac{-M_f}{J_B} = \varepsilon$$

可知

$$M_f = -\varepsilon J_B = -(-20.1) \times 0.5\text{N} \cdot \text{m} = 10.05\text{N} \cdot \text{m}$$

结果说明，若要在 3s 内停机，制动器的制动力矩 M_f 应至少为 10.05N・m。

9.4 机械系统运动速度波动的调节

知识点：
机械系统速度波动的调节概述

9.4.1 周期性速度波动的衡量指标

当起动阶段结束后，机械进入稳定运转阶段，这通常是机械进行工作的时期。机械稳定运转阶段有以下两种情况：主动件速度为常数时，称为等速稳定运转；主动件的平均速度稳定，但瞬时速度变化，称为变速稳定运转。

工程实际应用中，较难达到等速稳定运转的条件。因此，大多数机械在稳定工作阶段都是变速稳定运转的，即主动件的速度在某平均值 ω_m 上下做周期性的反复变化，称为周期性速度波动。图 9-16 所示为一个运动循环的角速度变化曲线。

图 9-16 中，ω_{max} 和 ω_{min} 分别为一个运动循环（对应的转化构件转角为 φ_T）内转化构件的最大角速度和最小角速度，$\omega_{max}-\omega_{min}$ 为速度变化的最大值，其平均角速度

$$\omega_m=\frac{\int_0^{\varphi_T}\varphi\mathrm{d}\varphi}{\varphi_T} \tag{9-36}$$

图 9-16　一个运动循环的角速度变化曲线

工程实际应用中，当 ω 变化不大时，常用最大角速度和最小角速度的算术平均值近似代替实际平均角速度 ω_m，即

$$\omega_m=\frac{\omega_{max}+\omega_{min}}{2} \tag{9-37}$$

ω_m 也可由机器铭牌上的名义转速 n_m 换算得到。

一个运动循环内速度波动的绝对幅度并不能客观地反映机械运转的速度波动程度，如图 9-17 所示，还必须考虑 ω_m 的大小。例如，当 $\omega_{max}-\omega_{min}=5\text{rad/s}$ 时，对于 $\omega_m=10\text{rad/s}$ 和 $\omega_m=100\text{rad/s}$ 的机械，显然低速机械的速度波动要显著。因此，机械运转的速度波动程度用速度波动的绝对量与平均速度的比值反映，称为机械运转的速度波动系数，以 δ 表示。其计算公式为

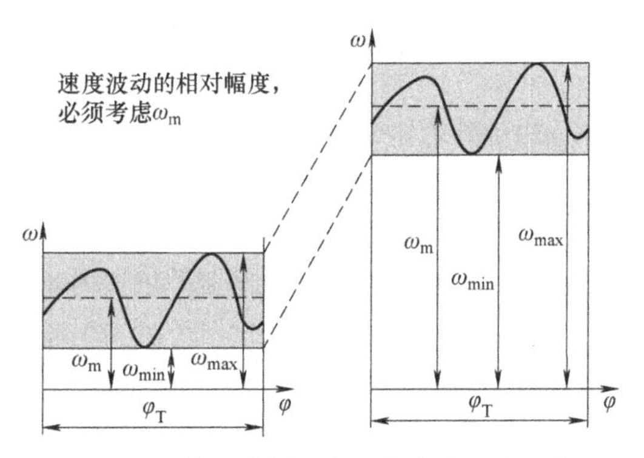

图 9-17　一个运动循环内速度波动程度示意图

$$\delta=\frac{\omega_{max}-\omega_{min}}{\omega_m} \tag{9-38}$$

则由式（9-37）和式（9-38），可以导出

$$\omega_{max}=\omega_m\left(1+\frac{\delta}{2}\right) \tag{9-39}$$

$$\omega_{min}=\omega_m\left(1-\frac{\delta}{2}\right) \tag{9-40}$$

$$\omega_{max}^2-\omega_{min}^2=2\delta\omega_m^2 \tag{9-41}$$

当 ω_m 一定时，速度波动系数 δ 越小，$\omega_{max}-\omega_{min}$ 就越小，机械越接近匀速运转。速度波动系数 δ 的大小反映了机械变速稳定运转过程中速度波动的大小，它是后续内容中飞轮设计的重要指标。部分机械的许用速度波动系数［δ］见表 9-1。

表 9-1　部分机械的许用速度波动系数［δ］

机器名称	[δ]	机器名称	[δ]
石料破碎机	$\frac{1}{5}\sim\frac{1}{20}$	水泵、鼓风机	$\frac{1}{30}\sim\frac{1}{50}$
压力机、剪床、锻床	$\frac{1}{7}\sim\frac{1}{10}$	造纸机、织布机	$\frac{1}{40}\sim\frac{1}{50}$
轧钢机	$\frac{1}{10}\sim\frac{1}{25}$	纺纱机	$\frac{1}{60}\sim\frac{1}{100}$
汽车、拖拉机	$\frac{1}{20}\sim\frac{1}{60}$	直流发电机	$\frac{1}{100}\sim\frac{1}{200}$
金属切削机床	$\frac{1}{30}\sim\frac{1}{40}$	交流发电机	$\frac{1}{200}\sim\frac{1}{300}$

机械系统的许用速度波动系数［δ］应根据机械系统的工作要求确定。例如，驱动发电机的活塞式内燃机，如果主轴的速度波动太大，势必影响输出电压的稳定性，如会使照明灯光忽明忽暗，因此应取较小的许用速度波动系数。而对于石料破碎机、压力机等机械，其速度波动对正常工作影响不大，故可取较大的许用速度波动系数。

为了使机械系统的速度波动系数不超过允许值，应满足条件

$$\delta\leqslant[\delta] \tag{9-42}$$

9.4.2　周期性速度波动产生的原因

下面以等效力矩为转化构件位置函数的情况为例，分析周期性速度波动产生的原因。

图 9-18a 所示为某机械在稳定运转过程中，其转化构件在一个运动周期 φ_T 内所受等效驱动力矩 $M_{ed}(\varphi)$ 与等效阻力矩 $M_{er}(\varphi)$ 的变化曲线。

当转化构件转过 φ 时（设其起始位置为 φ_a），其等效驱动力矩和等效阻力矩所做功之差为

$$\Delta W=\int_{\varphi_a}^{\varphi}(M_{ed}-M_{er})\,d\varphi=\Delta E \tag{9-43}$$

ΔW 为正值时，称为盈功，为负值时称为亏功。由图 9-18a 中可以看出，在 bc 段和 de 段，由于 $M_{ed}>M_{er}$，因此驱动功大于阻抗功，为盈功，在图中以“+”号表示；反之，在 ab 段、cd 段和

ea'段，由于 $M_{ed}<M_{er}$，因此驱动功小于阻抗功，为亏功，在图中以“-”号表示。

图 9-18b 表示以 a 点为基准的 ΔW 与 φ 的关系，也是动能增量 ΔE 与 φ 的关系。在亏功区，转化构件的角速度由于机械系统的动能减少而下降；在盈功区，转化构件的角速度由于机械系统的动能增加而上升。如果在等效力矩 M_e 和等效转动惯量 J_e 变化的公共周期内（如图 9-18c 中由 a 到 a'区间），驱动力矩与阻力矩所做的功相等，则机械动能的增量为零，由式（9-28）可知

$$\int_{\varphi_a}^{\varphi_{a'}}(M_{ed}-M_{er})\mathrm{d}\varphi=\frac{1}{2}J_{ea'}\omega_{a'}^2-\frac{1}{2}J_{ea}\omega_a^2=0$$

经过等效力矩 M_e 和等效转动惯量 J_e 变化的一个公共周期（称为一个运动循环），盈功与亏功互相抵消（如图 9-18c 中，$f_2+f_4=f_1+f_3+f_5$），机械系统的动能又恢复到原来的数值，因此转化构件的速度也恢复到原来的数值。由以上分析可知，转化构件在稳定运转过程中其速度将呈现周期性的波动。

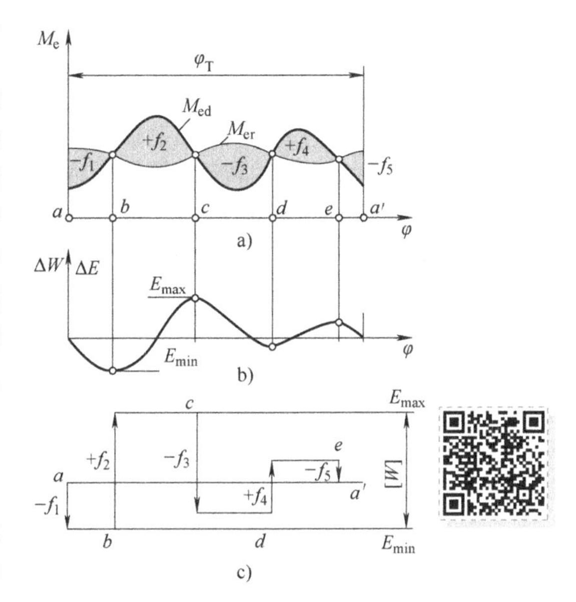

图 9-18　周期性速度波动的等效力矩和机械动能的变化曲线

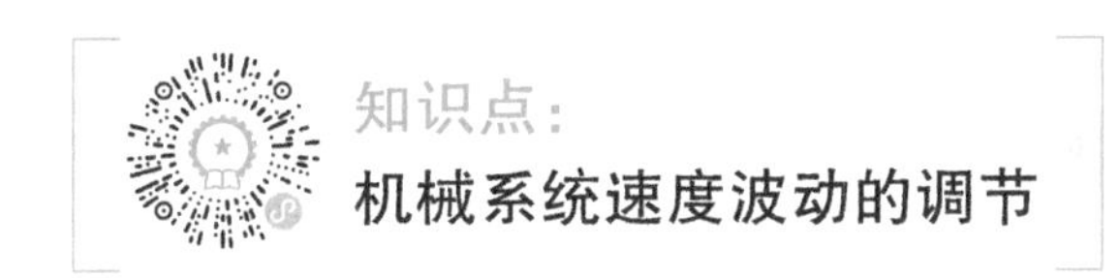

9.4.3　周期性速度波动调节的基本原理

如前所述，机械系统稳定运转时的周期性速度波动对机械系统的工作是不利的，将使运动副产生附加动压力，引起振动和噪声，尤其在高速运动的机械中，还会大大降低机械效率和工作可靠性，恶化工艺过程。因此，必须设法加以调节，使机械系统的速度波动系数不超过许用值。

由式（9-23）可知，若等效转动惯量 J_e 为常数，则

$$M_e=M_{ed}-M_{er}=J_e\frac{\mathrm{d}\omega}{\mathrm{d}t} \tag{9-44}$$

因此，对于相同的等效力矩 M_e，如果增大等效转动惯量 J_e，必然导致 $\mathrm{d}\omega/\mathrm{d}t$ 减小，即速度波动程度减小。故周期性速度波动调节的基本原理即增大转动惯量，最常用的办法是安装一个转动惯量足够大的盘形回转零件——飞轮。

安装飞轮后，机械系统总的等效转动惯量

$$J_e=J_{e0}+J_f \tag{9-45}$$

式中，J_{e0}为机械系统原有的等效转动惯量，并假定为常值；J_f 为安装的飞轮所具有的等效转动惯量。

则对应机械系统的盈功区或亏功区，机械系统的动能增量为

$$\Delta E=\frac{1}{2}J_e\omega^2-\frac{1}{2}J_e\omega_0^2=\frac{1}{2}(J_{e0}+J_f)\omega^2-\frac{1}{2}(J_{e0}+J_f)\omega_0^2=\Delta W$$

显然，盈功使机械系统的动能增加，转化构件的速度变大；亏功使机械系统的动能减小，转化构件的速度变小。因此，飞轮转动惯量 J_f 的确定将是飞轮设计的重要内容。

此外，飞轮利用巨大的转动惯量不仅能减小机械的速度波动，而且能利用储蓄的动能弥补载荷增大时主动机所应输出的功率，故可以减小主动机的功率，节省动力。这是某些载荷大而集中且对速度波动系数要求不高的机械安装飞轮的主要原因，例如，破碎机、冲压机、轧钢机等。对于一些起动频繁的机械，为了缩短过渡阶段的时间，常在飞轮和主动机之间安装离合器。在起动和制动时，将离合器脱开，使飞轮脱离机械，机械的转动惯量随之下降，这样达到迅速起动和制动的目的；而在稳定运转时，接通离合器，使飞轮与机械连接起来，借助飞轮较大的转动惯量，使机械的运转趋于平稳。

9.4.4 飞轮转动惯量的近似确定

确定机械上所需安装的飞轮转动惯量 J_f，首先要根据机械的工作要求，确定机械的许用速度波动系数 $[\delta]$，然后结合机械工作时的平均速度 ω_m，计算所需安装的飞轮的最小转动惯量。安装飞轮后，要保证机械的速度波动系数 $\delta\leqslant[\delta]$。

1. 确定飞轮转动惯量的计算公式

设机械系统原有的等效转动惯量为 J_{e0}，安装的飞轮所具有的等效转动惯量为 J_f，则安装飞轮后，机械总的等效转动惯量为 $J_e=J_{e0}+J_f$。

对于机械系统的每个运动循环，其转化构件所具有的最大速度、最小速度分别对应机械系统的最大动能（增量）位置和最小动能（增量）位置，则由动能定理，最大动能（增量）与最小动能（增量）的差值即等于一个运动循环内的最大盈功或亏功（称为最大盈亏功，以 $[W]$ 表示），即

$$\begin{aligned}[W]&=E_{max}-E_{min}=(E_{0max}+E_{fmax})-(E_{0min}+E_{fmin})\\&=\frac{1}{2}(J_{e0}+J_f)\omega_{max}^2-\frac{1}{2}(J_{e0}+J_f)\omega_{min}^2\end{aligned}\tag{9-46}$$

式中，ω_{max} 为安装飞轮后转化构件的最大角速度；ω_{min} 为安装飞轮后转化构件的最小角速度。

式（9-46）可改写为

$$[W]=\frac{1}{2}(J_{e0}+J_f)(\omega_{max}^2-\omega_{min}^2)\tag{9-47}$$

将 $\omega_{max}^2-\omega_{min}^2=2\delta\omega_m^2$ 代入式（9-47），则有

$$[W]=(J_{e0}+J_f)\delta\omega_m^2\tag{9-48}$$

故

$$J_f=\frac{[W]}{\delta\omega_m^2}-J_{e0}\tag{9-49}$$

那么，要保证机械的速度波动系数 $\delta\leqslant[\delta]$，必须

$$J_f\geqslant\frac{[W]}{[\delta]\omega_m^2}-J_{e0}\tag{9-50}$$

式（9-50）即为确定飞轮转动惯量的近似公式。

由式（9-50）计算的飞轮转动惯量为飞轮的等效转动惯量，即假定飞轮安装于转化构件。若将飞轮安装于其他构件，则将飞轮的转动惯量再等效到相应的构件即可。

由式（9-50）可知，当［W］与 ω_m 一定时，增大飞轮转动惯量 J_f，则速度波动系数 δ 将减小，速度波动程度降低。但 δ 越小，要求 J_f 越大，导致飞轮比较笨重，因此不能过分追求运转速度的均匀性。换句话说，安装飞轮可以减小速度波动的程度，但不可能消除速度波动。此外，由于 J_f 与 ω_m^2 成反比，故将飞轮安装在高速轴上是有利的，可以减小所需飞轮的转动惯量，减小飞轮的质量和尺寸。在工程实际应用中，有的机械系统还利用较大的带轮或齿轮兼起飞轮的作用，不再单独安装飞轮。

2. 计算飞轮转动惯量的关键——确定最大盈亏功［W］

由式（9-50）可知，由于 ω_m 与［δ］均为已知量，因此，计算飞轮转动惯量的关键在于确定最大盈亏功［W］。

如前所述，为了确定最大盈亏功［W］，需要依据 M_{ed} 和 M_{er} 先确定两个位置——机械的最大动能 E_{max}（最大动能增量 ΔE_{max}）和最小动能 E_{min}（最小动能增量 ΔE_{min}），对应转化构件所具有的最大角速度 ω_{max} 和最小角速度 ω_{min}。还以等效力矩为转化构件位置函数的情况为例，如图 9-18a、b 所示，可以确定 $E_{min}(\Delta E_{min})$ 出现在 b 处，$E_{max}(\Delta E_{max})$ 出现在 c 处，均为 M_{ed} 和 M_{er} 两曲线的交点。

如果 M_{ed} 和 M_{er} 分别用 φ 的函数表达式形式给出，则可由式（9-43）直接积分求出各交点处的 ΔW，然后找出 ΔW_{max} 和 ΔW_{min} 及其所在位置，进而求出最大盈亏功 $[W]=\Delta W_{max}-\Delta W_{min}=\Delta E_{max}-\Delta E_{min}$。

如果 M_{ed} 和 M_{er} 以线图（图 9-18）或表格形式给出，则可通过 M_{ed} 和 M_{er} 之间包围的各个小面积（图 9-18a 中阴影部分）计算各交点处的 ΔW 值（ΔW 为正，是盈功；为负，是亏功），然后找出 ΔW_{max} 和 ΔW_{min} 及其所在位置，进而求得最大盈亏功［W］。

也可绘制动能指示图确定 E_{max} 和 E_{min} 及其所在位置，进而求出［W］。如图 9-18c 所示，取任意点 a 为起点，按一定比例用向量线段依次表示 M_{ed} 和 M_{er} 之间所包围的各个小面积 f_1、f_2、f_3、f_4、f_5 的大小和正负。盈功为正，箭头向上；亏功为负，箭头向下。由于每个运动循环的起始位置和终止位置的动能相等，故动能指示图的首尾应在同一水平线上，即盈功与亏功互相抵消，$f_2+f_4=f_1+f_3+f_5$。由图 9-18c 可以看出，最低点 b 处动能最小，最高点 c 处动能最大，b 和 c 之间的距离就代表了最大盈亏功［W］的大小。

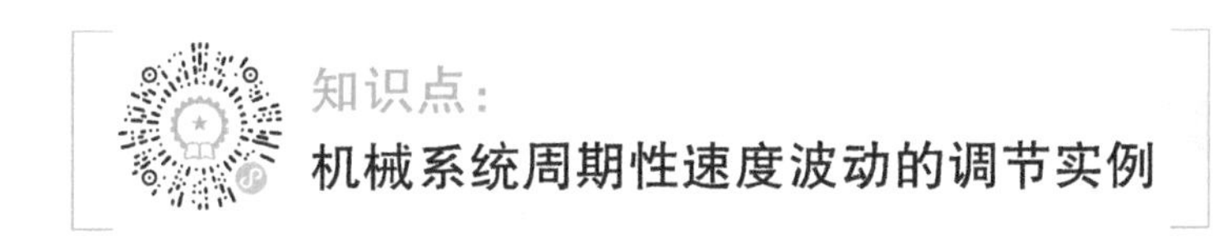

例 9-6　剪床电动机的输出转速 $n_m=1500\text{r/min}$，驱动力矩 M_d 为常数，作用于剪床主轴的阻力矩 M_r 变化规律如图 9-19 所示，机械运转的速度波动系数 $[\delta]=0.05$，机械各构件的等效转动惯量忽略不计。试求：安装于电动机主轴的飞轮转动惯量 J_f；电动机的平均功率 P_d。

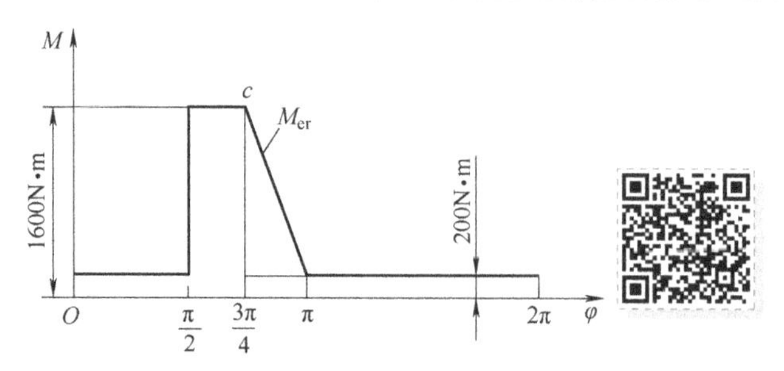

图 9-19　剪床等效阻力矩的变化曲线

解：

1. 求 M_{ed}

由于等效驱动力矩 M_{ed} 为常数，故为一水平直线，如图 9-20 所示。在一个运动循环内，等效驱动力矩 M_{ed} 所做的功等于等效阻力矩 M_{er} 所做的功，故有

$$2\pi M_{ed}=\left[200\times2\pi+\frac{1}{2}\left(\frac{\pi}{4}+\frac{\pi}{2}\right)\times(1600-200)\right]\text{N}\cdot\text{m}$$

解得

$$M_{ed}=462.5\text{N}\cdot\text{m}$$

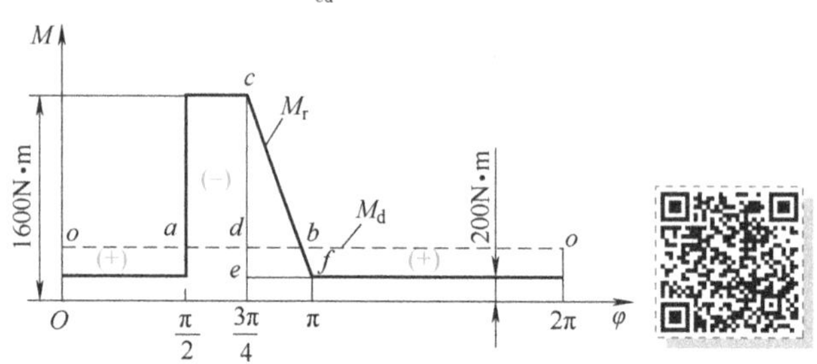

图 9-20　剪床的等效阻力矩和等效驱动力矩

2. 求最大盈亏功 ［W］

$$db=\frac{cd}{ce}ef=\frac{1600-462.5}{1600-200}\times\frac{\pi}{4}=0.203125\pi$$

又由于盈功

$$A_{oa}=\frac{\pi}{2}\times(462.5-200)\text{J}\approx412.33\text{J}$$

亏功

$$A_{ab}=\frac{1}{2}\times\left[\frac{\pi}{4}+\left(\frac{\pi}{4}+0.203125\pi\right)\right]\times(1600-462.5)\text{J}\approx1256.33\text{J}$$

盈功

$$A_{bo}=\frac{1}{2}\times\left[\left(\frac{5\pi}{4}-0.203125\pi\right)+\pi\right]\times(462.5-200)\text{J}\approx844.00\text{J}$$

根据各个盈亏功的数值，作动能指示图，如图 9-21 所示。注意：盈功动能增加，指向朝上；

亏功动能减少，指向朝下。

由图 9-21 所示的动能指示图可知

$$[W]=A_{ab}=1256.33\mathrm{J}$$

3. 求安装于电动机主轴的飞轮转动惯量 J_f

由式（9-50），得

$$J_f \geqslant \frac{900[W]}{[\delta]\pi^2 n_m^2}-J_{e0}$$

因此有

$$J_f \geqslant \frac{900[W]}{[\delta]\pi^2 n_m^2}=\frac{900\times1256.33}{0.05\times\pi^2\times1500^2}\mathrm{kg}\cdot\mathrm{m}^2 \approx 1.018\mathrm{kg}\cdot\mathrm{m}^2$$

则安装于电动机主轴的飞轮转动惯量应至少为 $1.018\mathrm{kg}\cdot\mathrm{m}^2$。

4. 求电动机的平均功率 P_d

$$P_d=M_{ed}\omega_m=M_{ed}\frac{2\pi n_m}{60}=462.5\times\frac{2\pi\times1500}{60}\mathrm{W}\approx72649.33\mathrm{W}\approx72.65\mathrm{kW}$$

则电动机的平均功率为 72.65kW。

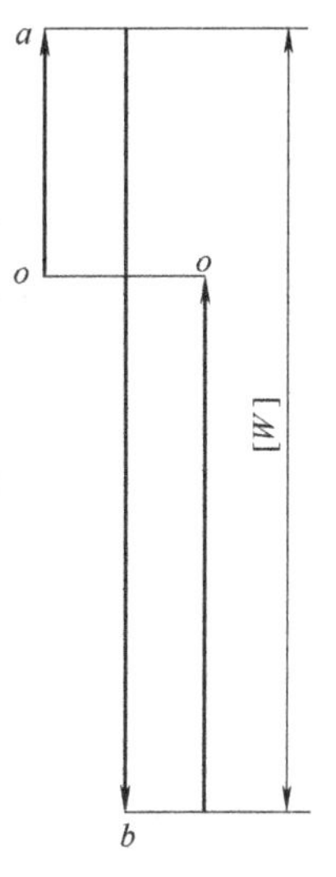

图 9-21　剪床的动能指示图

9.4.5　飞轮结构尺寸的设计

确定飞轮的转动惯量后，便可根据所希望的飞轮结构，按理论力学中有关不同截面形状的转动惯量计算公式，求出飞轮的主要尺寸。飞轮按构造大体可分为轮形飞轮和盘形飞轮两种。

1. 轮形飞轮

如图 9-22 所示，轮形飞轮由轮毂、轮辐和轮缘三部分组成。因为轮辐和轮毂的转动惯量比轮缘小得多，所以这两部分的转动惯量一般可略去不计，将飞轮转动惯量取为轮缘转动惯量。这样简化后，飞轮的实际转动惯量稍大于计算的转动惯量。

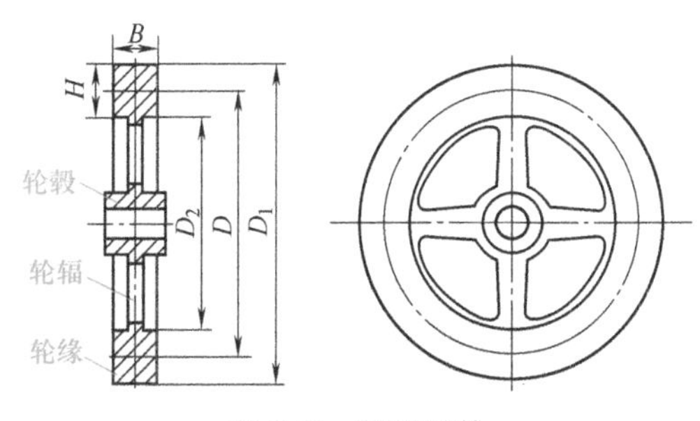

图 9-22　轮形飞轮

设飞轮外径为 D_1，轮缘内径为 D_2，轮缘质量为 m，则轮缘的转动惯量为

$$J_f=\frac{m}{2}\left(\frac{D_1^2+D_2^2}{4}\right)=\frac{m}{8}(D_1^2+D_2^2) \tag{9-51}$$

当轮缘厚度 H 不大时，可近似认为飞轮质量集中于其平均直径为 D 的圆周上，于是得

$$J_f \approx \frac{mD^2}{4} \tag{9-52}$$

式中，mD^2 称为飞轮矩，其单位为 $\mathrm{kg}\cdot\mathrm{m}^2$。

根据飞轮在机械中的安装空间，选择好轮缘平均直径 D 后，即可用式（9-52）计算出飞轮

质量 m。设飞轮宽度为 B，材料密度为 $\rho(\mathrm{kg/m^3})$，则

$$m=\frac{1}{4}\pi(D_1^2-D_2^2)B\rho=\pi\rho BHD \tag{9-53}$$

在选定了 D，据式（9-52）计算出 m 后，便可根据飞轮的材料（密度为 ρ）和选定的比值 H/B，由式（9-53）求出飞轮的剖面尺寸 H 和 B。对于较小的飞轮，通常取 $H/B\approx2$；对于较大的飞轮，通常取 $H/B\approx1.5$。

由式（9-52）可知，当飞轮转动惯量一定时，选择的飞轮直径越大，则质量越小。但直径太大，占据空间大，同时轮缘的圆周速度增大，会使飞轮由于受过大的离心力作用而有破裂的危险。因此，在确定飞轮尺寸时应检验飞轮的最大圆周速度，使其小于安全极限值。

2. 盘形飞轮

当飞轮的转动惯量不大时，可采用形状简单的盘形飞轮，如图 9-23 所示。

设 m、D 和 B 分别为盘形飞轮的质量、外径及宽度，则其转动惯量

$$J_f=\frac{m}{2}\left(\frac{D}{2}\right)^2=\frac{mD^2}{8} \tag{9-54}$$

当根据安装空间选定飞轮直径 D 后，即可用式（9-54）计算出飞轮质量 m。由于 $m=\frac{\pi D^2B\rho}{4}$，则可据飞轮的材料（密度为 ρ），求出飞轮的宽度 B

$$B=\frac{4m}{\pi D^2\rho} \tag{9-55}$$

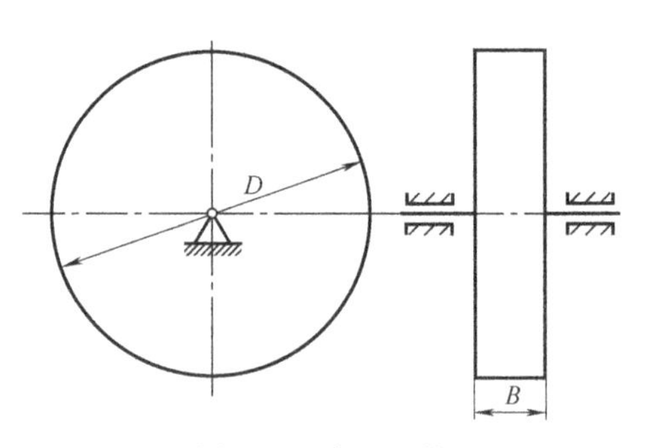

图 9-23　盘形飞轮

其他类型的调速器请参阅有关著作。

思考题与习题

9-1　机械的运转过程一般有哪三个阶段？在这三个阶段中，输入功、总耗功、动能以及速度之间的关系各有什么特点？

9-2　机械变速稳定运转和等速稳定运转的力学条件分别是什么？为什么保持机械主轴角速度为常数是困难的？

9-3　什么是机械的一个运动循环？压力机的一个运动循环对应主动件转几周？单缸四行程内燃机的一个运动循环对应主动件又转几圆周？

9-4　某机械主轴的等效力矩的变化规律如图 9-24 所示，判断该机械能否做周期性的变速稳定运转。

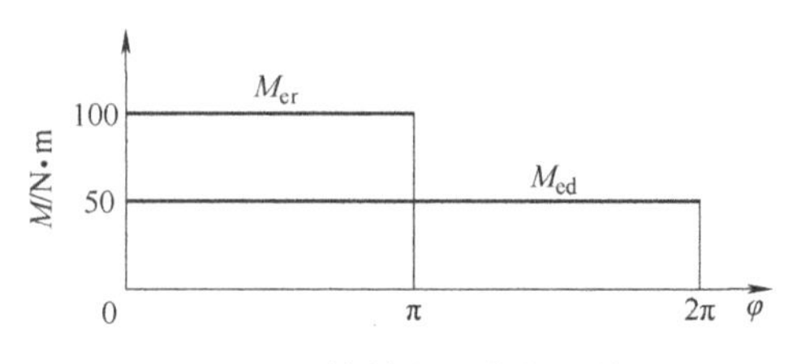

图 9-24　等效力矩变化规律

9-5　为什么要建立机械的等效动力学模型？建立等效动力学模型的条件是什么？

9-6　在机械的真实运动待求的情况下建立

等效动力学模型时，能否求出转化构件的等效力矩和等效转动惯量？为什么？

9-7　为什么机械稳定运转过程中会有速度波动？为什么要调节机械的速度波动？如何调节？

9-8　比较内燃机驱动的发电机组与电动机驱动的压力机、剪床等机械中安装飞轮的功用有何不同。

9-9　机器的速度波动系数 δ 如何确定？机器的速度波动系数 δ 大小与飞轮有何关系？

9-10　利用飞轮调节周期性速度波动的原理是什么？系统安装飞轮后能得到匀速运动吗？能否利用飞轮调节非周期性速度波动？为什么？

9-11　计算飞轮所需的转动惯量时，若 M_{ed} 和 M_{er} 以线图或表格形式给出，如何确定最大盈亏功［W］？

9-12　如何确定机械系统中一个运动循环内的最大转速 n_{max} 和最小转速 n_{min} 及其所在位置？

9-13　如果飞轮不安装在转化构件上，如何求解其转动惯量？

9-14　图 9-25 所示为伺服电动机驱动的立式铣床数控工作台，工作台及工件的质量 $m_4 = 350\text{kg}$；滚珠丝杠 3 的导程 $l = 6\text{mm}$，转动惯量 $J_3 = 1.2\times10^{-3}\text{kg}\cdot\text{m}^2$；齿轮 1 和齿轮 2 的齿数 $z_1 = 25$，$z_2 = 45$，转动惯量 $J_1 = 7.2\times10^{-4}\text{kg}\cdot\text{m}^2$，$J_2 = 1.92\times10^{-3}\text{kg}\cdot\text{m}^2$。选择伺服电动机时，其允许的负载转动惯量必须大于折算到电机轴上的负载等效转动惯量。求图示系统折算到电动机轴上的等效转动惯量 J_{e1}。

9-15　图 9-26 所示为导杆机构，作用于导杆 3 的阻力矩 $M_3 = 10\text{N}\cdot\text{m}$，导杆 3 对轴 C 的转动惯量 $J_3 = 0.016\text{kg}\cdot\text{m}^2$，其他构件的质量和转动惯量忽略不计。若取曲柄 1 为转化构件，已知曲柄长度 $l_{AB} = 100\text{mm}$，图示位置 $\varphi_1 = 90°$，$\varphi_3 = 30°$，求该瞬时机构的等效转动惯量 J_{e1} 和等效阻力矩 M_{er1}。

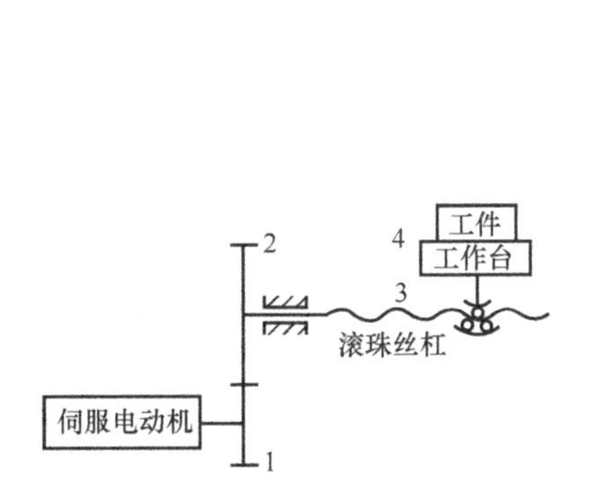

图 9-25　伺服电动机驱动的立式铣床数控工作台

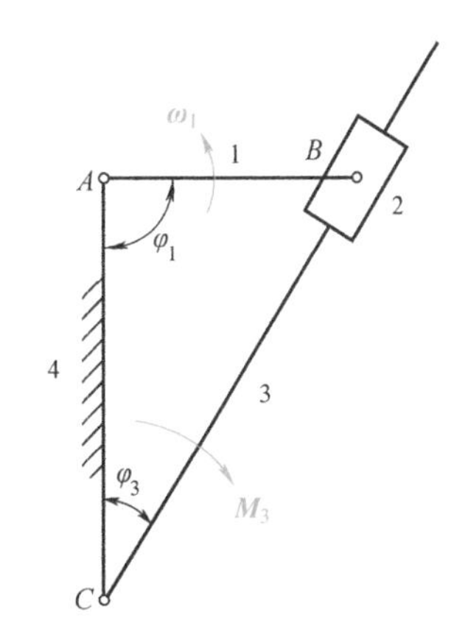

图 9-26　导杆机构

9-16　图 9-27a 所示为搬运机构，$l_{AB} = l_{ED} = 200\text{mm}$，$l_{BC} = l_{CD} = l_{EF} = 400\text{mm}$，$\varphi_1 = \varphi_{23} = \varphi_3 = 90°$，滑块 5 的质量 $m_5 = 20\text{kg}$，其他构件的质量和转动惯量忽略不计，作用于滑块 5 的工作阻力 $Q = 1000\text{N}$。若取构件 1 为转化构件建立等效动力学模型，如图 9-27b 所示，求该瞬时机构的等效转动惯量 J_{e1} 和等效阻力矩 M_{er1}。

9-17　图 9-28 所示为发动机机构，曲柄长 $l_1 = 100\text{mm}$，$\varphi_1 = 90°$，滑块 3 的质量 $m_3 = 10\text{kg}$，其他构件的质量和转动惯量忽略不计，作用于滑块的驱动力 $F_3 = 1000\text{N}$，作用于曲柄的工作阻力矩 $M_1 = 90\text{N}\cdot\text{m}$，求曲柄开始回转时的角加速度。

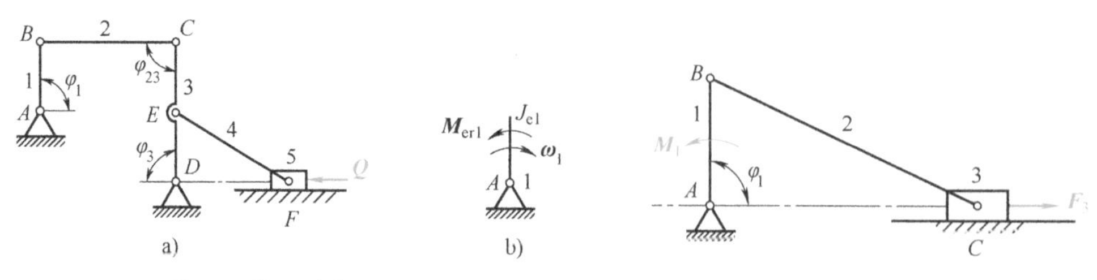

图 9-27　搬运机构及其等效动力学模型　　　图 9-28　发动机机构

9-18　图 9-29 所示为起吊装置，已知齿轮齿数 z_1、z_2、z_3 和蜗杆头数 z_4、蜗轮齿数 z_5，各轮绕其轴心的转动惯量 J_1、J_2、J_3、J_4、J_5，齿轮 2 的质量 m_2，起吊滚筒直径 d，起吊重物重量 G。求：

1）以 1 为转化构件时系统的等效转动惯量 J_{e1}。

2）若使重物等速上升，需要在齿轮 1 上施加多大的力矩。

9-19　图 9-30 所示为离合轴系，同轴线的轴 1 和轴 2 以摩擦离合器相连。轴 1 和飞轮的总质量为 100kg，回转半径 $r_1=450\text{mm}$；轴 2 和转子的总质量为 250kg，回转半径 $r_1=625\text{mm}$。在离合器接合前，轴 1 的转速 $n_1=100\text{r/min}$，轴 2 以 $n_2=20\text{r/min}$ 的转速与轴 1 同向转动。在离合器接合 3s 后，两轴达到相同的转速。设在离合器接合过程中，无外加驱动力矩和阻力矩。求：

1）两轴接合后的公共转速 n。

2）设在离合器接合过程中，离合器传递的转矩 M 为常数，求此转矩的大小。

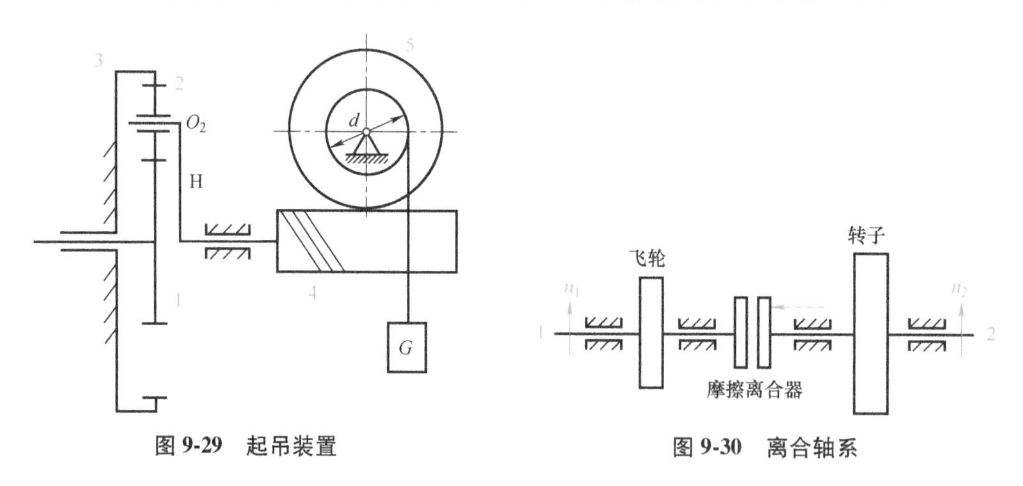

图 9-29　起吊装置　　　图 9-30　离合轴系

9-20　图 9-31a 所示为卷扬机，若重物重量 $G=1000\text{N}$，鼓轮半径 $r=0.2\text{m}$，减速系统各齿轮齿数 $z_1=17$，$z_2=64$，$z_{2'}=32$，$z_3=85$，各轮绕其轴心的转动惯量 $J_1=0.1\text{kg}\cdot\text{m}^2$，$J_2=0.3\text{kg}\cdot\text{m}^2$，$J_{2'}=0.2\text{kg}\cdot\text{m}^2$，$J_3=1\text{kg}\cdot\text{m}^2$。当重物下降速度 $v=1\text{m/s}$ 时，突然中断驱动力矩，同时在轮 1 的轴上施加制动力矩 $M_f=40\text{N}\cdot\text{m}$，问经过多少时间重物停止不动，并求在这段时间内重物下降的高度。

9-21　图 9-32 所示为某转子，设转子质量 $m=2.75\text{kg}$，转动惯量 $J=0.008\text{kg}\cdot\text{m}^2$，轴颈尺寸 $d=20\text{mm}$。若转子从转速 $n=200\text{r/min}$ 开始按直线变化规律停机，求：

1）若停机时间 $t=2\text{s}$，转子轴承处的摩擦系数 f。

2）若将停机时间缩短至 $t=0.5\text{s}$，除转子轴承处的摩擦力矩 M_f 外，还需要施加多大的制动

力矩 M_r。

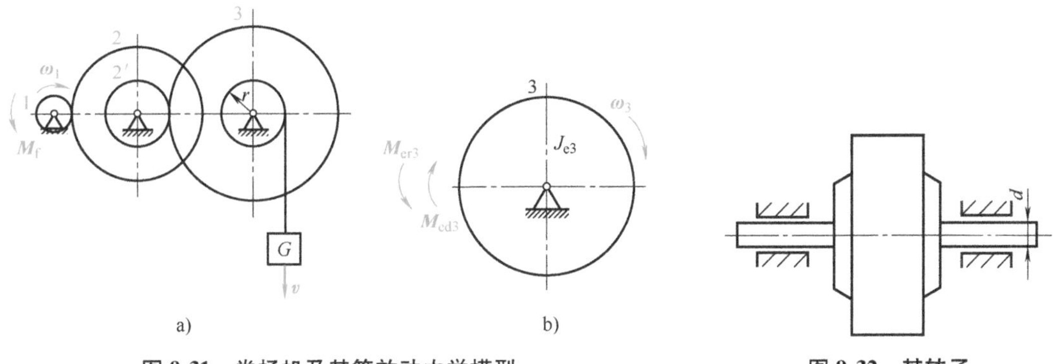

图 9-31　卷扬机及其等效动力学模型

图 9-32　某转子

9-22　图 9-33 所示为转盘驱动装置，电动机 1 的额定功率 $P_1=0.55\text{kW}$，额定转速 $n_1=1390\text{r/min}$，转动惯量 $J_1=0.018\text{kg}\cdot\text{m}^2$；减速器 2 的减速比 $i_2=35$，齿轮 3 和齿轮 4 的齿数 $z_3=20$，$z_4=52$，减速器 2 和齿轮传动折算到电动机轴上的等效转动惯量 $J_{e2}=0.015\text{kg}\cdot\text{m}^2$，等效阻力矩 $M_{er1}=0.3\text{N}\cdot\text{m}$；转盘 5 的转动惯量 $J_5=144\text{kg}\cdot\text{m}^2$，其上作用阻力矩 $M_{r5}=80\text{N}\cdot\text{m}$。该装置欲采用点动（每次通电时间约 0.15s）做步进调整，求每次点动转盘 5 转过的角度。

提示：电动机的起动转矩 $M_d\approx 2M_1$ 并近似为常数，M_1 为额定转矩。

9-23　图 9-34a 所示为剪床机构，作用于轮 1 轴的驱动力矩 M_1 为常数，作用于轮 2 轴的阻力矩 M_2 的变化规律如图 9-34b 所示，轮 2 轴的转速 $n_2=60\text{r/min}$，大齿轮 2 的转动惯量 $J_2=29.2\text{kg}\cdot\text{m}^2$，小齿轮 1 及其他构件的质量和转动惯量忽略不计。求：

1）要保证速度波动系数 $\delta=0.04$，应在轮 2 轴上安装的飞轮转动惯量 J_{f2}。

2）若 $z_1=22$，$z_2=85$，将飞轮安装于轮 1 轴上时所需的转动惯量 J_{f1}。

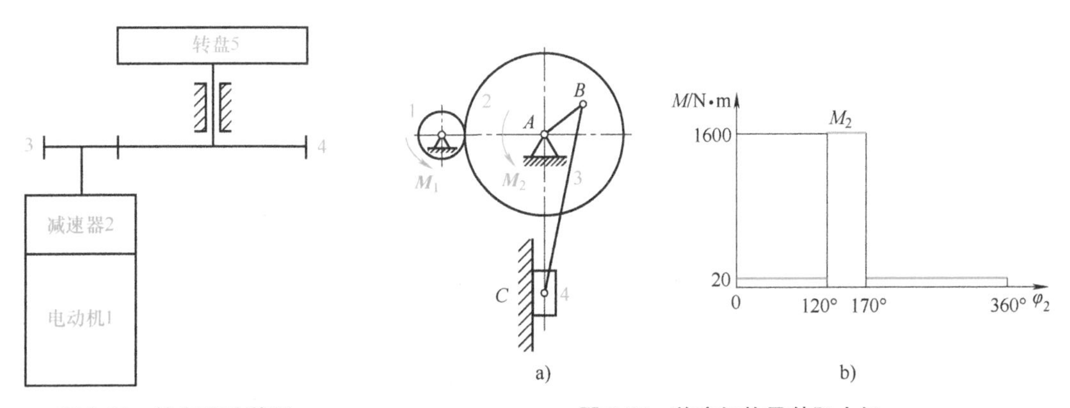

图 9-33　转盘驱动装置

图 9-34　剪床机构及其阻力矩

9-24　在制造螺栓、螺钉的双击冲压自动镦头机中，若仅考虑有效阻力，主动轴上的等效阻力矩变化如图 9-35 所示，等效驱动力矩为常数，机器所有运动构件的等效转动惯量 $J_e=1\text{kg}\cdot\text{m}^2$，机器的运转可认为是稳定运转，主动轴的平均转速 $n=160\text{r/min}$。若要求实际转速不超过平均转速的±0.05%，试确定飞轮的转动惯量 J_f。

9-25　图 9-36 所示为刨床机构，刨床在空回行程和工作行程所消耗的功率分别为 $P_1=$

0.3677kW，$P_2=3.677\text{kW}$，空回行程对应的曲柄 AB 转角 $\theta_1=120°$。若曲柄 AB 的平均转速 $n_m=100\text{r/min}$，速度波动系数 $\delta=0.05$，各构件的质量和转动惯量忽略不计。求：

1）电动机的平均功率。

2）安装到主轴 A 上的飞轮转动惯量 J_{fA}。

3）若将飞轮安装到电动机轴上，电动机的额定转速 $n=1450\text{r/min}$，电动机通过减速器驱动曲柄 AB，减速器的转动惯量也忽略不计，则飞轮转动惯量 J_f 需多大？

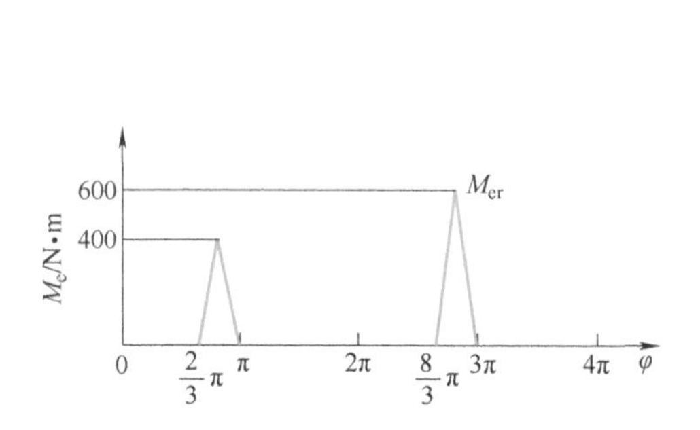

图 9-35　双击冲压自动镦头机的等效阻力矩

图 9-36　刨床机构

9-26　曲柄位置互相错开 120°的三缸发动机，其每个气缸曲柄的等效力矩近似为三角形，如图 9-37 所示。若曲柄的转速保持在（600±10）r/min，且其阻力矩为常数，不计其他构件的质量和转动惯量。求：

1）该发动机的功率。

2）需在曲柄轴上安装的飞轮转动惯量 J_f。

9-27　图 9-38a 所示为压力机，由电动机经减速装置而驱动的压力机，每分钟冲孔 20 个，且冲孔时间为运转周期的 1/6，冲孔力 $F=\pi dhG$，冲孔直径 $d=20\text{mm}$，钢板材料为 Q235，其切变模量 $G=3.1\times10^8\text{N/m}^2$，板厚 $h=13\text{mm}$。求：

1）不安装飞轮时电动机所需的功率。

2）若安装飞轮，并设电动机转速 $n_d=900\text{r/min}$，速度波动系数 $\delta=0.1$，求在电动机轴上安装的飞轮转动惯量及电动机功率。

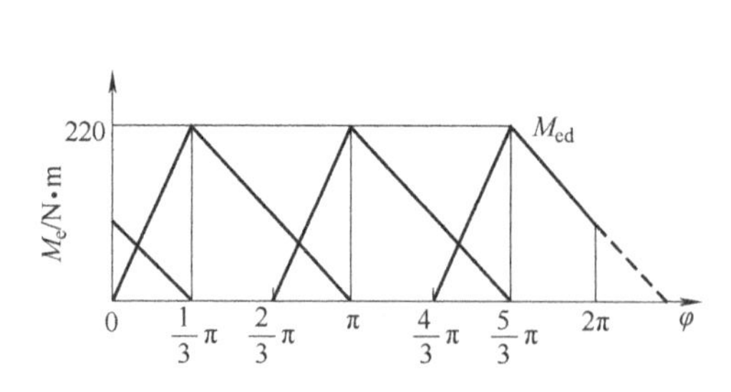

图 9-37　三缸发动机的等效驱动力矩

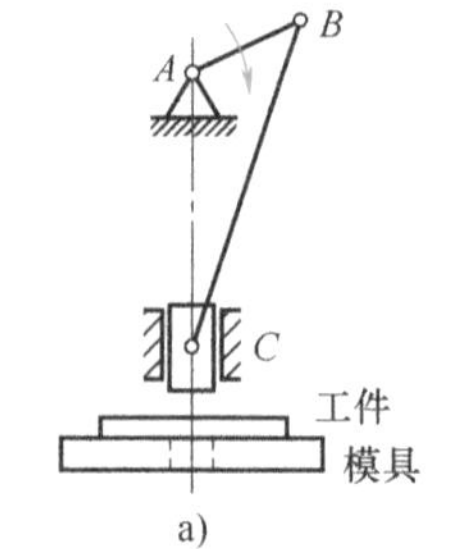

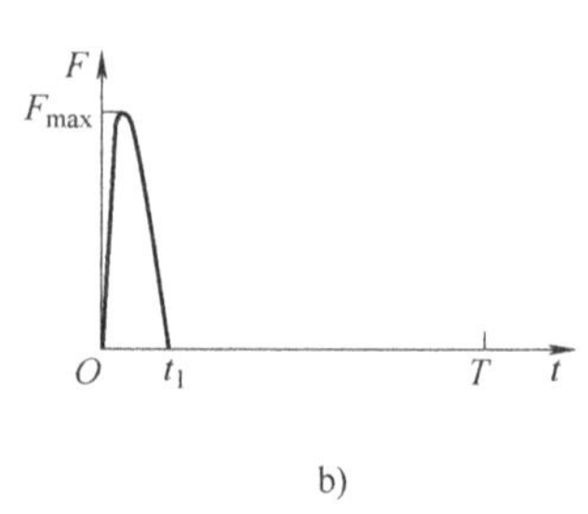

图 9-38　压力机及其剪切力

第10章 机械的平衡

本章的知识结构图

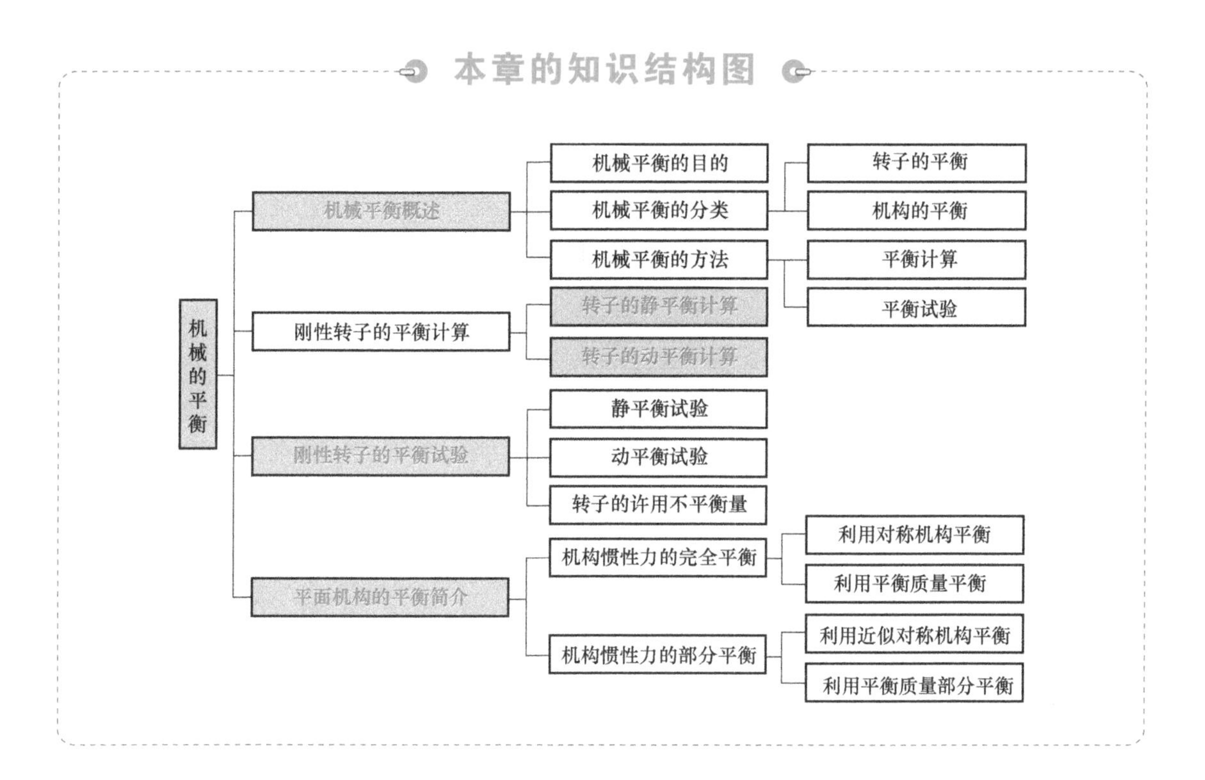

10.0 引言

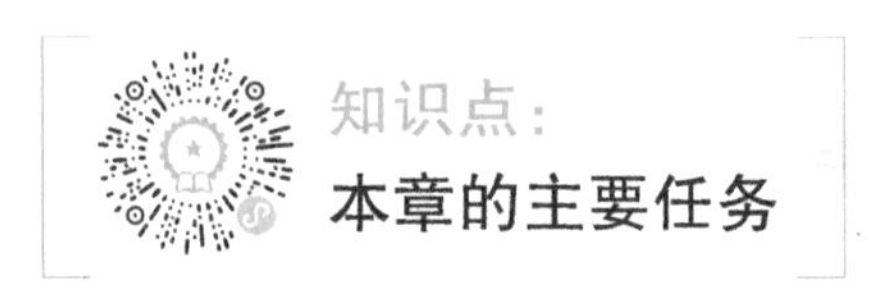

本章学习的主要任务如下：

- 刚性转子的平衡
- 平面机构的平衡

10.1 机械平衡概述

10.1.1 机械平衡的目的

机械在运转过程中，构件所产生的不平衡惯性力将在运动副中引起附加的动压力，这不但会增大运动副中的摩擦和构件中的内应力，降低机械的效率和构件的强度，而且由于惯性力的大小和方向一般都是周期性变化的，会引起机械及其基础产生强迫振动，使机械的可靠性下降，零件内部的疲劳损伤加剧，噪声污染严重。如果振动频率接近机械系统的固有频率，将会引起共振，可能使机械设备遭到破坏，甚至危及附近的机械及厂房建筑的安全。

为了减少或消除这些不良影响，就必须设法减少或消除构件的不平衡惯性力，这就是机械平衡的目的。

现代机械主要向高速、高精度方向发展，机械平衡问题显得尤为重要。通过平衡计算和平衡试验对惯性力加以平衡，是减轻机械振动，提高机械性能，延长机械寿命，降低噪声污染的重要措施之一。

10.1.2 机械平衡的分类

1. 转子的平衡

绕定轴转动的构件常称为转子。这类构件的平衡是通过在构件上增加或去除一部分质量的方法来完成的。根据转子工作转速的不同，转子的平衡又分为以下两种：

（1）刚性转子的平衡　在一般的机械中，转子的刚性比较好，其共振转速较高，转子的工作转速低于（0.6~0.7）n_{c1}（n_{c1}为转子的第一阶共振转速）。此时，转子产生的弹性变形很小，可以忽略不计，这类转子称为刚性转子。刚性转子的平衡原理是基于理论力学的力系平衡理论。如果转子的轴向尺寸较小（一般指转子的轴向宽度 b 与其直径 D 之比 $b/D<0.2$），如齿轮、凸轮、带轮等盘状转子，只要求其惯性力达到平衡，称之为刚性转子的静平衡。对于轴向尺寸较大的转子（一般为 $b/D\geqslant0.2$），如内燃机的曲轴，不仅要求其惯性力的平衡，而且还要求惯性力引起的力矩也达到平衡，则称之为刚性转子的动平衡。刚性转子的平衡原理和方法是本章的主要内容。

（2）挠性转子的平衡　在一些机械中还有一类转子，如航空涡轮发动机、汽轮机等机械中的大型转子，其质量和跨度都很大，径向尺寸却较小，因此造成其共振转速降低，而其工作转速 n 又往往很高 $[n\geqslant(0.6\sim0.7)n_{c1}]$，在这种情况下，转子在工作过程中将会产生较大的弯曲变形，其惯性力显著增大，这类转子称为挠性转子。挠性转子的平衡原理是基于弹性梁的横向振动理论，由于这个问题比较复杂，本章将不做介绍。

2. 机构的平衡

机构中如果含有做往复移动或平面复合运动的构件，这些构件所产生的惯性力无法靠构件本身平衡，而必须就整个机构加以研究。由于所有构件上的惯性力和惯性力矩可以合成一个通过机构质心并作用于机架上的总惯性力和惯性力矩，因此，这类平衡问题应设法使其总惯性力和总惯性力矩在机架上得到完全或部分平衡，以消除或降低其不良影响，故这类平衡又称为机构在机架上的平衡。

10.1.3 机械平衡的方法

1. 平衡计算

在机械的设计阶段，首先要完成运动设计，满足工作要求及制造工艺性等要求，还要考虑机械的动力学要求之一——机械的平衡。在机械的设计阶段考虑机械平衡，主要是通过平衡计算，在结构上采取措施消除或减少产生不良影响的不平衡惯性力。

2. 平衡试验

经过平衡计算的机械，从理论上已经达到平衡，但是由于加工制造的误差、材料的不均匀及安装的不准确等非设计因素，实际加工后、投入生产前的机械可能还会出现不平衡现象。这种不平衡在设计阶段是无法确定和消除的，只有通过平衡试验才能确定其不平衡惯性力的大小和方位，然后再加以平衡。

10.2 刚性转子的平衡计算

在转子的设计过程中，尤其对于高速及精密转子的设计，必须对其进行平衡计算，如果不平衡，则需要在结构上采取措施消除不平衡惯性力的影响。

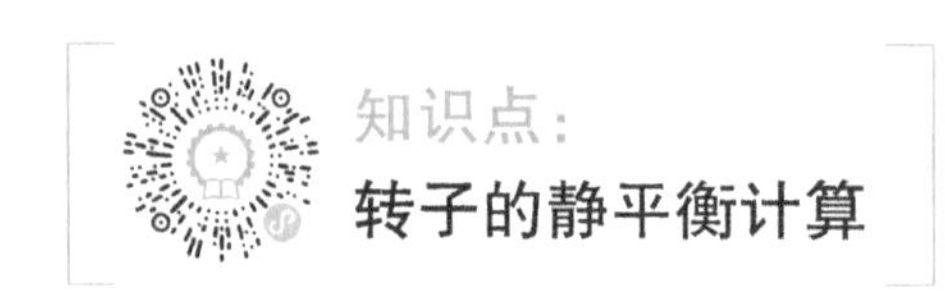

对于轴向尺寸较小的盘状转子，如齿轮、凸轮、带轮等，可以近似地认为它们的质量分布在垂直于其回转轴线的同一平面内。如果转子的质心不在回转轴线上，当起动时，其偏心质量就会产生离心惯性力。这种不平衡现象在转子静态时即可表现出来，因此称其为静不平衡。对于这类转子进行平衡，首先根据转子的结构定出偏心质量的大小及方位，然后计算与这些偏心质量平衡的平衡质量的大小和方位，最后根据转子的结构加上或去除该平衡质量，使其质心落在回转轴线上，从而使转子的离心惯性力达到平衡。这一过程称为转子的静平衡计算。

图 10-1 所示为盘形转子，根据其结构特点（如凸轮的质心与回转中心不重合、轮上有凸台等），可以知道其具有的偏心质量 m_1、m_2，以及它们的回转半径 r_1、r_2。

当转子以等角速度 $\boldsymbol{\omega}$ 回转时，各偏心质量产生的离心惯性力

$$\boldsymbol{F}_i = m_i \omega^2 \boldsymbol{r}_i (i=1,2) \tag{10-1}$$

为了平衡这些离心惯性力，需要在回转半径为 $\boldsymbol{r}_b$ 处增加一平衡质量 m_b，使其产生的离心惯性力 $\boldsymbol{F}_b$ 与各偏心质量的离心惯性力 $\boldsymbol{F}_i$ 相平衡。根据平衡条件，这些惯性力形成的平面汇交力系合力 $\boldsymbol{F}$ 为零，即

$$\boldsymbol{F} = \boldsymbol{F}_1 + \boldsymbol{F}_2 + \boldsymbol{F}_b = 0 \tag{10-2}$$

即

$$m_1 \omega^2 \boldsymbol{r}_1 + m_2 \omega^2 \boldsymbol{r}_2 + m_b \omega^2 \boldsymbol{r}_b = 0$$

消去 ω^2 后可得

$$m_1 \boldsymbol{r}_1 + m_2 \boldsymbol{r}_2 + m_b \boldsymbol{r}_b = 0 \tag{10-3}$$

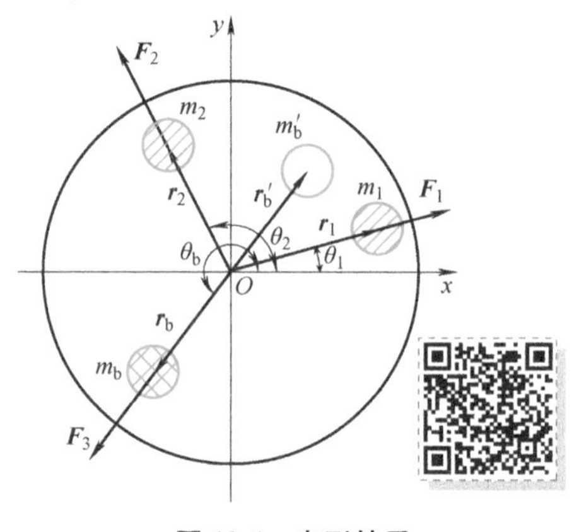

图 10-1　盘形转子

式（10-3）中，质量与回转半径的乘积称为质径积。它表示在同一转速下转子上各离心惯性力的相对大小和方位。

根据平面汇交力系平衡方程的求解方法，将式（10-3）向 x 轴、y 轴投影，可得

$$(m_b \boldsymbol{r}_b)_x = -(m_1 r_1 \cos\theta_1 + m_2 r_2 \cos\theta_2)$$
$$(m_b \boldsymbol{r}_b)_y = -(m_1 r_1 \sin\theta_1 + m_2 r_2 \sin\theta_2)$$

则平衡质量的质径积的大小

$$m_b r_b = \sqrt{(m_b r_b)_x^2 + (m_b r_b)_y^2} \tag{10-4}$$

其方位角

$$\theta_b = \arctan \frac{(m_b r_b)_y}{(m_b r_b)_x} \tag{10-5}$$

平衡质量的质径积求出后，根据转子的结构选定其回转半径 r_b，那么所需要的平衡质量 m_b 的大小也就随之确定了，安装方向即为方位角 θ_b 所指方向。一般来讲，为了使转子的质量不致过大，回转半径尽可能选大些。

如果转子的实际结构不允许在 θ_b 的方向上安装平衡质量，也可以在相反方向 r_b'处，去掉平衡质量 m_b'，只要保证 $m_b r_b = m_b' r_b'$，同样可以使转子得到静平衡。

根据上面的实例分析推广可得，对于静不平衡的转子，不论它有多少个偏心质量，都只需要在同一平衡面内增加或去除一个平衡质量，使其离心惯性力的合力为零，即可获得平衡，故静平衡又可称为单面平衡。

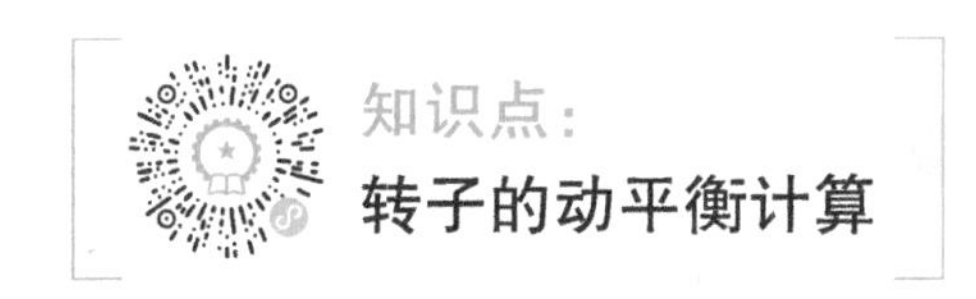

对于轴向尺寸较大的转子，如内燃机的曲轴、电机的转子等，其质量不能再视为分布在同一平面内了。这时的偏心质量往往分布在若干个不同的回转平面内，如图 10-2 所示的曲轴。即使整个转子的质心在回转轴线上（图 10-3），由于各偏心质量所产生的离心惯性力不在同一回转平面内，因而形成惯性力偶，所以仍然是不平衡的。由于这种不平衡现象只有在转子运动的情况下才能完全显示出来，故称其为动不平衡。对于这类转子进行平衡，首先根据转子的结构确定不同平面内的偏心质量的大小及方位，然后计算与这些偏心质量平衡的平衡质量的数量、大小和方位。要注意的是这时要求转子在运动时，所有偏心质量产生的惯性力及惯性力偶矩同时达到平衡，最后根据转子的结构加上或去除这些平衡质量，这一过程称为转子的动平衡计算。

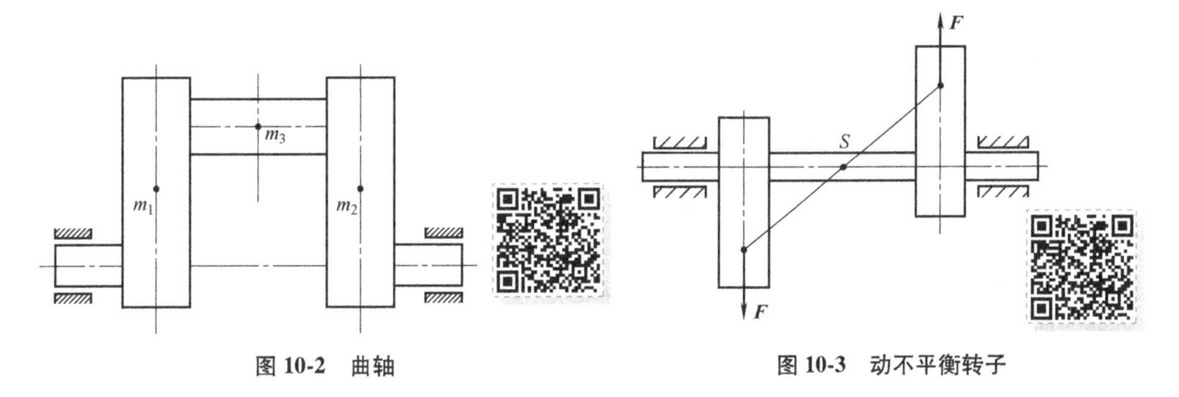

图 10-2　曲轴　　　　图 10-3　动不平衡转子

图 10-4 所示为动平衡转子，根据其结构，已知其偏心质量 m_1、m_2 及 m_3 分别位于回转平面 1、回转平面 2 及回转平面 3 内，它们的回转半径分别为 $\boldsymbol{r}_1$、$\boldsymbol{r}_2$ 及 $\boldsymbol{r}_3$。当转子以角速度 $\boldsymbol{\omega}$ 回转时，

它们产生的离心惯性力 $\boldsymbol{F}_1$、$\boldsymbol{F}_2$ 及 $\boldsymbol{F}_3$ 将形成一空间力系，因此，转子动平衡的条件是各偏心质量（包括所加的平衡质量）产生的惯性力的合力为零，同时这些惯性力产生的合力矩也为零。

由理论力学可知，一个力可以分解为与其相平行的两个分力。如果在转子的两端选定两个垂直于轴线的平面Ⅰ和平面Ⅱ作为平衡平面，设两平衡平面Ⅰ、Ⅱ的距离为 L，与回转平面 1、回转平面 2 及回转平面 3 的距离如图 10-4 所示，则 $\boldsymbol{F}_1$ 可以分解到平面Ⅰ内得到分力 $\boldsymbol{F}_{1\text{I}}$ 及平面Ⅱ内得到分力 $\boldsymbol{F}_{1\text{II}}$，其大小分别为

$$F_{1\text{I}}=\frac{l_1}{L}F_1,\quad F_{1\text{II}}=\frac{L-l_1}{L}F_1 \tag{10-6}$$

两分力方向与力 $\boldsymbol{F}_1$ 一致。同样将力 $\boldsymbol{F}_2$ 及 $\boldsymbol{F}_3$ 分解到平衡平面Ⅰ、Ⅱ内，得到 $\boldsymbol{F}_{2\text{I}}$、$\boldsymbol{F}_{3\text{I}}$（平衡平面Ⅰ内）和 $\boldsymbol{F}_{2\text{II}}$、$\boldsymbol{F}_{3\text{II}}$（平衡平面Ⅱ内）。这样就把空间力系的平衡问题，转化为两个平面汇交力系的平衡问题。只要在平衡平面Ⅰ、Ⅱ内适当地各加一平衡质量，使两平面内的惯性力的合力分别为零，合力矩自然为零，这个转子就达到了动平衡。

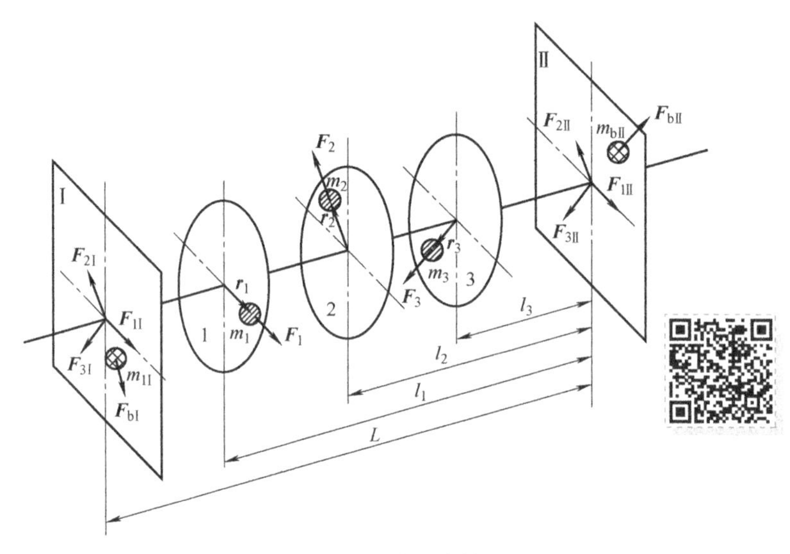

图 10-4 动平衡转子

至于平衡平面Ⅰ、Ⅱ内的平衡质量的大小和方位的确定，与前面静平衡计算的方法完全相同，此处不再介绍。

下面将动平衡计算的步骤总结如下：

1）根据转子的结构和安装空间，在转子上选定两个适合安装平衡质量的平面作为平衡平面。此处注意，考虑到力矩的平衡效果，两平衡平面间的距离应尽量大一些。

2）进行动平衡计算，即将所有偏心质量产生的离心惯性力向两平衡平面分解。

3）在两平衡平面内分别进行静平衡计算，确定各自的平衡质量、方位及其回转半径。

由上述分析可知，对于任何动不平衡的转子，无论具有多少个偏心质量，以及分布于多少个回转平面内，都只要在选定的两个平衡基面内分别加上或去除一个适当的平衡质量，即可得到完全平衡，故动平衡又称为双面平衡。

另外，由于动平衡同时满足静平衡条件，因此经过动平衡的转子一定静平衡；然而，经过静平衡的转子则不一定是动平衡的。

10.3 刚性转子的平衡试验

知识点：
刚性转子的平衡试验

经过平衡计算的刚性转子在理论上是完全平衡的，但是由于材质不均匀、制造误差等原因，实际生产出来的转子还可能会出现新的不平衡现象。由于这种不平衡现象在设计阶段是无法确定和消除的，因此需要采用试验的方法对其做进一步的平衡。

10.3.1 静平衡试验

静平衡试验设备比较简单，常用的设备有导轨式静平衡试验机，如图 10-5 所示。试验前首先调整两导轨位于水平位置且互相平行，然后把即将平衡的转子的轴放在导轨上，让其轻轻地自由滚动。如果转子有偏心质量存在，在重力作用下，转子停止滚动时，其质心必位于轴心的正下方，重复多次为同一位置。此时，在轴心的正上方加装一平衡质量（一般先用橡皮泥或磁铁块），然后反复试验，增减平衡质量，直至转子在任何位置都能保持静止。这说明转子的质心已与其回转轴线重合，即转子已达到静平衡。

导轨式静平衡机设备简单，操作方便，精度较高，但效率较低。对于批量转子静平衡，可采用快速测定平衡的单面平衡机。

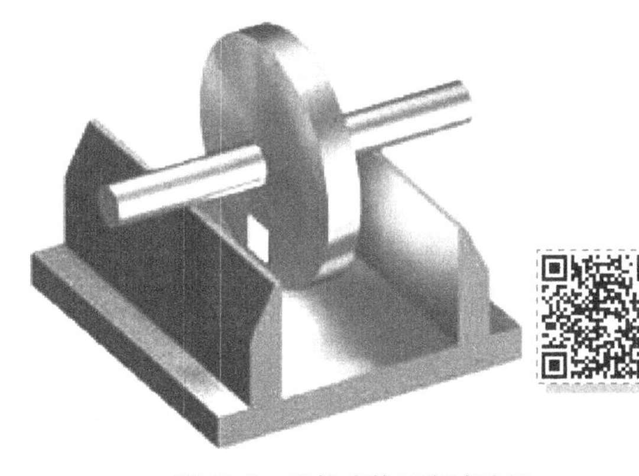

图 10-5 导轨式静平衡试验机

10.3.2 动平衡试验

转子的动平衡试验一般需要在专用的动平衡机上进行。工业上使用的动平衡机种类很多，其构造和工作原理各不相同，但目的都是确定需加于两平衡平面中平衡质量的大小及方位。大部分的动平衡机是根据振动原理设计的，它利用测振传感器将转子转动时离心惯性力所引起的振动转换成电信号，通过电子线路加以处理和放大，然后通过解算求出被测试转子的不平衡质量矢径积的大小和方位，最后通过仪器显示出来。

图 10-6 所示为软支撑动平衡机的工作原理示意图，转子放在两弹性支撑上，平衡平面为转子的两端面Ⅰ、Ⅱ。动平衡机由电动机通过带传动驱动，转子与带轮之间用双万向联轴器连接。在两支撑处布置测振传感器 1、2，将其得到的振动电信号同时传到解算电路 3。解算电路对信号

进行处理，以消除两平衡平面之间的相互影响，从而只反映出指定平衡平面中偏心质量引起的振动信号，该信号再由选频放大器 4 放大，并且由仪表 5 显示该平衡平面中不平衡质径积的大小。放大后的信号经由整形放大器 6 转变为脉冲信号，并且将此信号送到鉴相器 7 的一端。鉴相器的另一端接受的是基准信号。基准信号来自光电头 8 和整形放大器 9，它的相位与转子上的标记 10 相对应。鉴相器两端信号的相位差由相位表 11 显示，即以标记 10 为基准不平衡质径积的方位。用同样的方法可以确定另一平衡平面中的不平衡质径积的大小及方位。

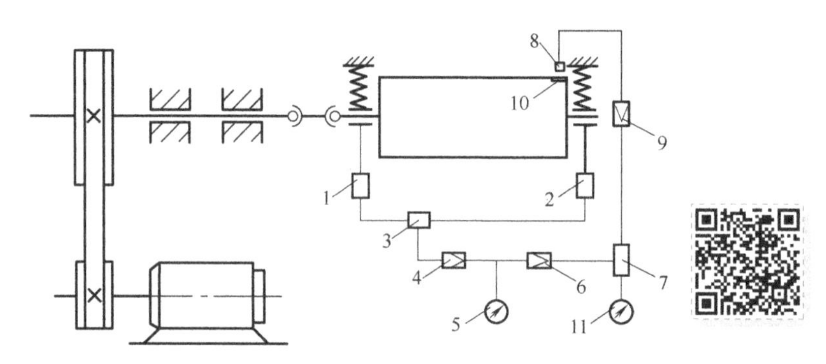

图 10-6　软支撑动平衡机的工作原理示意图

1、2—测振传感器　3—解算电路　4—选频放大器　5—仪表　6、9—整形放大器
7—鉴相器　8—光电头　10—标记　11—相位表

此外对于一些尺寸很大的转子，如大型汽轮发电机的转子，无法在试验机上平衡，只能进行现场动平衡。另外还有一些高速转子，虽然在出厂前已经进行了平衡试验，达到了要求的平衡精度，但是由于运输、安装以及现场工况条件的变化等原因，仍会造成新的不平衡，故也需要进行现场动平衡。现场动平衡是通过直接测量机器上的转子支架的振动，来推断在平衡平面上不平衡量的大小及方位，进而确定应加的平衡质量的大小及方位。

10.3.3　转子的许用不平衡量

经过平衡试验的转子，其不平衡量大大减小，但是很难减小到零，同时过高的要求也意味着成本的提高，因此根据工作要求，对转子规定适当的许用不平衡量是很必要的。

转子的许用不平衡量有质径积表示法和偏心距表示法两种表示方法。如果转子的质量为 m，其质心至回转轴线的许用偏心距为 $[e]$，以转子的许用不平衡质径积表示为 $[mr]$，两者的关系为

$$[e]=\frac{[mr]}{m}$$

可见，偏心距表示了单位质量的不平衡量，它是一个与转子质量无关的绝对量，而质径积则是与转子质量有关的相对量。对于具体给定的转子，质径积的大小直接反映了不平衡量的大小，比较直观，便于使用。而在比较不同转子平衡的优劣或者衡量平衡的检测精度时，使用许用偏心距表示法比较方便。

国际标准化组织（ISO）制定了典型转子的平衡精度等级和许用不平衡量的标准，见表 10-1，供使用时参考。表 10-1 中的平衡精度 A 以许用偏心距和转子转速的乘积表示，精度等级以 G 表示。

表 10-1　典型转子的平衡精度等级和许用不平衡量的标准

平衡等级 G	平衡精度 A[1]/(mm/s)	典型转子示例
G4000	4000	刚性安装的具有奇数气缸的低速[2]船用柴油机曲轴部件[3]
G1600	1600	刚性安装的大型二冲程发动机曲轴部件
G630	630	刚性安装的大型四冲程曲轴传动装置；弹性安装的柴油机曲轴部件
G250	250	刚性安装的高速四缸柴油机曲轴部件
G100	100	六缸和六缸以上高速柴油机曲轴部件；汽车、机车用发动机整机
G40	40	汽车轮、轮缘、轮组、传动轴；弹性安装的六缸和六缸以上高速四冲程发动机曲轴部件；汽车、机车用曲轴部件
G16	16	特殊要求的传动轴（螺旋桨轴、万向联轴器轴）；破碎机械和农业机械的零部件；汽车、机车用发动机特殊部件；特殊要求的六缸和六缸以上发动机曲轴部件
G6. 3	6. 3	作业机械的零件；船用主汽轮机齿轮；风扇；航空燃气轮机转子部件；泵的叶轮；离心机的鼓轮；机床及一般机械零部件；普通电机转子；特殊要求的发动机零部件
G2. 5	2. 5	燃气轮机和汽轮机的转子部件；刚性汽轮机发电机转子；透平压缩机转子；机床主轴和驱动部件；特殊要求的大型和中型电机转子；小型电机转子；透平驱动泵
G1. 0	1. 0	磁带记录以及录音机驱动部件；磨床驱动部件；特殊要求的微型电机转子
G0. 4	0. 4	精密磨床的主轴、砂轮盘及电机转子；陀螺仪

① $A=\frac{[e]\omega}{1000}$，其中，ω 为转子转动的角速度（rad/s）；$[e]$ 为许用偏心距（μm）。

② 按国际标准，低速柴油机的活塞速度小于 9m/s，高速柴油机的活塞速度大于 9m/s。

③ 曲轴部件是指包括曲轴、飞轮、离合器、带轮等的组合件。

对于质量为 m 的转子，如果它是需要静平衡的盘状转子，其许用不平衡量由表 10-1 可查得相应的平衡精度值，通过计算得到，许用不平衡质径积 $[mr]=m[e]=1000Am/\omega$；如果它是需要动平衡的厚转子，因为要在两个平衡平面进行平衡，所以需要将许用不平衡质径积 $[mr]=m[e]$ 分解到两个平衡平面上。设转子的质心距平衡平面Ⅰ、Ⅱ的距离分别为 a、b，则平衡平面Ⅰ、Ⅱ的许用不平衡质径积分别为

$$[mr]_{\mathrm{I}}=\frac{b}{a+b}[mr]$$

$$[mr]_{\mathrm{II}}=\frac{a}{a+b}[mr]$$

10.4 平面机构的平衡简介

知识点：
平面机构的平衡简介

在一般平面机构中存在着做平面复合运动和往复运动的构件。这些构件的惯性力和惯性力

矩不能像前面讨论的转子那样由构件自身加以平衡，而必须对整个机构加以平衡。当机构运动时，其各运动构件所产生的惯性力可以合成为一个通过机构质心的总惯性力和总惯性力偶矩，这些都作用在机架上。因此，要消除机构在机架上引起的动压力，就必须设法平衡这个总惯性力和总惯性力偶矩，但是总惯性力偶矩的平衡问题必须综合考虑机构外加的驱动力矩和阻力矩，但是驱动力矩和阻力矩与机械的工作性质有关，比较复杂，故此处只讨论总惯性力在机架上的平衡问题。

设机构中活动构件的总质量为 m，机构总质心 S 的加速度为 $\boldsymbol{a}_S$，要使机构作用于机架上的总惯性力 $\boldsymbol{F}$ 得以平衡，就必须满足 $\boldsymbol{F}=-m\boldsymbol{a}_S=0$。由于式中 m 不可能为零，故必须使 $\boldsymbol{a}_S$ 为零，即机构的总质心 S 应做匀速直线运动或静止不动。由于机构中各构件的运动是周期性变化的，总质心 S 不可能永远做匀速直线运动。因此，如果要使总惯性力为零，只有设法使总质心静止不动。

在设计机构时，可以通过其构件的合理布置、加平衡质量等方法，使机构的总惯性力得到部分或完全平衡。

10.4.1 机构惯性力的完全平衡

1. 利用对称机构平衡

如果机构有多部分组成，尽量将其设计成对称布置方式，使惯性力完全平衡。如图 10-7 所示，左右两部分对 A 点完全对称，因此惯性力在 A 处所引起的动压力得到完全平衡。

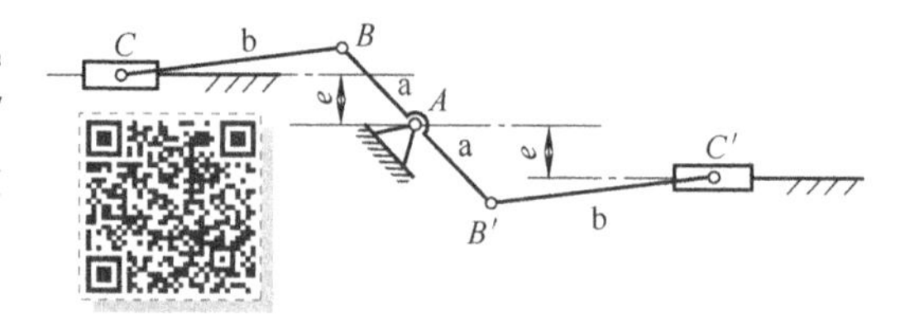

图 10-7 对称机构

利用对称机构可以得到很好的平衡效果，但是会使机构变得庞大。

2. 利用平衡质量平衡

对于某些机构，可以通过在构件上附加平衡质量的方法来完全平衡其惯性力，平衡质量可以通过质量代换法来确定。

质量代换法是进行机构惯性力分析时采用的一种简化方法，是指按一定条件将构件的质量假想地用集中于若干选定点上的集中质量来代换的方法。在对构件进行质量代换时，应当使代换质量所产生的惯性力及惯性力矩与该构件实际产生的惯性力及惯性力矩相等，因此，必须满足下列三个条件：①代换前后构件的质量不变。②代换前后构件的质心位置不变。③代换前后构件对质心的转动惯量不变。

这种代换又称为质量动代换。在工程上，为了方便计算，常常只要求满足前两个条件，这种代换称为质量静代换。质量静代换只保证代换前后的惯性力相等，而不保证惯性力矩相等。

在工程计算中，最常用的是用两个或三个代换质量进行代换，一般将代换点选在运动简单且容易确定的点上（如构件的转动副处）。下面介绍用两个代换质量的代换法。

（1）质量动代换　如图 10-8 所示，设做平面运动的构件 AB 长为 l，质心位于 S 点，质量为 m，转动惯量为 J_S。选定 A 点为代换点，由于代换后的质心仍应在点 S，因此另一代换点 K 一定位于 AS 直线上。根据上述的三个条件，可以列出下列方程式：

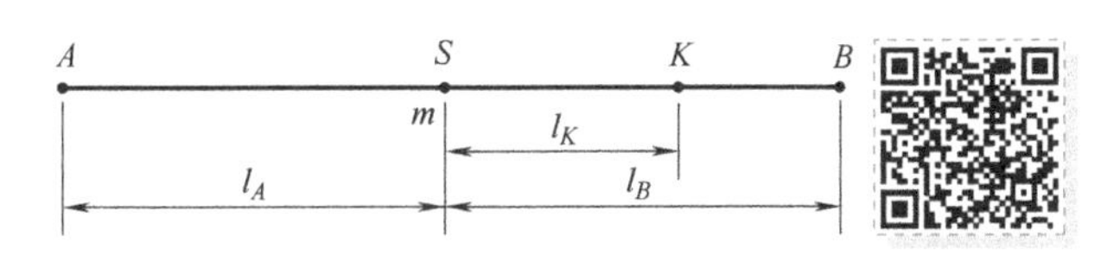

图 10-8　两点代换示意图

$$\begin{cases} m_A + m_K = m \\ m_A l_A = m_K l_K \\ m_A l_A^2 + m_K l_K^2 = J_S \end{cases} \tag{10-7}$$

解得

$$\begin{cases} m_A = \dfrac{m l_K}{l_A + l_K} \\ m_K = \dfrac{m l_A}{l_A + l_K} \\ l_K = \dfrac{J_S}{m l_A} \end{cases} \tag{10-8}$$

由上面的计算结果可知，当一个代换点选定后，另一个代换点的位置随之确定，不能任意选择，这就是做质量动代换的不便之处。

（2）质量静代换　质量静代换只要求满足前两个条件，因此两个代换点的位置均可自由选择。与质量动代换一样，两代换点必与 S 共线。如果取两代换点为转动副 A、B 处，可列出下列方程：

$$\begin{cases} m_A + m_B = m \\ m_A l_A = m_B l_B \end{cases} \tag{10-9}$$

解得

$$\begin{cases} m_A = \dfrac{m l_B}{l_A + l_B} = \dfrac{m l_B}{l} \\ m_B = \dfrac{m l_A}{l_A + l_B} = \dfrac{m l_A}{l} \end{cases} \tag{10-10}$$

下面以图 10-9 所示的铰链四杆机构为例，说明如何利用质量代换法确定附加质量，进行机构惯性力的完全平衡。设构件 1、构件 2 和构件 3 的质量分别为 m_1、m_2 和 m_3，其质心分别位于 S_1、S_2 和 S_3 处。

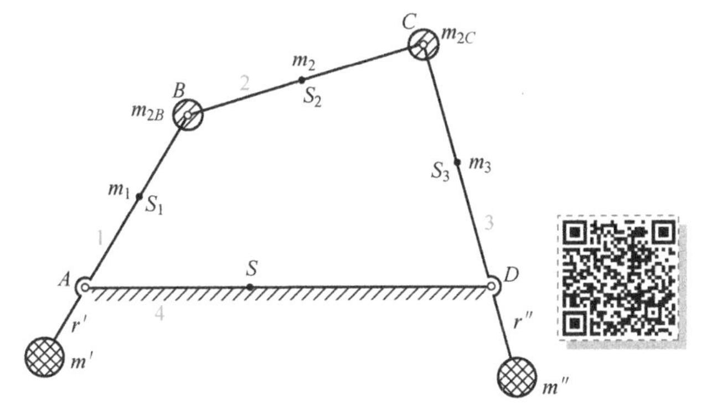

图 10-9　铰链四杆机构的质量静代换

首先将构件 2 的质量 m_2 代换为集中于 B、C 两点的两个质量 m_{2B}、m_{2C}，根据式（10-10）得

$$\begin{cases} m_{2B}=\dfrac{m_2 l_{CS_2}}{l_{BC}} \\ m_{2C}=\dfrac{m_2 l_{BS_2}}{l_{BC}} \end{cases}$$

然后，在构件 1 的延长线上附加一平衡质量 m'，用以平衡构件 1 的集中质量 m_1 和 m_{2B}，使构件 1 的质心处于固定铰 A 处。平衡质量 m' 可按下式求得：

$$m'=\frac{m_{2B}l_{AB}+m_1 l_{AS_1}}{r'}$$

同理，在构件 3 的延长线上附加一平衡质量 m''，用以平衡构件 3 的集中质量 m_3 和 m_{2C}，使构件 3 的质心处于固定铰 D 处，m'' 可按下式求得：

$$m''=\frac{m_{2C}l_{CD}+m_3 l_{DS_3}}{r''}$$

附加了平衡质量 m'、m'' 后，可以认为在点 A、D 处分别集中了两个集中质量 m_A、m_D，并且

$$\begin{cases} m_A=m_{2B}+m_1+m' \\ m_D=m_{2C}+m_3+m'' \end{cases}$$

因此，机构的总质心应位于 A、D 连线上的某固定点，其加速度为零，故机构的惯性力得到完全平衡。

运用同样的方法，可以对图 10-10 所示的曲柄滑块机构进行平衡。即增加平衡质量 m'、m'' 后，使机构总质心移到固定轴 A 处，而平衡质量 m'、m'' 可由下式求得：

$$\begin{cases} m'=\dfrac{m_2 l_{BS_2}+m_3 l_{BC}}{r'} \\ m''=\dfrac{(m'+m_2+m_3)l_{AB}+m_1 l_{AS_1}}{r''} \end{cases}$$

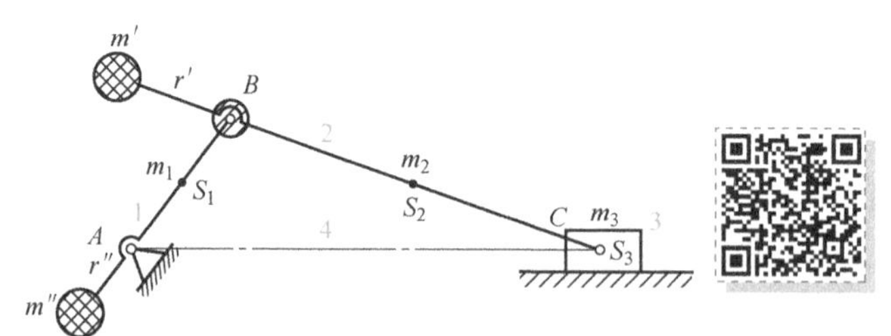

图 10-10　曲柄滑块机构的质量静代换

需要指出的是，并不是所有的机构都可以通过附加平衡质量的方法来实现惯性力的完全平衡。而且这种方法由于增加了若干个配重，使得机构的总质量大大增加，因此，实际上常采用部分平衡的方法。

10.4.2 机构惯性力的部分平衡

1. 利用近似对称机构平衡

在机构设计中，如果不能采用完全对称布置，应尽量采用近似对称布置，使惯性力在机架上

得到部分平衡。在图 10-11 所示的机构中，两曲柄滑块机构近似对称布置，滑块 C 和滑块 C' 的加速度方向相反，它们的惯性力方向也相反，故可以相互抵消。但由于运动规律不完全相同，因此只能部分平衡。

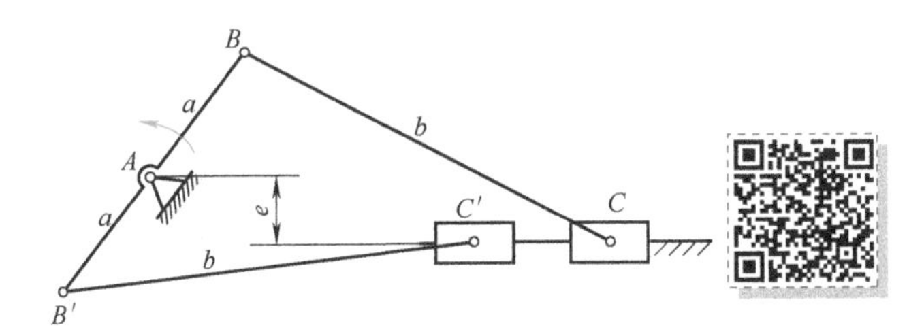

图 10-11 两滑块近似对称机构

同样，在图 10-12 所示的机构中，当曲柄 AB 转动时，两连杆 BC、$B'C'$ 和摇杆 CD、$C'D$ 的惯性力也可以部分平衡。

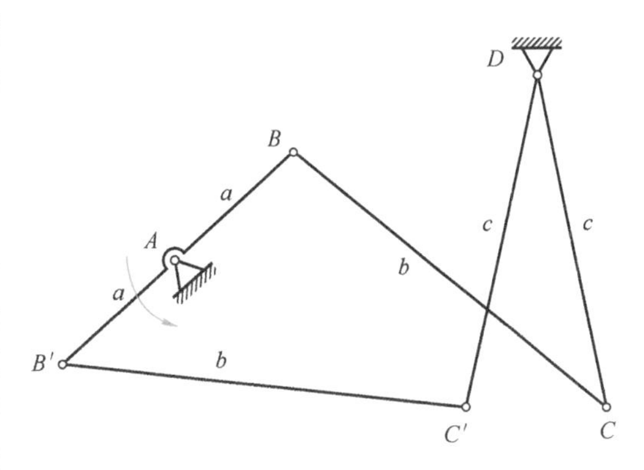

图 10-12 两摇杆近似对称机构

2. 利用平衡质量部分平衡

对于图 10-13 所示的曲柄滑块机构进行部分平衡时，首先运用前面介绍的方法，将连杆 2 的质量 m_2 用集中于 B 点的质量 m_{2B} 和集中于 C 点的质量 m_{2C} 来代换；将曲柄 1 的质量 m_1 用集中于 B 点的质量 m_{1B} 和集中于 A 点的质量 m_{1A} 来代换。那么，此时机构产生的惯性力只有两部分：集中在点 B 的质量 $m_B=(m_{2B}+m_{1B})$ 所产生的离心惯性力 $\boldsymbol{F}_B$ 和集中在点 C 的质量 $m_C=(m_{2C}+m_3)$ 所产生的往复惯性力 $\boldsymbol{F}_C$。为了平衡离心惯性力 $\boldsymbol{F}_B$，只要在曲柄的延长线上加一平衡质量 m'，使之满足 $m'=m_B l_{AB}/r$ 即可。而往复惯性力 $\boldsymbol{F}_C$，其大小随曲柄转角 φ 的不同而不同，故它的平衡问题就不像平衡离心惯性力那么简单。下面介绍往复惯性力的平衡方法。

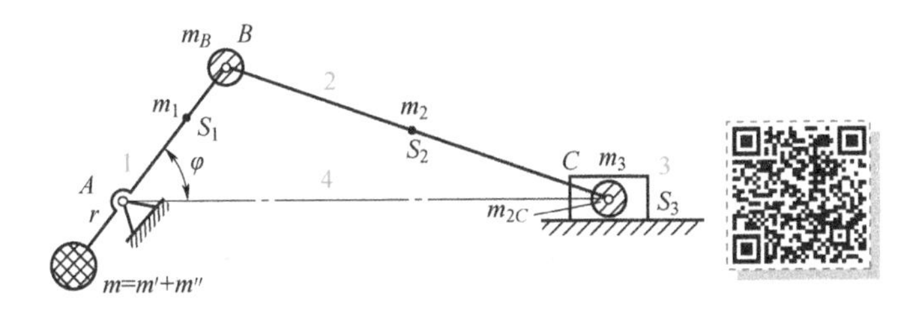

图 10-13 曲柄滑块机构的部分平衡

由运动分析可得滑块 C 的加速度方程为

$$a_C \approx -\omega^2 l_{AB}\cos\varphi$$

因此，集中质量 m_C 所产生的往复惯性力

$$F_C \approx m_C\omega^2 l_{AB}\cos\varphi$$

为了平衡惯性力 $\boldsymbol{F}_C$，可在曲柄的延长线上距离 A 点为 r 的地方再加上一个平衡质量 m''，并使

$m''=m_Cl_{AB}/r$。平衡质量 m''同样会产生离心惯性力 $\boldsymbol{F}''$，将其分解为水平分力 $\boldsymbol{F}_\mathrm{h}''$和垂直分力 $\boldsymbol{F}_\mathrm{v}''$，则有

$$F_\mathrm{h}''=m''\omega^2r\cos(180+\varphi)=-m_C\omega^2l_{AB}\cos\varphi$$

$$F_\mathrm{v}''=m''\omega^2r\sin(180+\varphi)=-m_C\omega^2l_{AB}\sin\varphi$$

由于 $\boldsymbol{F}_\mathrm{h}''=-\boldsymbol{F}_C$，因此两者平衡抵消。不过此时还有一个离心惯性力 $\boldsymbol{F}_\mathrm{v}''$为不平衡力，该垂直方向的惯性力对机械的影响也很不利。为了减小此不利影响，可取

$$m''=\left(\frac{1}{3}\sim\frac{1}{2}\right)\frac{m_Cl_{AB}}{r}$$

即

$$F_\mathrm{v}''=\left(\frac{1}{3}\sim\frac{1}{2}\right)F_C$$

这样意味着只平衡了往复惯性力的一部分，但是，可使新的不平衡惯性力——垂直方向的分力 $\boldsymbol{F}_\mathrm{v}''$不致太大，同时所需的配重也比较小。这种处理方法对机械的工作比较有利，因此在工程上比较常用。

思考题与习题

10-1　什么是刚性转子？刚性转子的平衡分哪几种情况？

10-2　动平衡的构件是否一定是静平衡的？反之，静平衡的构件是否一定是动平衡的？为什么？

10-3　在图 10-14 所示的盘形转子中，有四个偏心质量位于同一回转平面内，其大小及回转半径分别为 $m_1=5\mathrm{kg}$，$m_2=7\mathrm{kg}$，$m_3=8\mathrm{kg}$，$m_4=10\mathrm{kg}$；$r_1=r_4=10\mathrm{cm}$，$r_2=20\mathrm{cm}$，$r_3=15\mathrm{cm}$，方位如图 10-14 所示。又设平衡质量 m_b 的回转半径 $r_\mathrm{b}=15\mathrm{cm}$，试求平衡质量 m_b 的大小及方位。

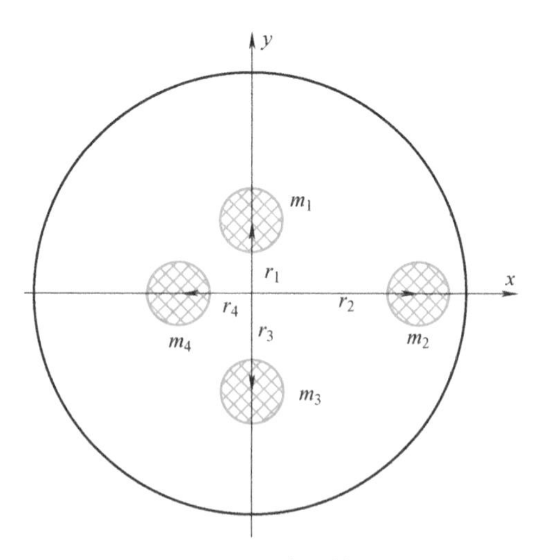

图 10-14　盘形转子

10-4　在图 10-15 所示的动不平衡转子中，已知各偏心质量分别为 $m_1=10\mathrm{kg}$，$m_2=15\mathrm{kg}$，$m_3=20\mathrm{kg}$，$m_4=10\mathrm{kg}$；它们的回转半径分别为 $r_1=400\mathrm{mm}$，$r_2=300\mathrm{mm}$，$r_3=200\mathrm{mm}$，$r_4=300\mathrm{mm}$，又知各偏心质量所在的回转平面间的距离为 $l_{12}=l_{23}=l_{34}=200\mathrm{mm}$，各偏心质量间的方位见图 10-15。若选取平衡平面Ⅰ、Ⅱ，所加平衡质量 m_I 及 m_II 的回转半径均为 400mm，试求 m_bI 及 m_bII 的大小和方位。

10-5　图 10-16 所示为刚性滚筒，在轴上装有带轮。现已测知带轮有一偏心质量 $m_1=1\mathrm{kg}$；另外，根据滚筒的结构，存在另外两个偏心质量 $m_2=3\mathrm{kg}$，$m_3=4\mathrm{kg}$，它们的回转半径分别为 $r_1=250\mathrm{mm}$，$r_2=300\mathrm{mm}$，$r_3=200\mathrm{mm}$，各偏心质量的位置见图 10-16（各尺寸单位为 mm）。若将平衡平面选在滚筒的两端面Ⅰ、Ⅱ，两平衡平面中平衡质量的回转半径均取 400mm，试求两平衡质量的大小及方位。

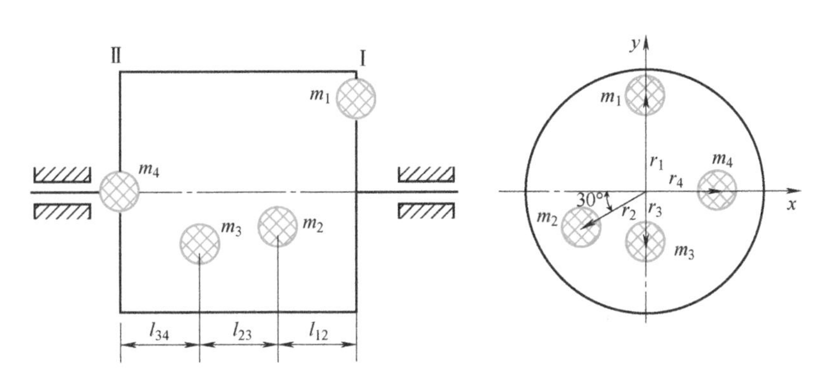

图 10-15　动不平衡转子

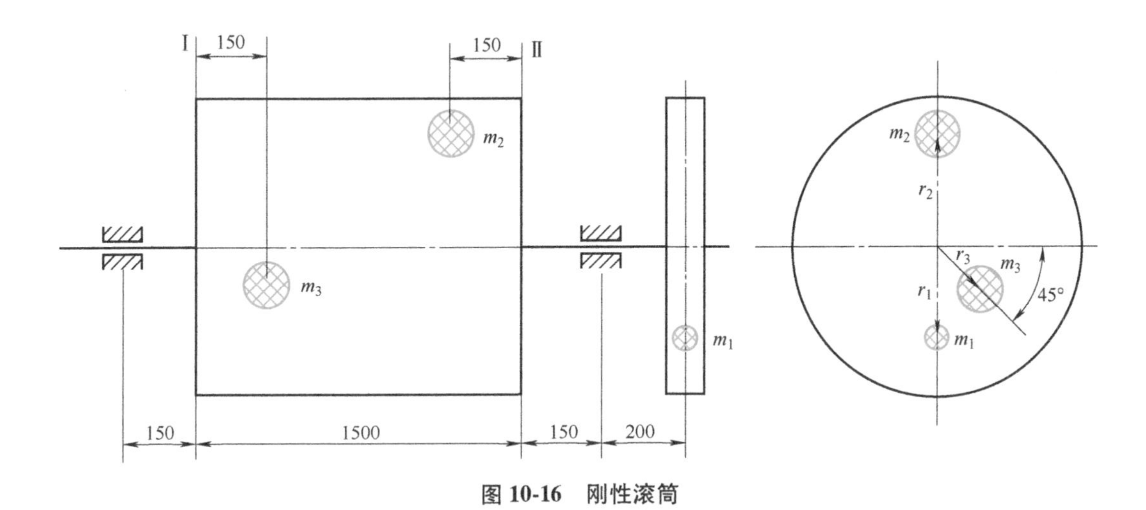

图 10-16　刚性滚筒

10-6　图 10-17 所示为联动凸轮机构。在轴 AB 上分别装有圆柱凸轮 1 和盘形凸轮 2，两凸轮的几何尺寸和安装位置见图 10-17。已知圆柱凸轮 1 的质量 $m_1=5\text{kg}$，质心位于 S_1；盘形凸轮 2 的质量 $m_2=1\text{kg}$，质心位于 S_2。为了使该凸轮轴得到平衡（平衡平面取在两凸轮的侧面Ⅰ、Ⅱ），试确定需加平衡质量的大小及位置。

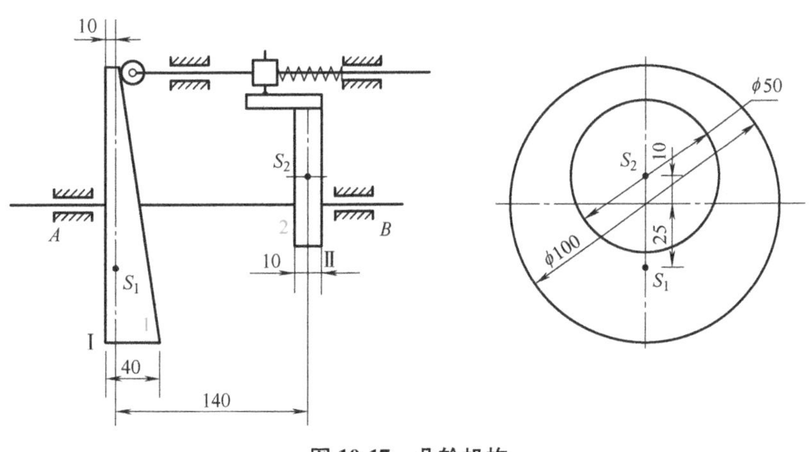

图 10-17　凸轮机构

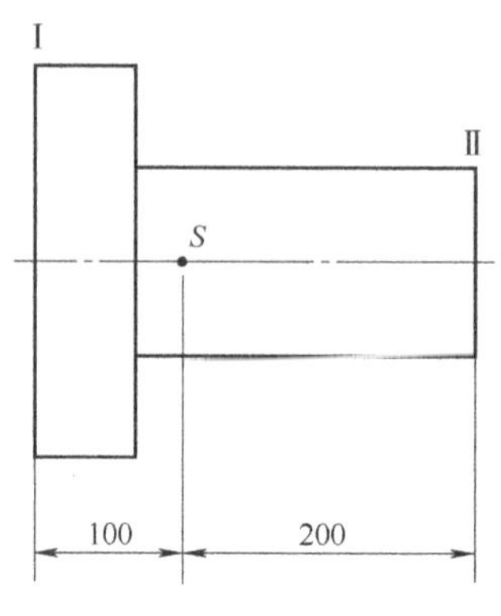

图 10-18　刚性转子

10-7　图 10-18 所示为刚性转子，已知转子质量为 15kg，其质心 S 到两平衡平面 Ⅰ、Ⅱ 的距离见图 10-18，单位为 mm，转子的转速 $n=3000\mathrm{r/min}$，试确定在两个平衡平面内的许用不平衡质径积。

10-8　在图 10-19 所示的铰链四杆机构中，已知各构件尺寸 $l_{AB}=100\mathrm{mm}$，$l_{BC}=400\mathrm{mm}$，$l_{CD}=120\mathrm{mm}$，$l_{AD}=350\mathrm{mm}$。构件 AB、构件 BC 及构件 CD 的质心 S_1、S_2、S_3 位于其中点。$l_{BF}=0.5l_{BC}$，$l_{AE}=0.5l_{AB}$，$l_{CG}=0.5l_{CD}$。各构件的质量 $m_1=0.2\mathrm{kg}$，$m_2=0.6\mathrm{kg}$，$m_3=0.5\mathrm{kg}$。欲使该铰链四杆机构达到惯性力完全平衡，装在 E、F、G 处的平衡质量等于多少？

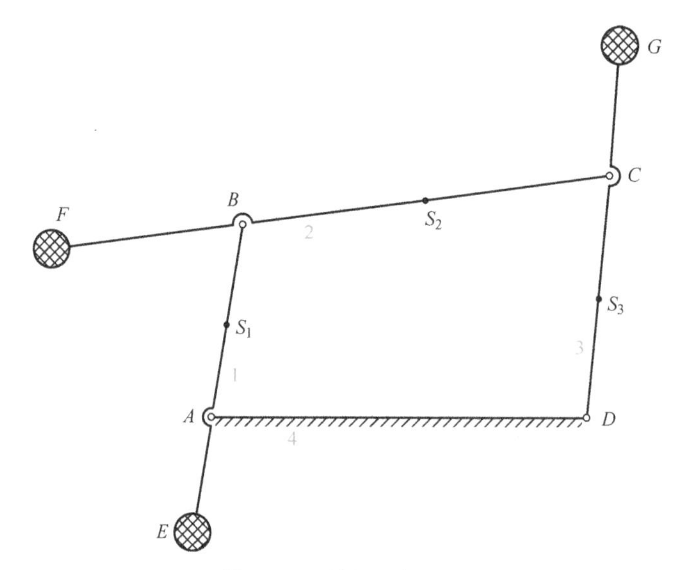

图 10-19　铰链四杆机构

第 11 章　机构系统的运动方案设计

本章的知识结构图

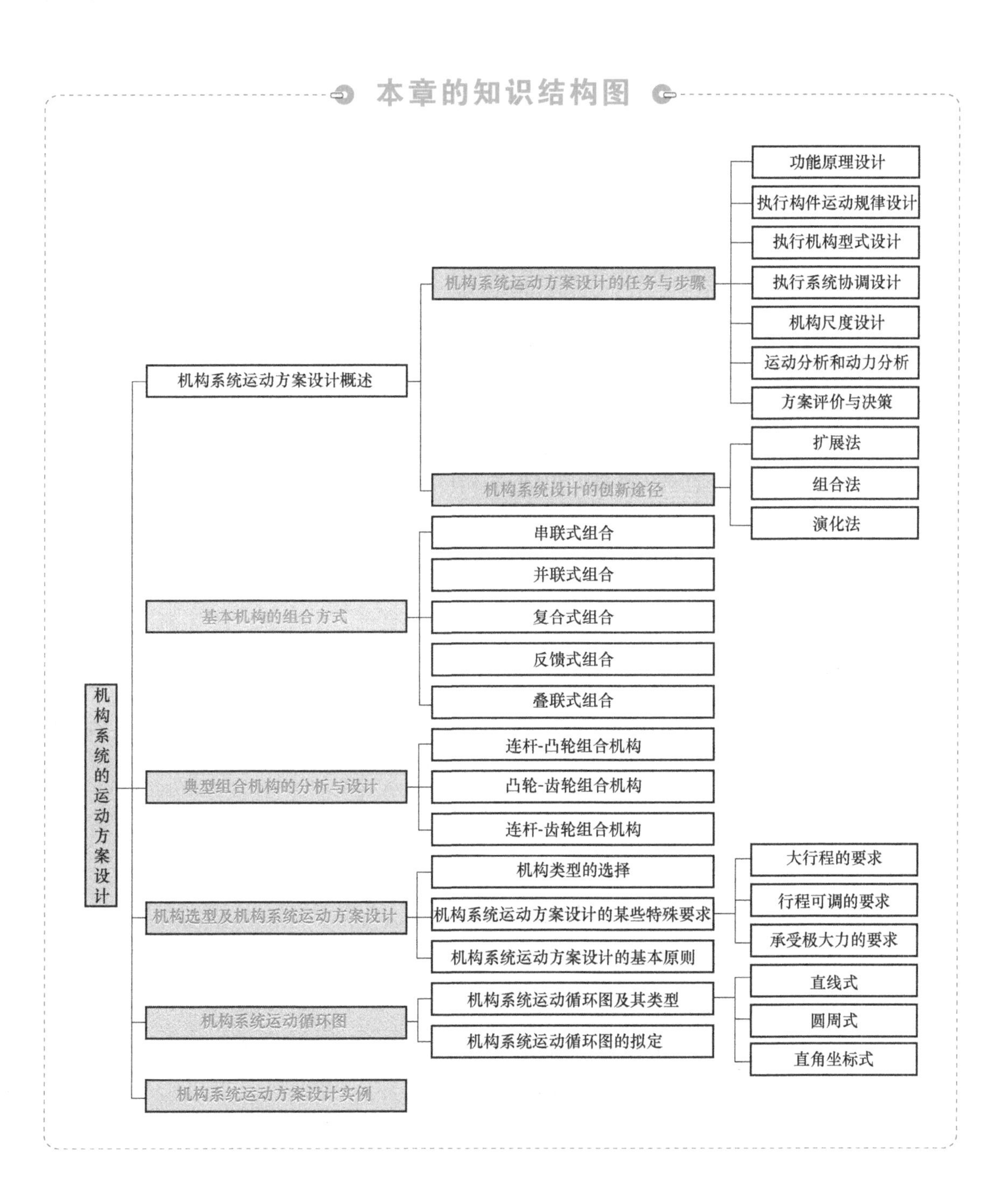

11.0 引言

在前面讨论的各种基本机构中，无论是在运动和动力特性方面，还是在设计和综合方面，都有各自的特点，但是在有些方面也存在一定的局限性。如连杆机构，当要求其精确地实现某些复杂运动时，设计上是十分困难的，甚至是无法实现的；如凸轮机构，虽然设计方便，但又不能实现给定复杂轨迹要求；再如齿轮机构，虽然能实现定传动比要求，却不便于实现在某一段时间的变传动比运动等。在实际生产过程中，往往要求机器实现的运动是比较复杂、多样的，因此机器通常是由一个或一个以上的基本机构组成的。这些由若干个基本机构组成的系统称之为机构组合系统，简称机构系统。在较复杂的机器中，又通常有若干个机构系统，因此，对机构系统的组成和设计进行研究是十分必要的。

本章学习的主要任务如下：

- 机构系统运动方案设计概述
- 基本机构的组合方式
- 典型组合机构的分析与设计
- 机构选型及机构系统运动方案设计
- 机构系统运动循环图
- 机构系统运动方案设计实例

11.1 机构系统运动方案设计概述

知识点：
机构系统运动方案设计的任务与步骤

机构系统运动方案设计是机械设计过程中极其重要的一环，对机械的性能、尺寸、外形、质量及生产成本具有重大的影响。机构系统包括传动系统和执行系统，执行系统的运动方案设计是机构系统总体方案设计的核心，也是整个机械设计工作的基础。

在进行执行系统的运动方案设计之前，必须了解机器的预期功能要求。机构系统运动方案设计的任务就是根据机械的功能要求，拟定实现功能的工作原理，确定出机构所要实现的工艺动作，通过执行机构的选型或构型的方法，进行机构型式的创新设计。通过机构的尺度设计，在进行机构运动分析及动力分析的基础上，创造性地构思出各种可能的方案并从中选出最佳方案。图 11-1 所示为执行系统方案设计的一般流程。

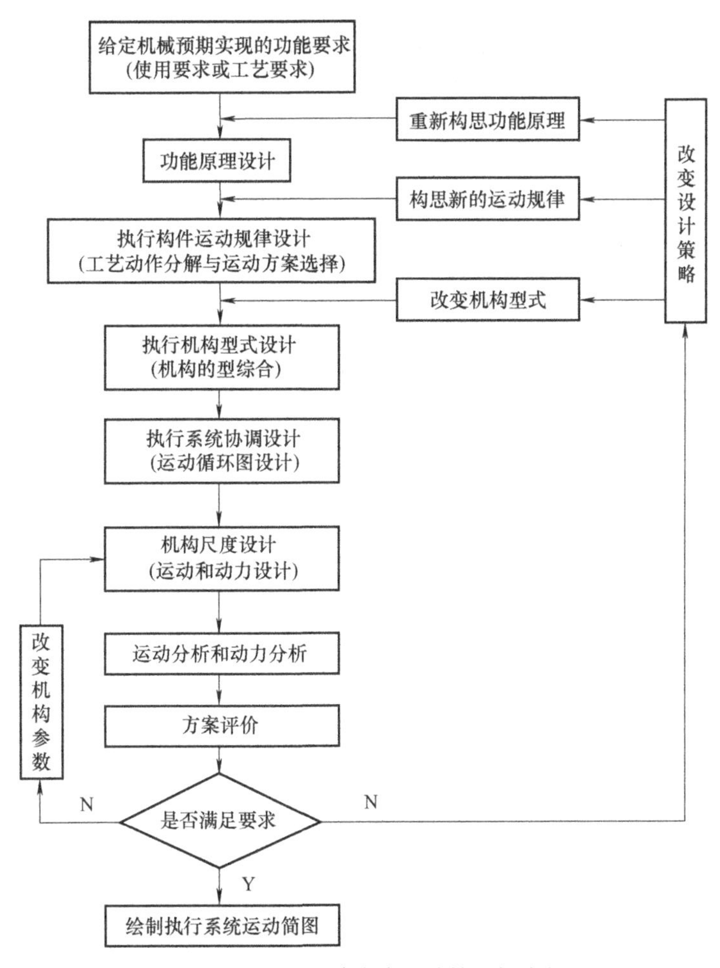

图 11-1 执行系统方案设计的一般流程

下面简要介绍一下设计流程中的几个主要步骤。

1. 功能原理设计

功能原理设计就是根据机器预期的功能要求，拟定实现总功能的工作原理和技术手段。实现某种预期的功能要求，可以采用多种不同的工作原理。选择的工作原理不同，执行系统的方案也必然不同。如齿轮的加工既可以采用仿形法，也可采用展成法。

功能原理设计是一项极富创造性的工作，丰富的专业知识、实践经验以及创造性的思维方法缺一不可。在功能原理设计中，有些功能依靠纯机械装置是难以实现的，应从机、电、液、磁、光等多个角度进行综合研究。

2. 执行构件运动规律设计

实现同一工作原理，可以采用不同的运动规律。不同的运动规律必然对应不同的执行系统方案。执行构件运动规律设计就是根据工作原理，构思出多种执行构件工艺动作组合方案，拟定工艺动作实现所采用的各种运动规律，然后从中选取最为简单适用的运动规律作为机械的运动方案。具体地说，就是根据工艺动作确定出各执行构件的数目、运动形式、运动参数及它们之间的运动协调关系。例如，齿轮加工可采用冲齿机利用仿形原理冲齿，也可采用滚齿机利用展成原理滚齿。展成法加工齿轮的工艺动作可分解为刀具切削运动、刀具进给运动以及刀具与轮坯的展成运动。

3. 执行机构型式设计

实现同一种运动规律，可采用不同型式的机构，从而得到不同的方案。执行机构型式设计就是在选定主动机的类型和运动参数的基础上，根据各基本工艺动作，选择或构思出能实现这些工艺动作的多种机构，从中找出最佳方案。

执行机构型式设计的优劣直接影响机械工作质量，是机构运动方案设计中极其重要的一环。执行机构型式设计应以满足执行构件的运动要求为前提，并且尽量简单、安全、有良好的动力特性等。

执行机构型式设计的方法有机构的选型和机构的构型两大类。机构的选型就是根据执行构件所需运动特性，从前人已发明的数以千计的机构中经过比较来选择合适的型式。机构的构型就是重新构筑机构的型式，通过对已有机构进行扩展、组合和变异，创造出新型的机构，形成满足运动和动力要求的机构运动系统方案。

4. 执行系统协调设计

一个复杂的机械，通常由多个执行机构组合而成，这些机构必须以一定的次序协调动作，才能完成预期的工作要求；否则，会破坏机械的整个工作过程，达不到工作要求，甚至造成机械破坏。

执行机构的协调含义很广，包括各执行机构动作先后顺序的协调、动作时间的同步、空间位置不干涉等。

执行系统协调设计就是根据工艺动作要求，分析各执行机构应当如何协调和配合，设计出协调配合图，通常称协调配合图为运动循环图，它可起到有效指导机构的设计、安装和调试的作用。

5. 机构尺度设计

机构尺度设计就是根据执行构件和主动机的运动参数，以及各执行构件运动的协调配合要求，确定各构件的运动尺寸，绘制各执行机构的机构运动简图。

6. 运动分析和动力分析

对执行系统进行运动分析和动力分析时，应考察其能否全面满足机械的运动和动力特性要求，必要时还应对机构进行适当调整。运动分析和动力分析的结果也将为机械的工作能力和结构设计提供必要的数据。

7. 方案评价与决策

方案评价包括定性评价和定量评价。定性评价就是对结构的繁简度、尺寸的大小及加工难易程度等进行评价。定量评价就是对运动分析和动力分析后的执行系统的具体性能与使用要求所规定的预期性能进行对比评价。通过对方案的评比，从中选出最佳方案，绘制出系统的运动简图。如果评价的结果显示不合适，则可对设计方案进行修改。在实际工作应用中，机构运动方案的选择和设计与运动分析是不能分开的，它们经常是相互交叉进行的。

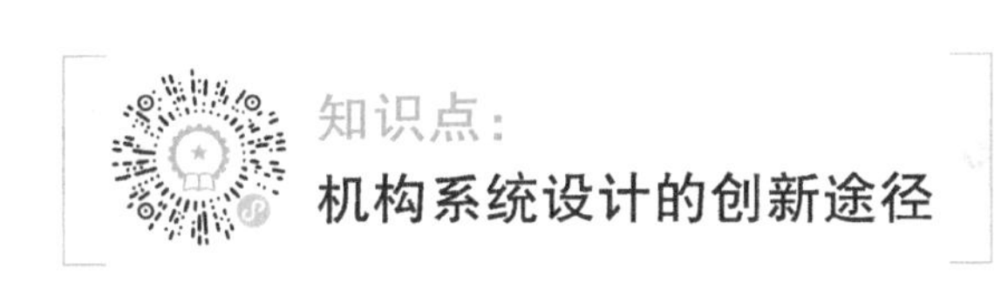

合理选择机构类型及拟定机构系统运动方案是一项较为复杂的工作，需要设计者既要具有丰富的实践经验和宽广的知识面，又要充分发挥创造性。功能原理设计是机构运动方案设计的第一步，实现同一功能要求可采用多种不同的工作原理，因此，功能原理的设计是一个创造性的过程。功能原理的创造性设计有多种方法，常用的方法有分析综合法、思维扩展法及还原创新法。运动规律设计的创新方法也有多种，如仿生法及思维扩展法等。执行系统的设计是系统方案设计中举足轻重的一环，为拟定出一个优良的机构运动方案，仅仅从常见的基本机构中选择机构类型显然是不够的，还需要在原有基本机构的基础上进一步通过扩展、组合、演化等方法创造出新机构。

1. 扩展法

根据平面机构组成原理，在一个基本机构上叠加一个或多个杆组后形成新机构的方法，称为扩展法。因为杆组的自由度为零，所以将若干个杆组叠加到基本机构上不会改变原机构的自由度，但新机构的功能会有所改善。图 11-2 所示为钢料推送机构。它由铰链四杆机构 *ABCD* 叠加了一个Ⅱ级杆组 4-5 后构成，从而可使执行构件滑块 5 的行程大幅度增加。

图 11-3 所示为扩展齿轮机构，一对大小相同的齿轮机构叠加一个Ⅱ级杆组 4-5（$l_{BC}=l_{AC}$）后，就可得到 *C* 点沿铅垂直线的轨迹曲线。

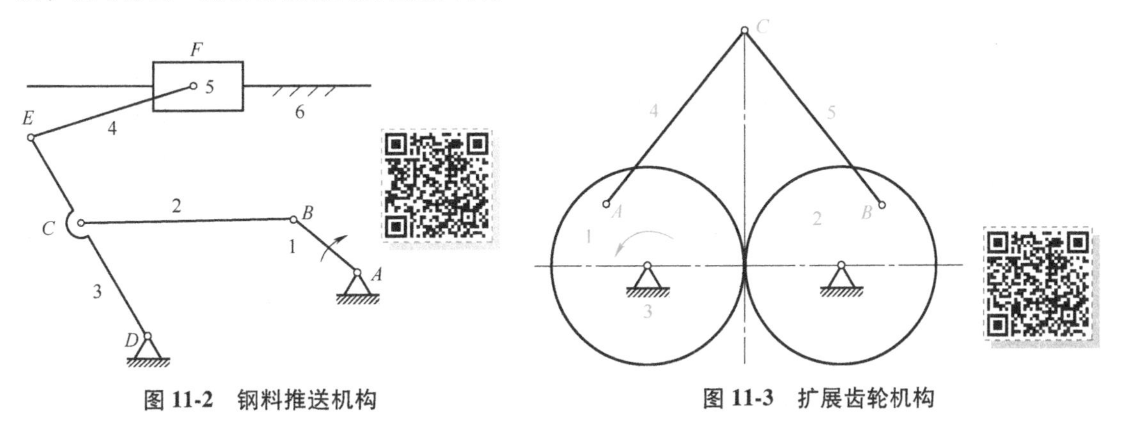

图 11-2　钢料推送机构

图 11-3　扩展齿轮机构

2. 组合法

将不同类型的若干基本机构组合在一起是机构创新的常用方法，称为机构组合法。常用的组合方式有串联式、并联式、反馈式和复合式组合等。

例如，图 11-4 所示为钢锭热锯机构，它是由双曲柄机构 1-2-3-6 与曲柄滑块机构 3′-4-5-6 串联组成的。该机构能实现滑块 5（锯条）在工作行程时的等速运动，而回程时为急回运动，具有较大的急回特性。

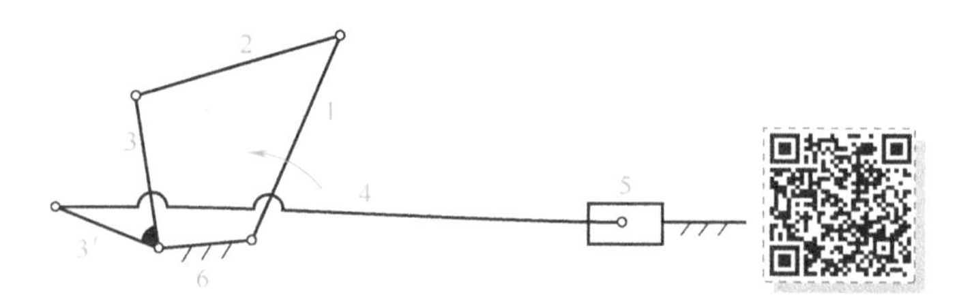

图 11-4　钢锭热锯机构

3. 演化法

演化法也称为变异法。该方法主要突出“变换”，一是构件间相对运动的变换，二是高副与低副间的变换。

（1）运动变换法　在同一运动链中，变换不同的构件为机架，即可得到不同的机构，称为运动变换法。这种方法又称为运动倒置法，是机构创新设计的方法之一。此方法在平面连杆机构的演化和设计中已经得到了充分的应用。

图 11-5a 所示为曲柄滑块机构，当分别以曲柄、连杆、滑块为机架时，可得到导杆机构（图 11-5b）、摇块机构（图 11-5c）和定块机构（图 11-5d），在工程上分别应用于星形发动机、液压泵和唧筒等机械中。

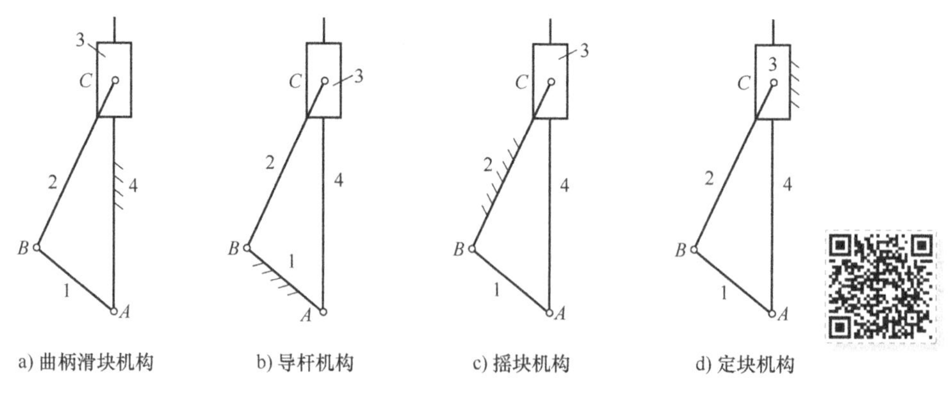

图 11-5　曲柄滑块机构及其运动变换

（2）运动副变换法　通过变换运动副得到新机构的方法称为运动副变换法，它是机构创新的途径之一。运动副变换法有转动副和移动副之间的变换、高副和低副之间的变换两种方法。

图 11-6 所示为一般导杆机构，为保证机构自由度不变，将滑块 2 及其与构件 1 组成的转动副和同构件 3 组成的移动副用一个高副来替代，这样原低副机构就变换成图 11-7 所示的高副机

构（停歇运动导杆机构）了。由于原滑块 2 变成滚轮 2（此时滚轮 2 绕自身轴线的转动为局部自由度），将导杆槽由直槽改为带有一段圆弧的曲线槽，且使圆弧的半径等于曲柄 1 的长度、其中心与曲柄转轴 O_1 重合，从而使该机构实现从动件有较长时间停歇的运动要求。

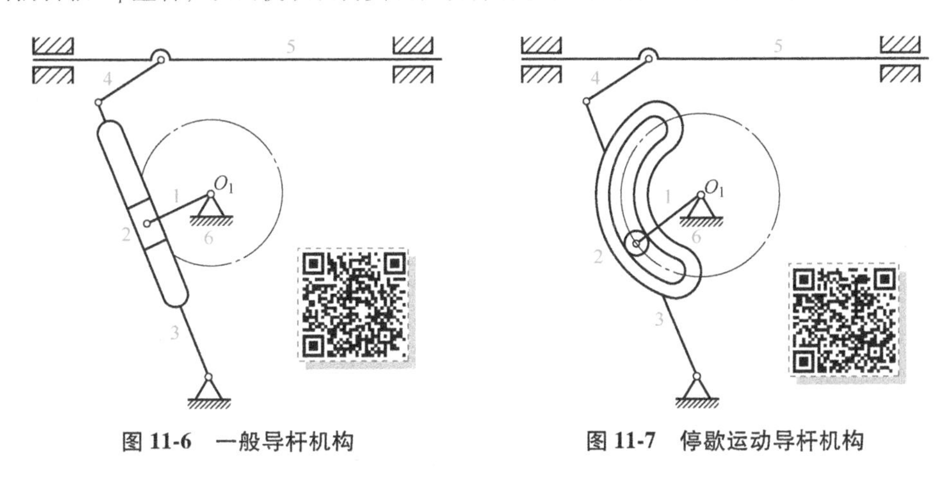

图 11-6　一般导杆机构　　图 11-7　停歇运动导杆机构

由上例可推论出，在一个低副机构中，一个 2 低副 1 构件（非主动件）的系统，就可变换成一个高副，由此就将低副机构演化成高副机构了。

11.2 基本机构的组合方式

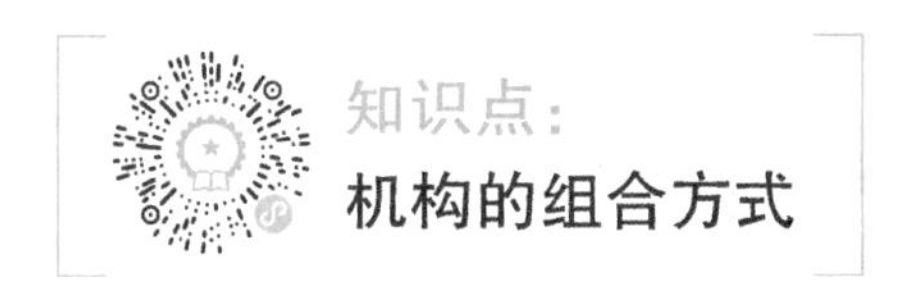

通常把连杆机构、凸轮机构、齿轮机构、间歇运动机构等称为基本机构。在工程实际应用中，常将同类型或不同类型的基本机构进行适当地组合，使各基本机构既能发挥其特长，又能避免其自身固有的局限性，从而形成结构简单、性能优良、满足预期复杂运动要求的组合机构。在组合机构中，单个基本机构也称为组合机构的子机构。常见的机构组合方式有串联式、并联式、复联式、反馈式和叠联式五种组合。

11.2.1 机构的串联式组合

在组合机构中，若前一级子机构的输出构件为后一级子机构的输入构件，则这种组合方式称为串联式组合。它包括以下两种情况：

1. 固结式串联

后一级子机构的主动件固联在前一级子机构的输出连架杆上的组合方式称为固结式串联。

如图 11-8 所示，凸轮机构的输出构件 2 与下一机构的输入构件 3 固联。

2. 轨迹点串联

前一级子机构通过连杆上的一点将运动传给后一级子机构的组合方式称为轨迹点串联。如图 11-9 所示，前一级曲柄滑块机构连杆上 *M* 点的轨迹如图 11-9 中双点画线所示，其中 *AB* 段为直线。后一级导杆机构的滑块 4 铰接于 *M* 点，则当 *M* 点通过直线部分时，从动导杆 5 做较长时间的停歇。

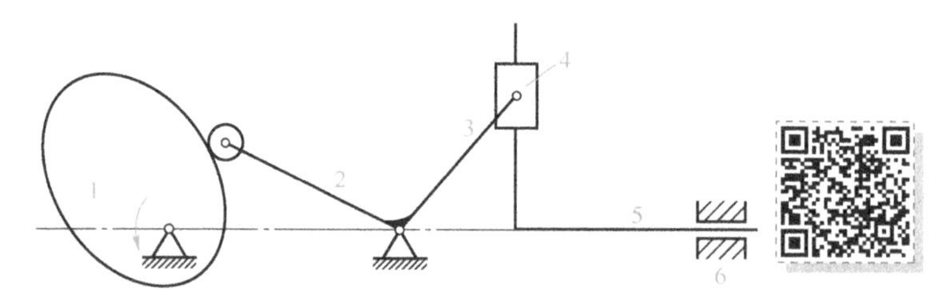

图 11-8 固结式串联

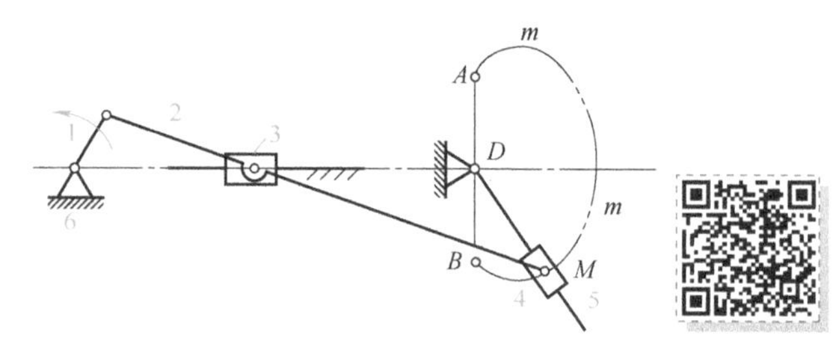

图 11-9 轨迹点串联

串联式组合机构可以用图 11-10 所示的组合方式框图来表示。在实际机械应用中，串联式组合是应用最为广泛的机构组合方式。全部由串联组成的机构系统，将给每个机构的运动设计带来方便，按输入、输出顺序逐个对基本机构进行设计即可。

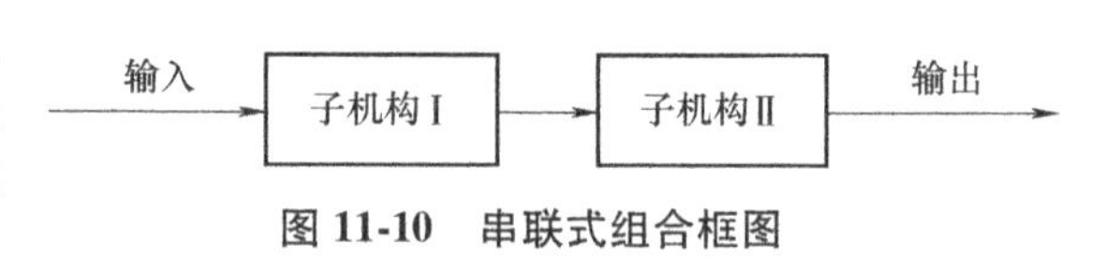

图 11-10 串联式组合框图

11.2.2 机构的并联式组合

在机构组合系统中，若几个子机构共用一个输入构件，而它们的输出运动又同时输入给一个多自由度的子机构，从而形成一个自由度为 1 的机构系统，则这种组合方式称为并联式组合。

图 11-11 所示的并联式组合机构由定轴轮系 1′-5-4、曲柄摇杆机构 1-2-3-4 以及差动轮系 5-6-7-3-4 所组成。主动齿轮 1′和曲柄 1 固结在同一轴上，其运动 $\boldsymbol{\omega}_1$ 同时传给并列布置的定轴轮系和曲柄摇杆机构，转换成两个运动 $\boldsymbol{\omega}_5$ 和 $\boldsymbol{\omega}_3$，这两个运动又同时传给差动轮系从而合成为一个输出运动 $\boldsymbol{\omega}_7$。当主动件做匀速转动时，齿轮 5 为匀速转动，而摇杆 3 为变速摆动，因此内齿轮 7 做变速转动，其周期为主动轴回转一周的时间。可见，此机构用两个并列的单自由度基本机

构封闭了一个两自由度差动轮系。该组合机构的一个应用场合就是铁板输送机。并联式组合框图如图 11-12 所示。

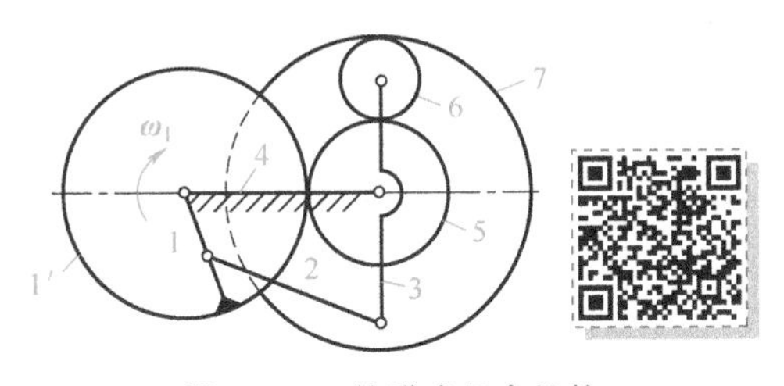

图 11-11　并联式组合机构

1—曲柄　1′—主动齿轮　2、3—摇杆

4—机架　5、6—齿轮　7—内齿轮

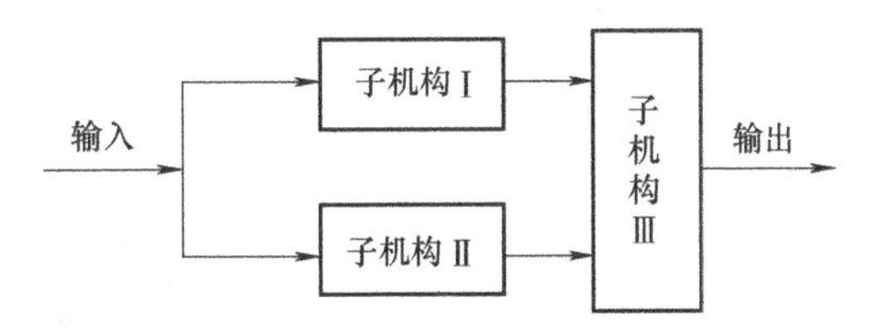

图 11-12　并联式组合框图

11.2.3　机构的复合式组合

在机构组合系统中，若由一个或几个串联的基本机构去封闭一个具有两个或多个自由度的基本机构，则这种组合方式称为复合式组合。

图 11-13 所示为复合式组合机构，它由凸轮机构 1-4-5 及自由度为 2 的五杆机构 1-2-3-4-5 所组成。凸轮与曲柄为同一构件且为主动件，构件 4 称为两基本机构的公共构件。复合式组合框图如图 11-14 所示。

由传动关系可以看出，一个主动件的输入运动，同时传给凸轮机构的移动从动件 4 和五杆机构的 AB 构件。对于自由度为 2 的连杆机构来说，就获得了两个输入运动，从而得到 C 点确定的轨迹输出。

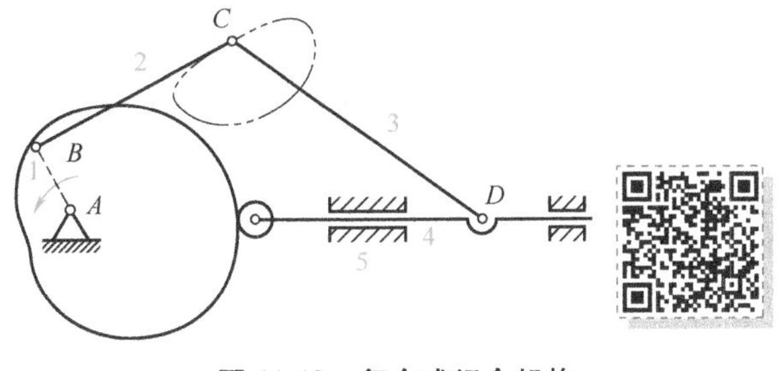

图 11-13　复合式组合机构

该机构系统的运动特点是，通过凸轮廓线的设计，可使连杆 2 和连杆 3 的铰链点 C 满足预定的轨迹要求。

在机构的复合式组合中，一般有两个基本机构，其中一个必为具有两个自由度的机构。主动件的运动分成两路传给自由度为 2 的机构，只是其中一路是直接输入给自由度为 2 的机构，而另一路经过另一个基本机构再输入给具有 2 个自由度的机构。

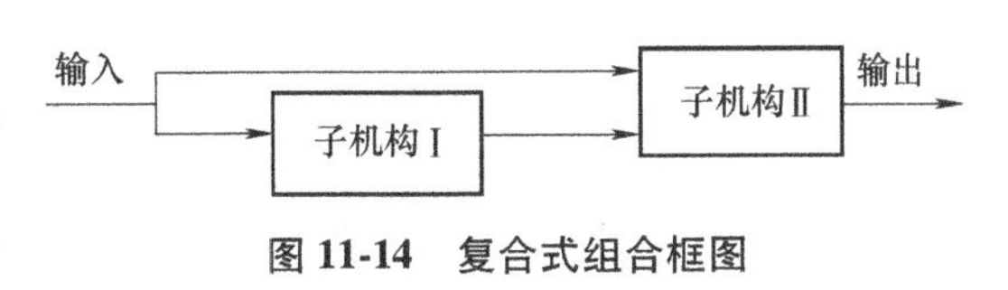

图 11-14　复合式组合框图

11.2.4　机构的反馈式组合

在机构组合中，若多自由度子机构的一个输入运动是通过单自由度子机构从该多自由度子机构的输出构件回授的，则这种组合方式称为反馈式组合。

图 11-15 所示的滚齿机上所用的校正机构，即为反馈式组合的例子。反馈式组合框图如图 11-16所示。这类校正装置在齿轮加工机床中应用较多。其中，蜗杆 1 为主动件，由于制造误

差等原因，使蜗轮 2 的运动输出精度达不到要求时，则可根据输出的误差，设计出与蜗轮 2 固装在一起的凸轮 2′的凸轮曲线。当此凸轮 2′与蜗轮 2 一起转动时，将推动推杆 3 移动，推杆 3 上齿条又推动齿轮 4 转动，最后通过差动机构 K 使蜗杆 1 得到附加转动，从而使蜗轮 2 的输出运动得到校正，这样可以大幅度提高滚齿机的加工精度。

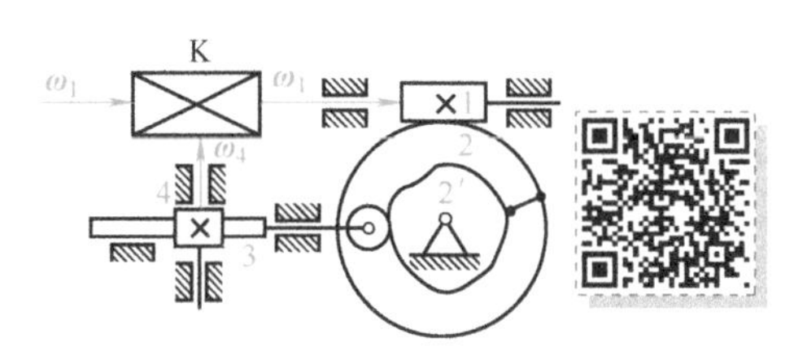

图 11-15　反馈式组合机构

1—蜗杆　2—蜗轮　2′—凸轮　3—推杆　4—齿轮

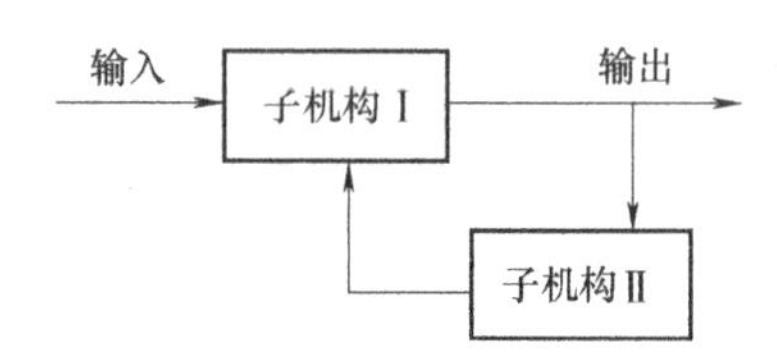

图 11-16　反馈式组合框图

11.2.5　机构的叠联式组合

在多数机构系统中，主动件为连架杆之一。但在某些机构系统中，若平面一般运动的构件（如连杆）作为主动件，其输入运动则为相对运动，由此引起的机构组合不同于以上各种组合方式。将做平面一般运动的构件作为主动件，且其中一个基本机构的输出（或输入）构件为另一个基本机构的相对机架的连接方式称为叠联式组合。叠联式组合的特点是后一个基本机构的相对机架就是前一个基本机构的输出件。

按装载和被装载基本机构所共有的运动构件数目的不同，又可分为以下两类。

1. 两基本机构共有的运动构件只有一个

图 11-17 所示为挖掘机，其挖掘动作由 3 个带液压缸的基本连杆机构（1-2-3-4，4-5-6-7 和 7-8-9-10）组合而成。它们一个紧挨一个，而且后一个基本机构的相对机架正好是前一个基本机构的输出构件。挖掘机臂架 4 的升降、铲斗柄 7 绕 D 轴的摆动以及铲斗 10 的摆动分别由 3 个液压缸驱动，便可完成挖土、提升和倒土等动作。挖掘机的底盘是第一个基本机构的机架。

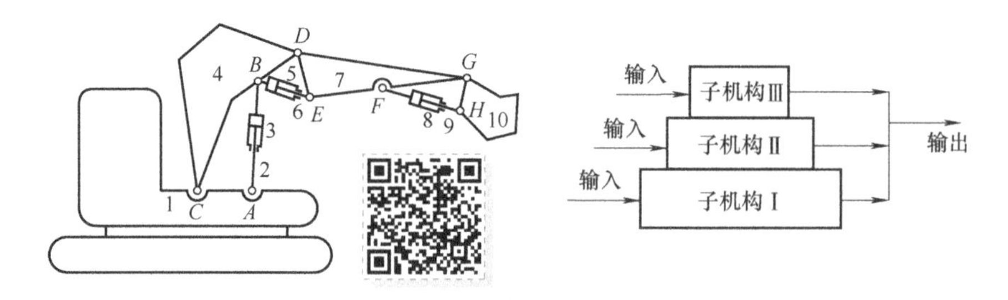

图 11-17　挖掘机及组合框图

1—车体　2、3、5、6、8、9—液压缸　4—臂架　7—铲斗柄　10—铲斗

2. 两基本机构共有的运动构件不止一个

图 11-18 所示为某型号客机的前起落架收放机构，它由上半部的五杆机构 1-2-5-4-6 和下半部的四杆机构 2-3-4-6 所组成。其中液压缸 5 中的活塞杆 1 为主动件，当活塞杆从液压缸中被推出

时，机轮支柱 4 就绕 C 轴收起。

不难看出，连杆 2 和机轮支柱 4 是两个基本机构的公共构件。五杆机构 1-2-5-4-6 可看成是原四杆摆缸机构 1-2-5-4 安装在机轮支柱 4 上。机轮支柱 4 为四杆机构的输出构件，因此两基本机构属于叠联式组合。

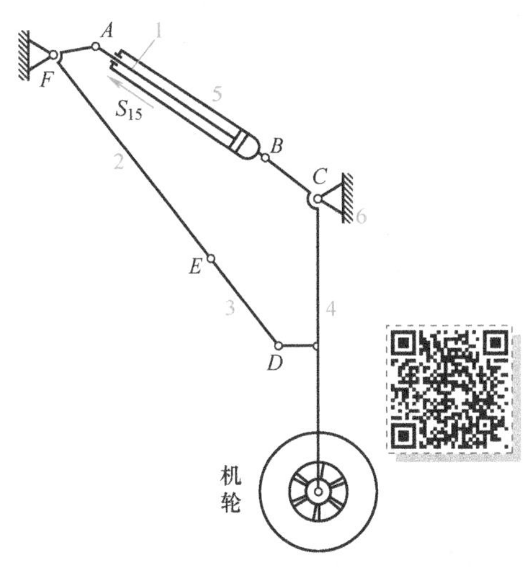

图 11-18　某型号客机的前起落架收放机构

1—活塞杆　2、3—连杆　4—机轮支柱　5—液压缸　6—机架

11.3 典型组合机构的分析与设计

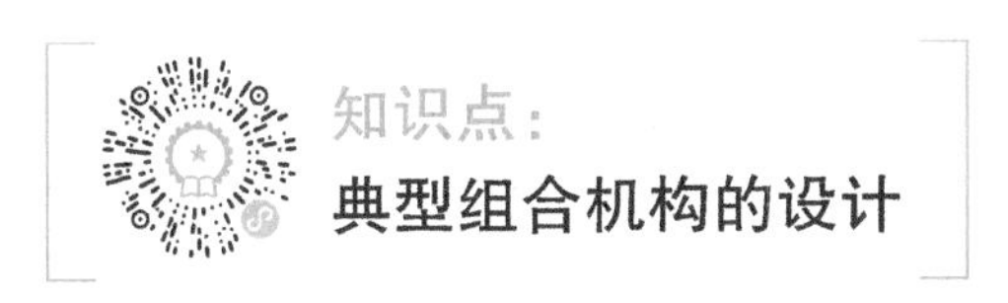

由基本机构组合而成的机构系统有两种不同的情况：一种是在机构组合中各子机构仍能保持其原有构成和各自相对独立的运动，一般称其为机构组合；另一种是由若干个基本机构（子机构）通过某种方式组合而成的，它具有与原基本机构不同的构成特点和不同的运动性能，一般称其为组合机构。正因为如此，每种组合机构都具有各自的尺寸综合和分析设计的方法。

在组合机构中，自由度大于 1 的基本机构称为组合机构的基础机构，自由度等于 1 的基本机构称为组合机构的附加机构。

组合机构可以是同类型的基本机构的组合，也可以是不同类型的基本机构的组合。不同类型的基本机构所组成的组合机构有利于充分发挥各基本机构的特长和克服各基本机构固有的局限性，实际应用较多。

按子机构的名称，组合机构可分为连杆-凸轮组合机构、凸轮-齿轮组合机构和连杆-齿轮组合机构三类。

11.3.1 连杆-凸轮组合机构

连杆-凸轮组合机构，多是由自由度为2的连杆机构和自由度为1的凸轮机构组合而成的，其实质是利用凸轮机构来封闭具有两个自由度的五杆机构，其中自由度为2的连杆机构是基础机构，自由度为1的凸轮机构为附加机构。连杆-凸轮组合机构能精确地实现给定的运动规律和轨迹，连杆-凸轮组合机构的形式很多，封闭式连杆-凸轮组合机构可克服凸轮机构压力角越小机构尺寸越大的缺点，使结构更紧凑。

图11-19所示为能实现预定运动规律的几种简单的连杆-凸轮组合机构。图11-19a、b所示的连杆-凸轮组合机构实际上相当于连架杆长度可变的四杆机构；图11-19c所示的连杆-凸轮组合机构则相当于曲柄长度（即l_{AC}）可变的曲柄滑块机构。这种组合机构的设计关键在于根据输出的运动要求设计凸轮的轮廓。

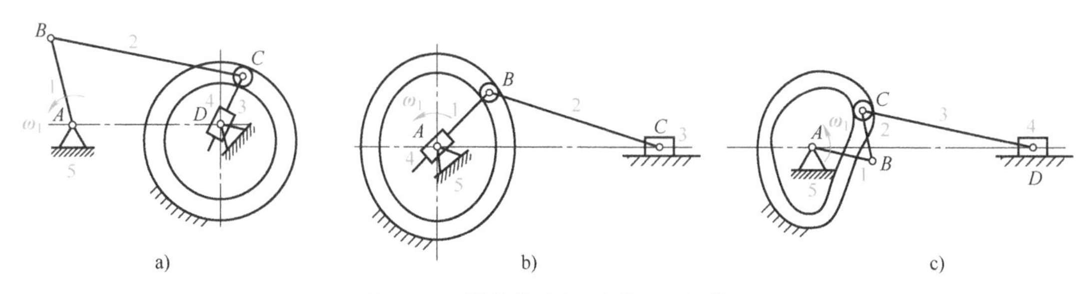

图11-19 简单的连杆-凸轮组合机构

图11-20所示为常见的连杆-凸轮组合机构，构件3、构件4、构件5、构件6和机架构成一个自由度为2的五杆机构。连杆机构在初始位置时，各构件相互垂直，因此，构件3的摆动可使C点近似沿x轴方向（水平）运动，构件6的摆动可使C点近似沿y轴方向（竖直）运动，只要使构件3和构件6的运动规律相互配合，则C点可描绘出任意形状的轨迹。而构件3和构件6的摆动是用凸轮来控制的。凸轮1控制构件3的运动，凸轮2控制构件6的运动，两个凸轮装在一根轴上，这样凸轮机构和连杆机构就组合成一个自由度为1的组合机构。

当连杆机构各部分尺寸确定以后，可根据动点C的运动规律设计凸轮轮廓，其步骤如下：

1）将C点运动轨迹沿着运动方向标出许多点，如1，2，3…12。若对C点的运动速度有要求，则在点的分布上有所考虑。例如，若为等速运动，则点间距离近似均等；若为加速运动，则点的分布应由密变稀。

2）将C点的轨迹逐步移动，求得构件3和构件6上B点、D点在圆弧轨迹线上的对应位置以及F点、G点在各自圆弧轨迹线上的对应位置。

3）把基圆按轨迹点分且数目相等，然后按摆动从动件盘形凸轮设计的凸轮廓线设计方法绘出凸轮廓线。

图11-21a所示为实现预定运动轨迹的连杆-凸轮组合机构。构件1、构件2、构件3、构件4、构件5组成一个自由度为2的五杆机构，它是该组合机构的基础机构；构件1′（凸轮）、构件4和构件5组成一个单自由度的凸轮机构，它是该组合机构的附加机构。主动件1的运动，一方面直接传给五杆机构的构件1，另一方面又通过凸轮机构传给五杆机构的构件4，五杆机构将这两个输入运动合成后，从C点输出一个如图11-21a所示的复杂运动轨迹cc。

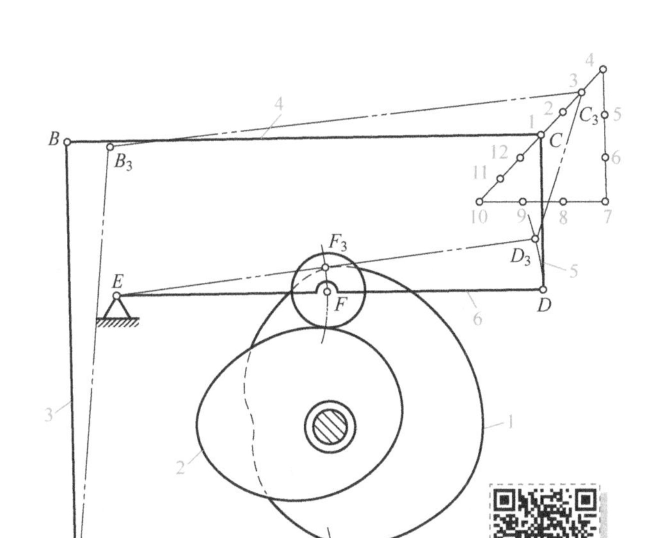

图 11-20　常见的连杆-凸轮组合机构

在未引入凸轮机构之前，由于五杆机构具有 2 个自由度，故需要两个输入运动。因此，当使构件 1 做等速运动时，可同时让连杆上的 C 点沿着工作所要求的轨迹 cc 运动，这时，构件 4 的运动则完全确定。由此可求出构件 4 与构件 1（它们是五杆机构的两个主动件）之间的运动关系 $s_D(\varphi)$，并据此即可设计出凸轮的轮廓线。很显然，按此规律设计的凸轮廓线能保证 C 点沿着预定的轨迹 cc 运动。其设计步骤如下（图 11-21b）：

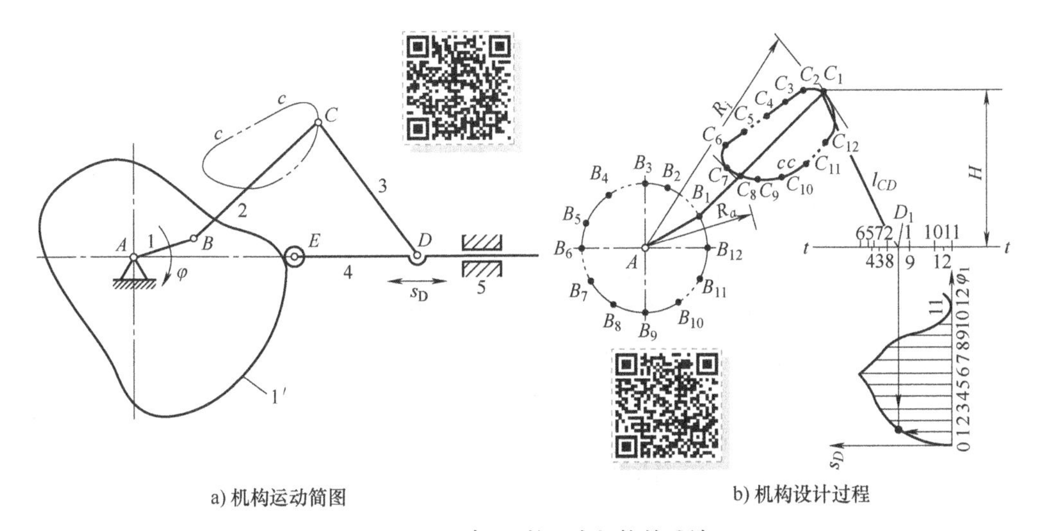

图 11-21　连杆-凸轮组合机构的设计

1）根据实际结构要求，选定曲柄回转中心 A 相对于给定轨迹 cc 的位置。

2）以 A 为圆心，以 $l_{AB}+l_{BC}=R_i$ 为半径（即 cc 离 A 的最远点）画弧；以 A 为圆心，以 $l_{BC}-l_{AB}=R_a$ 为半径画弧（即 cc 离 A 的最近点），因此可知

$$l_{AB}=\frac{1}{2}(R_i-R_a),\quad l_{BC}=\frac{1}{2}(R_i+R_a)$$

3）确定构件3的长度 l_{CD}。由于构件4的导路通过凸轮轴心，为了保证 CD 杆与导路有交点，必须使 l_{CD} 大于轨迹 cc 上各点到导路的最大距离。为此，找出曲线 cc 与构件4的导路间的最大距离 H，从而选定构件3的尺寸

$$l_{CD}>H$$

4）绘制构件4与构件1之间的运动关系 $S_D(\varphi)$。具体方法如下：将曲柄圆分为若干等份，得到曲柄转一周时 B 点的一系列位置，然后用作图法找出 C、D 两点对应于 B 点的各个位置，由此即可绘制出从动件4的位移曲线 $S_D(\varphi)$，如图11-21b所示。

5）根据结构选定凸轮的基圆半径，按照位移曲线 $S_D(\varphi)$ 设计对心滚子直动从动件盘形凸轮机构的凸轮廓线。

由以上设计过程可看出，由于连杆机构精确设计较困难，凸轮机构设计较简便，故在设计连杆-凸轮组合机构时，有关连杆机构部分的尺寸参数通常先选定，然后设法找出相应的凸轮从动件的运动规律，最终将整个组合机构的设计变为凸轮机构的凸轮轮廓的设计问题。

11.3.2 凸轮-齿轮组合机构

凸轮-齿轮组合机构多是由自由度为2的差动轮系和自由度为1的凸轮机构组合而成。其中，自由度为2的差动轮系为基本机构，自由度为1的凸轮机构为附加机构。

凸轮-齿轮组合机构可以很方便地使从动件完成复杂的运动规律。例如，在输入轴等速转动的情况下，输出轴可按一定运动规律周期性地加速、减速、反转、步进；也可做具有任意停歇时间的间歇运动；还可实现校正装置中所要求的特殊规律的补偿运动等。

图11-22所示为凸轮-齿轮组合校正机构，这类校正装置在齿轮加工机床中应用较多。

图11-23所示为凸轮-齿轮组合反馈机构。主动蜗杆1在等速转动的同时，又受凸轮2的控制做轴向移动，适当设计凸轮的轮廓曲线，可使蜗轮3得到预期的运动规律。

图11-24所示为凸轮-齿轮组合机构，它由作为基本机构的差动轮系和作为附加机构的摆动从动件盘形凸轮机构组合而成。差动轮系由太阳轮a、行星轮g和行星架H组成。行星轮g和行星架H铰接，其一端所安装的滚子1置于固定凸轮2的凹槽内，另一端扇形齿部分则与从动太阳轮a相啮合。当主动行星架H转动时，带动行星轮g做周转运动，同时凸轮廓线迫使行星轮g相对于行星架H做自转运动，从动太阳轮a的输出运动就是行星架H的运动与行星轮相对于行星架的运动的合成。

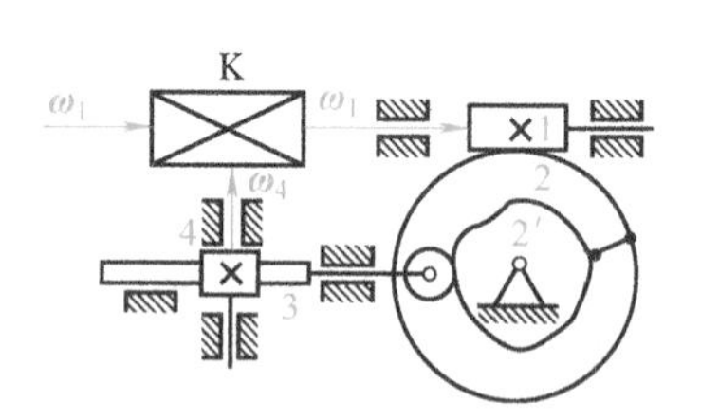

图11-22　凸轮-齿轮组合校正机构

设太阳轮a的角速度为 ω_a，行星架H的角速度为 ω_H，则有

$$\frac{\omega_a-\omega_H}{\omega_g-\omega_H}=-\frac{z_g}{z_a}\tag{11-1}$$

$$\omega_a=-\frac{z_g}{z_a}(\omega_g-\omega_H)+\omega_H\tag{11-2}$$

在 ω_H 一定的条件下，改变 $\omega_g-\omega_H$，即改变凸轮2的轮廓曲线，则可得到 ω_a 的不同变化规

律；反之，若给定 ω_a 随行星架 H 的转角 φ_H 的变化规律，则可由式（11-2）算出 ω_g-ω_H 与 φ_H 的关系，将其转换成 φ_g-φ_H 与 φ_H 的关系，就可画出凸轮机构的凸轮轮廓。

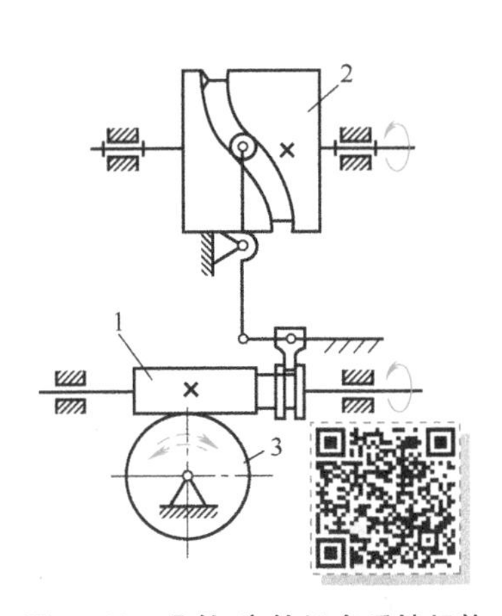

图 11-23 凸轮-齿轮组合反馈机构

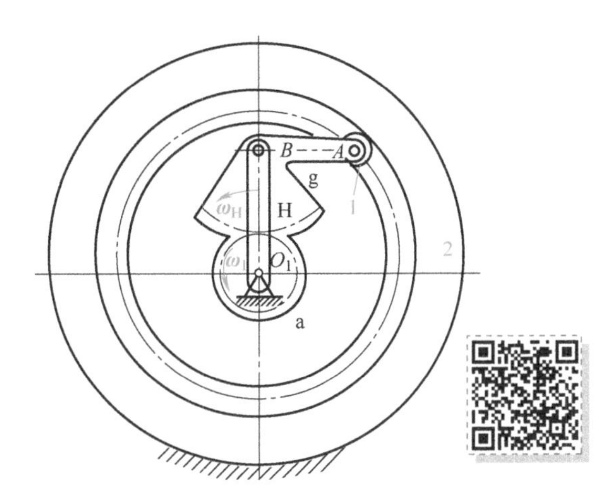

图 11-24 凸轮-齿轮组合机构

11.3.3 连杆-齿轮组合机构

连杆-齿轮组合机构是由变传动比的连杆机构和定传动比的齿轮机构组合而成的。连杆-齿轮组合机构可以实现较复杂的运动规律和运动轨迹，可以实现停歇时间不长的步进运动和有特殊要求的间歇运动。而且由于组成这种机构的齿轮和连杆加工方便，加工精度易于保证，因此是一种应用较广的机构。

连杆-齿轮组合机构多是由自由度为 2 的连杆机构作为基本机构，自由度为 1 的齿轮机构作为附加机构组合而成的。

图 11-25 所示为连杆-齿轮组合机构，它是由齿轮 1、齿轮 2 和支架 5 组成的定轴轮系及自由度为 2 的五杆机构 1-2-3-4-5 组成的。改变齿轮 1 和齿轮 2 的相对相位角、传动比及各杆的相对尺寸等，就可以得到不同的连杆曲线。

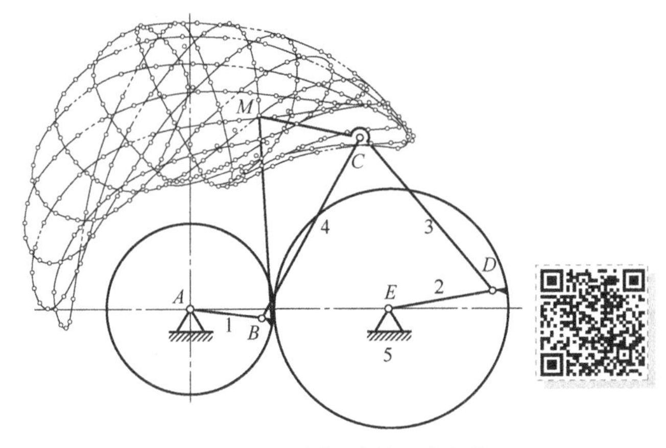

图 11-25 连杆-齿轮组合机构

图 11-26 所示为振摆式轧机上采用的连杆-齿轮组合机构。主动轮 1 同时带动齿轮 2 和齿轮 3 运动，连杆上的 F 点描绘出图示的轨迹。对此轨迹的要求是，轧辊接触点的咬入角 α 应小，以减轻送料辊的负荷。

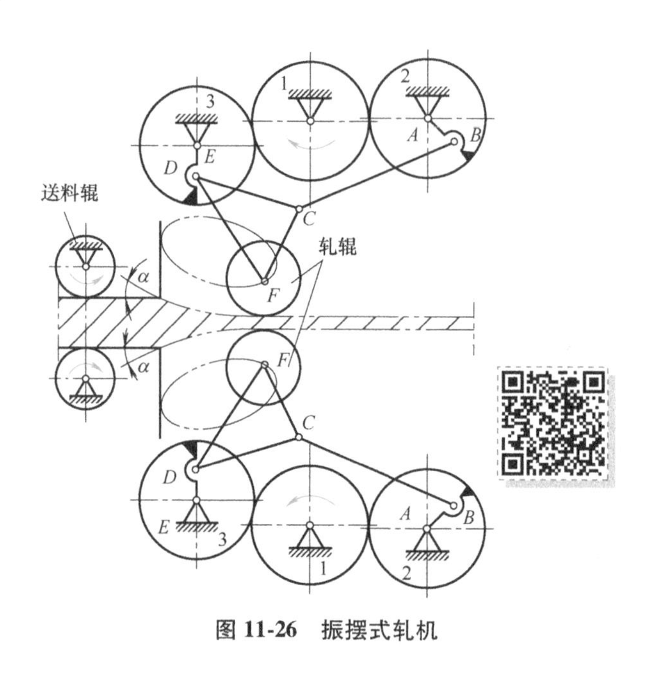

图 11-26　振摆式轧机

11.4 机构选型及机构系统运动方案设计

知识点：

机构选型及机构系统运动方案设计

11.4.1 机构类型的选择

由机械系统运动方案设计步骤可知，在了解并确定了机构系统各执行构件所要实现的若干个基本运动形式、运动特性及运动规律后，经过从已有的各种机构中进行搜索、选择、比较、评价，选出机构的合适型式，就称为机构选型。

1. 选择一个合适的机构系统通常要考虑的问题

1）机械的工作用途，要求的运动形式及运动规律。

2）机械选择何种主动件和执行构件。

3）机械的外廓尺寸、重量、加工、装配及维修。

正确地选型将会使机械在工作过程中的运动、受力、机械效率等方面都达到理想的状况，使机构产生最大的效益。

2. 按执行构件所需的运动特性进行机构选型

这种方法是从具有相同运动特性的机构中，按照执行构件所需的运动特性，通过分析比较，从中选出合适的机构型式。

表 11-1 列出了执行构件常见的运动形式及其对应的常用执行机构示例。为了便于机构的选型，下面对各种常用机构的工作特点、性能和使用场合做简略的归纳和比较，以供选型时参考。

表 11-1　执行构件常见的运动形式及其对应的常用执行机构示例

运动形式		常用执行机构示例
连续运动	定传动比匀速转动	平行四边形机构、双万向联轴器机构、齿轮机构、轮系、谐波齿轮传动机构、摩擦传动机构、挠性传动机构
	变传动比匀速转动	轴向滑移圆柱齿轮机构、复合轮系变速机构、摩擦传动机构、行星无级变速机构、挠性无级变速机构
	非匀速转动	双曲柄机构、转动导杆机构、单万向联轴器机构、非圆齿轮机构、某些组合机构
往复移动	往复移动	曲柄滑块机构、移动导杆机构、正弦机构、正切机构、直动从动件凸轮机构、齿轮齿条机构、楔块机构、气动机构、液压机构
	往复摆动	曲柄摇杆机构、双摇杆机构、摆动导杆机构、曲柄滑块机构、空间连杆机构、摆动从动件凸轮机构、某些组合机构
间歇运动	间歇转动	棘轮机构、槽轮机构、不完全齿轮机构、凸轮式间歇运动机构、某些组合机构
	间歇摆动	特殊形式的连杆机构、带有休止段轮廓的摆动从动件凸轮机构、连杆-齿轮组合机构、利用连杆曲线圆弧段或直线段组成的多杆机构
	间歇移动	棘齿条机构、摩擦传动机构、从动件做间歇往复移动的凸轮机构、反凸轮机构、气动机构、液压机构、移动杆有停歇的斜面机构
预定轨迹	直线轨迹	连杆近似直线机构、八杆精确直线机构、某些组合机构
	曲线轨迹	利用连杆曲线实现预定轨迹的连杆机构、连杆-凸轮组合机构、连杆-齿轮组合机构、连杆-行星轮系组合机构、行星轮系
一般平面运动	刚体位置和姿态	平面连杆机构中的连杆、连杆-齿轮-行星轮系组合机构

（1）传递连续回转运动的机构　传递连续回转的运动的机构常用的有摩擦传动机构、啮合传动机构和连杆机构三大类。

1）摩擦传动机构包括带传动、摩擦轮传动等。其优点是结构简单、传动平稳、易于实现无级变速、有过载保护作用。其缺点是传动比不准确、传动功率小、传动效率较低等。

2）啮合传动机构包括齿轮传动、蜗杆传动、链传动及同步带传动等。齿轮传动传递功率较大，传动比准确。链传动通常用在传递距离较远和传动精度要求不高而工作恶劣的地方。同步带传动兼有带传动能缓冲减振和齿轮传动比准确的优点，且传动轻巧，故其在中小功率装置中的应用日益增多。

3）连杆机构，如双曲柄机构和平行四边形机构等，多用于有特殊需要的地方。

此外，还有万向铰链机构等。

（2）实现单向间歇回转运动的机构　实现单向间歇回转运动的机构常用的有槽轮机构、棘轮机构、不完全齿轮机构、凸轮式间歇机构及齿轮-连杆组合机构等。

槽轮机构的槽轮每次转过的角度与槽轮的槽数有关，要改变其转角的大小必须更换槽轮，因此槽轮机构多用于转角为固定值的转位运动。

棘轮机构主要用于要求每次的转角较小或转角大小需要调节的低速场合。

不完全齿轮机构的转角在设计时可在较大范围内选择，故常用于大转角而速度不高的场合。

凸轮式间歇机构运动平稳，分度及定位准确，但制造困难，故多用于速度较高或定位精度要求较高的转位装置中。

连杆-齿轮组合机构主要用于有特殊需要的输送机中。

（3）实现往复移动和往复摆动的机构　将回转运动变为往复移动或往复摆动的机构常见的有连杆机构、凸轮机构、螺旋机构、齿轮齿条机构及组合机构等。此外，往复移动或往复摆动也常用液压缸或气缸来实现。

连杆机构中用来实现往复移动的主要是曲柄滑块机构、正弦机构、正切机构、六杆机构等。连杆机构是低副机构，制造容易且承载能力大，但连杆机构难以准确地实现任意指定的运动规律，故多用于无严格的运动规律要求的场合。

凸轮机构可以实现复杂的运动规律，也便于实现各执行构件间的运动协调配合，但因其为高副机构，所以多用在受力不大的场合。

螺旋机构可获得较大的减速比和较高的运动精度，常用作低速进给和精密微调机构。

齿轮齿条机构适用于移动速度较高的场合，但是由于精密齿条制造困难，传动精度及平稳性不及螺旋机构，因此不宜用于精确传动及平稳性要求较高的场合。

就上述几种机构的行程大小来说，凸轮机构从动件的行程一般较小，否则会使凸轮机构的压力角过大或尺寸过大；连杆机构可以得到较大的行程，但也不能太大，否则连杆机构的尺寸会过于庞大；齿轮齿条机构或螺旋机构则可以满足较大行程的要求。

（4）实现预定轨迹的机构　实现预定轨迹的机构有连杆机构、连杆-齿轮组合机构、连杆-凸轮组合机构和联动凸轮机构等。用四杆机构来实现所预期的轨迹，虽然机构的结构简单、制造方便，但只能近似地实现所预期的轨迹。用多杆机构或齿轮-连杆机构来实现所预期的轨迹时，因为待定的尺寸参数较多，故精度可以较四杆机构高，但设计和制造困难。用连杆-凸轮组合机构或联动凸轮机构可准确地实现预期轨迹，且设计较方便，但由于凸轮制造较难，故成本较高。

需要说明的是，表 11-1 中所列机构只是很少一部分，其他各种机构在机构设计手册中均可查到。

3. 按形态学矩阵法进行机构选型

机器的执行系统都是由一些基本机构或组合机构协调构成的，而满足同一运动形式和功能要求的机构又有多种。为求得多种方案，并从中优选最佳方案，形态学矩阵法是常用的一种方法。

形态学矩阵法的特征是把整个系统分解成几个独立因素，并列出每个因素所包含的几种可能状态（作为列元素）。机构选型时则是把系统的总功能分解成几个分功能（即独立因素），每个分功能又对应有不同的机构（即分功能解），然后把纵坐标列为分功能，横坐标列为分功能解（即各种不同机构），即构成机构选型的形态学矩阵。只要在矩阵的每一行任找一个元素，把各行中找出的机构组合起来，就组成一个能实现总体功能的方案。

表 11-2 列出了基本机构的基本功能元及其表示符号。各个基本机构在完成运动和动力传递的同时，还完成了运动合成、运动分解、运动换向和动力的放大、缩小等功能。

表 11-2　基本机构的基本功能元及其表示符号

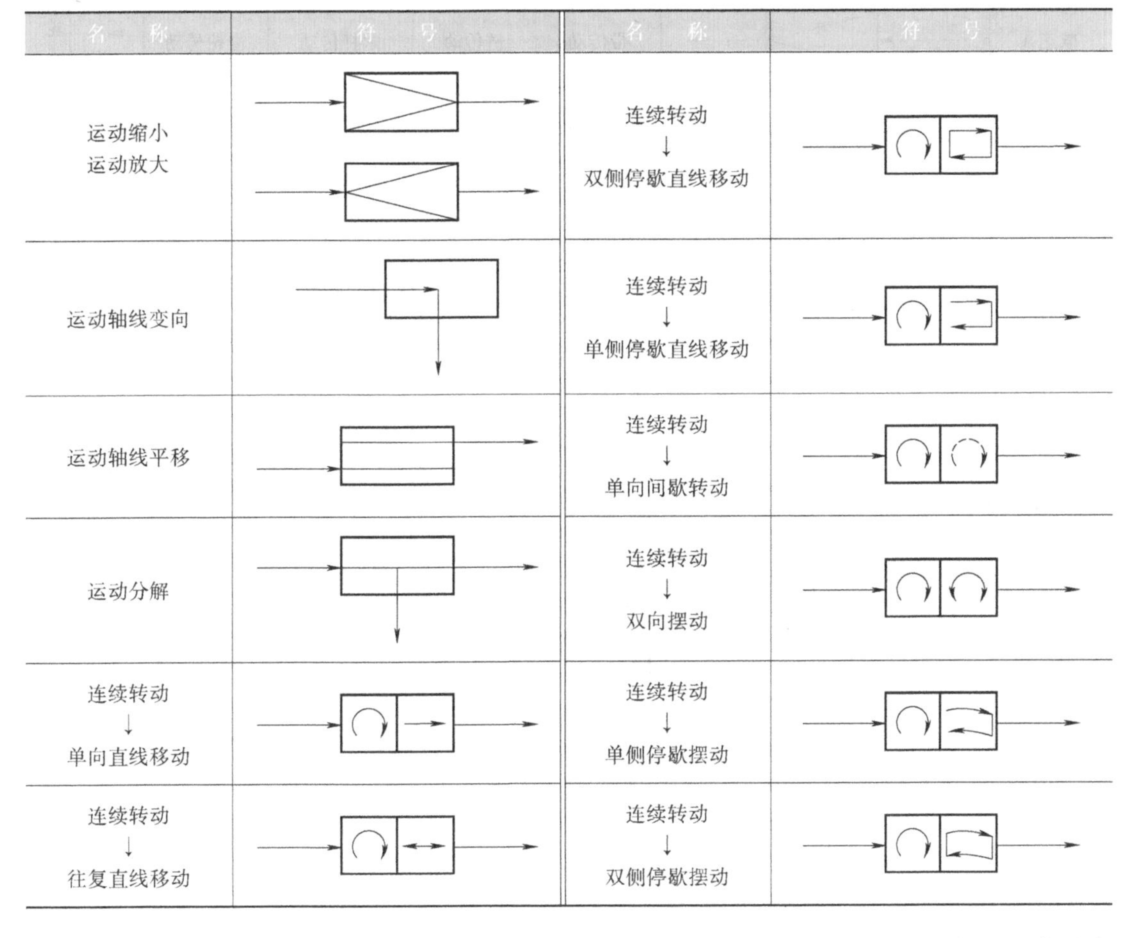

名　称	符　号	名　称	符　号
运动缩小 运动放大		连续转动 ↓ 双侧停歇直线移动	
运动轴线变向		连续转动 ↓ 单侧停歇直线移动	
运动轴线平移		连续转动 ↓ 单向间歇转动	
运动分解		连续转动 ↓ 双向摆动	
连续转动 ↓ 单向直线移动		连续转动 ↓ 单侧停歇摆动	
连续转动 ↓ 往复直线移动		连续转动 ↓ 双侧停歇摆动	

下面以四工位专用机床进给系统运动方案设计为例来说明形态学矩阵法在机构选型中的应用。四工位专用机床是在四个工位上分别完成相应的工件装卸、钻孔、扩孔、铰孔工作。它的进给系统实现回转工作台的间歇转动和主轴箱的往复移动两个工艺动作。图 11-27 所示为四工位专用机床进给系统的运动转换功能图。

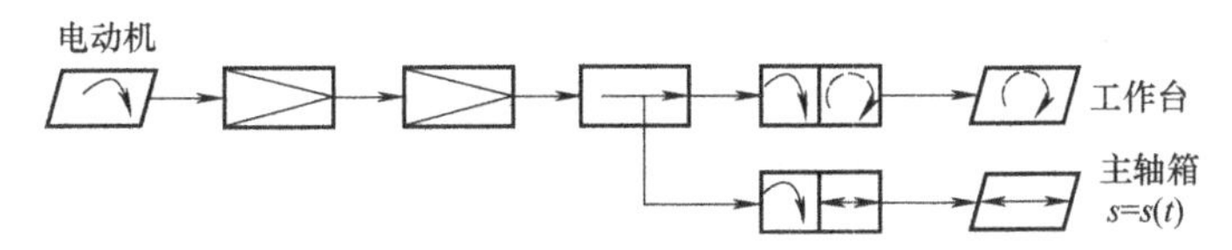

图 11-27　四工位专用机床进给系统的运动转换功能图

首先，根据图中要求的功能选择合适的机构型式；然后，把纵坐标列为分功能，横坐标列为分功能所选择的机构型式，这样就形成了四工位专用机床的形态学矩阵（见表 11-3）。对该形态学矩阵的行、列进行组合就可以求解得到 N 种设计方案，即

$$N=5\times5\times5\times5=625$$

表 11-3　四工位专用机床的形态学矩阵

分功能（功能元）		分功能解（匹配的执行机构）				
		1	2	3	4	5
减速 A		带传动	链传动	蜗杆传动	齿轮传动	摆线针轮传动
减速 B		带传动	链传动	蜗杆传动	齿轮传动	行星传动
工作台停歇转动 C		圆柱凸轮间歇机构	蜗轮凸轮间歇机构	曲柄摇杆棘轮机构	不完全齿轮机构	槽轮机构
主轴箱移动 D		移动从动件圆柱凸轮机构	移动从动件盘形凸轮机构	摆动从动件盘形凸轮机构、摆杆滑块机构	曲柄滑块机构	六杆滑块机构

在这 625 种设计方案中首先剔除明显不合理的方案，再从是否满足预定的运动要求、机构安排的顺序是否合理、制造难易、可靠性好坏等方面进行综合评价，选出较优的方案。在表 11-3 中，方案Ⅰ：$A_5+B_1+C_5+D_1$ 和方案Ⅱ：$A_1+B_5+C_4+D_3$ 是两组可选方案。方案Ⅰ对应的机构系统运动简图如图 11-28 所示。

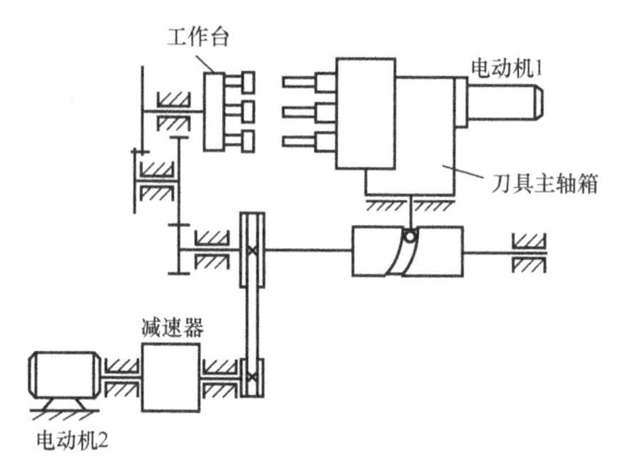

图 11-28　四工位专用机床的机构系统运动简图

11.4.2　机构系统运动方案设计的某些特殊要求

在实际机械设计中，对于较为特殊的或复杂的运动，只选用一个执行机构往往不能满足设计要求，需要用一个以上基本机构组成的机构系统来实现。合理选择若干个基本机构组合成机构系统以满足机械设计的运动要求就是机构系统运动方案设计的主要任务。在机构系统运动方案设计时要注意以下几种特殊的设计要求。

1. 实现执行件大行程的要求

图 11-29 所示为对心曲柄滑块机构，它的滑块行程 H 是曲柄长度的两倍，因此要实现滑块大行程要求，会造成机构尺寸过大。为了减小机构所占的空间尺寸，可采用图 11-30 所示的由曲柄

滑块机构与齿轮齿条机构串联而成的机构系统。该机构系统将滑块变为小齿轮，并同时与一个固定齿条和一个活动齿条（为执行构件）相啮合。这样在曲柄长度相同的情况下，行程 H 可扩大 1 倍。

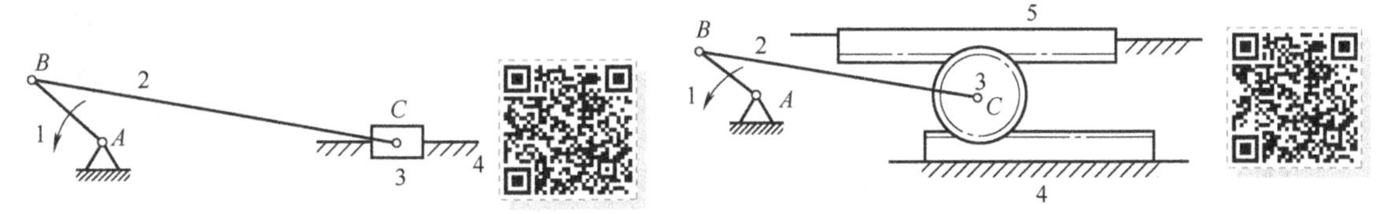

图 11-29　对心曲柄滑块机构　　　　**图 11-30　曲柄滑块-齿轮齿条组合串联机构**

同样，如果要求执行件有大的角行程，若采用图 11-31 所示的曲柄摇杆机构来实现，不仅机构所占的活动空间大，而且在某些位置（如右极限位置）的压力角可能过大而使传力性能下降。采用图 11-32 所示的由导杆机构与一对齿轮机构串联而成的机构系统，可以满足大角行程的要求，这样不仅机构紧凑、所占活动空间小，而且传力特性好。

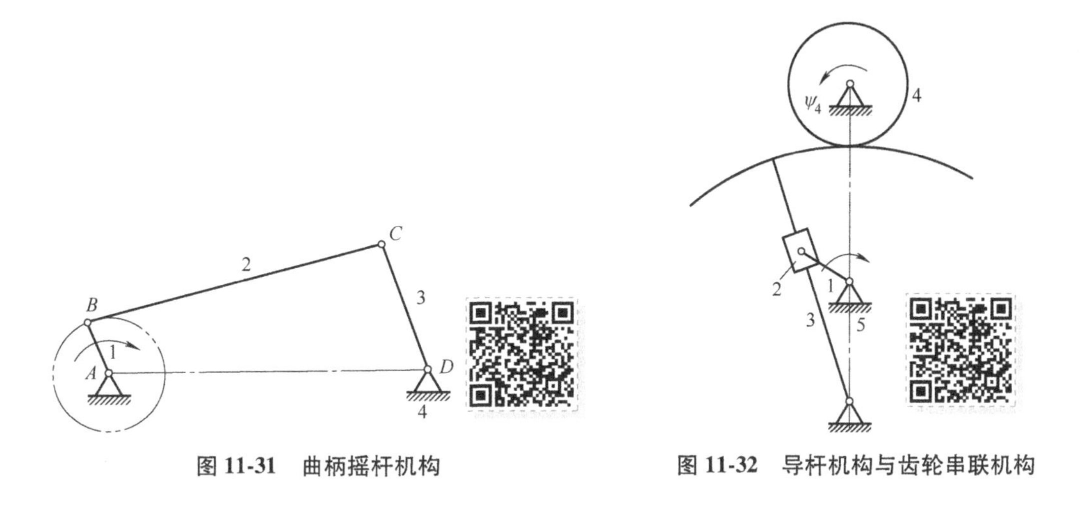

图 11-31　曲柄摇杆机构　　　　**图 11-32　导杆机构与齿轮串联机构**

2. 实现执行构件行程可调的要求

有些机械需要调节某些运动参数，例如牛头刨床，根据刨削工件的大小不同，刨刀的行程也应随之调整。调整行程的方法一般有以下两种：

（1）将机构中某些构件制成长度可调的构件　如图 11-29 所示的对心曲柄滑块机构，若将曲柄制作成长度可调的构件，则可改变滑块的行程。

（2）将机构中某些构件的行程制成可调　选择一个自由度为 2 的机构，为使其具有确定的运动，应有两个主动件，其中一个为主要的主动件，即为完成预定运动要求的输入构件；另一个为调整主动件，调整它的位置就可改变执行件的行程。当调整主动件调整至满足行程要求的位置后，就将其固定不动，此时机构就变为单自由度的系统，然后在主要的主动件驱动下正常工作。

在图 11-31 所示的曲柄摇杆机构中，摇杆 CD 的极限位置和行程角是不可调的。图 11-33 所示为行程可调的具有两个自由度的七杆机构，其中 1 为主要的主动件，2 为调整主动件。改变构件 6 铰链的位置，摇杆 CD 的极限位置及行程角都会相应改变。当杆 6 的位置调整到合适位置后，将其固定，此时机构系统就变成单自由度的六杆机构。这种调整可以在主要的主动件不停地运转过程中进行。在缝纫机中就采用了类似的机构来调整“针脚”的大小。

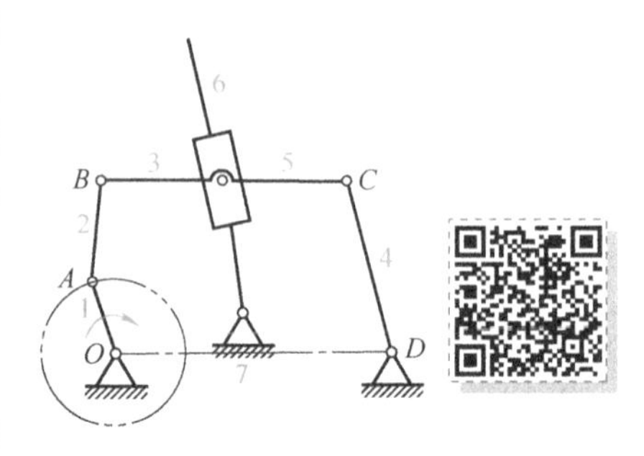

图 11-33　行程可调的具有两个自由度的七杆机构

3. 实现执行构件在某位置能承受极大力的要求

某些大型机械在工作行程中要求执行构件短时间内承受极大的力。实现此要求，不应盲目选择大功率的主动机，而应通过合理选择机构组合系统来达到。图 11-34 所示为常见中小型压力机的主体机构——曲柄滑块机构，当滑块接近下极限位置开始冲压工件时，滑块将承受较大的力，但因为此时极大的力 $\boldsymbol{F}$ 沿着 CB 和 BA 方向直接传到固定铰链 A 处，驱动力矩主要克服运动副中的摩擦力矩，所以并不需要曲柄 AB 上作用有很大的驱动力矩。但由于滑块在极限位置只有瞬时停歇作用，故不能很好地满足短暂停歇的工作要求。图 11-35 所示为曲柄摇杆-摇杆滑块串联组合机构，可看成是由曲柄摇杆机构 $ABCD$ 和摇杆滑块机构 DCE 串联组成的。由于两机构的执行构件 DC（也是摇杆滑块机构的输入运动构件）和滑块 E 同时处在速度为零的极限位置，而在该位置附近两构件的速度也较小，因此滑块 E 的速度在一短暂的时间内可近似看作为零，即有短暂停歇的作用。可见，该机构不仅能在短时间内承受极大的力，而且还具有短暂（非瞬时）的停歇作用。

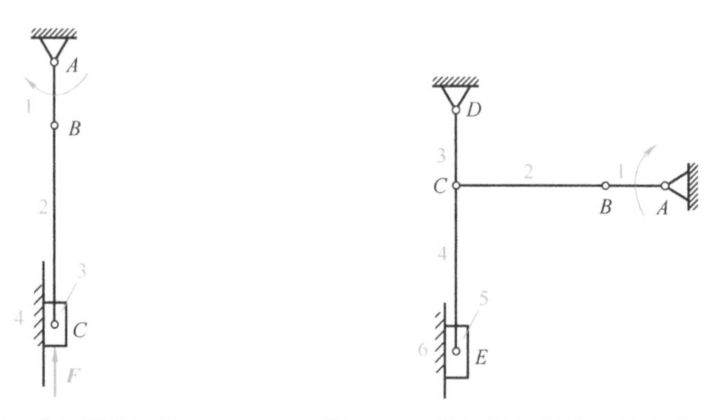

图 11-34　曲柄滑块机构　　图 11-35　曲柄摇杆-摇杆滑块串联组合机构

11.4.3 机构系统运动方案设计的基本原则

机构系统运动方案的设计是一项极具创造性的工作。满足同一个运动要求，可选用不同类型的机构组成不同的机构系统运动方案来实现，但设计者在进行机构系统运动方案设计时，应遵循以下几个基本原则：

1. 满足执行构件的工艺动作和运动要求

机构系统运动方案设计首要的任务是满足执行构件的运动要求，包括运动形式、运动规律或运动轨迹要求。

2. 运动链尽可能简短，机构尽可能简单

实现同样的运动要求，应尽量采用构件数和运动副数目最少的机构。这样做有以下几方面好处：

1）运动副数量少，运动链的累计误差小，从而可提高传动精度。

2）有利于提高整个机构系统的刚度，可减少产生振动的环节，增强机构系统工作可靠性。

3）运动副中摩擦带来的功率损耗减少了，机械效率提高了。

4）可以简化机械构造，减轻重量，降低制造成本。

图 11-36 和图 11-37 所示为两个实现直线轨迹的机构。其中，图 11-36 为理论上 E 点有精确直线轨迹的八杆机构；而图 11-37 为 E 点有近似直线轨迹的四杆机构。通常在同一制造精度条件下，实际轨迹误差却是图 11-36 所示的八杆机构大于图 11-37 所示的四杆机构，其原因就在于运动副数目增多会造成运动副累计误差增大。因此，在选择平面连杆机构时，有时宁可采用有一定设计误差的简单的近似机构，也不采用理论上无设计误差的较复杂的精确机构。

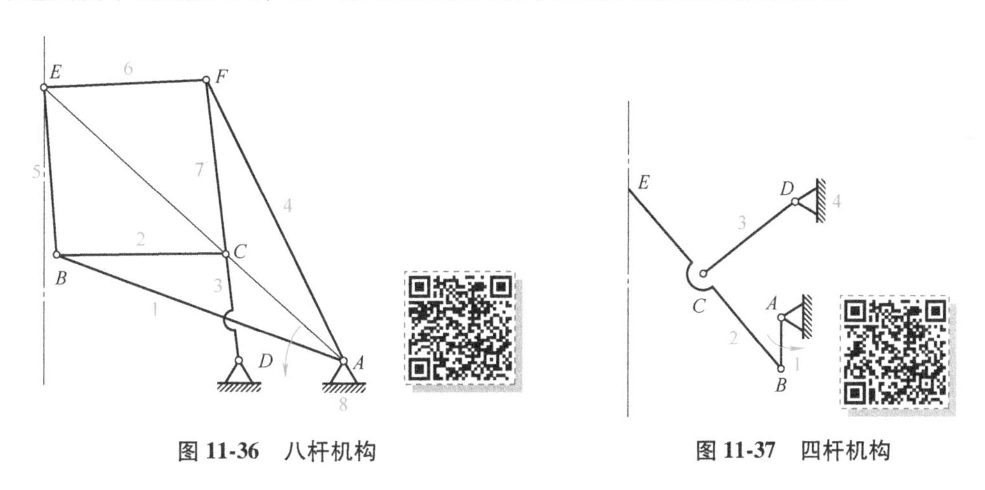

图 11-36　八杆机构　　　　图 11-37　四杆机构

3. 合理选择动力源的类型，可使运动链简短

机构的选型不仅与执行构件的运动形式有关，而且与机构的驱动元件的类型及动力源的情况有关。常用驱动元件如图 11-38 所示。

在具有多个执行机构的工程机械中，常采用液压缸或气缸作为主动机，直接推动执行构件运动。与采用电动机驱动相比，可省去一些减速传动装置和运动变换机构。这样不仅机构较为简便，而且还有传动平稳、操作方便、易于调速等优点。

图 11-39 所示为两种钢板叠放机构系统的运动简图。图 11-39a 中采用电动机作为主动机，通过减速装置（图中未画出）带动机构中的曲柄 AB 转动；图 11-39b 中采用运动倒置的凸轮机构（凸轮为固定件），液压缸活塞杆直接推动执行件 2 运动。显然图 11-39b 所示的机构系统比图 11-39a 所示的机构系统的结构更简单些，可见，选择合适的动力源可以简化运动链。

4. 选择合适的运动副形式

在基本机构中，高副机构（如凸轮机构、齿轮机构）只有三个构件和三个运动副，而低副机构（如四杆机构）有四个构件和四个运动副。因此，从运动链尽可能简短方面考虑，似乎应

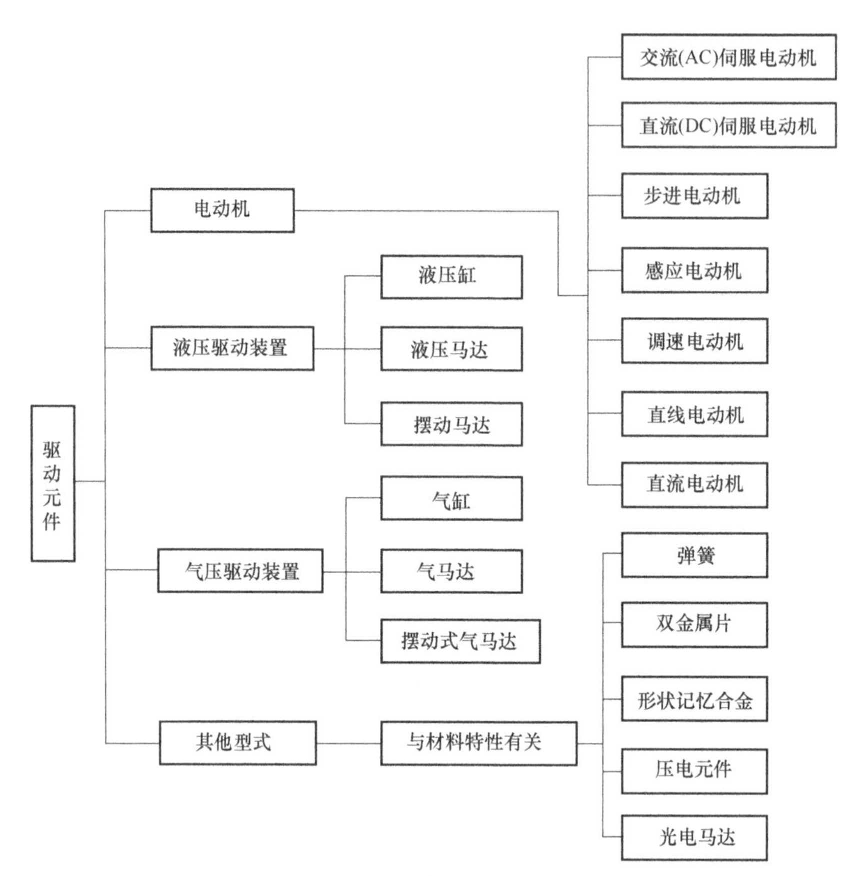

图 11-38　常用驱动元件

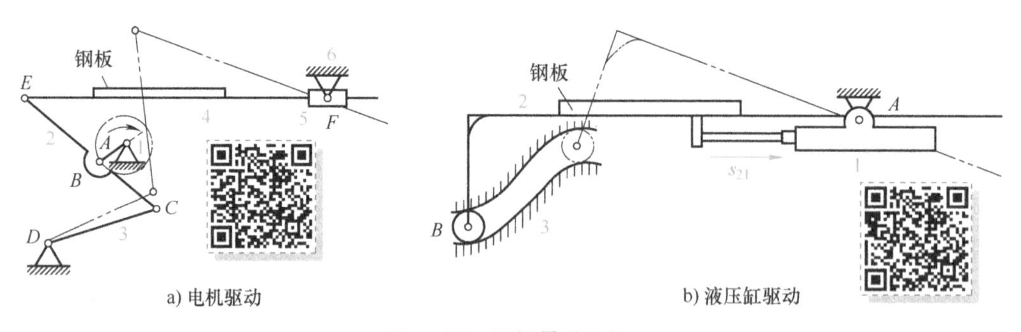

a) 电机驱动　　b) 液压缸驱动

图 11-39　钢板叠放机构

优先选用高副机构。但在实际设计中，不只是考虑运动链简短的问题，还需要对高副机构和低副机构在传动与传力特点、加工制造及使用维护等各方面进行全面比较，才能做出最终选择。

一般来说，转动副易于制造，容易保证运动副元素的配合精度，且效率较高，移动副不易保证配合精度，效率低且易发生自锁，因此，设计时，如果可能，应用转动副代替移动副。

5. 尽可能减小机构的尺寸

在满足工作要求的前提下，总希望机械产品的结构紧凑、尺寸小、重量轻，这是机械设计所追求的目标。机械产品的尺寸和重量随所选用的机构类型不同而有很大的差别。在实现同样大小传动比的情况下，周转轮系的尺寸比普通定轴轮系的尺寸要小很多。

6. 机构系统应有良好的动力学特性

1）要选择有良好动力学特性的机构，首先是尽可能选择压力角较小的机构，特别注意机构的最大压力角是否在允许值范围内。例如，在往复摆动的连杆机构中，摆动导杆机构最为理想，其压力角始终为零。

2）为减少运动副摩擦，防止机构出现楔紧现象，甚至自锁等，尽可能采用由转动副组成的连杆机构，少采用固定导路的移动副。转动副有制造方便、摩擦小且机构传动灵活的特点。

3）对于高速运转的机构，如果做往复运动或平面一般运动构件的惯性质量较大，或转动构件有较大的偏心质量（如凸轮构件），则在设计机构系统时，应考虑采取平衡惯性质量措施，以减少运转过程中的动负荷和振动。

7. 保证机械的安全运转

进行执行机构型式设计时，必须考虑机械的安全运转问题，以防止发生机械损坏或出现生产和人身事故。例如，为了防止因过载而损坏，可采用具有过载保护性的带传动或摩擦传动机构；又如，为了防止起重机械的起吊部分在重物作用下自行倒转，可采用具有自锁功能的机构（如蜗杆蜗轮机构）。

选择机构类型并设计机构系统运动方案是件复杂且细致的工作，往往要同时做一些运动学和动力学分析及比较，甚至还要考虑制造、安装等方面的问题。上述提出的几个基本原则主要是从“运动方案”角度出发，还未涉及具体的尺寸设计、结构设计、强度设计等方面。在机构系统运动方案设计中，必须从整体出发，分清主次，全面权衡选择某方案的利弊与得失。此外，对于所选机构的优缺点分析往往都具有相对性，要避免孤立地、片面地评价，这样才有可能设计出一个较优的机构系统运动方案。

11.5 机构系统运动循环图

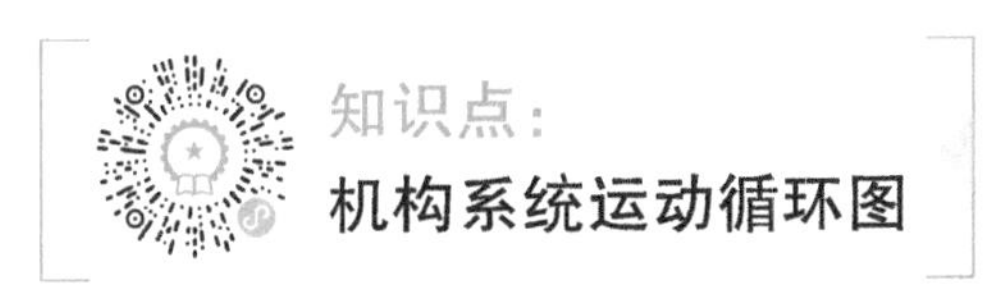

11.5.1 机构系统运动循环图及其类型

1. 机器的运动分类

机器的运动可分为无周期循环和有周期循环两大类。起重机械和工程机械工作时的运动为无周期循环运动；大多数机械，如包装机械、轻工机械、自动机床等，它们的执行构件在经过一定时间间隔后，其位移、速度、加速度等运动参数的数值呈现出周期性重复，往往做周期性的运动。

2. 机器的运动循环（工作循环）

机器的运动循环是指机器各执行机构完成其功能所需的总时间。在机器的一个运动循环内，有些执行机构完成一个运动循环，有些完成若干个运动循环。机器各执行构件的运动循环至少包括一个工作行程和一个空回行程，有的执行构件还有一个或若干个停歇阶段。

3. 机器运动循环图的形式

用来描述机构系统在一个工作循环中各执行构件运动间相互协调配合的示意图称为机构系统运动循环图，简称运动循环图。

由于机械在主轴或分配轴转动一周或若干周内可完成一个运动循环，故运动循环图常以主轴或分配轴的转角为位置变量，以某主要执行构件有代表性的特征位置为起始位置，在主轴或分配轴转过一个周期时，表示出其他执行构件相对该主要执行构件的位置先后次序和配合关系。

按其表示的形式不同，运动循环图通常有直线式运动循环图（或称矩形运动循环图）、圆周式运动循环图和直角坐标式运动循环图三种。下面以图 11-40 所示的粉料压片机为例分别介绍这三种运动循环图。

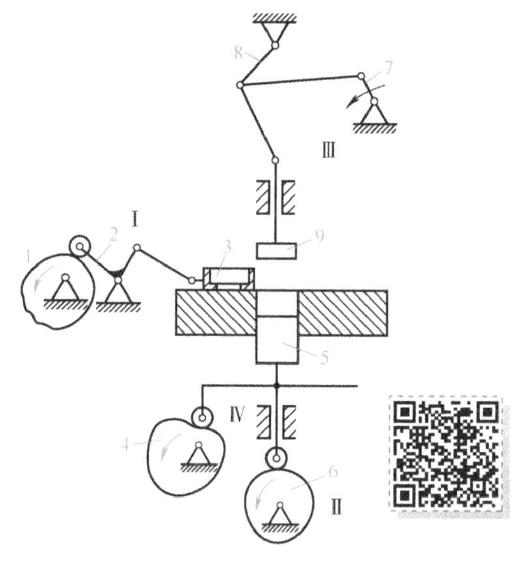

图 11-40　粉料压片机

1、4、6—凸轮　2—摆动从动件　3—料筛　5—下冲头　7—曲柄　8—摇杆　9—上冲头

粉料压片机的成型工件为电容器瓷片或药片。它由上冲头机构（六杆肘杆机构）、下冲头机构（双凸轮机构）、料筛传送机构（凸轮-连杆机构）组成。

粉料压片工艺过程如图 11-41 所示：①移动料筛 3，将粉料送至模具 11 的型腔上方等待装料，并将上一循环已成型的工件 10 推下工作台；②料筛振动，将粉料筛入型腔；③下冲头 5 下沉一定距离，粉料在型腔中跟着下沉，以防止上冲头 9 向下压制时将型腔中的粉料扑出；④上冲头向下，下冲头向上加压，并在加压行程结束后，在一定时间内保持一定压力；⑤上冲头快速退出，下冲头稍后将成型工件推出型腔。

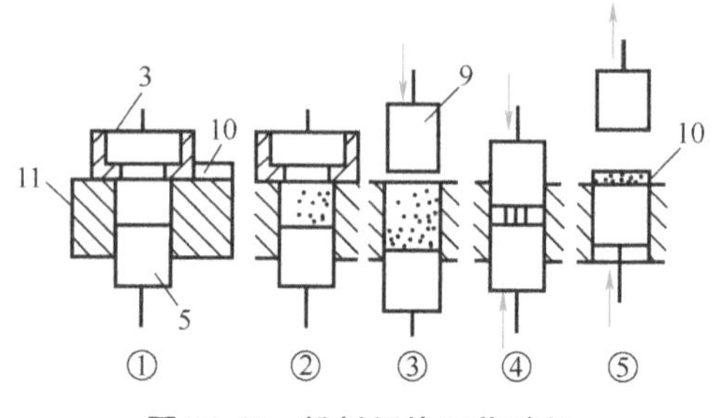

图 11-41　粉料压片工艺过程

图 11-40 中的凸轮-连杆机构 1-3 完成工艺动作①和②；凸轮机构 6-5（Ⅱ）完成动作③；串联六杆机构 7-9（Ⅲ）及凸轮机构 4-5（Ⅳ）配合完成动作④和⑤。整个机构系统可由一个电动机带动，因此主动构件 1、构件 4、构件 6 和构件 7 可装在同一根轴上或用机构系统（如链传动，图中未画出）连接起来，并通过该机构系统将运动传给凸轮 1、凸轮 4、凸轮 6、曲柄 7。而它们又

分别通过机构Ⅰ、Ⅱ、Ⅲ、Ⅳ输出料筛 3 的位移 s_3、下冲头 5 的位移 s_5、上冲头 9 的位移 s_9 和下冲头 5 的位移 s_5。

根据生产工艺路线方案，此粉料压片机在送料期间上冲头不能压到料筛，只有当料筛不在上、下冲头之间时，冲头才能加压。因此，送料和上、下冲头之间的运动在时间顺序上应有严格的协调配合要求，否则就无法实现机器的粉料压片工艺。

（1）直线式运动循环图

1）绘制方法：图 11-42 所示为粉料压片机的直线式运动循环图，其横坐标表示上冲头机构中曲柄转角 φ。这种运动循环图将一个运动循环中各执行构件的各行程区段的起止时间和先后顺序按比例绘制在直线坐标轴上，形成长条矩形图。

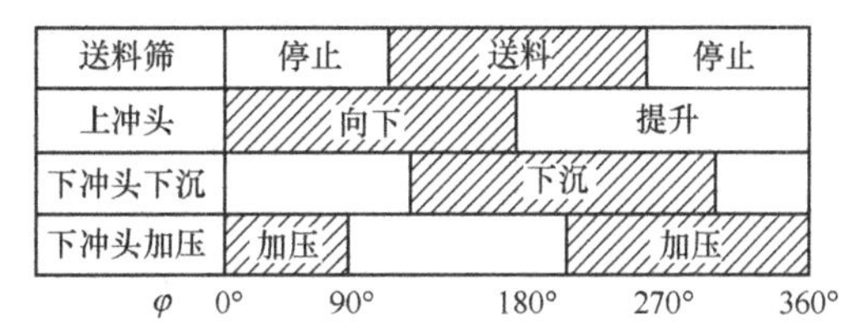

图 11-42　粉料压片机的直线式运动循环图

2）特点：绘制方法简单，能清楚地表示出整个运动循环内各执行构件间运动的先后顺序和位置关系。但由于不能显示各执行构件的运动变化情况，只有简单的文字表述，因此运动循环图的直观性较差。

（2）圆周式运动循环图

1）绘制方法：图 11-43 所示为粉料压片机的圆周式运动循环图，它以上冲头机构中的曲柄作为定标构件，曲柄每转一周为一个运动循环。这种运动循环图将运动循环的各运动区段的时间和顺序按比例绘在圆形坐标上。具体绘制方法：确定一个圆心，作若干个同心圆环，每一个圆环代表一个执行构件。由各相应圆环分别引径向直线表示各执行构件不同行程区段的起始和终止位置。

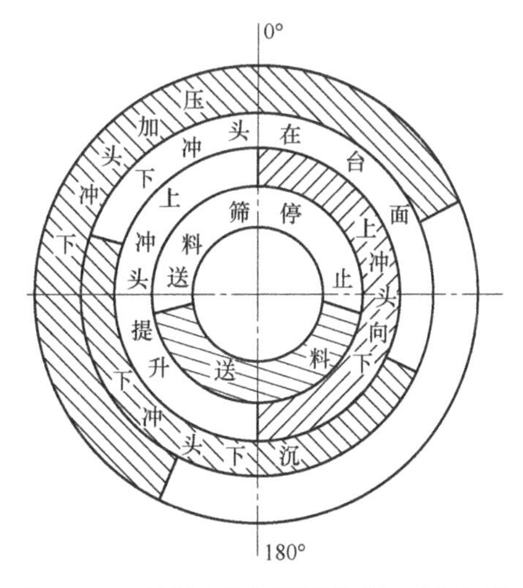

图 11-43　粉料压片机的圆周式运动循环图

2）特点：因为机械的运动循环通常是在主轴或分配轴转一周的过程中完成的，所以能直观地看出各执行机构中主动件在主轴或分配轴上所处的相位，因此便于各执行机构的设计、安装和调试。但当执行构件较多时，因同心圆环太多而不够清晰，而且也不能显示执行构件的运动变化情况。

（3）直角坐标式运动循环图

1）绘制方法：图 11-44 所示为粉料压片机的直角坐标式运动循环图，图中横坐标表示机械的主轴或分配轴的转角，纵坐标表示上冲头、下冲头、料筛的运动位移。这种运动循环图将运动循环的各运动区段的时间和顺序按比例绘在直角坐标轴上。实际上它就是执行构件的位移线图，但为了简单起见通常将工作行程、空回行程、停歇区段分别用上升、下降和水平的直线来表示。

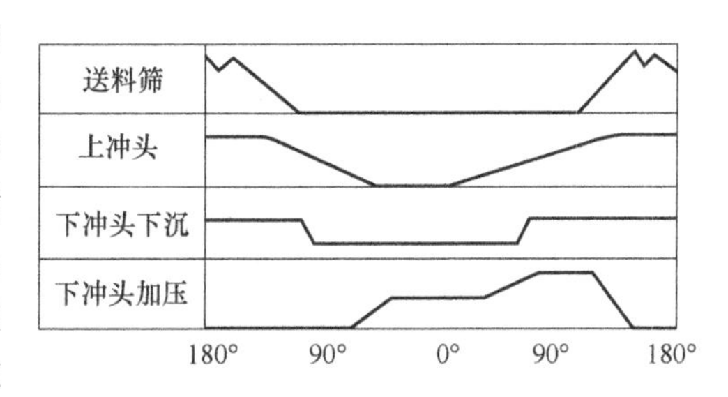

图 11-44　粉料压片机的直角坐标式运动循环图

2）特点：形象、直观，不仅能清楚地表示出各执行构件的运动先后顺序，还能表示出执行构件在各区段的运动规律，便于指导各执行机构的设计。

在上述三种类型的运动循环图中，直角坐标式运动循环图不仅能表示出这些执行机构中构件动作的先后，而且还能描述它们的运动规律及运动上的配合关系，直观性最强，比其他两种运动循环图更能反映执行机构的运动特征，因此在设计机器时，通常优先采用直角坐标式运动循环图。

11.5.2 机构系统运动循环图的拟定

机器为了完成总功能，各执行机构不仅要完成各自的执行动作，而且相互之间必须协调一致。因此，必须进行各执行机构协调设计，而拟定机构系统运动循环图是各执行机构协调设计的重要内容，它的主要任务是根据机械对工艺过程及运动的要求，建立各执行机构运动循环之间的协调配合关系。如果这种协调配合得好，可保证机械有较高的生产率和机械效率及较低的能耗。运动协调配合关系，通常包含以下三种情况：

1. 各执行机构在时间上的协调配合

图 11-45 所示为产品外包装上印记的打印工艺示意图，工艺过程如下：首先由推送机构的推杆 1 将产品 3 送至待打印的位置，然后打印机构的打印头 2 向下完成打印操作。推送机构和打印机构应在时间上协调配合，它们的配合方式不同，其打印质量和生产率均不同。

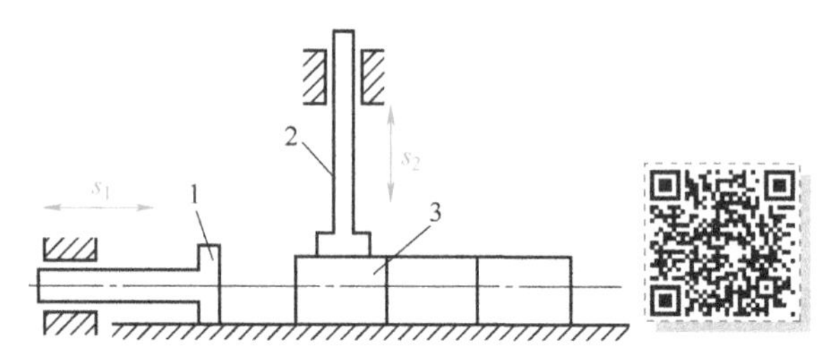

图 11-45 产品外包装上印记的打印工艺示意图

1—推杆 2—打印头 3—产品

下面给出该机构系统运动循环图的三种安排方式。

两执行构件 1（推杆）和 2（打印头）的运动规律已按工艺要求基本确定，在一个运动周期内的位移线图如图 11-46 所示，且运动周期相同，即 $T_1=T_2$。

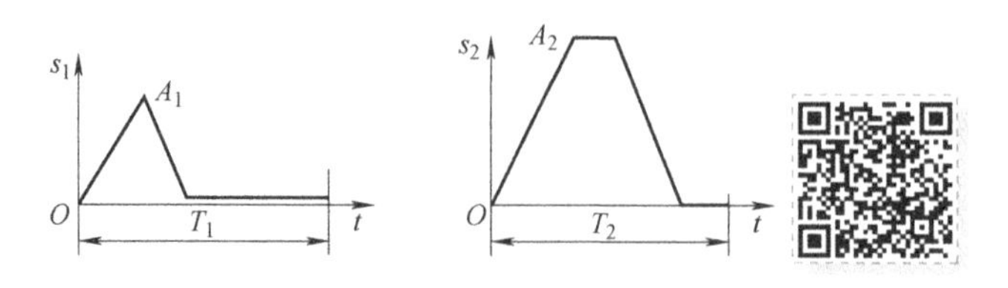

图 11-46 推杆与打印头的运动规律

方式一：推杆 1 将产品 3 送至打印位置，然后返回到初始位置并完成一个运动循环，然后打印头 2 开始动作，并完成一个运动循环，如此反复交替，显然这种安排工作循环所需时间 $T=T_1+T_2$，不大合理。

方式二：打印头 2 先运动，推杆 1 经过 Δt 时间后也开始运动，使产品 3 和打印头 2 同时到达打印位置，机构系统的运动循环图如图 11-47 所示。理论上整个打印工作循环所需时间最短，即 $T=T_{\min}=T_1=T_2$。但由于机构有运动误差，有可能产品还在移动，即未到打印位置，而打印头 2 已经开始打印。显然这种运动循环图的安排也不合理。

方式三：调整推杆 1 在一个运动循环内运动区段与停歇区段的相对位置，使产品提前 Δt 时间到达打印位置，机构系统运动循环图如图 11-48 所示。这种安排较为合理，不仅避免了方式二中可能出现的不利情况，而且保证一个打印工作循环时间仍为最短。时间提前量 Δt 的数值可根据产品大小及实际可能的误差因素综合地加以确定。

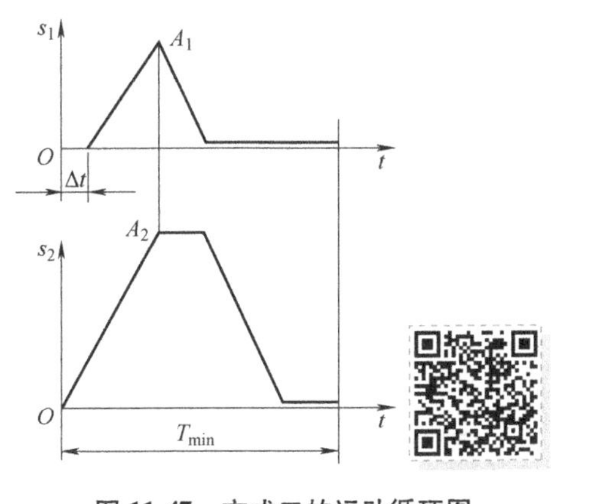

图 11-47　方式二的运动循环图

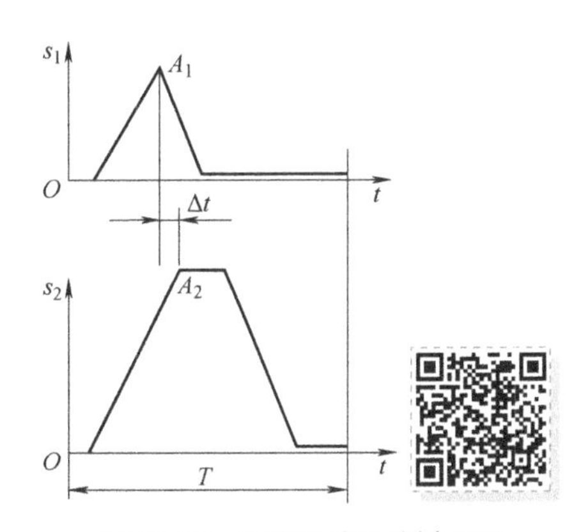

图 11-48　方式三的运动循环图

2. 执行机构在空间上的协调配合

图 11-49 所示为某包装自动线上折纸机构工艺动作示意图（机构未画出），其左右两折边机构的执行构件 1 和 2 不仅有时间上的顺序关系，而且还有空间上的相互干涉关系。M 点是左右两执行构件端点 N、K 轨迹的交点，也是它们的空间干涉点。进行折纸时，执行构件 1 先动作，执行构件 2 后动作，两折边机构的运动必须协调且不能发生空间相碰。在构件 1 返回过程中，若其上端点 N 通过 M 点后，构件 2 上端点 K 点再到达 M 点就不会发生干涉。

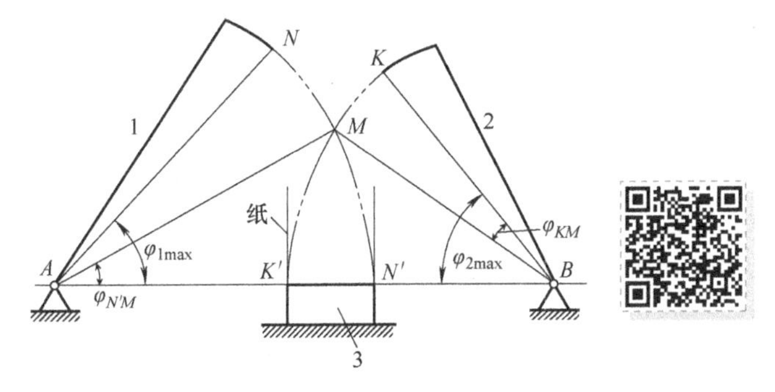

图 11-49　某包装自动线上折纸机构工艺动作示意图

1—左折纸构件　2—右折纸构件　3—待包装书本

假设两折边机构的执行构件 1 和 2 的位移线图如图 11-50a、b 所示。由图 11-50a、b 可知，M 点的位置即为构件 1 在返回 $\varphi_{N'M}$ 角时和构件 2 从初始位置转过角 φ_{KM} 时两构件所处的位置，在位移线图上为对应的 M_1 点和 M_2 点。

如图 11-50c 所示，当工作循环周期为 $T_{\min}$ 时，两构件工作行程位移曲线在 M（M_1、M_2）点相交，为两构件在空间位置干涉的极限情况，考虑到制造、安装等因素导致机构产生运动误差，为了避免空间干涉，应将构件 2 的位移线图右移一段距离，即使构件 2 的开始运动时间有一个滞后量 Δt，这样一个工作循环周期

$$T = T_{\min} + \Delta t$$

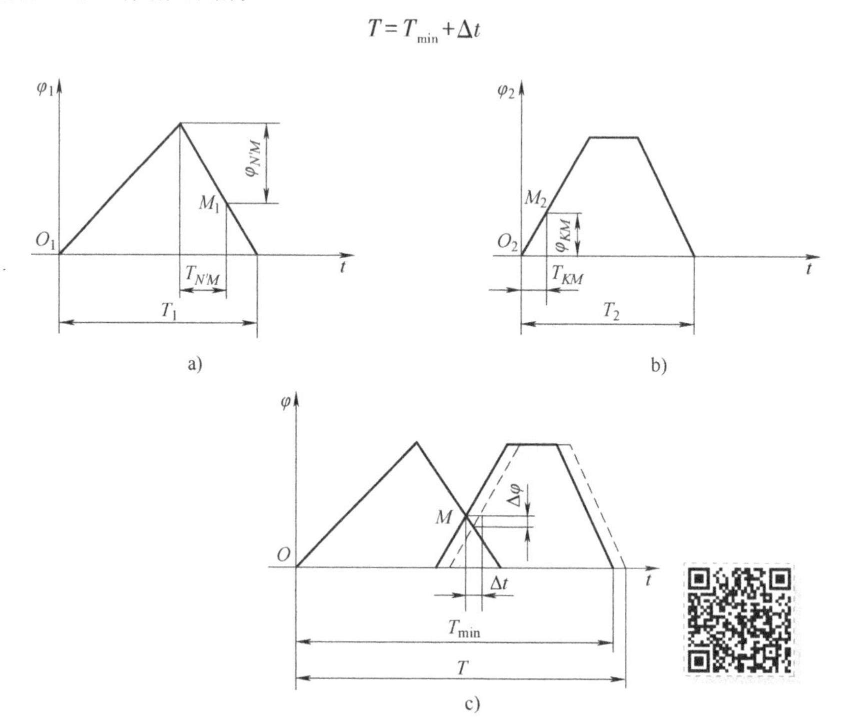

图 11-50　执行构件的运动规律及运动循环图

总之，只有通过对各执行机构中的执行构件在一个运动循环中的位移线图的分析研究，并从时间及空间两方面协调相互关系，才能拟定出一个合理的机构系统运动循环图。

3. 各执行机构在速度上的协调配合

在实际生产中，还有一些机械的执行机构之间不仅存在时间、空间的协调设计问题，还存在速度的协调设计问题。如插齿机中齿坯和插齿刀的两个旋转运动之间必须保持一定的传动比，只有这样才能完成插齿功能。

在机构系统各机构运动协调关系确定清楚后，可按下述步骤进行机构系统运动循环图的设计：

1）首先确定机构系统的运动循环时间，一般在设计机构运动系统之前，它的理论生产率已知，根据生产率，即可求得执行机构的运动循环时间。

2）确定各执行机构运动循环的各个区段，即工作行程、空回行程区段，有些还可能包括间歇区段等。

3）确定执行构件各区段的运动时间及相应的分配轴转角。

4）初步绘制执行机构的运动循环图。

5）在完成执行机构的初步设计后，对初步绘制的运动循环图进行修改。

6）进行各执行机构的运动协调设计。

例 11-1　图 11-51 所示为包装自动打印机系统运动简图，凸轮 1 转动带动摆动从动件运动实现对包装 6 表面的打印。凸轮 1 通过链传动和齿轮传动，将运动传递给凸轮 4，凸轮 4 带动移动从动件 5 运动，实现包装书本的送进。

拟定包装自动打印机的机构系统运动循环图，已知自动打印机的生产率要求为 4500 件/班。

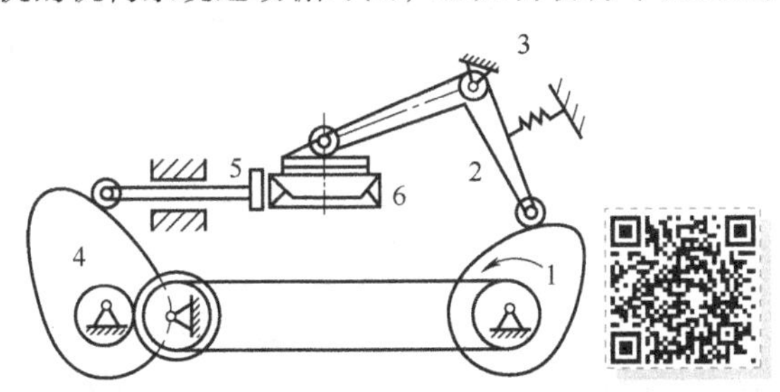

图 11-51　包装自动打印机系统运动简图

1、4—凸轮　2—摆动从动件　3—机架　5—移动从动件　6—包装

解：

1. 确定执行机构的运动循环时间

如图 11-51 所示，该打印机有打印机构和送料机构两个执行机构。打印机每分钟生产的件数 Q 为

$$Q=\frac{4500\text{件}}{8\times60\text{min}}=9.4\text{件/min}$$

因此，为了满足每班打印 4500 件的总功能要求，可将所设计的机构每分钟生产的件数定为 10 件/min。分配轴转一周即可完成一个产品的打印，则自动打印机的分配轴转速 $n_{分}=10\text{r/min}$。完成一个产品打印所需时间 T_{p1} 为

$$T_{p1}=\frac{1}{n_{分}}=\frac{1}{10}\text{min}=6\text{s}$$

2. 确定各执行机构运动循环的各组成区段

以打印机机构为例，根据打印工艺要求，打印头的一个运动循环由四段组成：打印头前进（运动时间 t_{k1}），打印头在产品上停留（时间 t_{ok1}），打印头退回（运动时间 t_{d1}），打印头返回初始位停歇（时间 t_{o1}）。

3. 确定打印头各区段运动的时间及转角

打印头的一个运动循环周期 T_{p1} 为

$$T_{p1}=t_{k1}+t_{ok1}+t_{d1}+t_{o1}$$

相应的分配轴转角

$$360°=\varphi_{k1}+\varphi_{ok1}+\varphi_{d1}+\varphi_{o1}$$

为保证打印质量，打印头在产品上停留时间 t_{ok1} 为

$$t_{ok1}=0.2\text{s}$$

相应的分配轴转角 φ_{ok1} 为

$$\varphi_{ok1}=360\times\frac{t_{ok1}}{T_{p1}}=360°\times\frac{0.2}{6}=12°$$

为保证送料机构有充分的时间来装料、送料，取打印头初始位停歇时间 $t_{o1}=3\text{s}$，则相应的分配轴转角 φ_{o1} 为

$$\varphi_{o1}=360°\times\frac{t_{o1}}{T_{p1}}=360°\times\frac{3}{6}=180°$$

根据打印头的运动规律要求，分别取其前进和退回运动的时间 $t_{k1}=1.5\text{s}$，$t_{d1}=1.3\text{s}$，则相应的分配轴转角 φ_{k1} 和 φ_{d1} 为

$$\varphi_{k1}=360°\times\frac{t_{k1}}{T_{p1}}=360°\times\frac{1.5}{6}=90°$$

$$\varphi_{d1}=360°\times\frac{t_{d1}}{T_{p1}}=360°\times\frac{1.3}{6}=78°$$

4. 初步绘制执行机构的执行构件的运动循环图

根据以上计算结果，选择打印机的执行构件——打印头作为定标件，以它的运动位置（转角或位移）作为确定各个执行构件的运动先后次序的基准。首先绘制出打印头的直角坐标式循环图，如图 11-52a 所示。采用同样的方法画出送料机构的执行构件——送料推头的运动循环图，如图 11-52b 所示（图中 t_{k2}、t_{d2}、t_{o2} 分别为送料推头的前进运动时间、退回运动时间和停歇时间）。

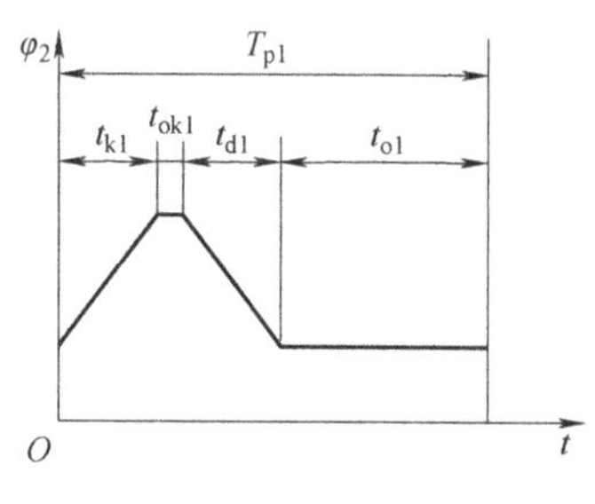

a) 打印头的直角坐标式循环图

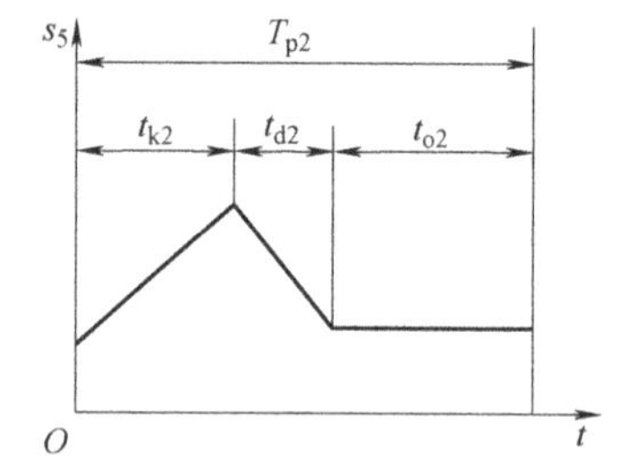

b) 送料推头的运动循环图

图 11-52　打印机及送料机构执行构件的运动循环图

5. 在完成执行机构的设计后，对初步绘制的运动循环图进行修改

初步确定的执行机构往往由于整体布局和结构方面的原因，或者因为加工工艺的原因，在实际使用中需要做必要的修改。例如，为了满足传动角、曲柄存在等条件，构件的尺寸必须进行调整。这样，执行机构的运动规律就会不同，因此应以改进后的构件结构和尺寸为依据，精确地描绘出它的运动循环图。

6. 进行各执行机构的运动协调设计

以打印机机构为例，其打印头远离被打印件的初始位置即打印机机构的起点为基准，把打印头和送料推头的运动循环图按同一时间（或分配轴的转角）比例组合起来画出自动打印机的机

器工作循环图。

打印机机构完成一个完整的运动循环打印头退回到初始的起点位置后，送料机构才开始起动，两机构不会产生任何干涉，但机器的运动循环时间最长，难以满足生产率的要求。因此，为了满足生产率要求，使两执行机构的运动循环完全重合，即可使机器获得最小的运动循环，如图 11-53 所示。但图 11-53a 所示的机器运动循环，送料机构刚把产品送到打印工位上，打印机构打印头正好压在产品上，即图中的点 1 和点 2 在时间上重合，由于机构运动尺寸存在误差、运动副间隙及使用过程中构件受力变形等原因，势必会影响打印质量。有可能打印头到达打印工位并开始打印时，工件还未到位，如正在移动，致使打印不清。为确保打印机正常工作，采用图 11-53b 所示的运动协调方案，即在打印机构打印头到达打印工位之前 Δt 时间内，送料机构已将工件送到打印工位。此时，送料机构相对于分配轴的转角 $\Delta\varphi$ 也进行相应地调整。

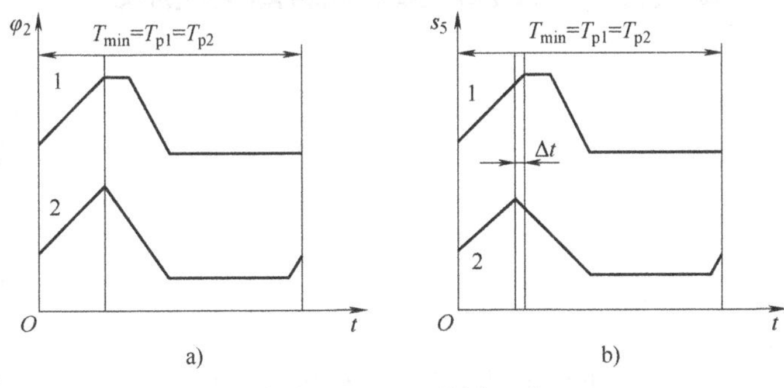

图 11-53　改进的循环图

打印机最终的工作循环图如图 11-54 所示。

在绘制机构运动循环图时还必须注意以下几点：

1）以生产工艺过程开始点作为机器运动循环的起点，并且确定最先开始运行的执行机构在运动循环图上的位置，其他执行机构则按工艺程序先后次序列出。

2）因为运动循环图是以主轴或分配轴的转角为横坐标的，所以对于不在主轴或分配轴上的各执行机构的主动件，如凸轮、曲柄、偏心轮等，应把它们运动时所对应的转角换算成主轴或分配轴上相应的转角。

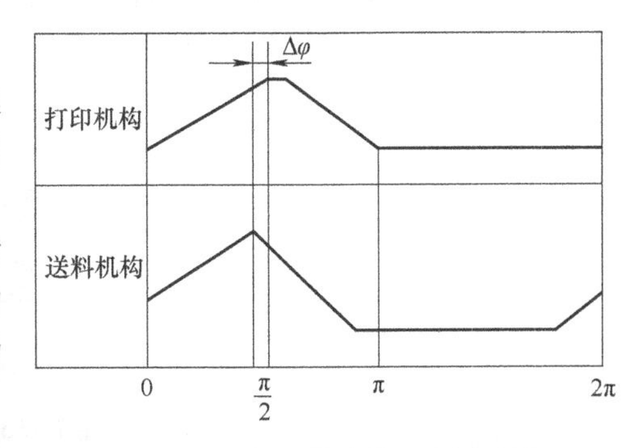

图 11-54　打印机最终的工作循环图

3）在确保不产生相互干涉的前提下，尽可能地使各执行机构的动作重合，以缩短运动循环周期，提高机器的生产率。

4）各执行机构的动作必须按工艺程序先后进行，为避免制造、安装误差造成两机构在动作衔接处发生干涉，在一个机构动作结束点到另一个机构动作起始点之间，应有适当的间隔（通常可取 2°~3°）。

机构系统运动循环图有着重要的应用，它可用来核算机器的生产率，并通过分析和研究运动循环图，从中寻找提高机器生产率的途径；它还可用来指导各个执行机构的设计、安装和调试，检验各执行机构中执行构件的动作是否紧密配合、互相协调。

11.6 机构系统运动方案设计实例

知识点：
实例——滚针轴承保持架自动弯曲设计

11.6.1 总功能分析——明确自动弯曲机的设计任务

（1）总体功能　滚针轴承保持架自动弯曲机是滚针轴承保持架生产线上的一个主要设备，它将前道工序冲出来的料片（图 11-55a）自动弯曲成图 11-55b 所示的成品，然后送往下道工序进行焊接、整形。因此，该自动弯曲机必须具有输入料片、对保持架料片进行弯曲成型以及输出保持架初始成品的总功能。

（2）产品规格　料片厚度 1mm，弯曲成型后其外圆直径为 ϕ28mm，宽度为 23mm。

（3）生产率　滚针轴承保持架自动弯曲机的生产率为 18~20 个/min。

（4）执行动作　料片送入，下模上升，左、右模压入，上模压下，上、下、左、右四个模块同时脱开，保持架成品脱模并交自动焊接机接料机械手，如图 11-56 所示。

（5）结构与环境　自动弯曲机要求机构紧凑、动作稳定、可靠、精确。周围环境要清洁、干净，保持架料片及弯曲成型后的半成品不能沾染灰尘，特别是不允许沾染油污，否则将影响产品的焊接质量。

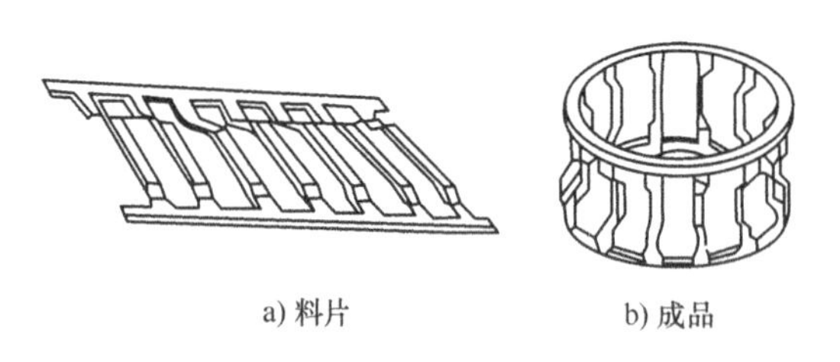

a) 料片　　b) 成品

图 11-55　滚针轴承保持架

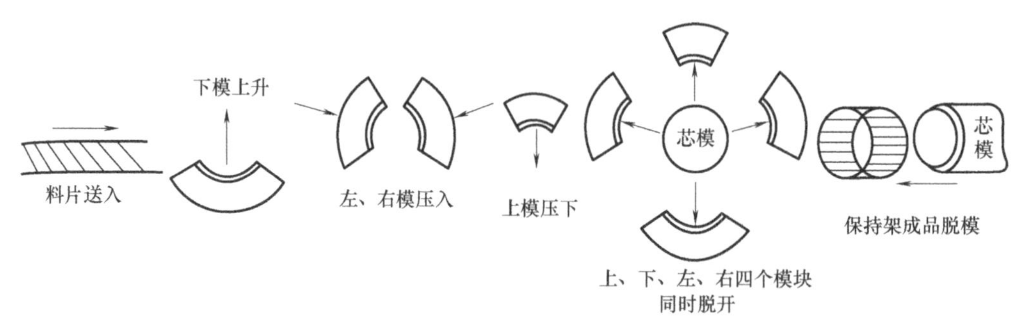

图 11-56　自动弯曲机执行动作和工艺过程

11.6.2 自动弯曲机的功能分解

根据总体功能要求，将自动弯曲机的功能分解为图 11-57 所示的自动弯曲机树状功能图。

送料——把前道工序压力机冲出的料片以匀速直线运动方式送至弯曲模，然后推头快速返回，为下一次送料做好准备。

弯曲成形——弯曲模分成上、下、左、右四块，从四个方向把料片压在芯模上，使其弯成圆柱形。四个模块的动作顺序如下：

① 下模上升把料片压在芯模上并把料片变成 U 形。

② 左、右模同时压入，把料片紧紧压在芯模上，只留下一个尖顶，犹如一个桃子。

③ 上模压下，把尖顶压平，使料片与圆形芯模紧密地贴合在一起，并保压一段时间。

④ 四个模块同时快速脱开，这时弯成圆形的料片产生一些反弹，使其与芯模松开。

卸料——已弯成圆形的保持架初始成品从芯模上脱出滑向自动焊接机的接料机械手。

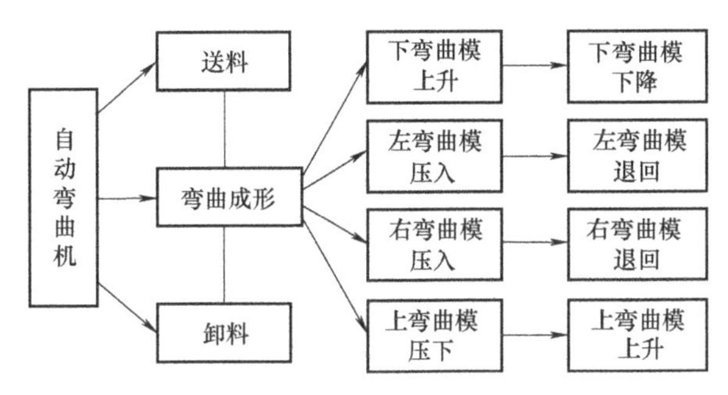

图 11-57　自动弯曲机树状功能图

11.6.3 自动弯曲机的运动转换功能图

1）选择电动机 Y100L-4 作为主动机，其转速为 1420r/min，功率为 2.2kW。

2）确定各执行构件的运动形式：送料——往复直线运动；各弯曲模及卸料——间歇往复直线运动。

3）确定传动链。仔细分析电动机的运动参数与各执行构件的运动形式、运动参数；考虑总体布局，通过离合器、减速器、传动机构，把电动机的运动和动力转化为执行机构所要求实现的运动和动力。

把上述传动链的构思用图 11-58 所示的自动弯曲机的运动转换功能图来表示。

11.6.4 自动弯曲机的形态学矩阵

根据图 11-58 所示的自动弯曲机的运动转换功能图，把各基本运动转换功能作为列，把各基本功能的实现载体作为行，构成一个矩阵，即自动弯曲机形态学矩阵，见表 11-4。

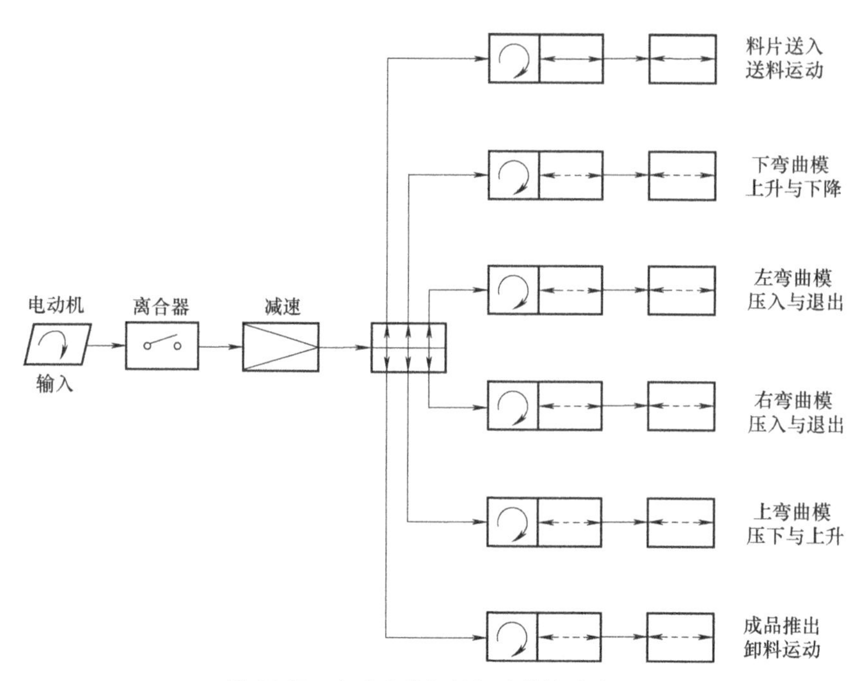

图 11-58　自动弯曲机的运动转换功能图

表 11-4　自动弯曲机形态学矩阵

分功能（功能元）			分功能解（匹配机构或载体）		
			方案 1	方案 2	方案 3
离合器		*A*	电磁摩擦 离合器	电磁牙嵌 （尖齿） 离合器	电磁牙嵌 （梯形齿） 离合器
减速		*B*	摆线针轮 减速器	少齿差行星齿轮 减速器	谐波减速器
		C	链传动	圆柱斜齿轮传动	同步带传动
送料		*D*	牛头刨床 六杆机构	直动从动件 圆柱凸轮机构	摆动从动件 盘形凸轮机构+ 摇杆滑块机构
弯曲 成形		*E*	摆动从动件 盘形凸轮机构+ 摇杆滑块机构	直动从动件 盘形凸轮机构	直动从动件 圆柱凸轮机构
卸料		*F*	摆动从动件 圆柱凸轮机构+ 摇杆滑块机构	不完全齿轮 机构+偏置曲 柄滑块机构	槽轮机构+ 曲柄滑块机构

对形态学矩阵求解，可得 N 种组合方案，即

$$N=3\times3\times3\times3\times3\times3=729$$

从中可以筛选出如下三种方案：

方案 1

$$A_1+B_1+C_1+D_1+E_1+F_1$$

方案 2

$$A_2+B_2+C_1+D_3+E_2+F_3$$

方案 3

$$A_1+B_3+C_2+D_1+E_3+F_2$$

最后，根据实际使用环境、用户要求及专家评议确定采用方案 1。

11.6.5 自动弯曲机的运动循环图

在该自动弯曲机中，中心大齿轮是惰轮，主轴输入小齿轮通过中心大齿轮把运动分配给与中心大齿轮啮合的各周边小齿轮，这些小齿轮齿数与主轴输入小齿轮齿数相等，因此，它们的转角与主轴转角相等。实际上，这些周边小齿轮就是各执行机构的主动构件。以主轴转角 φ 为横坐标，各执行机构中执行构件的运动为纵坐标，选择第一个方案，并把自动弯曲机中的送料、弯曲成形、卸料等各种动作之间相互协调配合的运动循环图绘制出来，如图 11-59 所示。

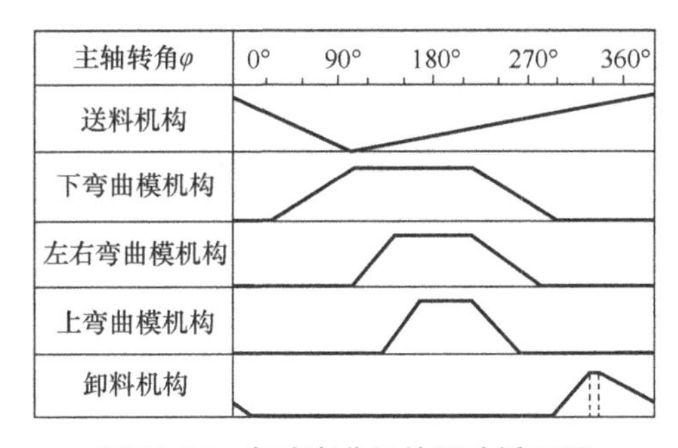

图 11-59　自动弯曲机的运动循环图

11.6.6 自动弯曲机的运动示意图

（1）送料运动　送料运动由图 11-60 所示的牛头刨床六杆机构来完成，该执行机构的滑块（推料头）在工作行程中近似做匀速直线运动。空回行程的返回速度快，具有急回特性，故能满足送料要求。

（2）弯曲成形运动　弯曲成形运动由图 11-60 所示的摆动从动件盘状凸轮机构加摇杆滑块机构实现。通过凸轮轮廓线设计能满足弯曲模压入、停歇、退回、再停歇的要求。通过调节连杆长度满足不同规格保持架料片的弯曲成形要求，并补偿运动副间隙、构件尺寸误差和零部件磨损。

（3）卸料运动　卸料运动由图 11-60 所示的圆柱沟槽凸轮加上摆杆滑块机构完成。通过形封闭圆柱凸轮保证滑块（卸料套筒）把弯曲成圆形的保持架，从芯模上推出移交给从自动焊接机伸过来的接料机械手，然后自动退回等待下一次卸料。

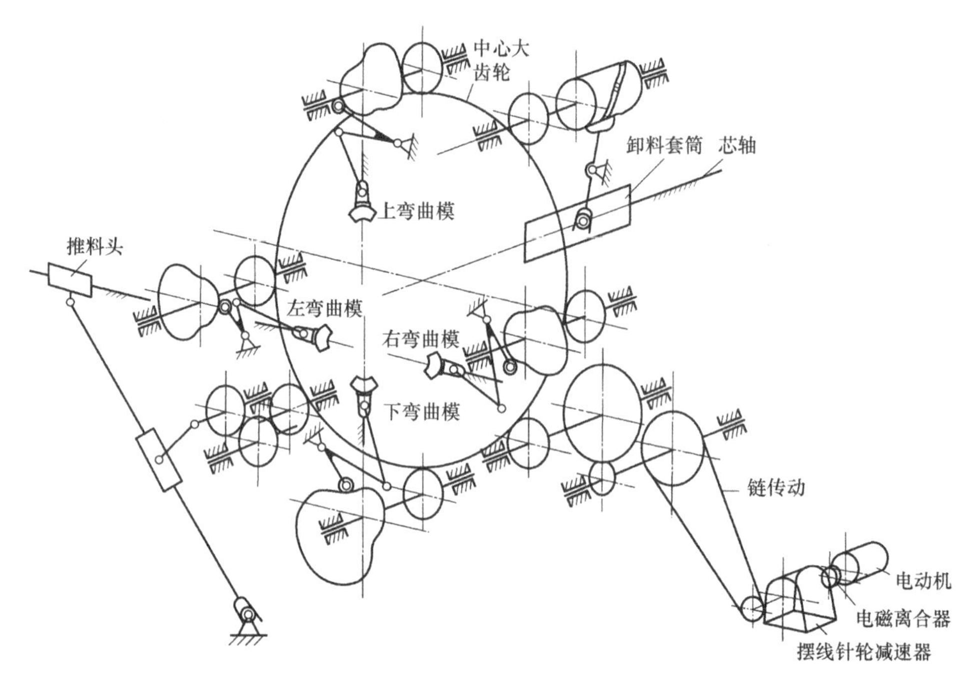

图 11-60　自动弯曲机的运动示意图

思考题与习题

11-1　图 11-61a 所示的齿轮机构和图 11-61b 所示的行星轮机构有何异同？通过什么途径可将齿轮机构演化成行星轮机构？

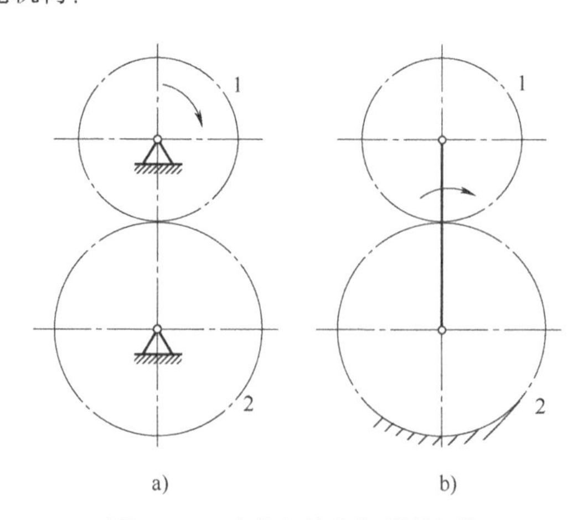

图 11-61　齿轮机构和行星轮机构

11-2　什么是机械的运动循环图？它可有哪些形式？运动循环图在机械系统设计中有什么作用？对各种机械系统设计时是否都需要首先作出其运动循环图？

11-3　机构选型有哪几种途径？机构选型时应考虑哪些问题？

11-4　机构的变异与组合各有哪几种方式？

11-5　设计图 11-62 所示的铁板输送机构。根据用于铁板输送机构的要求：主动轴做匀速转动；当主动轴在某瞬时转过 $\Delta\varphi_1=30°$时，输出件内齿轮 7 停止不动；其余时间中内齿轮 7 转过 240°以便将铁板输送到要求长度；曲柄摇杆机构的最小传动角应大于 50°。

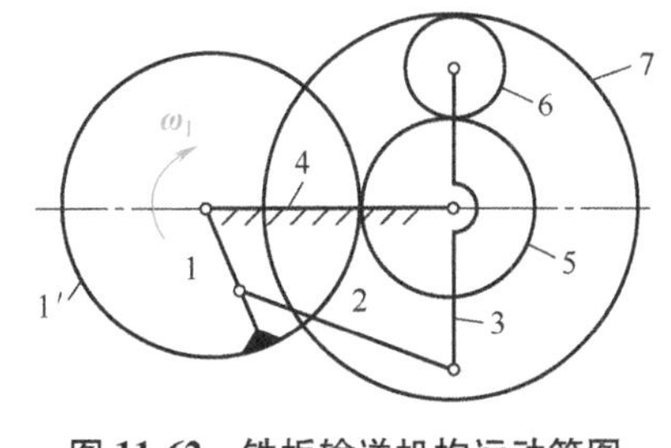

图 11-62　铁板输送机构运动简图

1—曲柄　1′、5、7—齿轮　2—连杆
3—摇杆　4—机架　6—行星轮

11-6　试构思几种普通窗户开启和关闭时操纵机构的方案并分析优缺点。设计要求如下：

1）当窗户关闭时，窗户启闭机构的所有构件均应收缩到窗框之内，且不应与纱窗干涉。

2）当窗户开启时，能够开启到 90°位置。

3）窗户在关闭和开启过程中不应与窗框发生干涉。

4）启闭机构应为单自由度机构，要求结构简单，启闭方便，且具有良好的传力性能。

5）启闭机构必须能支持窗户的自重，使窗户在开启时下垂度最小。

11-7　试分析图 11-63 所示机构的组合方式，并画出其组合方式框图。

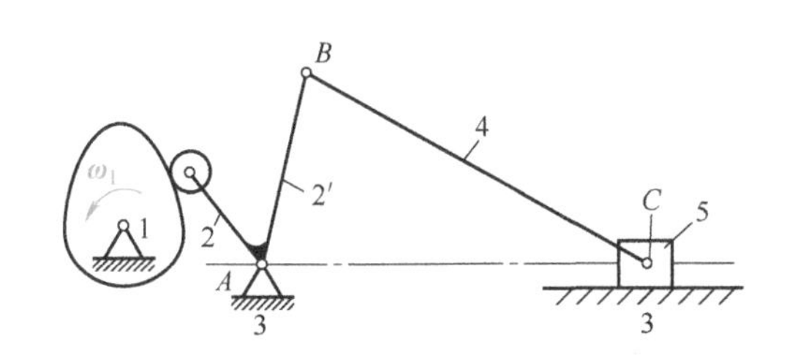

a) 凸轮-连杆机构1

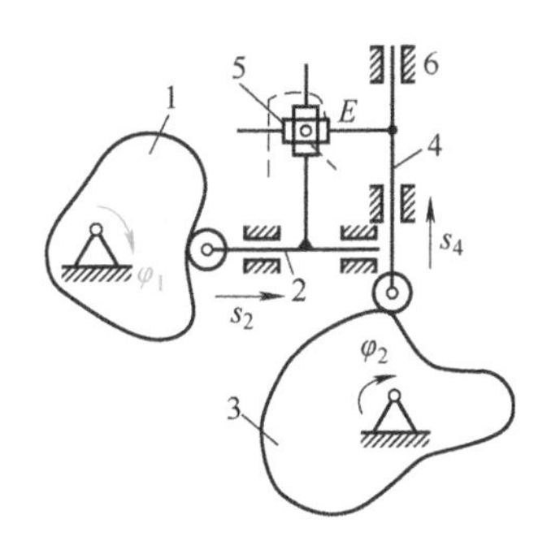

b) 凸轮-连杆机构2

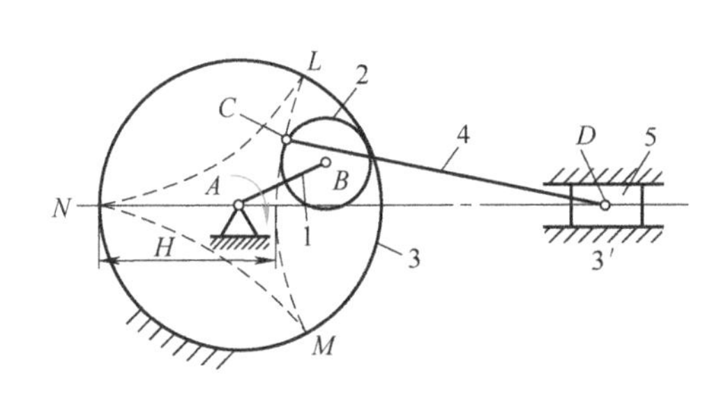

c) 齿轮-连杆机构1

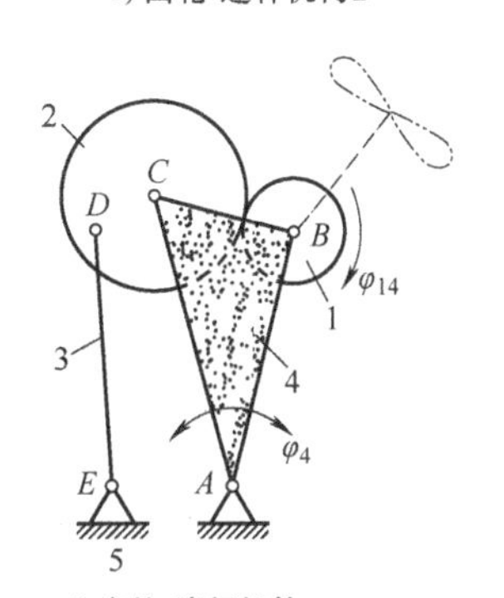

d) 齿轮-连杆机构2

图 11-63　组合机构

参考文献

[1] 郭卫东. 机械原理 [M]. 2 版. 北京：科学出版社，2013.

[2] 郭卫东. 机械原理：云教材 [M]. 西安：西安交通大学出版社，2016.

[3] 于靖军. 机械原理 [M]. 北京：机械工业出版社，2013.

[4] 赵自强，张春林. 机械原理 [M]. 2 版. 北京：机械工业出版社，2016.

[5] 孙桓. 机械原理 [M]. 8 版. 北京：高等教育出版社，2013.

[6] 郑文纬，吴克坚. 机械原理 [M]. 7 版. 北京：高等教育出版社，1997.

[7] 王知行. 机械原理 [M]. 2 版. 北京：高等教育出版社，2006.

[8] 张策. 机械原理与机械设计：上册 [M]. 3 版. 北京：机械工业出版社，2018.

[9] 吴瑞祥，王之栎，郭卫东，等. 机械设计基础：下册 [M]. 2 版. 北京：北京航空航天大学出版社，2005.

[10] 邹慧君. 机械原理 [M]. 2 版. 北京：高等教育出版社，2006.

[11] 张春林. 机械原理 [M]. 北京：高等教育出版社，2013.

[12] 廖汉元. 机械原理 [M]. 3 版. 北京：机械工业出版社，2013.

[13] 党祖祺，郭卫东. 机械原理：网络版 [M]. 北京：高等教育出版社，2003.

[14] 申永胜. 机械原理辅导与习题 [M]. 2 版. 北京：清华大学出版社，2005.

[15] 邹慧君. 机械原理学习指导与习题选解 [M]. 北京：高等教育出版社，2007.

[16] 王晶. 机械原理习题精解 [M]. 西安：西安交通大学出版社，2009.

[17] 张晓玲. 机械原理课程设计指导 [M]. 北京：北京航空航天大学出版社，2008.

[18] 石永刚. 凸轮机构设计与应用创新 [M]. 北京：机械工业出版社，2007.

[19] 华大年，华志宏. 连杆机构设计与应用创新 [M]. 北京：机械工业出版社，2008.

[20] 郭卫东，高志慧，于靖军. 机械原理 [M/OL]. 北京：中国大学 MOOC，2018 [2022-02-17]. https://www.icourse.163.org/course/BUAA-238004.